Microchip 大学计划用书

PIC® 单片机实用教程
——提高篇

（第 2 版）

李学海　著

北京航空航天大学出版社

内容简介

本书以介绍 PIC16F877 型号单片机为主，并且适当简介 PIC 单片机的个性及共性。全书共分 10 章，内容包括：并口复合功能、定时器 TMR1、定时器 TMR2、捕捉/比较/脉宽调制 CCP、模/数转换器 ADC、异步串口 UART、同步串口 SPI、同步串口 I^2C、EEPROM 和 Flash 存储器及 IAP 技术、人机界面器件和接口技术等。

本书是作者在“2000 年微芯技术精英会”上应 Microchip 公司和出版者之邀，为该公司在我国开展的“大学计划”撰写的教学用书、培训教材和自学读本。同时，它也广泛地适用于初步具备数字电路技术基础和计算机基础知识的广大在校学生、教师、单片机爱好者、电子制作爱好者、电器维修人员、电子产品开发设计者、工程技术人员阅读。

全套教程共分 2 篇，即基础篇和提高篇，分 2 册出版，以适应不同课时和不同专业的需要，也为读者增加了一种可选方案。

图书在版编目(CIP)数据

PIC 单片机实用教程．提高篇/李学海著．—2 版．
北京：北京航空航天大学出版社，2007.2
ISBN 978-7-81077-961-6

Ⅰ.P… Ⅱ.李… Ⅲ.单片微型计算机—高等学校—教材 Ⅳ.TP368.1

中国版本图书馆 CIP 数据核字(2007)第 004050 号

PIC® 单片机实用教程——提高篇(第 2 版)
李学海 著
责任编辑 张冀青
*
北京航空航天大学出版社出版发行
北京市海淀区学院路 37 号(100083) 发行部电话：(010)82317024 传真：(010)82328026
http://www.buaapress.com.cn E-mail：bhpress@263.net
涿州市新华印刷有限公司印装 各地书店经销
*
开本：787×960 1/16 印张：25.5 字数：571 千字
2007 年 2 月第 2 版 2010 年 12 月第 2 次印刷 印数：5 001~7 000 册
ISBN 978-7-81077-961-6 定价：35.00 元

第2版前言

作者曾经先后应几家国际著名微电子公司之邀，配合在我国推行的“中国大学计划”，为其生产的几种不同流派的新型单片机系列撰写了9本科普图书、大学教程及技术专著：《PIC单片机实用教程——基础篇》、《PIC单片机实用教程——提高篇》、《EM78单片机实用教程——基础篇》、《EM78单片机实用教程——扩展篇》、《PIC单片机原理》、《PIC单片机实践》、《凌阳8位单片机——基础篇》、《凌阳8位单片机——提高篇》、《标准80C51单片机基础教程——原理篇》。其中，有的在短短的两年里被重印了5次；有2本被评为第7届全国高校出版社优秀畅销书一等奖；有的被多家教学和研发单位选定为教学用书和培训教材；有1本被某高校指定为考研参考书；还有4本被重点大学选定为研究生教学用书。

作者在“2000年微芯技术精英年会”上应Microchip(微芯)公司之邀，为该公司在中国开展的“大学计划”撰写了教学用书、培训教材和自学读本《PIC单片机实用教程——基础篇》和《PIC单片机实用教程——提高篇》。同时，该教程也广泛地适用于初步具备电子技术和计算机知识基础的，电子、电信、计算机、电气、电力、机电等涉电专业在校学生、教师、单片机爱好者、电子爱好者、电子产品开发者、电器维修人员、工程技术人员阅读。该教程发行之后反响强烈，获得了极大的成功，得到了多家高校和科研单位的认同和推崇。据悉，曾先后被山东建工学院、北京邮电大学、河北工业大学、西北师范大学、四川师范大学、辽宁工学院、北京计科能源新技术公司等多家教学和研发单位选定为教学用书和培训教材，受到了许多师生和技术人员的肯定和好评。山东建工学院的于老师来函说：对于《PIC单片机实用教程——基础篇》，大家反映很好，都说老师选了一本好教材，下半年的“单片机综合技术”课选用的是《PIC单片机实用教程——提高篇》。一位资深的科普期刊编辑来函说：“从近一段时间我的了解看，作为高校的教材，讲究语言的严谨与准确是必须的，我想您的书籍被选入高校教材肯定有这样的优势。”

为了不断更新、充实和完善教学内容，应北京航空航天大学出版社之邀，作者对于初版《PIC单片机实用教程——基础篇》和《PIC单片机实用教程——提高篇》进行了全面修订。内容上作了比较大的调整，新增了帮助读者树立和掌握“三链条”完整概念的内容(即全程知识链、硬件工具链、软件工具链)，裁减了一些不十分必要的内容。

本套教程的特点是：① 内容叙述循序渐进、通俗易懂、系统完整；② 难点分散，适合于自学和方便于教学；③ 注重激发读者兴趣，知识与技能并举；④ 容易上手，开发手段经济实用，甚至借助于免费软件模拟器，仍然可以体验到开发单片机的乐趣；⑤ 强调学用结合、边学边练、理论与实践无缝连接，改变了单片机学习的传统模式；⑥ 突出实用性和资料性；⑦ 以读者的求知需要、认识规律和市场需求为写作主线；⑧ 专门为本书设计了丰富多彩的实验范例，均被调试通过；⑨ 思考题和练习题齐全，便于教学和读者自测；⑩ 虽然大幅降低了单片机入门的门槛，但是又适当地兼顾了学习内容的深度和宽度；⑪ 将理论教科书和实验指导书两者的功能有机地融合在一起；⑫ 兼顾了技能实训、电子制作、课程设计、毕业设计和项目开发的实际需求。

本套教程在写作手法上，力求循序渐进、通俗易懂、趣味性强，将枯燥乏味的学习过程变得更加有趣，力图引导读者享受到学习的乐趣。尽可能使读者在通过阅读本套教程来学习PIC单片机的过程中，以花费尽可能少的时间和精力，掌握和了解尽可能全面的单片机理论知识和开发技术。采用以读者为中心的写作手法，努力克服以往以产品手册为中心，或以作者知识结构为中心的传统写作模式给读者所带来的种种不便和困惑。

本套教程的编写思路是，充分发挥作者在为《电子世界》、《电子制作》和《无线电》等科技期刊撰写单片机技术连载讲座中，以及在面授教学过程中积累的现成经验，再通过精心编排讲述顺序和精心筛选教学内容，尽量减少对读者背景知识的要求，以便尽可能降低初学者通过了解PIC单片机而进入单片机世界的门槛。书中以讲解PIC16F877单片机为主，并且酌情兼顾PIC单片机大家族中的其他成员的个性以及全体成员的共性简介，以便使读者达到举一反三、触类旁通之功效。

本套教程的编写目标是，努力追求"一读就懂，读了能用，一用就灵"的学习效果；不仅能"给人以鱼"，而且更注重"授人以渔"；不仅传授单片机知识，而且更注重教会开发方法和应用技巧；不仅可以提高理论水平，而且更侧重强化将所学知识转化为实际工作的能力；力图实现将每一位有志于迈进单片机王国的外行人，培养成既懂单片机知识，又能掌握以单片机为核心的智能电子产品开发技能的内行人。为了达到这一目标，除了恰当地引导和培养正确的学习方法之外，当然也离不开读者的自身努力。"兴趣是最好的老师！"，本人深信这个哲理。培养读者的学习兴趣比传授知识更重要。一旦帮助读者树立起浓厚的学习兴趣和强烈的求知欲望，就很可能达到令人受益终生的特殊效果，这也是每一位教育工作者追求的最高目标。

本套教程在内容安排上充分注意了层次性、可读性、实践性、系统性和完整性，力求覆盖从单片机理论学习到开发应用的各个阶段所有必不可少的硬件和软件知识、开发环境和开发工具的使用方法和技巧等内容。尽可能不需要翻阅其他书籍就可以学习到从单片机入门到单片机开发制作各个环节的全程知识。作者对于原文数据手册中的文字错误、图表错误进行了多处考正，还对多处欠缺的示意图进行了补充，以便于教学和自学。对于具有电子技术和微机应用基础知识的初学者，要成长为一位单片机应用工程师，所需要学习的核心知识主要有：单片机硬件系统、单片机指令系统、汇编程序设计基础以及(宏)汇编器的用法、集成开发环境及其交互方法、单片机仿真器及其用法、程序烧录器及其用法。这些内容书中都有介绍。此外，为了突出实践性，在每个需要演练的章节后面都精心设计了1～3个针对性很强的实验范例，并且调试成功。每个范例大致包括项目实现功能、硬件电路规划、软件设计思路、汇编程序流程、汇编程序清单、几点补充说明、程序调试方法等内容。

近20年来，8位单片机因其价格低廉、功耗低、指令简练、易于开发，加上近几年嵌入式C语言的推广普及，执行指令的速度也不断得到提升，片载Flash程序存储器及其在系统内编程ISP和在应用中编程IAP技术的广泛采纳，片内配置外设模块的不断增多，以及新型外围接口的不断扩充，广泛受到电子工程师的欢迎。目前，各家厂商竞相为单片机增加符合潮流的新功能和为设计者提供C语言编译器、软件模拟器和廉价硬件仿真器等开发工具套件。1999年，8位单片机的年产值增长率为8.6%，价格已经由顶峰趋于回落，按销售量而论，8位单片机仍居榜首。占据着世界8位单片机年产量第一位的供应商已经变成了Microchip公司。

总体上讲，论本领或性能，在众多的PIC单片机家族成员中，PIC16F877占据着中上等水平。有的初学者可能要问，既然PIC系列中还有更简单易学的品种，为什么先给大家引见

PIC16F877 呢？理由就是该型号具备让人接近的良好途径——在线调试功能和在线编程功能及其廉价的配套学习和开发工具套件(名称叫 MPLAB-ICD)。借助于这项独特的性能和优势,学习者可以边学边练、学用结合,既学习理论知识又掌握开发技能,而且还不需要经济上付出太大的投入。MPLAB-ICD 是由美国微芯公司原创的,在美国售价 159 美元,在笔者的积极建议下进行了本土化,目前,已经授权国内多家代理商生产和销售,其售价仅仅为 400 元左右。例如,福州贝能(www. mcusolution. com)、南京伟福(www. wave-cn. com)、北京集万讯(www. jetson. com. cn)等产品。

国家积极倡导的素质教育和创新工程,旨在提高受教育者的素质和培养将所学知识转化为生产力、创造力和经济效益的能力。为了更好地适应发展潮流和就业需要,作者认为,单片机的学习和应用,可以为电子、电信、计算机、电器、机电以及相关领域的爱好者、从业者和在校生,提供一个容易激发学习热情和创作欲望的、可操作性很强的学习途径和实践平台。至今,许多老一辈的工程师、专家、教授当年都是无线电爱好者。如果说 20 世纪 50 年代起,无线电世界造就了几代电子英才,那么,当今的单片机世界也必将会培育出更多的电子精英。

1985 年,本人在北京邮电学院学习通信系统专业研究生课程的时候,导师蹇锡君教授(时任多路通信教研室主任)曾经预言,单片机在我国未来必定要有大发展,并且一定会形成庞大的产业。从那时起,本人就对单片机建立起了浓厚的兴趣,时刻在关注世界各个著名公司的单片机发展动向,以及在我国市场上的推展进程。凭着一种对单片机的强烈求知欲望,经过多年的探索和磨砺,本人曾先后涉猎和研究了许多世界顶级公司研制的各具特色的单片机,及其性能特点、硬件结构、指令系统和开发环境。例如,Intel 公司的 MCS-48 和 MCS-51 系列,ATMEL 公司的 AT89C 和 AVR 系列,ZILOG 公司的 Z8、Z8＋和 eZ8 系列,TI 公司的 MSP430F 系列,ST 公司的 ST62 系列,SCENIX 公司的 SX 系列,Microchip 公司的 PIC 系列,Freescale 公司(原 Motorola 公司半导体部)的 MC68HC908 系列,Philips 公司的 P87LPC 和 P89LPC900 系列,NS 公司的 COP8 系列,Holtek 公司的 HT48 系列,ELAN 公司的 EM78 系列,LG 公司的 GM97C 和 GM87C 系列,SST 公司的 SST89 系列,STC 公司的 STC89 系列,华邦公司的 W79 和 W78 及 W77 系列,凌阳公司的 SPCE061、SPMC65 和 SPMC75 系列,P&S 公司的 PS1008 等。博采众家之长,全面掌握单片机世界的发展趋势。不仅如此,还先后参加了多项全国性的单片机开发设计赛事,并且均从中获得了奖项。例如,在 1997 年,由国家教育电视台、《无线电》杂志社和力源单片机技术研究所联合举办的,共有 2 300 余人参加的“第二届力源杯单片机开发制作大奖赛”中获奖;在 1999 年,由 Motorola 公司、中国计算机学会微机专业委员会、《电子产品世界》杂志社联合主办的,由清华大学、复旦大学、深圳大学承办的,有 1500 余名电子工程师报名参加的“第三届 Motorola 杯单片机应用设计大奖赛”中获奖。另外,还曾获得过 4 项国家专利和发明成果展览会金奖。

作为一名教育工作者,不仅留意观察单片机领域的新动向,而且还注意搜寻更适合认识规律和教育规律、容易诱发学习者兴趣和容易上手的单片机品种。在 1997 年一次翻阅杂志时,偶然被 Microchip 公司的 PIC16C5X 单片机所吸引,其别具特色的哈佛总线和 RISC 结构、精练的指令系统、易学好用的突出优点,顿时给人一种强烈的冲击和震撼。更令人惊喜的是,1999 年该公司又推出了非常适合单片机教育市场需求和单片机初学者学习和演练的 PIC 单片机子系列 PIC16F87X,以及同时配套供应的物美价廉型开发套件。这给那些经济拮据但成才迫切的求知者,提供了一条行之有效且投入产出比很高的便捷途径。于是,在 2000—2001

年应邀为《电子世界》撰写的单片机技术连载讲座中，就选定了 PIC16F87X 作为讲解的样板，结果取得了很大的成功，在广大读者中引起强烈反响和共鸣。本人收到全国各地读者的大量来函、来电和 E-mail，其中，既有初学者也有大学教师，字里行间流露着对讲座的充分肯定和热情鼓励，而且，有些读者还积极建议和期待编成专著和光盘发行。这些都会在成书过程中给予作者强大的精神动力，从众多读者的反馈信息中积累了大量的有益经验和素材，也为本套教程的成功推出奠定了坚实的基础。

自从 1983 年以来，作者先后曾在 30 余种电子和通信类科技期刊、新技术研讨会论文集等刊物上发表专业论文、译文、科普文章和科研成果数百篇(项)，内容涉及电子、电信、计算机等领域，受到了广大读者的普遍欢迎和热情鼓励，以及多位责任编辑的称赞。另外，在 1999 年应《家用电器》资深编辑王远美老师举荐，为天津科学技术出版社出版的系列丛书撰写了内容关于通信终端设备的一部书，发行后得到了广大读者的认可，在不到一年的时间内就进行了二次重印。从近 20 年的技术研究和文字创作过程中，摸索出了一套通过文字向读者传达知识和技术的高效快捷的写作模式，并且经历了时空的检验。再者，本人 20 余年的教学经历，也必定会在讲解内容的组织与锤炼、讲解顺序的安排与优化方面，更增添一份得天独厚的优势。

本套教程分基础篇和提高篇两册，内容上既相互独立又相互配合，既可同时使用又可单独选用，以便适应不同课时数、不同教学目标和不同专业设置的需要，也为教师和读者增加了一种可选方案。

★**基础篇**：通过本篇的学习和实践，读者可以掌握 PIC 单片机的基础硬件结构、指令系统、汇编程序设计基础、开发工具及开发技术；可以利用中档 PIC 单片机内部的常规资源(包含输入/输出端口、中断逻辑、定时器和看门狗等，这也是仅仅被 PIC 单片机低档型号所配置的几种经典资源)，或者利用低档 PIC 单片机内部的所有资源(该档单片机具有很高的性能价格比，据公司介绍在我国的销售量中仍然占据较大比例)，来设计和研制一些小型电子产品。

★**提高篇**：通过本篇的学习和实践，读者可以掌握 PIC 系列单片机的中、高档型号内部配置的功能比较复杂的各种硬件资源，及其应用开发技术；利用这些资源可以设计和研制智能性更强、功能更复杂的电子产品系统甚至网络产品。

在本套教程的编写过程中，得到了原微芯科技咨询(上海)有限公司的执行总监邱庚源先生、机械科学研究院刘治山高级工程师、原微芯科技咨询有限公司应用工程师张明峰先生、王作峰先生和卢园女士等专家学者们的大力支持和热情鼓励。另外，为本书撰写工作尽力的还有王友才、张拥军、孙群中、杨涛、李聪聪、池俭、王树生、李学英、范俊海、李学峰、王友发、蔡永泽、蔡永岗、李学凤、范淑玲、李伟、李青石、宋庆国、蒙洋、高笑飞、董丹、杨阳、马秀丽、张建春、王孝丽、李治存、曹艳、芦小菊、董宁、王雪、柳艳明、何富、王培、霍兴、马士学、宋峰、赵志伟、赵飞、杜太琢、杨瑞琢、杜雪梅、杨琳、李晗羽、李子杨等等。在此一并深表诚挚的谢意！

由于微芯公司不断推出新品，可查阅的中文新资料尚不十分丰富，需要撰写的内容不仅量大而且新颖，加之作者的水平有限，书中不妥之处在所难免，敬请广大读友不吝赐教。

作　者(E-mail：Lixuehai@tom.com 或 yanglin...@163.com)

2006 年 10 月 1 日

目 录

第 10 章 常用人机界面、器件及其接口技术

第1章 并行端口引脚上的复合功能及其应用

PIC16F87X 系列单片机，总共有 5 个 8 位可独立编程的通用并行输入/输出端口(可简称 I/O 口)。这 5 个端口之间不仅存在内部结构上的差异，而且同属于一个端口的各引脚的内部结构也不尽相同。在《PIC 单片机实用教程——基础篇(第 2 版)》(后简称《基础篇》)第 2.6 节中，已经用一个代表着各个端口共性的“基本结构模型”，来向读者阐述了一条 I/O 引脚的基本电路结构、硬件工作原理和软件编程方法。本章对于各个端口及其各引脚的内部结构以及它们之间的差别，分别进行详细的分析和介绍。

在 PIC16F87X 系列单片机中，28 脚封装的型号具有 3 个并行端口，分别是 RA、RB 和 RC；40 脚封装的型号具有 5 个并行端口，分别是 RA、RB、RC、RD 和 RE。RA 包含 6 个引脚，RE 包含 3 个引脚，RB、RC 和 RD 都包含 8 个引脚。由于 PIC16F87X 属于 8 位单片机，因此每个端口都由数量不超过 8 个的引脚构成。每个端口中的每根引脚都可以用软件的方式单独编程，设定为输出引脚或者输入引脚。其中有些 I/O 引脚和单片机内部的某些功能部件或其他外围模块的外接信号线进行了复用，也就是说，既可以作为普通 I/O 引脚，又可以作为某些功能部件或外围模块的外接引脚。

在《基础篇》第 2.6 节中，只介绍了各个端口引脚都具备的基本功能——通用 I/O 引脚，本章将重点介绍它们的个性功能，也就是它们的第 2 功能，甚至是第 3 功能。

以下对于各个端口的特色简要概括一下：

- RA 端口的特色是，兼备 5 条模/数转换器的模拟量输入通道；
- RB 端口的特色是，具有电平变化中断和弱上拉功能；
- RC 端口的特色是，复合的功能多，3 种串行通信接口的外接引脚都由此引出；
- RD 端口的特色是，兼作并行从动端口的 8 位数据吞吐引脚；
- RE 端口的特色是，兼作并行从动端口的 3 条控制信号引脚，以及 3 条模/数转换器的模拟量输入通道。

1.1　RA 端口

RA 端口是一个只有 6 根引脚的双向 I/O 端口，它在基本输入/输出功能的基础之上，复合了模/数转换器(即 A/D 转换器或 ADC)的模拟量输入功能、A/D 转换器所需的外接参考电压输入功能、定时器/计数器 TMR0 的外部时钟输入功能、主同步串行端口 MSSP 的从动选择信号输入功能等。

1.1.1　与 RA 端口相关的寄存器

与 RA 端口模块有关的特殊功能寄存器共有 3 个，都具有在 RAM 数据存储器中统一编码的地址，如表 1.1 所列。

表 1.1　与 RA 端口相关的寄存器

寄存器名称	寄存器符号	寄存器地址	寄存器内容							
			bit7	bit6	bit5	bit4	bit3	bit2	bit1	bit0
A 口数据寄存器	PORTA	05H	—	—	RA5	RA4	RA3	RA2	RA1	RA0
A 口方向寄存器	TRISA	85H	—	—	6 位方向控制数据					
AD 控制寄存器 1	ADCON1	9FH	ADFM	—	—	—	PCFG3	PCFG2	PCFG1	PCFG0

1. 端口数据寄存器 PORTA

bit7	bit6	bit5	bit4	bit3	bit2	bit1	bit0
—	—	RA5	RA4	RA3	RA2	RA1	RA0

端口数据寄存器 PORTA 是一个可读可写的寄存器，也是一个用户软件与单片机引脚外接电路交换数据的界面。由于 RA 端口只有 6 个外接引脚，所以，与之对应的数据寄存器也就只有低 6 位有效，无效的两位读出时将返回 0。

2. 端口方向控制寄存器 TRISA

bit7	bit6	bit5	bit4	bit3	bit2	bit1	bit0
—	—	6 位方向控制数据					

端口方向控制寄存器 TRISA 是一个可读可写的寄存器，由它控制端口 RA 的每一个引脚

的数据传送方向。由于 RA 端口只有 6 个外接引脚，所以，与之对应的方向控制寄存器也就只有低 6 位有效，无效的两位读出时也将会返回 0。

当把某一位设置为“1”时，则相应的端口引脚被定义为“输入”(即 1=Input)；当把某一位设置为“0”时，则相应的端口引脚被定义为“输出”(即 0=Output)。

3. A/D 转换器控制寄存器 ADCON1

bit7	bit6	bit5	bit4	bit3	bit2	bit1	bit0
ADFM	—	—	—	PCFG3	PCFG2	PCFG1	PCFG0

ADCON1 寄存器的低 4 位是可读可写的。它是定义 A/D 转换器模块输入引脚功能分配的一个控制寄存器。与 RA 端口有牵连的只有低 4 位(PCFG3∶PCFG0)。例如，当定义 PCFG3∶PCFG0=011x 时(其中“x”取 0 或 1 均可)，RA 和 RE 端口中 8 根可以用作模拟输入通道的引脚，此时全部被设置成了普通数字 I/O 脚。进一步的解释可参考第 5 章。

1.1.2　电路结构和工作原理

由于 RA 端口各引脚所复合的功能不尽相同，所以，各引脚的内部结构也就不尽一致。它们的内部结构图分别如图 1.1 和图 1.2 所示。

图 1.1 描绘的是 RA0～RA3 和 RA5 引脚的内部结构。将它与 I/O 引脚的“基本结构模型”进行比较，可以很容易地看出其变动的部分。属于原来的基本结构模型的部分，其工作原理已经作过详解，不再赘述。在此只介绍与基本结构模型不同的部分。

图 1.1 中的 TTL 电平缓冲器，比原先增加了一个控制信号输入端，即“模拟输入模式”信号端。当该信号送来高电平时，缓冲器被封锁，I/O 脚到输入锁存器的通路被截断，此时该引脚被用作为 A/D 转换器的一条模拟量输入通道或者参考电压输入脚；当该信号送来低电平时，缓冲器被解封，I/O 脚到输入锁存器的通路被接通，此时这条引脚被用作为普通数字 I/O 脚。

图 1.2 描绘的是 RA4 引脚的内部结构。如果将它与“基本结构模型”进行比较，可以看出其变动的部分较多一点，如图 1.3 所示。在该图中，属于原来的基本结构模型的部分用阴影标出，在此也只介绍与基本结构模型不同的部分。

在图 1.3 中，将 TTL 电平缓冲器换成了施密特触发输入缓冲器，这样可以对 I/O 引脚上送来的信号具有整形的作用，以便允许不太规则的方波信号作为定时器/计数器 TMR0 的外来时钟信号。由于 TMR0 模块的外部输入信号 T0CKI 与端口引脚 RA4 是复合在同一根引脚上的，当 TMR0 工作于计数器模式，用 RA4 作为 T0CKI 信号专用输入引脚时，要求该引脚必须设定为“输入”方式。

该引脚的输出级比基本结构模型少一个“或”门和一只 PMOS 场效应管(图中虚线框内)，

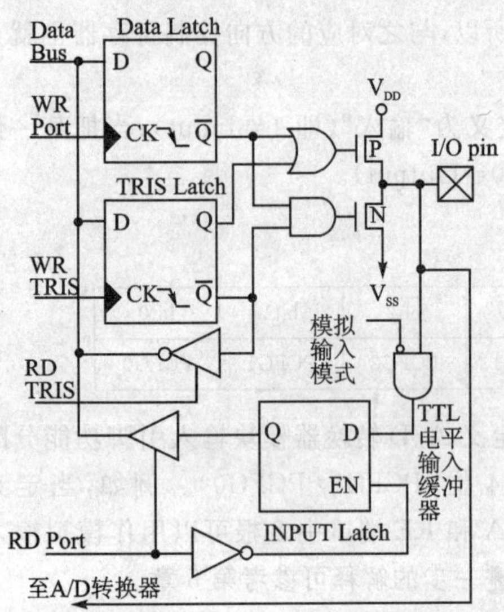

图 1.1　RA0～RA3 和 RA5 引脚的内部结构

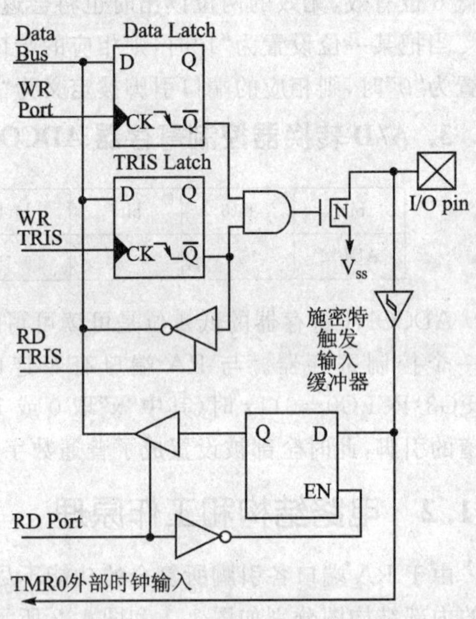

图 1.2　RA4/T0CKI 引脚的内部结构

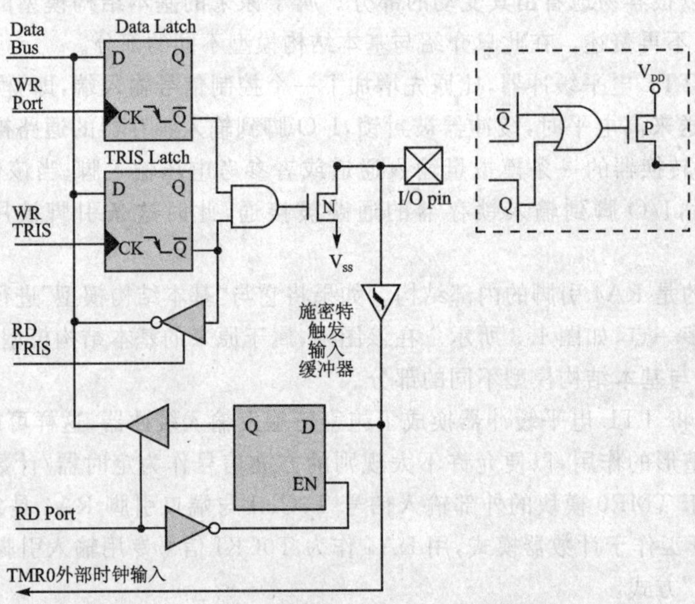

图 1.3　RA4/T0CKI 引脚内部结构变动之处

因此，工作原理的分析方法完全可以参考以前对基本结构模型的介绍。由于输出级减少了一只上拉PMOS管，所以输出逻辑1时，要靠外接上拉电阻将引脚状态拉到高电平。鉴于该引脚的结构，它不能向外界提供较大的高电平驱动电流，这一点在应用时务必注意。

1.1.3 编程方法

除了RA4之外的所有RA端口引脚，都可以被定义为ADC模块的模拟信号输入通道，或者参考电压外接引脚。究竟定义成哪种功能，可以由ADC控制寄存器ADCON1的PCFG3～PCFG0各位来设置。在单片机初始上电后，ADC控制寄存器被清0，自动将RA和RE端口中具有A/D功能的引脚设置为模拟输入引脚，读出时将返回"0"。

对于RA端口引脚，如果打算用作通用数字I/O引脚，则必须在用户程序的初始化阶段，把模/数转换器(ADC)的控制寄存器ADCON1的低4位设置为以下几种方式之一，即PCFG3～PCFG0=0100、0101、011X、1101、1110和1111。尤其是，对于RA5而言，当用作主同步串行端口MSSP的从动选择信号$\overline{SS}$输入引脚时，必须把RA5引脚设置为数字I/O引脚。

无论是作为数字I/O，还是作为模拟输入，方向寄存器TRISA始终控制着RA端口引脚的方向。因此，当把RA端口引脚作为模拟输入引脚使用时，用户要将TRISA寄存器的相应位定义为"1"。

下面是一段初始化RA端口的程序片段：

```
;**********************************************************************
BCF         STATUS, RP0         ;
BCF         STATUS, RP1         ;选 RAM 的体 0(Bank0)
CLRF        PORTA               ;通过清 0 输出数据寄存器 PORTA 来初始化 RA 端口
BSF         STATUS, RP0         ;选 RAM 的体 1(Bank 1)
MOVLW       0x06                ;定义所有相关引脚全部为普通数字 I/O 脚
MOVWF       ADCON1              ;
MOVLW       0xCF                ;11001111 是定义 RA 端口引脚方向的值
MOVWF       TRISA               ;定义 RA<3:0>为输入，RA<5:4>为输出
                                ; TRISA<7:6>未利用，读出时总是得到"0"
;**********************************************************************
```

1.2 RB端口

RB端口是一个8位双向I/O端口。它在基本输入/输出功能的基础之上，除了每个引脚内部增加了可统一编程的弱上拉电路，另外还复合了片载Flash低电压编程所需的3个引脚、外部中断输入引脚、电平变化中断功能等。

1.2.1 与RB端口相关的寄存器

与RB端口模块有关的特殊功能寄存器共有4个,如表1.2所列。这4个寄存器都具有在RAM数据存储器中统一编码的地址。

表1.2 与RB端口相关的寄存器

寄存器名称	寄存器符号	寄存器地址	寄存器内容							
			bit7	bit6	bit5	bit4	bit3	bit2	bit1	bit0
B口数据寄存器	PORTB	06H/106H	RB7	RB6	RB5	RB4	RB3	RB2	RB1	RB0
B口方向寄存器	TRISB	86H/186H	8位方向控制数据							
选项寄存器	POTION_REG	81H/181H	$\overline{\text{RBPU}}$	INTEDG	T0CS	T0SE	PSA	PS2	PS1	PS0
中断控制寄存器	INTCON	0BH/8BH	GIE	PEIE	T0IE	INTE	RBIE	T0IF	INTF	RBIF

1. 端口数据寄存器 PORTB

bit7	bit6	bit5	bit4	bit3	bit2	bit1	bit0
RB7	RB6	RB5	RB4	RB3	RB2	RB1	RB0

端口数据寄存器PORTB是一个可读可写的寄存器,也是一个用户程序与单片机引脚外接电路交换数据的界面。

2. 端口方向控制寄存器 TRISB

bit7	bit6	bit5	bit4	bit3	bit2	bit1	bit0
8位方向控制数据							

端口方向控制寄存器TRISB是一个可读可写的寄存器,由它控制端口RB的每一个引脚的数据传送方向。当把某一位设置为1时,则相应的端口引脚被定义为输入;当把某一位设置为0时,则相应的端口引脚被定义为输出。

3. 选项寄存器 POTION_REG

bit7	bit6	bit5	bit4	bit3	bit2	bit1	bit0
$\overline{\text{RBPU}}$	INTEDG	T0CS	T0SE	PSA	PS2	PS1	PS0

选项寄存器POTION_REG是一个可读可写的寄存器,包含着与TMR0、分频器和端口RB有关的控制位。端口引脚RB0和外部中断INT共用同一引脚,与该引脚有关的两个控制位含义如下:

➤ INTEDG:外部中断INT触发信号边沿选择位。

- 1＝选择 RB0/INT 上升沿触发有效；
- 0＝选择 RB0/INT 下降沿触发有效。

➤ $\overline{\text{RBPU}}$：RB 端口弱上拉电路使能控制位。

- 1＝RB 端口弱上拉电路禁止；
- 0＝RB 端口弱上拉电路使能。

4. 中断控制寄存器 INTCON

bit7	bit6	bit5	bit4	bit3	bit2	bit1	bit0
GIE	PEIE	T0IE	INTE	RBIE	T0IF	INTF	RBIF

中断控制寄存器 INTCON 是一个可读可写的寄存器，它将第一梯队中的 3 个中断源的标志位和屏蔽位(也称使能位)，以及 PEIE 和 GIE 囊括其中。不过与 RB 端口有关的位只有两个。

➤ RBIF：端口 RB 的引脚 RB4～RB7 电平变化中断标志位。

- 1＝RB4～RB7 已经发生了电平变化(必须用软件清 0)；
- 0＝RB4～RB7 尚未发生了电平变化。

➤ RBIE：端口 RB 的引脚 RB4～RB7 电平变化中断屏蔽位。

- 1＝允许端口 RB 产生的中断；
- 0＝屏蔽端口 RB 产生的中断。

1.2.2　电路结构和工作原理

由于 RB 端口各引脚所复合的功能不尽相同，所以，各引脚的内部结构也就不尽一致。它们的内部结构大致分为 4 种情况，如图 1.4～图 1.7 所示。

图 1.4 描绘的是 RB1～RB2 引脚的内部结构。将它与“基本结构模型”进行比较，可以看出其变动的部分和增加的部分。数据锁存器 Data Latch 的输出端 Q 到外接引脚 I/O pin 之间经过一个受控三态门。该三态门受控于方向锁存器 TRIS Latch，当 TRIS Latch 输出高电平时，Data Latch 与 I/O 引脚接通；反之，Data Latch 与 I/O 引脚隔离。弱上拉电路由一只高内阻 PMOS 场效应管构成(尽管从电路符号上看它无异于其他 PMOS 管，但是应该把它看作是一只制造工艺上经过特殊处理的 PMOS 管，当它导通时只能流过一个很微弱的饱和导通电流)，其控制电路由一只二输入端“与非”门构成。若想让弱上拉电路发挥作用(即使能弱上拉功能)，则必须在端口引脚方向设定为输入的情况下，将 $\overline{\text{RBPU}}$ 控制位(OPTION_REG 的 bit7)设置为 0。此时与非门输出低电平，PMOS 管导通，上拉电路被使能。当端口引脚被设置为输出时，弱上拉电路会被自动禁止。当单片机上电复位时所有 RB 端口引脚的弱上拉电路均被禁止。

图 1.5 描绘的是 RB0 和 RB3 引脚的内部结构。与图 1.4 进行比较，又增加了一只施密特

触发缓冲器,形成另一条具有信号波形整形功能的输入途径。当利用单片机的外部中断信号输入功能时,RB0引脚应该设置为输入方式。对于RB3而言,当对单片机进行烧写编程时,这只引脚作为编程控制输入线PGM。这时的RB3肯定处于输入方式,原因是,当经过单片机RB6和RB7串行烧写编程时,首先需要复位单片机($\overline{MCLR}$脚接低电平),而单片机复位又将会使所有端口引脚默认设置为输入方式。

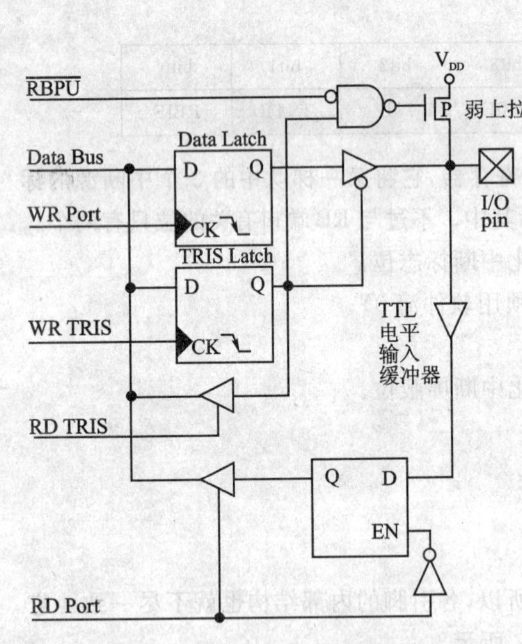

图 1.4 RB1~RB2 引脚内部结构

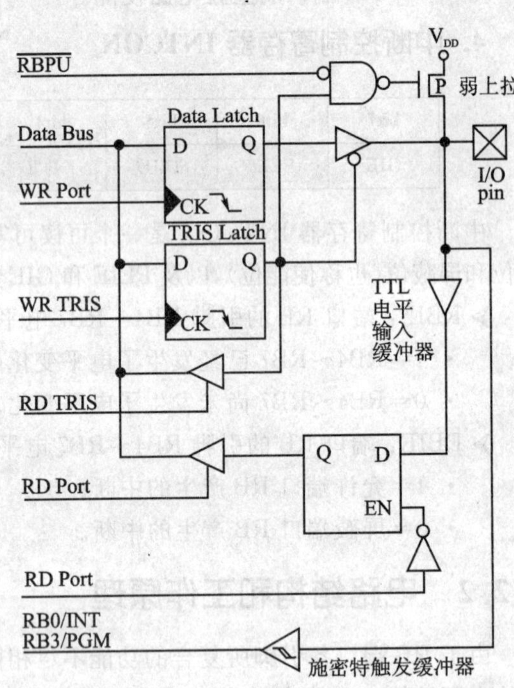

图 1.5 RB0 和 RB3 引脚内部结构

图1.6描绘的是RB4~RB5引脚的内部结构。与图1.4进行比较,增加了2只锁存器INPUT Latch和LEVEL Latch、2只二输入端"与"门Ga和Gc、1只二输入端"异或"门Gb和1只四输入端"或"门Gd。与"基本结构模型"中的输入锁存器相比,其锁存控制信号EN不再由读端口数据信号RD Port提供,而改为由每个指令周期中的第1个时钟脉冲Q1提供。如此以来,引脚上的逻辑电平会在Q1的控制下被锁存到INPUT Latch中,并且该锁存器中的内容,还将会随着引脚上的逻辑电平的变化,不停地和及时地被刷新。从引脚电平变化到锁存器中的内容被刷新,最大延时不超过一个指令周期的时间。LEVEL Latch锁存器负责锁存"基准电平",其锁存控制信号由Ga输出提供,只有当读取端口数据信号RD Port有效,并且在指令周期的第3个时钟脉冲Q3到来时,才可进行锁存。由此可见,LEVEL Latch锁存器的内容作为时刻监视引脚电平是否变化的依据和背景,该内容不是频繁更新的。其内容的更新完全是可以人为控制的。

当两只锁存器内容相同时，它们的Q端输出相同，"异或"门Gb输出低电平；而当I/O引脚上的电平发生变化时，会及时更新锁存器INPUT Latch的内容，导致"异或"门Gb输出变高，如果此时该引脚已被设置为输入方式，那么，"与"门Gc输出变高，进而使"或"门Gd输出高电平，把标志位RBIF置1。

关于RB端口的电平变化功能的应用，详见《基础篇》的8.6.3小节中的讲解。

图1.7描绘的是RB6～RB7引脚的内部结构。与图1.6进行比较，又增加了一只施密特触发缓冲器，形成另一条具有信号波形整形功能的信号输入途径。当对单片机进行烧写编程时，这两只引脚分别作为串行时钟输入线PGC和串行数据输入线PGD。

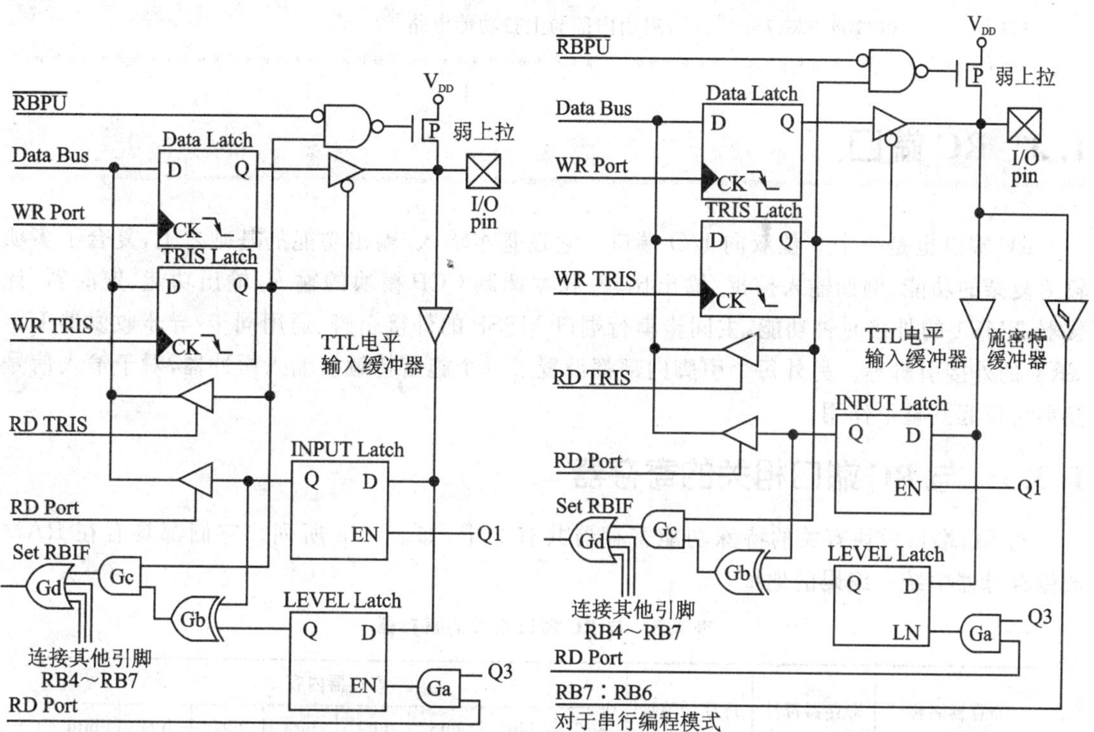

图1.6 RB4～RB5引脚内部结构

图1.7 RB6～RB7引脚内部结构

1.2.3 编程方法

单片机初始加电时，输出数据寄存器PORTB的内容为随机值，方向控制寄存器TRISB的内容为全1，因此，起始状态下端口各引脚均处于输入方式，对外呈现高阻状态。通过定义TRISB寄存器的值，可以分别将指定引脚设置为输入或者输出方式。RB端口各引脚具备的内部弱上拉电路可以在作为输入脚时省掉外接上拉电阻。是否利用其弱上拉功能，也需要在用户程序初始化阶段加以定义。

以下是对于 RB 端口进行初始化的一段程序片段：

```
;****************************************************************
BCF      STATUS, RP1          ;选体 0
BCF      STATUS, RP0          ;
CLRF     PORTB                ;通过清 0 输出锁存器 PORTB 来设置 RB 端口
BSF      STATUS, RP0          ;选择体 1,以便访问 TRISB 寄存器
MOVLW    0x0F                 ;00001111 作为初始化端口方向的值
MOVWF    TRISB                ;定义 RB<3:0>为输入,定义 RB<7:4>为输出
BCF      OPTION_REG,7         ;启用内部弱上拉功能电路
;****************************************************************
```

1.3 RC 端口

RC 端口也是一个 8 位双向 I/O 端口。它在基本输入/输出功能的基础之上,复合了多项较为复杂的功能,例如输入捕捉/输出比较/脉宽调制 CCP 模块的输入/输出功能、定时器/计数器 TMR1 的外接时钟功能、主同步串行端口 MSSP 的外接引脚、通用同步/异步收发器 USART 的外接引脚等。另外每个引脚内部都设置了一个施密特触发输入缓冲器,对于输入信号波形可以起到整形作用。

1.3.1 与 RC 端口相关的寄存器

与 RC 端口模块有关的特殊功能寄存器共有 2 个,如表 1.3 所列。它们都具有在 RAM 数据存储器中统一编码的地址。

表 1.3 与 RC 端口相关的寄存器

寄存器名称	寄存器符号	寄存器地址	寄存器内容							
			bit7	bit6	bit5	bit4	bit3	bit2	bit1	bit0
C 口数据寄存器	PORTC	07H	RC7	RC6	RC5	RC4	RC3	RC2	RC1	RC0
C 口方向寄存器	TRISC	87H	8 位方向控制数据							

1. 端口数据寄存器 PORTC

bit7	bit6	bit5	bit4	bit3	bit2	bit1	bit0
RC7	RC6	RC5	RC4	RC3	RC2	RC1	RC0

端口数据寄存器 PORTC 是一个可读可写的寄存器,也是一个用户程序与单片机引脚外接电路交换数据的界面。

2. 端口方向控制寄存器 TRISC

bit7	bit6	bit5	bit4	bit3	bit2	bit1	bit0
8 位方向控制数据							

端口方向控制寄存器 TRISC 是一个可读可写的寄存器,由它控制端口 RC 的每一个引脚的数据传送方向。

1.3.2　电路结构和工作原理

RC 端口各引脚的内部结构大致分为 2 种情况,分别如图 1.8 和图 1.11 所示。

图 1.8 描绘的是 RC0～RC2 和 RC5～RC7 引脚的内部结构。将它与"基本结构模型"进行比较,可以看出其变动的部分和增加的部分。如果将该图中的复用器 MUX 和二输入端或门等新增部分去除,就会得到如图 1.9 所示的结构。

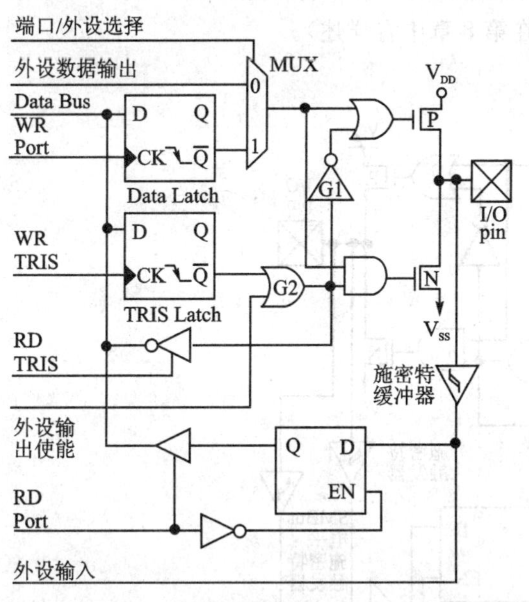

图 1.8　RC0～RC2 和 RC5～RC7 引脚内部结构

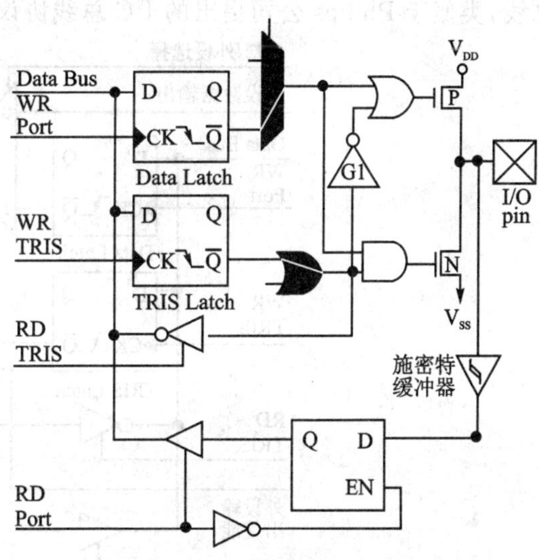

图 1.9　RC0～RC2 和 RC5～RC7 引脚内部结构图(新增部分去除)

图 1.9 所示的电路,与基本结构模型工作原理是完全等效的。也就是说,为了把其他外设模块的外接引脚,与通用 I/O 引脚复合在一起,就在引脚基本结构模型的基础之上,增加了一只复用器 MUX、一只"或"门 G2 及两根控制线(端口/外设选择线和外设输出使能线),便将

"外设数据输出"路径和"外设输入"路径都引导至外接引脚 I/O 上。可以再回过头来观察图 1.8。

当与该 I/O 端口电路合用外接引脚的特殊外设模块(即非通用输入/输出端口模块,例如,CCP、MSSP、USART 等)被使能时,要求"端口/外设选择"信号呈现有效的低电平,同时"外设输出使能"信号必须呈现有效的高电平。这样,该外设模块就从 I/O 端口接过引脚的使用权,此时精简后的等效电路如图 1.10 所示。在该图中将输出驱动级简化为一只受控三态门。

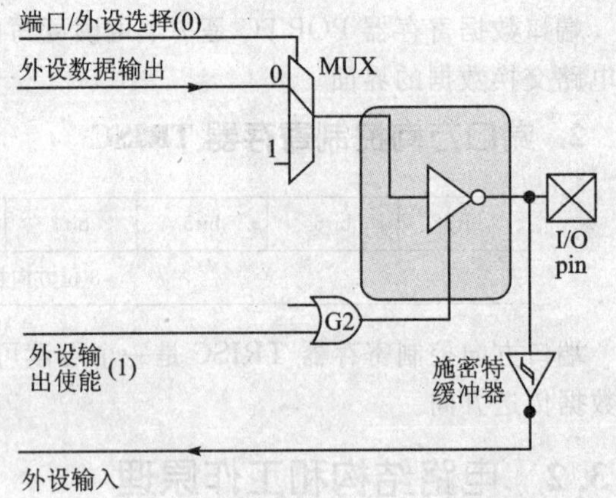

图 1.10 RC0～RC2 和 RC5～RC7 引脚内部结构图(基本模型部分被精简)

图 1.11 描绘的是 RC3～RC4 引脚的内部结构。与图 1.8 进行比较,又增加了一只"SMBus 电平施密特触发缓冲器"、一只复用器 MUX2 和一根控制线 CKE,形成另一条兼容 SMBus 总线电平的信号输入途径(SMBus 是 Intel 公司提出的一种串行总线协议,叫做系统管理总线,类似于 Philips 公司提出的 I²C 总线协议,在第 8 章中有详述)。

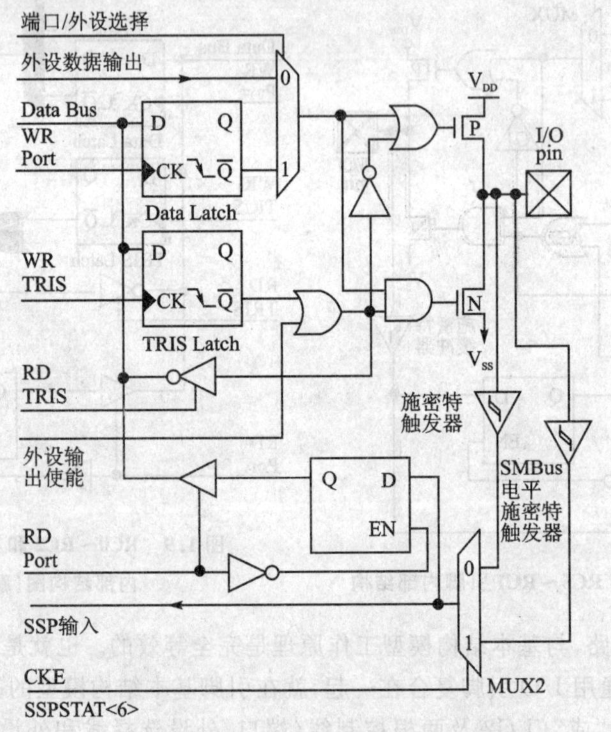

图 1.11 RC3～RC4 引脚内部结构

当主同步串行端口 MSSP 工作于 I^2C 模式时,CKE 控制位等于 1,引脚信号经过 SMBus 电平施密特触发器送入内部 MSSP 模块。原因是,I^2C 总线与 SMBus 总线的技术规范非常接近,只是电平参数有点差异。

当外设模块被使能时,要当心对 RC 端口各引脚的方向控制位 TRISC 的设置。因为从对引脚结构图的分析得知,有些外围模块可以超越 TRISC 方向控制位的约束,而使 RC 端口引脚工作于输出方式;也有些外围设备模块可以超越 TRISC 方向控制位的约束,而使 RC 端口引脚工作于输入方式。既然在某些特殊外围模块投入使用时,TRISC 引脚方向控制位的作用可能被掩盖,那么,就应该避免以 TRISC 为目标寄存器所进行"读-修改-写"的操作,例如 BSF、BCF、XOPWF 等指令。用户可以参考相应的外围模块章节,以便对 TRISC 进行正确的设置。

1.3.3 编程方法

单片机初始加电时,输出数据寄存器 PORTC 的内容为随机值,方向控制寄存器 TRISC 的内容为全 1,因此,起始状态下端口各个引脚均处于输入方式,对外呈现高阻状态。通过定义 TRISC 寄存器的值,可以分别将指定引脚设置为输入或者输出方式,需要在用户初始化程序阶段加以定义。

以下是对于 RC 端口进行初始化的一段程序片段:

```
;****************************************************************
BCF         STATUS, RP1          ;选体 0
BCF         STATUS, RP0          ;
CLRF        PORTC                ;通过清 0 输出锁存器 PORTC 来设置 RC 端口
BSF         STATUS, RP0          ;选择体 1,以便访问 TRISC 寄存器
MOVLW       0xCF                 ;11001111 作为初始化端口方向的值
MOVWF       TRISC                ;定义 RC<3:0>为输入,定义 RC<5:4>为输出
                                 ;定义 RC<7:6>为输入
;****************************************************************
```

1.4 RD 端口

PIC16F87X 系列单片机中,只有 40 脚封装的型号,才具备 RD 端口。RD 端口是一个 8 位双向 I/O 端口,它在基本输入/输出功能的基础之上,复合了 1 项功能,即并行从动端口。另外,每个引脚在作为 I/O 脚使用时,是经过施密特触发缓冲器输入的;而在工作于并行从动端口方式时,则是经过 TTL 缓冲器输入的。

1.4.1 与RD端口相关的寄存器

与RD端口模块有关的特殊功能寄存器共有3个,如表1.4所列。这3个寄存器都具有在RAM数据存储器中统一编码的地址。

表1.4 与RD端口相关的寄存器

寄存器名称	寄存器符号	寄存器地址	寄存器内容							
			bit7	bit6	bit5	bit4	bit3	bit2	bit1	bit0
D口数据寄存器	PORTD	08H	RD7	RD6	RD5	RD4	RD3	RD2	RD1	RD0
D口方向寄存器	TRISD	88H	8位方向控制数据							
E口方向寄存器	TRISE	89H	IBF	OBF	IBOV	PSP MODE	—	3位方向控制数据		

1. 端口数据寄存器PORTD

bit7	bit6	bit5	bit4	bit3	bit2	bit1	bit0
RD7	RD6	RD5	RD4	RD3	RD2	RD1	RD0

端口数据寄存器PORTD是一个可读可写的寄存器,是一个用户程序与单片机引脚外接电路交换数据的界面。

2. 端口方向控制寄存器TRISD

bit7	bit6	bit5	bit4	bit3	bit2	bit1	bit0
8位方向控制数据							

端口方向控制寄存器TRISD是一个可读可写的寄存器,由它控制端口RD的每一个引脚的数据传送方向。

3. 端口方向控制寄存器TRISE

bit7	bit6	bit5	bit4	bit3	bit2	bit1	bit0
IBF	OBF	IBOV	PSPMODE	—	3位方向控制数据		

TRISE不是一个完全可读可写的寄存器。与RD端口有牵连的只有一个位PSPMODE控制位。当该位置1,RD工作于并行从动端口方式;当该位清0,RD工作于通用I/O端口方式。

1.4.2 电路结构和工作原理

由于RD端口各引脚所复合的功能完全相同,所以各引脚的内部结构也就完全一致。它们的内部结构如图1.12所示。该图描绘的是I/O方式下的RD0～RD7引脚的内部结构。将它与"基本结构模型"进行比较,能够看出其变动的部分很少,只是把输出驱动级用一只受控三态门取代了。所以其工作原理与基本结构模型几乎相同,在此不再赘述。关于工作于PSP方式下的RD0～RD7引脚的内部结构,将在并行从动端口PSP部分介绍。

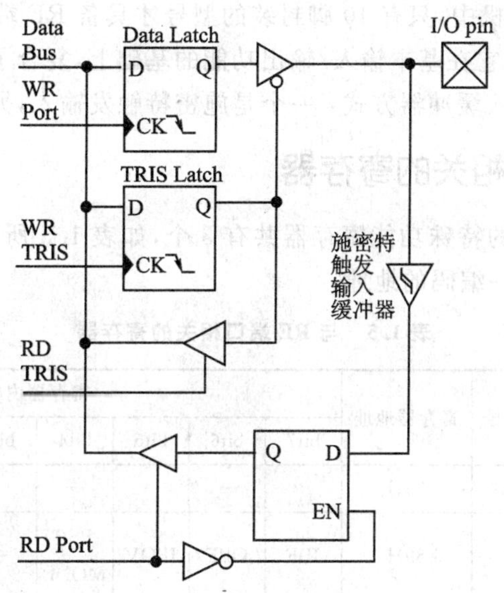

图1.12 I/O方式下的RD0～RD7引脚内部结构

1.4.3 编程方法

单片机初始加电时,输出数据寄存器PORTD的内容为随机值,方向控制寄存器TRISD的内容为全1;因此,起始状态下端口各个引脚均处于输入方式,对外呈现高阻状态。通过定义TRISD寄存器的值,可以分别将指定引脚设置为输入或者输出方式,而且需要在用户初始化程序阶段加以定义。

下面是对RD端口进行初始化的程序片段:

```
;****************************************************************
BCF        STATUS, RP1        ;选体 0
BCF        STATUS, RP0        ;
CLRF       PORTD              ;通过清 0 输出锁存器 PORTD 来设置 RD 端口
BSF        STATUS, RP0        ;选择体 1,以便访问 TRISD 寄存器
```

```
MOVLW      0xF0          ;11110000 作为初始化端口方向的值
MOVWF      TRISD         ;定义 RD<3:0>为输出
                         ;定义 RD<7:4>为输入
;*****************************************************************
```

1.5 RE 端口

PIC16F87X 系列单片机中，只有 40 脚封装的型号才具备 RE 端口。RE 端口是一个只有 3 个引脚的双向 I/O 端口，它在基本输入/输出功能的基础上，复合了"两项"功能。另外，每个引脚内部都设置了两种输入缓冲器方式：一个是施密特触发输入，另一个是 TTL 电平输入。

1.5.1 与 RE 端口相关的寄存器

与 RE 端口模块有关的特殊功能寄存器共有 3 个，如表 1.5 所列。这 3 个寄存器都具有在 RAM 数据存储器中统一编码的地址。

表 1.5　与 RE 端口相关的寄存器

寄存器名称	寄存器符号	寄存器地址	寄存器内容							
			bit7	bit6	bit5	bit4	bit3	bit2	bit1	bit0
E 口数据寄存器	PORTE	09H	—	—	—	—	—	RE2	RE1	RE0
E 口方向寄存器	TRISE	89H	IBF	OBF	IBOV	PSP MODE	—	3 位方向控制数据		
AD 控制寄存器 1	ADCON1	9FH	ADFM	—	—	—	PCFG3	PCFG2	PCFG1	PCFG0

1. 端口数据寄存器 PORTE

bit7	bit6	bit5	bit4	bit3	bit2	bit1	bit0
—	—	—	—	—	RE2	RE1	RE0

端口数据寄存器 PORTE 是一个可读可写的寄存器，也是一个用户程序与单片机引脚外接电路交换数据的界面。不过它只有低 3 位是可用的。

2. 端口方向控制寄存器 TRISE

bit7	bit6	bit5	bit4	bit3	bit2	bit1	bit0
IBF	OBF	IBOV	PSPMODE	—	3 位方向控制数据		

端口方向控制寄存器 TRISE 是一个部分位可读可写的寄存器,由它的低 3 位控制端口 RE 的 3 根引脚的数据传送方向。除了 3 个方向控制位之外,与 RE 引脚作为并行从动端口 PSP 控制信号时有关的高 3 位,分别介绍如下:

➢ IBF:输入缓冲器已满状态位。
- 1=输入缓冲器已经收到了外来数据并且等待读取;
- 0=输入缓冲器未收到数据或者数据已经被取走。

➢ OBF:输出缓冲器已满状态位。
- 1=输出缓冲器先前由程序写入的数据尚未被对方处理器取走;
- 0=输出缓冲器先前由程序写入的数据已经被对方处理器取走。

➢ IBOV:输入缓冲器溢出标志位。
- 1=前一次送来的数据还未被程序读取,对方处理器又一次发来数据(必须用软件清 0);
- 0=正常,未发生溢出现象。

3. A/D 转换器控制寄存器 ADCON1

bit7	bit6	bit5	bit4	bit3	bit2	bit1	bit0
ADFM	—	—	—	PCFG3	PCFG2	PCFG1	PCFG0

ADCON1 寄存器不是一个完全可读可写的寄存器,只有低 4 位可读写,其含义在讲解 RA 端口的章节已经作过介绍,在此不再赘述。

1.5.2　电路结构和工作原理

由于 RE 端口各引脚所复合的功能完全相同,所以各引脚的内部结构也就完全一致。它们的内部结构如图 1.13 所示。该图描绘的是 RE 端口工作于通用数字 I/O 方式,或者模拟输入方式下的 RE0～RE3 引脚内部结构。关于工作于 PSP 方式下的 RE0～RE3 引脚的内部结构,将在并行从动端口 PSP 部分介绍。将图 1.13 与“基本结构模型”进行比较,其变动的部分很少。只是把输出驱动级用一只受控三态门取代了。

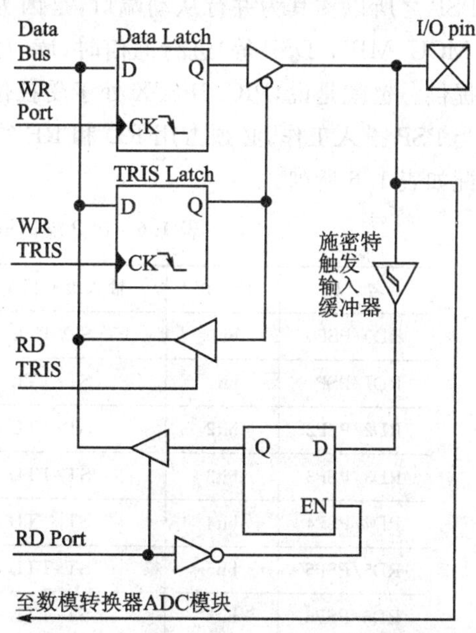

图 1.13　工作于数字 I/O 方式或模拟输入方式下的 RE0～RE3 引脚内部结构

1.5.3 编程方法

RE端口引脚具备3种不同的工作方式,相应的编程方法也不尽相同。

(1) 用作ADC模块的模拟输入通道:在单片机初始上电后,ADC控制寄存器被清0,自动将RA和RE端口中具有A/D功能的引脚,设置为模拟输入引脚,读出时将返回0。

(2) 用作通用数字I/O引脚:如果欲将RE2~RE0引脚用作普通数字I/O脚,必须在用户程序的初始化阶段对ADC控制寄存器的PCFG3~PCFG0(ADCON1寄存器的bit3~bit0)进行设置。若同时将RA设置为通用数字I/O引脚,则应该令PCFG3~PCFG0=011x。

(3) 用作PSP并行从动端口的控制线:详见下一节。当PSPMODE控制位(TRISE寄存器的bit4)被置1时,RE端口的3个引脚就被定义成PSP端口的控制线。

1.6 PSP并行从动端口

在28脚封装的PIC16F87X单片机中没有配置并行从动端口PSP(Parallel Slave Port)模块,原因是,PSP模块需要11个外接引脚,一般与通用输入/输出端口模块RD和RE引脚合用;而28脚封装的PIC16F87X单片机偏偏没有RD和RE端口。因此,只有具备RD和RE端口的40脚封装的PIC16F87X单片机,才配置了PSP模块。

PSP之所以称其为并行从动端口,是因为PIC16F87X在利用并行端口与外界处理器(可以是MCU、MPU、DSP等)进行通信时,读、写控制信号以及片选控制信号都是由对方处理器负责提供。也就是说,PIC16F87X处于受控位置,对方处理器处于主控位置。

当PSP投入工作,必须占用RD和RE的全部端口引脚,而不能再作他用。此时的引脚功能分配如表1.6所列。

表1.6 PSP端口引脚占用和功能分配情况

名 称	位 序	输入缓冲器类型	功能说明
RD0/PSP0	bit0	ST/TTL	并行从动端口的bit0
RD1/PSP1	bit1	ST/TTL	并行从动端口的bit1
RD2/PSP2	bit2	ST/TTL	并行从动端口的bit2
RD3/PSP3	bit3	ST/TTL	并行从动端口的bit3
RD4/PSP4	bit4	ST/TTL	并行从动端口的bit4
RD5/PSP5	bit5	ST/TTL	并行从动端口的bit5
RD6/PSP6	bit6	ST/TTL	并行从动端口的bit6

续表 1.6

名　称	位　序	输入缓冲器类型	功能说明
RD7/PSP7	bit7	ST/TTL	并行从动端口的 bit7
RE0/$\overline{RD}$	bit0	ST/TTL	并行从动端口方式下读控制信号输入
RE1/$\overline{WR}$	bit1	ST/TTL	并行从动端口方式下写控制信号输入
RE2/$\overline{CS}$	bit2	ST/TTL	并行从动端口方式下片选控制信号输入

1.6.1 与 PSP 端口相关的寄存器

与 PSP 端口有关的寄存器共有 7 个,如表 1.7 所列。这 7 个寄存器的功能及其各个位的作用,在前面各相关部分已经有过介绍,在此不再赘述。这里把它们整理归纳在一起,可以方便于读者使用 PSP 功能时查阅。

表 1.7　与 PSP 端口相关的寄存器

寄存器名称	寄存器符号	寄存器地址	寄存器内容							
			bit7	bit6	bit5	bit4	bit3	bit2	bit1	bit0
D 口数据寄存器	PORTD	08H	RD7	RD6	RD5	RD4	RD3	RD2	RD1	RD0
E 口数据寄存器	PORTE	09H	—	—	—	—	—	RE2	RE1	RE0
E 口方向寄存器	TRISE	89H	IBF	OBF	IBOV	PSP MODE	—	3 位方向控制数据		
AD 控制寄存器 1	ADCON1	9FH	ADFM	—	—	—	PCFG3	PCFG2	PCFG1	PCFG0
第一外设中断标志寄存器	PIR1	0CH	PSPIF	ADIF	RCIF	TXIF	SSPIF	CCP1IF	TMR2IF	TMR1IF
第一外设中断屏蔽寄存器	PIE1	8CH	PSPIE	ADIE	RCIE	TXIE	SSPIE	CCP1IE	TMR2IE	TMR1IE
中断控制寄存器	INTCON	0BH/8BH/10BH/18BH	GIE	PEIE	T0IE	INTE	RBIE	T0IF	INTF	RBIF

1.6.2 电路结构和工作原理

当 PSPMODE 控制位(TRISE 寄存器的 bit4)被置 1 时,RD 端口和 RE 端口就共同配合一起工作于 PSP 模式,电路被自动组织成图 1.14 所示的样式。在该模式下,RD 端口的 8 个引脚担当 8 位并行数据吞吐通道,而 RE 端口的 3 个引脚就充当了读、写和片选控制信号输入端,以实现异步读写(应该注意:这里所说的"读"或"写",是站在外部主控设备的角度而言的)。借助于这种 PSP 工作方式,可以实现与其他处理器之间的并行数据通信。

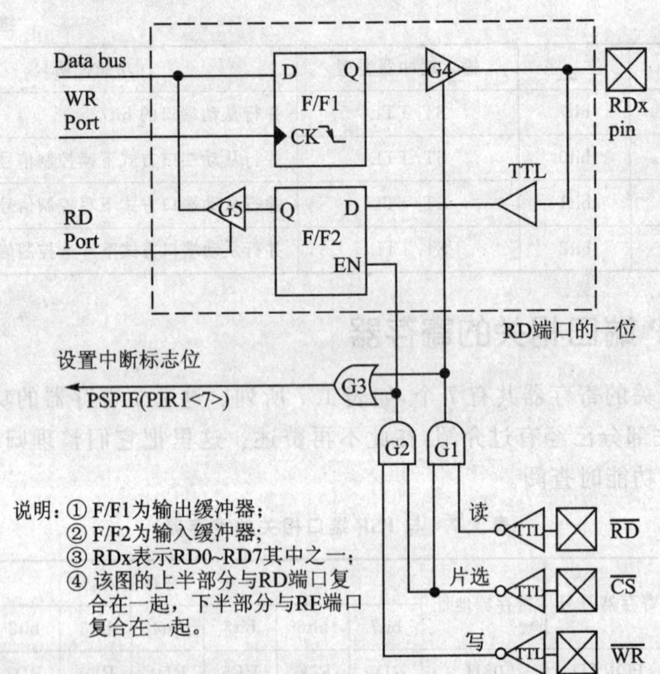

图 1.14 工作于 PSP 方式下的 RE0～ RE3 和 RD0～RD7 引脚内部结构

PSP 可以直接与外部处理器的 8 位数据总线进行接口，外部处理器作为“上位机”可以将 PSP 当作一个受控数据锁存器来并行读写数据。在 PSPMODE 控制位设置为 1 之后，RE2～RE0 自然成为操控该数据锁存器的外来控制信号输入端。但是，应该注意，必须同时将引脚方向控制位 TRISE2～TRISE0 设置为 1，使这 3 个引脚工作于输入方式，以及 ADC 控制寄存器的 PCFG3～PCFG0(ADCON1 寄存器的 bit3～bit0)也需要精心设置，以便使得 RE2～RE0 引脚被设定为普通 I/O 方式。

实际上，PSP 端口模块中有两个 8 位锁存器：一个是数据输出锁存器 F/F1(是用时钟下降沿触发的)；另一个是数据输入锁存器 F/F2(是用时钟高电平触发的)。用户程序可以向 PORTD 端口写入数据，也可以从 PORTD 端口读出数据。在某一时刻，单片机 CPU 的操作对象是由内部信号线 WR Port 和 RD Port 确定。

注意： 读写操作使用相同的地址。在这种情况下，数据的传送方向是由对方处理器控制的，因而，方向控制寄存器 TRISD 中的值是无效的。

当 PSP 的硬件自动检测到 $\overline{RD}$ 和 $\overline{CS}$ 同时出现低电平时，与门 G1 输出电平变高，三态门 G4 就被打开，将数据输出锁存器 F/F1 中的数据送到并行数据总线上；同时输出缓冲器满标志位 OBF 被立即自动清 0，表明读操作完成，并且 OBF 会一直保持低电平，直到用户程序向 PORTD 写入新的数据为止。如果 $\overline{RD}$ 和 $\overline{CS}$ 其中之一变为高电平，则中断标志位 PSPIF(PIR1

寄存器的 bit7)在 Q2 时钟脉冲之后的 Q4 时钟脉冲到来时被置 1,向 PIC16F87X 发出中断请求,表明对端处理器已经将数据取走。关于对端处理器读取 PSP 的操作时序如图 1.15 所示。

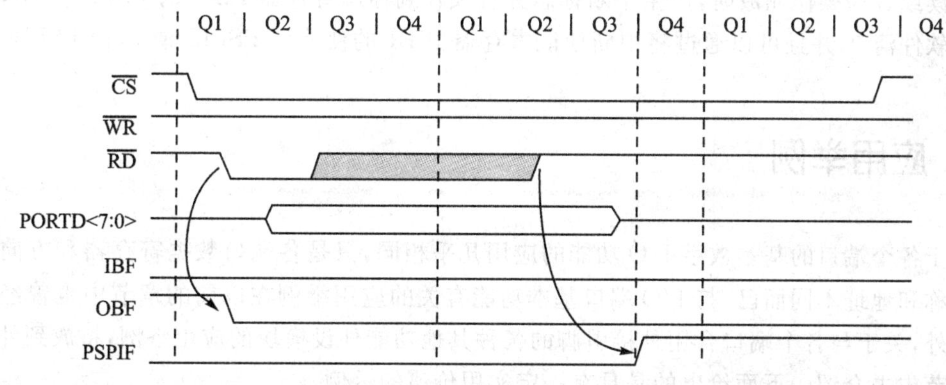

图 1.15 PSP 读出时序

当 PSP 的硬件自动检测到$\overline{WR}$和$\overline{CS}$同时出现低电平时,与门 G2 输出电平变高,数据输入锁存器 F/F2 就被打开,将并行数据总线上的数据锁存到 F/F2 中。如果$\overline{WR}$和$\overline{CS}$其中之一变为高电平,则输入缓冲器满标志位 IBF 在 Q2 时钟脉冲之后的 Q4 时钟脉冲到来时被置 1,表明写操作已经完成,并且 IBF 会一直保持高电平,直到用户程序从 PORTD 中取走数据为止;同时,中断标志位 PSPIF(PIR1 寄存器的 bit7)也在 Q2 时钟脉冲之后的 Q4 时钟脉冲到来时被置 1,向 PIC16F87X 发出中断请求,表明对端处理器已经完成写操作,PIC16F87X 可以开始从 PSP 读取数据。关于对端处理器写 PSP 的操作时序如图 1.16 所示。如果当前一个字节还未被用户程序读取,又发生了对端处理器向 PSP 写数据的操作,则输入缓冲器溢出标志位 IBOV 将被置 1。

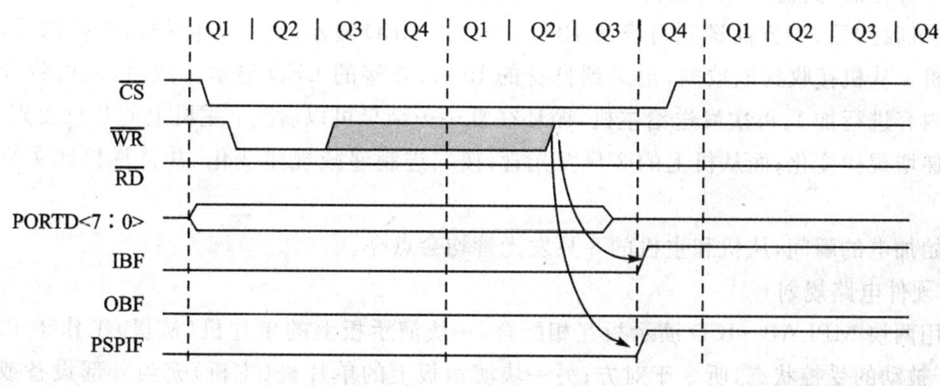

图 1.16 PSP 写入时序

当工作于非PSP方式时,IBF和OBF两个标志位保持清0;而IBOV标志位,如果原先已经被置1,则需由用户程序清0。

当读或者写操作完成时,产生中断标志并且锁存到标志寄存器PIR1的PSPIF位中,该位需要用软件清0,并且可以通过将中断使能寄存器PIE1的使能位PSPIE清0,使PSPIF中断被屏蔽。

1.7 应用举例

关于各个端口的基本数字I/O功能的应用几乎相同,只是各端口数据寄存器和方向寄存器的名称和地址不同而已,与I/O端口基本功能有关的应用举例在以前的章节中也曾经出现过。另外,关于与各个端口合用外接引脚的各种其他功能外设模块的应用举例,将放到外设模块的章节中去介绍。下面给出的是具有一定实用价值的示例。

【实验范例1.1】通过PSP并行从动端口实现双机通信

微芯公司生产的40脚封装的单片机型号PIC16F877/874/871、PIC16C64/65/67、PIC16C74/77、PIC16C774等,片内均集成了并行从动端口PSP模块。利用PIC单片机的这个模块,可以很容易地与多种微处理器MPU、微控制器MCU、数字信号处理器DSP以及微型计算机系统的并行打印端口进行接口,并且以很高的数据传输速率进行通信。在本例中以两个PIC16F877为实验样机。

★ 项目实现功能

在两个单片机之间进行并行通信,其中一个扮演主机,另一个扮演从机。从机中定义一个递增计数寄存器,其初始值设置为0。将该寄存器的值通过并行方式发送给主机,等待由主机取走,主机收到后,一方面送到自身的RC口外接的LED显示,另一方面把该数据取反后,反送给从机。从机接收到该数据,也送到自身的RC口外接的LED显示。然后,从机将计数寄存器的内容进行加1,再次发送给主机,循环往复……结果可以看到:主机上的8只发光管,按二进制递增规律变化;而从机上的8只发光管,按二进制递减规律变化,并且从机比主机滞后半拍。

初始加电的瞬间,从机和主机的8只发光管均会点亮。

★ 硬件电路规划

利用两块MPLAB-ICD演示板互相配合,一块演示板上的单片机(从机)工作于PSP模式,处于被动的受控状态,听令于对方;另一块演示板上的单片机(主机)充当外部设备或者对端处理器,处于主动的主控状态,负责发号施令。主控方的单片机需要将端口RD和RE设置为通用数字I/O工作方式,由用户程序模拟产生读、写和片选控制信号,以及经过RD吞吐

8位宽的并行数据字节。

PSP模式通信实验电路如图1.17所示。双方之间的接线完全对称，只是两者固化的软件不同而已。

★ 软件设计思路

用PORTD作为8位字宽的数据输入/输出端口，用PORTE作为控制信号线输入。在并行从动模式下，由主机提供片选($\overline{CS}$)、读($\overline{RD}$)、写($\overline{WR}$)控制信号，控制PSP进行异步读、写操作。为了利用PSP功能，在RE端口的方向控制寄存器TRISE中，对应$\overline{RD}$、$\overline{WR}$和$\overline{CS}$的方向控制位TRISE＜2:0＞，必须置入1并设定为输入；控制位PSPMODE(TRISE＜4＞)必须置入1，以选定PSP工作模式。另外，控制寄存器ADCON1的低4位也必须适当地设定，使得RE3～RE0工作于普通数字I/O方式。

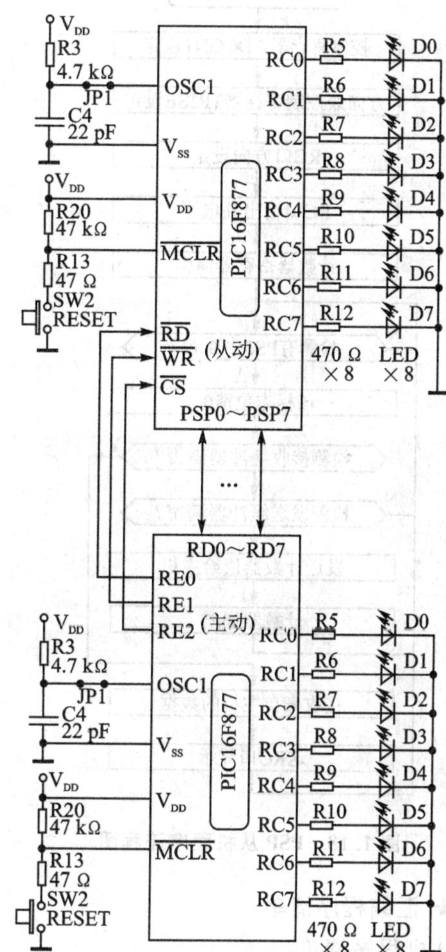

图1.17 PSP模式通信实验电路

当主机完成对从机的读或写操作时，则中断标志位PSPIF(PIR1＜7＞)被置1。如果相应的中断使能位PSPIE(PIE1＜7＞)、外设中断使能位PEIE(INTCON＜6＞)、总中断使能位GIE(INTCON＜7＞)都被开放，就会引起CPU的中断。当中断被响应，需要用户软件对PSPIF清0，并且进一步检测IBF(TRISE＜7＞)和OBF(TRISE＜6＞)状态位，以判断是PSP被写入还是被读出引发的本次中断请求。如果已经收到了数据字节，等待取走，则只读状态标志位IBF被自动置1，表明输入缓冲器已满；如果单片机送入输出缓冲器的数据字节，正等待主机读取，则只读状态标志位OBF被自动置1，表明输出缓冲器已满。本实验中通过查询PSPIF标志位和OBF、IBF状态位的方法即可实现预定功能。

★ 汇编程序流程

参与PSP通信的从机和主机的程序流程图，分别如图1.18和图1.19所示。

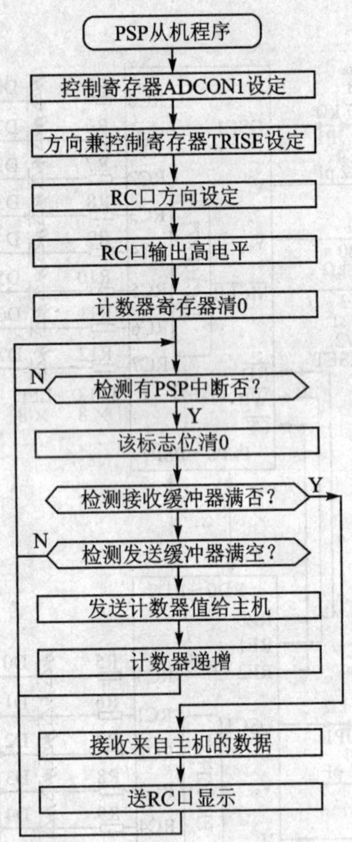

图 1.18 PSP 从机程序流程图

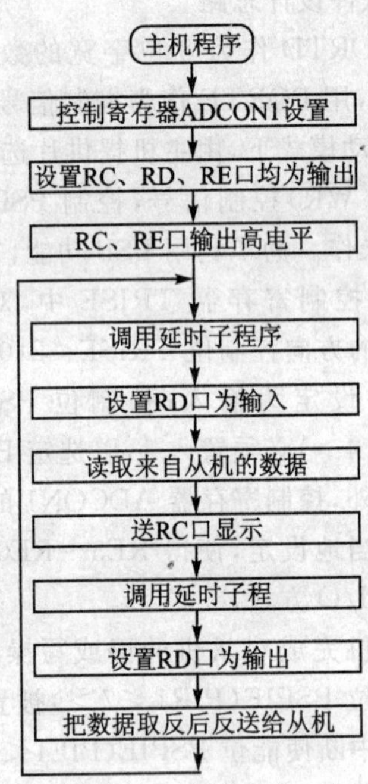

图 1.19 PSP 主机程序流程图

★ 汇编程序清单

从机程序清单：

```
;************************************************************
;《8 位并行从动端口的应用》2006/9/17
; 源程序文件名称：PSPexpB1.asm
;************************************************************
portc       equ     07h         ;定义 RC 端口数据寄存器地址
portd       equ     08h         ;定义 RD 端口数据寄存器地址
porte       equ     09h         ;定义 RE 端口数据寄存器地址
trisc       equ     87h         ;定义 RC 端口方向寄存器地址
trisd       equ     88h         ;定义 RD 端口方向寄存器地址
trise       equ     89h         ;定义 RE 端口方向寄存器地址
pir1        equ     0ch         ;定义中断标志寄存器
```

```
pspif       equ     7               ;定义 PSP 模块中断标志位
obf         equ     6               ;定义输出缓冲器满状态位位地址
ibf         equ     7               ;定义输入缓冲器满状态位位地址
status      equ     3h              ;定义状态寄存器地址
rp0         equ     5h              ;定义状态寄存器中的页选位 rp0
rp1         equ     5h              ;定义状态寄存器中的页选位 rp1
adcon1      equ     9fh             ;定义 ADC 模块控制寄存器 1 的地址
count       equ     70h             ;定义一个计数器寄存器
;*******************************************************************
;*        主程序
;*******************************************************************
        org     0000h               ;复位矢量
start
        bcf     status,rp1          ;用两条指令,选择文件寄存器体 1
        bsf     status,rp0          ;
        movlw   07h                 ;将 00000111B 送 W
        movwf   adcon1              ;转送控制寄存器,设定 AN7～AN0 为数字 I/O 引脚
        movlw   00h                 ;设置 RC 端口方向,
        movwf   trisc               ;所有引脚全为输出
        movlw   b'00010111'         ;设置并行口工作模式,以及
        movwf   trise               ;RE3～RE0 均为输入
        bcf     status,rp0          ;选择文件寄存器体 0
        movlw   0ffh                ;
        movwf   portc               ;RC 输出高电平
        clrf    count               ;计数器清 0
loop
        btfss   pir1,pspif          ;检测中断标志位 = 1?
        goto    loop                ;否! 再检测
        bcf     pir1,pspif          ;是! 清 0 该标志位
        bsf     status,rp0          ;选择文件寄存器体 1
        btfsc   trise,ibf           ;检测状态位 IBF = 1?
        goto    loop1               ;是! 跳转到提取数据
        btfsc   trise,obf           ;否! 检测状态位 OBF = 0?
        goto    loop                ;否! 跳回
        bcf     status,rp0          ;是! 选择文件寄存器体 0
        movf    count,0             ;计数器内容经过 W
        movwf   portd               ;转送到发送缓冲器
        incf    count,1             ;计数器加 1
        goto    loop                ;跳回
```

```
loop1
        bcf     status,rp0      ;选择文件寄存器体 0
        movf    portd,0         ;提取接收缓冲器里的数据
        movwf   portc           ;送显
        goto    loop            ;跳回
        end                     ;源程序结束
```

主控机程序清单:

```
;*************************************************************
;《8 位并行从动端口的应用》2006/9/17
;源程序文件名称:PSPexpA1.asm
;*************************************************************
portc       equu    07h         ;定义 RC 端口数据寄存器地址
portd       equ     08h         ;定义 RD 端口数据寄存器地址
porte       equ     09h         ;定义 RE 端口数据寄存器地址
trisc       equ     87h         ;定义 RC 端口方向寄存器地址
trisd       equ     88h         ;定义 RD 端口方向寄存器地址
trise       equ     89h         ;定义 RE 端口方向寄存器地址
adcon1      equ     9fh         ;定义 ADC 模块控制寄存器 1 的地址
status      equ     3h          ;定义状态寄存器地址
rp0         equ     5h          ;定义状态寄存器中的页选位 RP0
rp1         equ     5h          ;定义状态寄存器中的页选位 RP1
data1       equ     71h         ;定义一个延时外循环变量
data2       equ     72h         ;定义一个延时内循环变量
;*************************************************************
;*          主程序
;*************************************************************
        org     0000h           ;复位矢量
start
        bcf     status,rp1      ;用两条指令,
        bsf     status,rp0      ;选择文件寄存器体 1
        movlw   07h             ;将 00000111B 送 W
        movwf   adcon1          ;转送控制寄存器,设定 AN7~AN0 为数字 I/O 脚
        movlw   00h             ;设置各个端口方向
        movwf   trise           ;所有引脚全为输出
        movwf   trisc           ;所有引脚全为输出
        movwf   trisd           ;所有引脚全为输出
        bcf     status,rp0      ;选择文件寄存器体 0
        movlw   0ffh            ;
```

```
        movwf   porte           ;令RD、WR、CS信号全部输出高电平
        movwf   portc           ;点亮 RC 口上的 8 只 LED
loop
        call    delay           ;调用延时子程序
        bsf     status,rp0      ;选择文件寄存器体 1
        movlw   0ffh            ;改变端口方向设置
        movwf   trisd           ;所有 RD 引脚全为输入
        bcf     status,rp0      ;选择文件寄存器体 0
        bcf     porte,2         ;CS片选信号出低电平
        bcf     porte,0         ;RD输出低电平
        movf    portd,0         ;经过 RD 端口自从机读取数据
        bsf     porte,0         ;RD恢复到高电平
        movwf   portc           ;读得数据送 RC 口的 LED 显示
        call    delay           ;调用延时子程序
        bsf     status,rp0      ;选择文件寄存器体 1
        movlw   00h             ;设置端口方向
        movwf   trisd           ;RD 口所有引脚全为输出
        bcf     status,rp0      ;选择文件寄存器体 0
        comf    portc,0         ;接收数据取反后留在 W 中
        movwf   portd           ;反送回去
        bcf     porte,1         ;WR输出低电平脉冲
        nop                     ;展宽WR低电平脉冲
        bsf     porte,1         ;恢复到高电平
        bcf     porte,2         ;CS片选信号恢复到高电平
        goto    loop            ;大循环
;*************  延时子程序  ***************************
;当系统时钟为 4 MHz 时,延时为 521 ms
delay                           ;子程序名,也是子程序入口地址
        movlw   0xff            ;将外层循环参数值经过 W
        movwf   data1           ;送入用作外循环变量的
lp0     movlw   0xff            ;将内层循环参数值经过 W
        movwf   data2           ;送入用作内循环变量的
lp1     nop                     ;加 NOP 以便增加循环程序的延时
        nop
        nop
        nop
        nop
        decfsz  data2,1         ;变量 data2 内容递减,若为 0 跳跃
        goto    lp1             ;跳转到 lp1 处
```

```
        decfsz    data1,1                   ;变量 data1 内容递减,若为 0 跳跃
        goto      lp0                       ;跳转到 lp0 处
        return                              ;返回主程序
;******************************************************************
        end                                 ;源程序结束
```

★ 几点补充说明

(1) 文件寄存器的当前体应该注意及时更改和进行正确地设置,这是经常容易出现差错的一点。

(2) 在双方通信中,工作于PSP模式的从机一方,读或写操作速度应该高于主机一方。否则,有可能会造成数据丢失,甚至无法正常工作。

思考题与练习题

1. PIC16F877单片机的5个端口RA～RE各具什么特色? 分别适用于什么场合?
2. 端口RA～RE的内部结构与端口的"基本结构模型"有哪些异同?
3. 为何模/数转换器的控制寄存器ADCON1还与RA端口有关? 如果程序初始化部分不对该寄存器进行任何设置,是否能够将该端口引脚用作普通数字I/O引脚?
4. 端口引脚RA4的高电平驱动能力为何不可能很强?
5. 端口RA与主同步串行端口MSSP模块之间存在什么联系?
6. 端口RA共有几个引脚?
7. 是否只有端口RB具备可编程的弱上拉功能? 该端口内部每个引脚的弱上拉电路是否可单独编程?
8. 试解释RB端口电平变化中断功能的工作原理。该功能最适合用于什么场合?
9. 端口RB的8个引脚是否都具备电平变化中断功能?
10. RB端口的弱上拉功能和电平变化中断功能给产品设计带来哪些优越性?
11. 与端口RC复用外接引脚的特殊外围模块有哪些?
12. 为何PSP模块只能用作"从动"并行端口?

第 2 章

定时器/计数器 TMR1 及其应用技术

关于定时器/计数器模块的基本概念、基本用途、基本结构、共同特点等方面的知识，在《基础篇》第 7 章中，以 TMR0 为样板已经作过一些介绍。本章将把 PIC 系列单片机的中、高档型号中配置的性能更强、用途更广、使用更灵活的定时器/计数器 TMR1 模块及其特色作为讲解的主要对象。

通过《基础篇》第 7 章的学习大家已经知道，PIC16F87X 系列单片机都配置了 3 个定时器/计数器模块 TMR0、TMR1 和 TMR2。它们不仅电路结构上均不相同，而且设计的初衷也各有所异；但是，三者之间也存在着许多的共性。例如，它们的核心部分都是一个按递增方式工作的循环计数器，都能够从 0(或预先设定的初始值)开始计起，在累计到超过最大值时产生溢出，并且会建立一个相应的溢出标志，它们的编程方法也基本相似。

2.1 定时器/计数器 TMR1 模块的特性

定时器/计数器 TMR1 为 16 位宽，附带一个 3 位宽的可编程的预分频器，还附带一个可选的低功耗低频时基振荡器。TMR1 的主要用途：

(1) TMR1 不仅可以像 TMR0 那样，用作时间定时器和事件计数器；也可以借助于自带的低频时基振荡器，用来实现记录和计算真实的年、月、日、时、分、秒的实时时钟(RTC，Real Time Clock)功能。

(2) 在硬件结构上，TMR1 还可以与 CCP 模块配合使用，实现输入捕捉或输出比较功能。

TMR1 是由两个 8 位宽的寄存器 TMR1H 和 TMR1L 所组成的 16 位定时器/计数器，是由软件可读/写的。这两个寄存器都具有在 RAM 中统一编码的地址。TMR1“寄存器对”TMR1H∶TMR1L 从 0000H 递增到 FFFFH(即从 0 递增到 65535)，之后再返回到 0000H 时，会产生高位溢出，并且同时将会设置溢出中断标志位 TMR1IF(PIR1 寄存器的 bit0)为 1。如果此前相关的中断使能控制位都被使能，还会引起 CPU 的中断响应。通过对中断使能位 TMR1IE(PIE1 寄存器的 bit0)的置 1 或清 0，可以允许或禁止 CPU 响应 TMR1 的溢出中断。

定时器/计数器 TMR1 的特性归纳如下：

(1) 核心是一个 16 位宽的由时钟信号上升沿触发的循环累加计数"寄存器对"TMR1L：TMR1H。

(2) TMR1L 和 TMR1H 也是在 RAM 中统一编址的寄存器，地址为 0EH 和 0FH。

(3) 可用软件方式直接读出或写入 TMR1"寄存器对"的内容。

(4) 具有一个可选用的 3 位可编程预分频器。

(5) 用于累加计数的信号源可选择内部系统时钟、外部触发信号或自带时基振荡器信号。

(6) 既可工作于定时器模式，又可工作于计数器模式，还可以用作实时时钟 RTC。

(7) 具有溢出中断功能(关于中断系统在《基础篇》中已经作过专题介绍)。

2.2 定时器/计数器 TMR1 模块相关的寄存器

与 TMR1 模块有关的寄存器共有 6 个，如表 2.1 所列。这 6 个寄存器中的前 3 个寄存器的功能及其各个位的作用，在《基础篇》第 8 章已经有过介绍，在此仅对 TMR1 用到的几个比特进行归纳，以方便于应用时查阅。关于 TMR1H 和 TMR1L 两个寄存器，在后面章节中将另作说明。所以，这里仅需要对 TMR1 控制寄存器 T1CON 作全面介绍。

表 2.1 与 TMR1 模块相关的寄存器

寄存器名称	寄存器符号	寄存器地址	寄存器内容							
			bit7	bit6	bit5	bit4	bit3	bit2	bit1	bit0
中断控制寄存器	INTCON	0BH/8BH/10BH/18BH	GIE	PEIE	T0IE	INTE	RBIE	T0IF	INTF	RBIF
第一外设中断标志寄存器	PIR1	0CH	PSPIF	ADIF	RCIF	TXIF	SSPIF	CCP1IF	TMR2IF	TMR1IF
第一外设中断屏蔽寄存器	PIE1	8CH	PSPIE	ADIE	RCIE	TXIE	SSPIE	CCP1IE	TMR2IE	TMR1IE
TMR1 低字节	TMR1L	0EH	16 位 TMR1 计数寄存器低字节寄存器							
TMR1 高字节	TMR1H	0FH	16 位 TMR1 计数寄存器高字节寄存器							
TMR1 控制寄存器	T1CON	10H	—	—	T1CKPS1	T1CKPS0	T1OSCEN	$\overline{\text{T1SYNC}}$	TMR1CS	TMR1ON

TMR1 控制寄存器 T1CON 是一个只用到低 6 位的可读可写的寄存器。最高 2 位未用，读出时返回 0，其余各位的含义如下：

bit7	bit6	bit5	bit4	bit3	bit2	bit1	bit0
—	—	T1CKPS1	T1CKPS0	T1OSCEN	$\overline{\text{T1SYNC}}$	TMR1CS	TMR1ON

➢ T1CKPS1 和 T1CKPS0：分频器分频比选择位，如表 2.2 所列。

表 2.2　分频比选择位

T1CKPS1～T1CKPS0	分频比	T1CKPS1～T1CKPS0	分频比
0 0	1:1	1 0	1:4
0 1	1:2	1 1	1:8

➢ T1OSCEN：TMR1 自带振荡器使能位。

- 1＝允许 TMR1 振荡器起振；
- 0＝禁止 TMR1 振荡器起振，令非门的输出端呈高阻态。

➢ $\overline{\text{T1SYNC}}$：TMR1 外部输入时钟与系统时钟同步控制位。

TMR1 工作于计数器方式(TMR1CS＝1 时)：

- 1＝TMR1 外部输入时钟与系统时钟不保持同步；
- 0＝TMR1 外部输入时钟与系统时钟保持同步。

TMR1 工作于定时器方式(TMR1CS＝0 时)：该位不起作用。

➢ TMR1CS：时钟源选择位。

- 1＝选择外部时钟源，即时钟信号来源于外部引脚或者自带振荡器；
- 0＝选择内部时钟源($f_{OSC}/4=T_{CYC}$指令周期)。

➢ TMR1ON：TMR1 使能控制位。这一点优于不能被关闭的 TMR0。

- 1＝启用 TMR1，使 TMR2 进入活动状态；
- 0＝关闭 TMR1，使 TMR2 退出活动状态，以节省能耗。

2.3　定时器/计数器 TMR1 模块的电路结构

定时器/计数器 TMR1 模块的内部结构如图 2.1 所示，包含 8 个组成部分。下面分析各个部分的功能和组成关系。

(1) 核心部分就是一个寄存器对 TMR1H:TMR1L 构成的 16 位长的累加计数器。其初始值可以是 0000H(省却状态)，或是在 0000H～FFFFH 范围内由用户设定的一个值。

(2) 一个二输入端与门 G1，对于送入计数器的时钟脉冲或者触发信号，起到是否允许通行的控制作用。

(3) 一个信号复用器 MUX1，允许输入时钟途经两个不同的路径。其等效电路如图 2.2 所示。可以把它看作一个单刀双掷继电器，或者看作由 4 只门电路构成的一个组合逻辑电路。

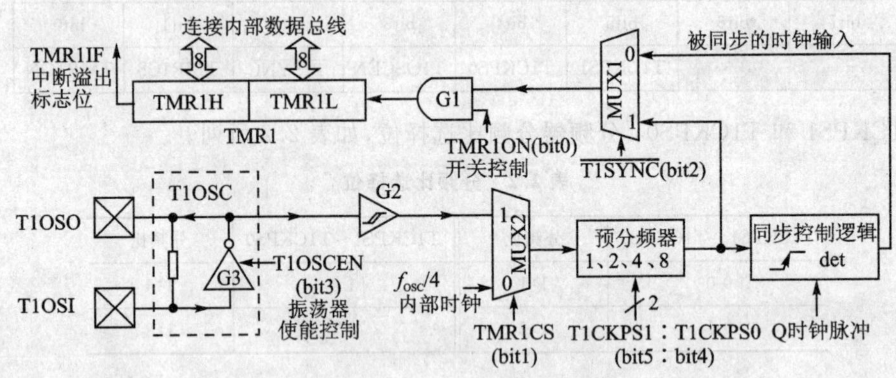

图 2.1　TMR1 内部结构

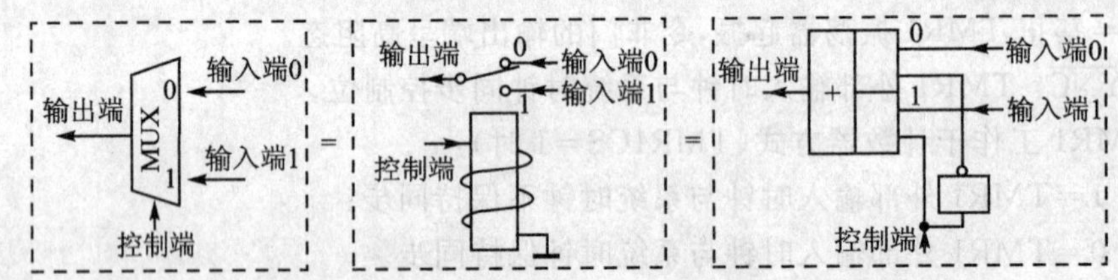

图 2.2　复用器等效电路

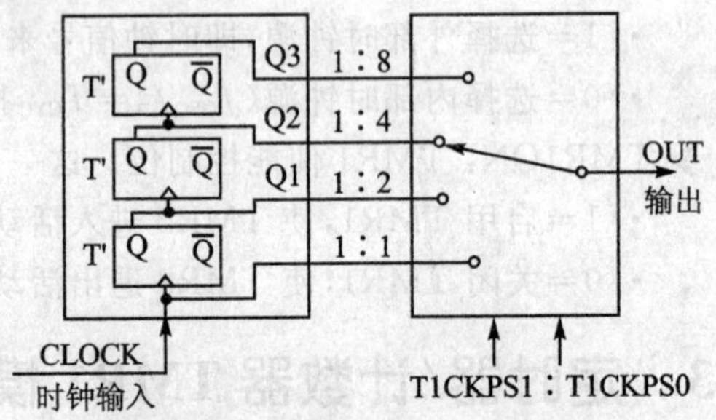

图 2.3　可编程预分频器等效电路

(4) 同步控制逻辑，将经过外部引脚送入的触发信号(有时统称为时钟信号，即数字电路中泛称的时钟概念，而不是用作计时的时钟)与单片机内部的系统时钟进行同步，实际是一个上升沿检测电路。

(5) 3 位宽的预分频器，允许选择 4 种不同的分频比(1:1、1:2、1:4或 1:8)。其等效电路如图 2.3 所示。可以看作是由一只 3 位计数器和一只 4 选 1 数据选择器组成，其中计数器又可以等效为 3 只 T′触发器构成的三级串行异步计数器。值得注意的是，在对寄存器对 TMR1H:TMR1L 进行写操作时，可以使预分频器被清 0。如果想禁止预分频器发挥作用，行之有效的方法是，将它的分频比设定为 1:1即可。

(6) 另一个信号复用器 MUX2，允许输入时钟信号有两个不同的来源。一个是由内部系统时钟产生的指令周期，另一个是取自于外部引脚的触发信号或自带振荡器。

(7) 一个施密特触发器 G2，用于对来自外部引脚的触发信号或自带振荡器产生的时钟信号进行整形。

(8) 一个由受控三态门 G3 构成的独立的低频低功耗晶体振荡器,用来为 TMR1 提供独立于系统时钟的时间基准信号,如图 2.4 所示。只有当使能端 T1OSCEN 设置为高电平时,振荡器才能够工作;而当 T1OSCEN 端送来低电平时,不仅振荡器不能工作,而且非门 G3 的输出端还要呈现高阻状态。在这种情况之下,工作于计数器方式的 TMR1 所需的触发信号,可以从 T1OSO 端加入。

该振荡器利用两个外接引脚跨接石英晶体,构成电容三点式振荡器电路。跨接在两个引脚之间的电阻为 G3 提供直流偏置电路,将一只非门转换成了一只模拟放大器。工作频率取决于晶体,不同频率需要配接不同的外接电容值,其关系见表 2.3。该频率可高达 200 kHz,一般建议使用外接 32.768 kHz 的电子钟表通用的、廉价易购的微型石英晶体。理由是,对于该频率进行 15 级分频之后,便可以得到"秒"时基信号。利用这个独立于系统时钟的时基信号(可以不受单片机睡眠模式的影响),再配合一段专用的中断处理程序,可以为单片机应用产品添加实时时钟 RTC 功能。在单片机或计算机系统中,实时时钟一般指的是,能够自动记录和计算年、月、日、时、分、秒、星期甚至闰月、闰年的日历时钟专用集成电路(例如带有串口的 DS1302、HT1380、PCF8583 及 X1203 等)或功能。

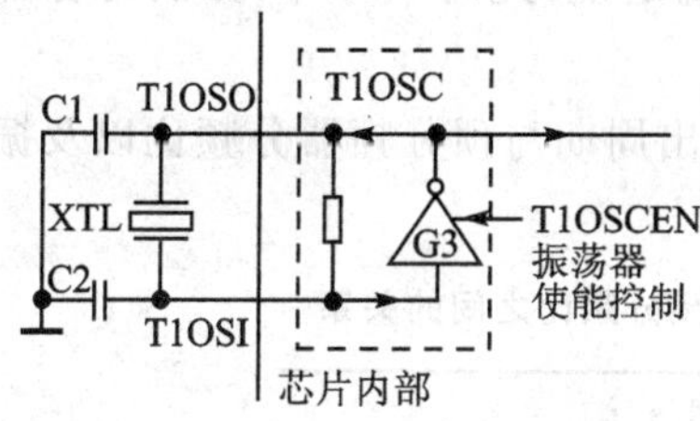

图 2.4　TMR1 自带振荡器

表 2.3　TMR1 振荡器的电容与频率的关系

频率/kHz	C_1/pF	C_2/pF
32	33	33
100	15	15
200	15	15

说明:增加电容容量可以提高振荡器稳定性,但是同时会延长振荡器起振时间。

2.4　定时器/计数器 TMR1 模块的工作原理

TMR1 有两种工作方式:定时器方式和计数器方式。其中计数器方式又细分为,同步计数器工作方式和异步计数器工作方式。TMR1 的时钟信号或触发信号共有 4 种获取方式:

(1) 由内部系统时钟 4 分频后获取,即取自指令周期。

(2) 从 RC0/T1OSO/T1CKI 引脚获取。

(3) 从 RC1/T1OSI/CCP2 引脚获取。

(4) 自带振荡器产生。

TMR1 各种工作方式之间的相互关系如表 2.4 所列。

TMR1 的工作方式由控制位 TMR1CS(T1CON 寄存器的 bit1)选择确定。当 TMR1 工作于定时器方式时,TMR1 内部的 16 位计数器在每个指令周期到来时增量;当 TMR1 工作于

表 2.4 TMR1 各种工作方式的相互对应关系

<table>
<tr><th colspan="2">TMR1 工作方式</th><th>与系统时钟同步关系</th><th>时钟信号的来源</th></tr>
<tr><td colspan="2">禁止工作</td><td>—</td><td>时钟信号路径被关闭</td></tr>
<tr><td rowspan="7">允许工作</td><td>定时器</td><td>自动同步</td><td>取自指令周期信号</td></tr>
<tr><td rowspan="6">计数器</td><td rowspan="3">同 步</td><td>从 RC0/T1OSO/T1CKI 引脚</td></tr>
<tr><td>从 RC1/T1OSI/CCP2 引脚</td></tr>
<tr><td>自带振荡器产生</td></tr>
<tr><td rowspan="3">异 步</td><td>从 RC0/T1OSO/T1CKI 引脚</td></tr>
<tr><td>从 RC1/T1OSI/CCP2 引脚</td></tr>
<tr><td>自带振荡器产生</td></tr>
</table>

计数器方式时，TMR1 内部的 16 位计数器在每个外部时钟输入的上升沿到来时增量。

一旦 TMR1 自带的振荡器被使能（令 T1OSCEN＝1），RC1/T1OSI/CCP2 和 RC0/T1OSO/T1CKI 两脚就被自动地设定为专用引脚。这就是说，此时 TRISC 方向寄存器 bit1 和 bit0 的值将被忽视。

当 TMR1 的时钟源取自于自带时基振荡器时，其溢出周期与预分频器分频比以及振荡器频率之间的关系，如表 2.5 所列。

表 2.5 TMR1 溢出周期与振荡器频率和预分频比之间的关系

频率 / 时间 / 分频比	溢出周期/s		
	32.768 kHz	100 kHz	200 kHz
1∶1	2	0.655	0.327
1∶2	4	1.31	0.655
1∶4	8	2.62	1.31
1∶8	16	5.24	2.62

另外，TMR1 装载初始值与溢出周期之间的关系，如表 2.6 所列。其中，假设的背景条件是：振荡器频率为 32.768 kHz，预分频比为 1∶1，TMR1 低字节 TMR1L 的初始值为 00H。

表 2.6 TMR1 装载初始值与溢出周期之间的关系

TMR1H 装载初始值	溢出周期(对于 32.768 kHz)	TMR1H 装载初始值	溢出周期(对于 32.768 kHz)
80H	1 s	E0H	0.25 s
C0H	0.5 s	F0H	0.125 s

需要注意的是：当对于定时器 TMR1 的寄存器 TMR1H 或 TMR1L 进行加载时，预分频器将会自动清 0；当 TMR1 处于运行状态时，对于寄存器 TMR1H 或 TMR1L 值进行的修改，

应该极其小心,因为这可能会写入不希望的值。

TMR1 模块为单片机开发人员提供了一个功能强大的时基定时器或计数器。尤其是它的异步操作方式和内部振荡器电路,给那些需要实时时钟功能,而又强调功耗要低、外围电路要简的产品设计,带来了很大的灵活性、便利性和硬件支持。

2.4.1 如何禁止 TMR1 工作

TMR1 比 TMR0 多增加了一种选择,就是可以被关闭以节能。具体方法是,将 TMR1 使能位 TMR1ON(T1CON 的 bit0)清 0。此时与门 G1 的一只引脚被低电平封锁,因此使得累加计数器维持静止状态。等效电路如图 2.5 所示。

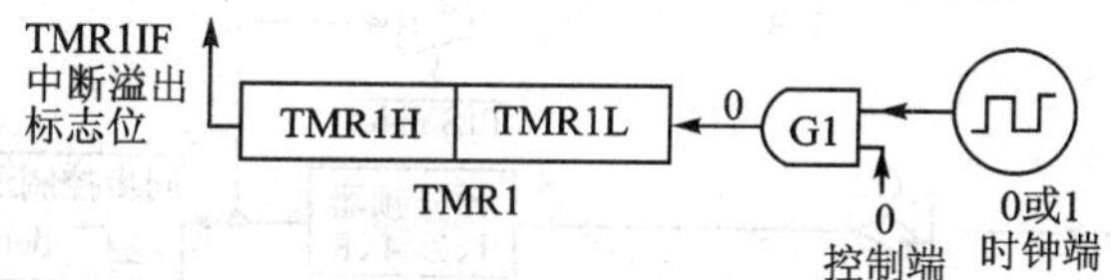

图 2.5 禁止态等效电路

2.4.2 定时器工作方式

TMR1 的工作方式由 TMR1CS 控制位(T1CON 的 bit1)选择确定。当 TMR1CS 清 0 时,TMR1 工作于定时器方式,时钟来源于内部 $f_{osc}/4$ 指令周期。在此情况下,同步控制信号 T1SYNC 不起作用,因为,TMR1 的输入信号与系统时钟总是同步的,其等效电路如图 2.6 所示。

这种工作模式通常被用来实现延时、定时功能。在单片机进入睡眠状态时,系统时钟停振,TMR1 自然就停止了递增。

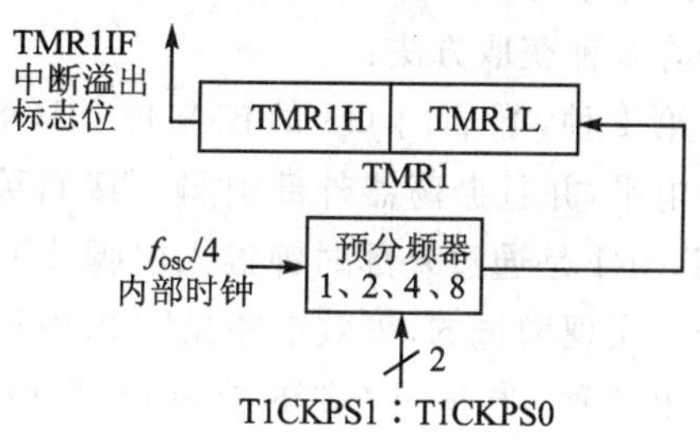

图 2.6 TMR1 定时器工作方式等效电路

2.4.3 计数器工作方式

当 TMR1CS(T1CON 的 bit1)置 1 时,TMR1 工作于计数器方式,时钟来源于外部引脚或自带振荡器。当 TMR1 设定为计数器方式时,在其开始增量之前,要有一个下降沿打头阵。当 TMR1 随着外部触发信号递增时发生在上升沿,如图 2.7 所示。

当 TMR1 工作于计数器方式之下,存在输入触发信号与系统时钟同步的问题。其等效电路如图 2.8 所示。由同步控制位 $\overline{\text{T1SYNC}}$(TICON 的 bit2)设定,既可以选择同步方式,也可以选择异步方式。实际上,该控制位用于选择在时钟信号的输入路径上是否增加一个同步控制逻辑。

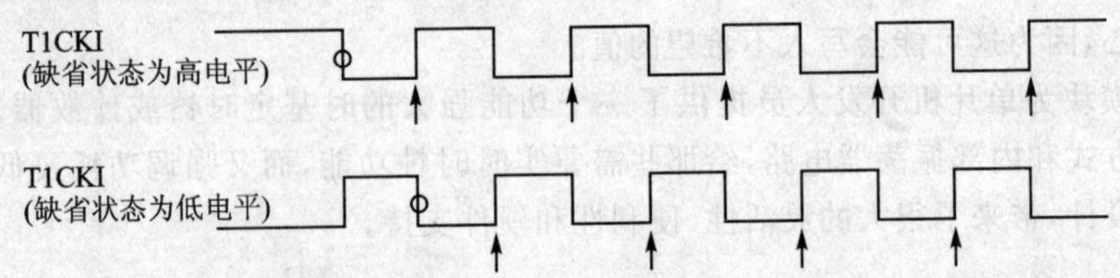

图 2.7 TMR1 计数器方式增量示意图

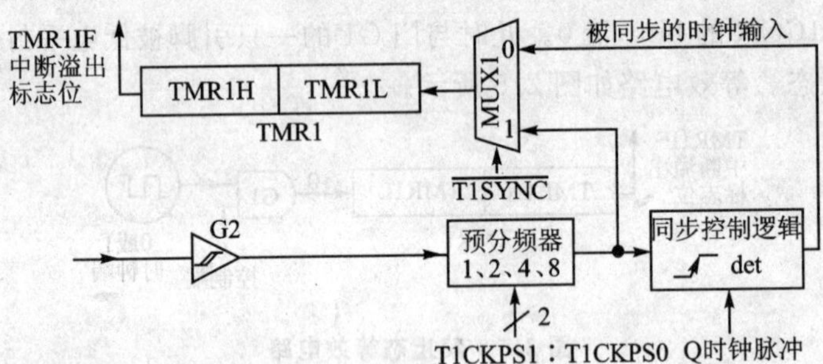

图 2.8 TMR1 计数器工作方式等效电路

工作于计数器方式之下的 TMR1，其触发信号有 3 种获取方法：

第 1 种，当非门 G3 的控制位 T1OSCEN 为高电平，并且振荡器外部引脚不接石英晶体时，TMR1 是通过外部时钟输入引脚 TIOSI 的上升沿实现增量的，等效电路见图 2.9(b)。

第 2 种，当非门 G3 的控制位 T1OSCEN 为低电平时，TMR1 是通过外部时钟输入引脚 TIOSO/T1CKI 的上升沿实现增量的，等效电路见图 2.9(a)。

第 3 种，当非门 G3 的控制位 T1OSCEN 置 1，并且振荡器外部引脚接有石英晶体时，TMR1 是通过振荡器产生的时钟脉冲上升沿实现增量的，等效电路见图 2.9(c)。

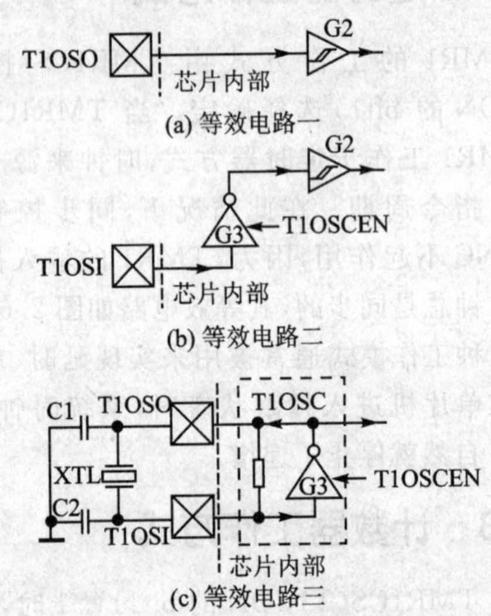

图 2.9 TMR1 计数器工作方式的 3 种时钟信号来源

1. 同步计数器工作方式

当同步控制位 $\overline{\text{T1SYNC}}$(TICON 的 bit2)清 0 时 TMR1 工作在同步方式。此时，外部输入的时钟信号要与系统时钟脉冲相位进行同步。该同步操作是在预分频器之后完成的。预分频器实际上是一个 3 位的异步串行计数器。

在同步计数方式下，当单片机进入睡眠模式时，即使有触发信号输入，TMR1 也不会增量，因为同步逻辑电路被关闭；但是，预分频器不受影响而继续增量。TMR1 同步计数方式等效电路如图 2.10 所示。

2. 异步计数器工作方式

当同步控制位$\overline{\text{T1SYNC}}$置 1 时，TMR1 工作在异步方式。此时，外部输入的触发信号不与系统时钟脉冲相位进行同步。当单片机处于睡眠模式时，计数器随着外来时钟信号所进行的增量操作不受影响，并且在计数器发生溢出时照样产生中断请求和唤醒 CPU。此时的等效电路如图 2.11 所示。

☞ **注意：** 工作于异步计数器方式的 TMR1，不能作为 CCP 模块的输入捕捉或输出比较的时间基准(关于 CCP 模块后面章节有介绍)。

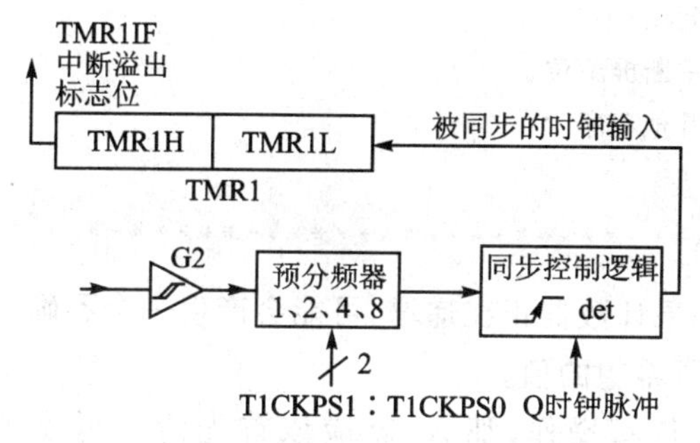

图 2.10 TMR1 同步计数方式等效电路

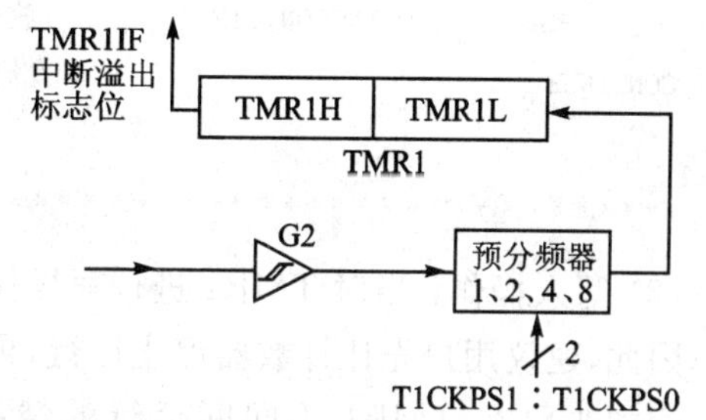

图 2.11 TMR1 异步计数方式等效电路

在异步计数器方式下的持续工作期间，对于 TMR1 寄存器的读、写操作应特别注意：

(1) 读取操作：当对寄存器的 TMR1H:TMR1L 进行读操作时，可以分两次进行；但是，在读取期间存在 TMR1 的低字节向高字节产生进位的可能性。也就是，TMR1H:TMR1L 可能正巧发生从 00FFH 到 0100H 或从 FFFFH 到 0000H 之类的递增。如果正巧发生 TMR1H:TMR1L 从 00FFH 到 0100H 的递增，先读 TMR1H 再读 TMR1L，则会读到 0000H 的错误结果；若先读 TMR1L 再读 TMR1H，则会读到 01FFH 的错误结果。同理，如果正巧发生 TMR1H:TMR1L 从 FFFFH 到 0000H 的递增，先读 TMR1H 再读 TMR1L，则会读到 FF00H 的错误结果；而先读 TMR1L 再读 TMR1H，则会读到 00FFH 的错误结果。所以，在分为两个字节来读取 TMR1 时，可能会出现错误结果。

这里推荐一个实用程序段，如果要求在不间断运行的情况下读取 TMR1，这个程序段很有参考价值。

```
;*******************************************************
    BCF       INTCON,GIE        ;所有中断被禁止
    MOVF      TMR1H, W          ;读取高字节
    MOVWF     TMPH              ;暂存到 TMPH
    MOVF      TMR1L, W          ;读取低字节
    MOVWF     TMPL              ;暂存到 TMPL
    MOVF      TMR1H, W          ;读取高字节
    SUBWF     TMPH, W           ;用第 2 次读取值减第一次读取值
    BTFSC     STATUS,Z          ;结果 = 0 吗
    GOTO      CONTINUE          ;是! 无溢出,16 位结果正确,结束读操作
    MOVF      TMR1H, W          ;否! 重新读取,就定会得到正确结果
    MOVWF     TMPH              ;暂存到 TMPH
    MOVF      TMR1L, W          ;读取低字节
    MOVWF     TMPL              ;暂存到 TMPL
    BSF       INTCON,GIE        ;放开全局中断屏蔽位
CONTINUE                        ;继续执行其他程序
    ⋮
;*******************************************************
```

(2) 写入操作：当对 TMR1 进行写操作时,如果计数器正在递增,可能会产生一个不确定值。因此,建议用户先让计数器停止运行,再写入所希望的值。

假如非要在 TMR1 不间断运行的情况下进行写操作,那么,就应该首先清 0 低字节 TMR1L 寄存器,以确保在它向高字节 TMR1H 寄存器发生溢出进位之前,有足够长的递增距离,尽量使得溢出进位不能发生。随即装载 TMR1H 寄存器,然后装载 TMR1L 寄存器。推荐程序段如下：

```
;*******************************************************
    BCF       INTCON,GIE        ;所有中断被禁止
    CLRF      TMR1L             ;清除低字节,确保不会发生向高字节的进位
    MOVLW     HI_BYTE           ;取高字节给定值
    MOVWF     TMR1H, F          ;装载高字节寄存器
    MOVLW     LO_BYTE           ;取低字节给定值
    MOVWF     TMR1H, F          ;装载低字节寄存器
    BSF       INTCON,GIE        ;放开全局中断屏蔽位
CONTINUE                        ;继续执行其他程序
    ⋮
;*******************************************************
```

2.4.4 TMR1 寄存器的赋值与复位

当 CCP1 和 CCP2 模块被设置为 4 种比较器方式中的一种——输出匹配"触发特殊事件"比较器工作模式时,则每当输出匹配,CCP(指 CCP1 或 CCP2)模块就会产生一个内部的硬件触发信号。该触发信号的作用之一就是复位 TMR1。这将使得 16 位宽的 CCP 的工作寄存器实际上成为了 TMR1 的一个"16 位周期寄存器"。

应该注意的几点总结如下:

(1) 为了利用充当"16 位周期寄存器"这一特点,TMR1 必须设置成定时器或者同步计数器工作方式。假如设置成异步计数器工作方式,CCP 特殊事件触发的复位操作对 TMR1 不起作用。

(2) 当对于 TMR1 的写操作与 CCP 触发的复位操作同时发生,则写操作具有优先权。

(3) CCP 触发信号不会将中断标志位 TMR1IF 置位。

(4) 在对寄存器对 TMR1H:TMR1L 进行写操作时,可以使预分频器被复位清 0。

(5) 当 TMR1 处于运行状态时,对于寄存器 TMR1H 或 TMR1L 值进行的修改操作,可能会写入不希望的值。

(6) 工作于异步计数器方式下的 TMR1,不能作为 CCP 模块的输入捕捉或输出比较的时间基准。

除了由 CCP1 和 CCP2 特殊事件触发复位外,在上电复位(POR)或者其他复位时,TMR1H:TMR1L 的内容保持原状,并不回到 0000H。

在上电复位或者掉电复位时,控制寄存器 T1CON 的内容回到 00H,这就关闭了 TMR1,并且使预分频器的分频比设定为默认值 1:1,而在所有的其他复位时,均不会影响 T1CON 寄存器的值。

如果想让 TMR1H 和 TMR1L 的内容都回到 00H,可以在用户程序中利用软件实现。具体方法可以是,先将 TMR1 关闭,然后分别将寄存器 TMR1H 和 TMR1L 清 0。

2.5 定时器/计数器 TMR1 模块的应用举例

TMR1 自带低频低功耗时基振荡源。这个特性典型的应用就是,适合于那些要求具备实时时钟功能,并且保持不间断运行,又要求能耗尽可能降低到最低限度的应用项目之中。

TMR1 振荡器允许单片机被设置成睡眠模式,同时计时器会继续保持不停地递增。当 TMR1 溢出时,产生中断请求,能够唤醒单片机,以便使相应的寄存器得到及时更新。

【实验范例 2.1】蠕动显示的 8 只 LED 信号灯

★ 项目实现功能

把演示板上的 8 只发光二极管 D0～D7 设计为“进三步，退两步”的蠕动前进的方式，使其依次发光，即发光的规律是：D0→D1→D2→D3→D2→D1→D2→D3→D4→D3→D2→D3→D4→D5→D4→…并且在各个状态之间切换时，插入一个 10.25 s 的延时。

★ 硬件电路规划

蠕动灯电路如图 2.12 所示。由 RC 振荡器为电路提供系统时钟信号，其频率在本例中按 4 MHz 计算。单片机型号选择 PIC16F877。

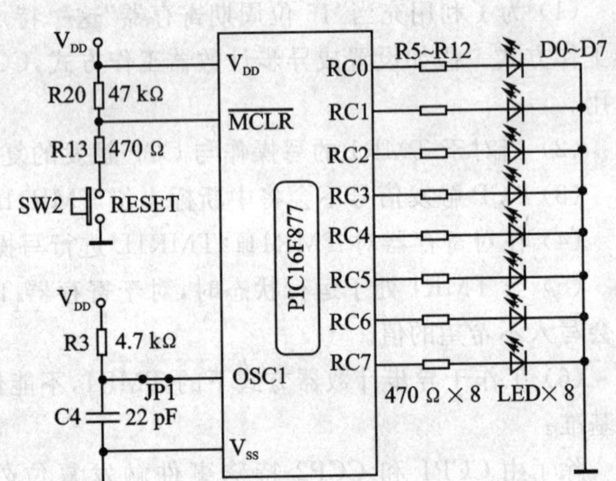

图 2.12　蠕动灯电路

★ 软件设计思路

利用定时器/计数器 TMR1 产生 0.25 s 的延时。具体方法是，利用中断方式和反复装载初始值的方式，将预分频器的分频比设定为 1∶4。以下计算在 TMR1 每次启动开始计时之前，需要向 TMR1 的 16 位寄存器装载初始值。

- 系统时钟频率假设为 f_{OSC} = 4 MHz，那么，工作于定时器方式的 TMR1 的时钟脉冲周期就是 $4/f_{OSC}=4/(4\ \text{MHz})=1\ \mu s$；
- 延迟时间为(1/4) s＝0.25 s＝250 000 μs；
- 延迟时间除以分频比即为 TMR1 的累加次数(250 000/4＝62 500)；
- 16 位宽的 TMR1 寄存器对能够累加计数的最大值，即满程值为 FFFFH＝65 535；
- 能够使 TMR1 的寄存器对产生溢出的最大值为 10000H＝65 536；
- TMR1 的溢出值减去所需的累加次数就是需要向寄存器对 TMR1H∶TMR1L 装载的初始值，即 65 536－62 500＝3 036＝0BDCH。

★ 汇编程序流程

主程序流程图和中断服务子程序流程图，分别见图 2.13 和图 2.14。关于查表子程序流程图，可以参考以前的范例。

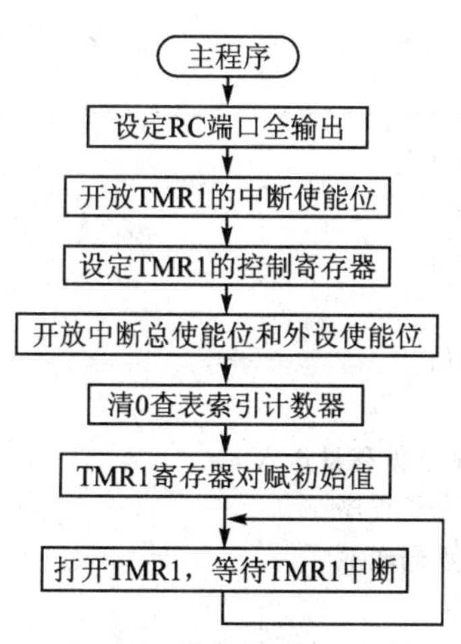

图 2.13　主程序流程图

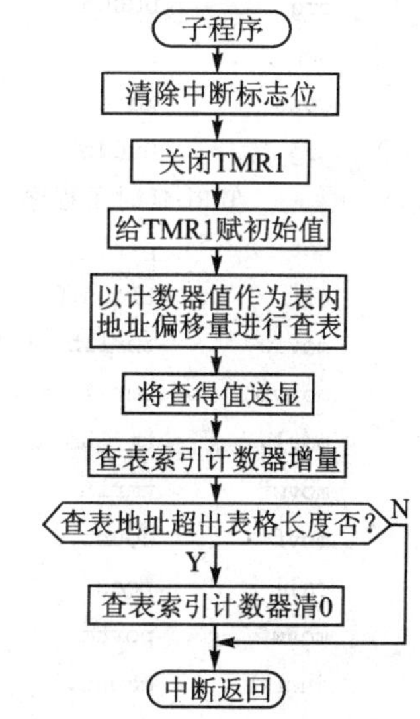

图 2.14　子程序流程图

★ 汇编程序清单

```
;*************************************************************
;《蠕动灯》2006/9/17
; 源程序文件名称：TMR1EXP2.ASM
;*************************************************************
pcl      equ    02h     ;定义程序计数器低字节寄存器地址
status   equ    3h      ;定义状态寄存器地址
z        equ    2h      ;定义状态寄存器中的 0 标志位的位地址
intcon   equ    0bh     ;定义中断控制寄存器地址
portc    equ    7h      ;定义端口 C 的数据寄存器地址
trisc    equ    87h     ;定义端口 C 的方向控制寄存器地址
count    equ    20h     ;定义一个计数器变量寄存器
rp0      equ    5h      ;定义状态寄存器中的页选位 RP0
tmr1l    equ    0eh     ;定义定时器/计数器 1 低字节寄存器地址
tmr1h    equ    0fh     ;定义定时器/计数器 1 高字节寄存器地址
pir1     equ    0ch     ;定义第一中断标志寄存器
pie1     equ    8ch     ;定义第一中断使能寄存器
t1con    equ    10h     ;定义 TMR1 控制寄存器
tmr1lb   equ    0dch    ;定义 TMR1 低字节寄存器初始值(65536 - 62500 = 0BDCH)
tmr1hb   equ    0bh     ;定义 TMR1 高字节寄存器初始值
;***********  复位矢量和中断矢量  *******************************
```

```
        org     0000h       ;定义程序存放区域的起始地址
        nop                 ;设置一条 ICD 必需的空操作指令
        goto    main        ;转主程序
        org     0004h       ;中断矢量
;**********  TMR1 延时子程序(1/4 s)   ********************************
delay   bcf     pir1,0      ;清除 TMR1 溢出标志位
        bcf     t1con,0     ;关闭 TMR1 计数器
        movlw   tmr1lb      ;TMR1 低字节赋初值
        movwf   tmr1l       ;
        movlw   tmr1hb      ;TMR1 高字节赋初值
        movwf   tmr1h       ;
        movf    count,0     ;count 作为查表地址偏移量送入 W
        call    read        ;调用读取显示信息子程序
        movwf   portc       ;将查表得到的驱动码送显
        incf    count,1     ;计数器加 1
        movlw   .40         ;因为表中只有 40 个元素,计数值只能 = 0 - 39
        subwf   count,0     ;检查计数器 = 40 了吗
        btfsc   status,z    ;否! 跳一步
        clrf    count       ;是! 应该回到 0
        retfie              ;中断返回
;***********  主程序  ********************************************
*****
main    bsf     status, rp0 ;设置文件寄存器的体 1
        movlw   00h         ;将端口 C 的方向控制码 00H 先送 W
        movwf   trisc       ;再转到方向寄存器,RC 全部设为输出
        bsf     pie1,0      ;开放 TMR1 中断使能位
        bcf     status, rp0 ;恢复到文件寄存器的体 0
        movlw   24h         ;设置控制寄存器内容: 暂时不打开 TMR1、
        movwf   t1con       ;预分频器设为"1:4"
        movlw   0c0h        ;开放总中断使能位和外设中断使能位
        movwf   intcon      ;
        clrf    count       ;清 0 计数器(即查表索引值)
        movlw   tmr1lb      ;TMR1 低字节赋初值
        movwf   tmr1l       ;
        movlw   tmr1hb      ;TMR1 高字节赋初值
        movwf   tmr1h       ;
loop    bsf     t1con,0     ;启动 TMR1 开始计数
        goto    loop        ;等待 TMR1 超时溢出中断
;**********  读取显示信息的查表子程序  ****************************
```

```
read        addwf       pcl,1           ;地址偏移量加当前 PC 值
            retlw       b'10000000'     ;显示信息码,下同
            retlw       b'01000000'     ;
            retlw       b'00100000'     ;
            retlw       b'00010000'     ;
            retlw       b'00100000'     ;
            retlw       b'01000000'     ;
            retlw       b'00100000'     ;
            retlw       b'00010000'     ;
            retlw       b'00001000'     ;
            retlw       b'00010000'     ;
            retlw       b'00100000'     ;
            retlw       b'00010000'     ;
            retlw       b'00001000'     ;
            retlw       b'00000100'     ;
            retlw       b'00001000'     ;
            retlw       b'00010000'     ;
            retlw       b'00001000'     ;
            retlw       b'00000100'     ;
            retlw       b'00000010'     ;
            retlw       b'00000100'     ;
            retlw       b'00001000'     ;
            retlw       b'00000100'     ;
            retlw       b'00000010'     ;
            retlw       b'00000001'     ;
            retlw       b'00000010'     ;
            retlw       b'00000100'     ;
            retlw       b'00000010'     ;
            retlw       b'00000001'     ;
            retlw       b'10000000'     ;
            retlw       b'00000001'     ;
            retlw       b'00000010'     ;
            retlw       b'00000001'     ;
            retlw       b'10000000'     ;
            retlw       b'01000000'     ;
            retlw       b'10000000'     ;
            retlw       b'00000001'     ;
            retlw       b'10000000'     ;
            retlw       b'01000000'     ;
```

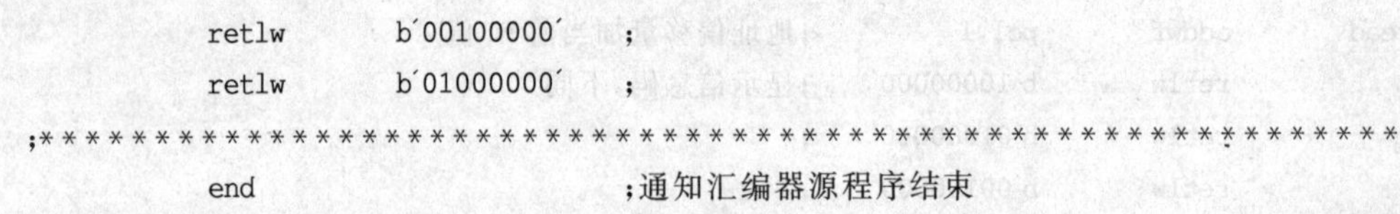

```
        retlw       b'00100000'     ;
        retlw       b'01000000'     ;
;************************************************************
        end                         ;通知汇编器源程序结束
```

【实验范例 2.2】秒信号发生器

★ 项目实现功能

定时器/计数器 TMR1 具有一些独有的功能，例如，具有自己独立的低功耗、低频振荡器；可以工作于异步计数器模式；即使在单片机进入睡眠状态，TMR1 也可以持续运行；当 TMR1 溢出时将会产生中断请求。这些特性特别适合用来设计电池供电的日历时钟，即实时时钟 RTC 电路。在本例中，在 TMR1 自带振荡器的两个外部引脚上，跨接一只廉价的广泛用于电子手表的 32.768 kHz 微型石英晶体，作为 TMR1 工作的时间基准。

在本实验中，由单片机循环控制 RC5、RC4 两脚上的发光二极管，以较快的速度并行闪烁；RC7、RC6 两脚上的发光二极管以 1 s 的时间间隔交替闪烁。

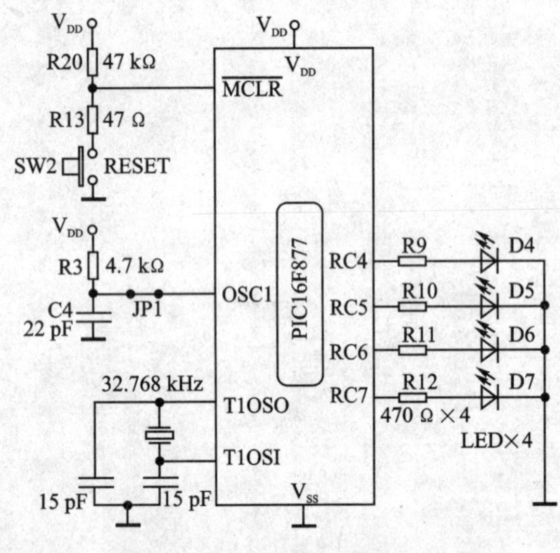

图 2.15 “秒”信号发生器电路

★ 硬件电路规划

为了充分利用现有的演示板上的电路元器件资源，在端口 RD 上外接 8 只发光二极管 LED，可以利用在演示板上布满焊孔的区域内进行安装和连线的方法实现。端口 RC 上原有的 8 只发光二极管不方便再使用，原因是，在应用 TMR1 的自带振荡器时，将会占用端口 RC 的部分引脚 RC0/T1OSO 和 RC1/T1OSI。利用同样的方法，在 TMR1 自有振荡器两只外接引脚 RC0/T1OSO 和 RC1/T1OSI 上跨接一只廉价的可以取自电子手表的微型 32.768 kHz 石英晶体和两只 15 pF 的瓷片电容器，电路如图 2.15 所示。

单片机的系统时钟(即主时钟)采用电路板原带的 RC 时基振荡器外接阻容器件。在对于系统时钟精度要求不严格的项目中，采纳 RC 振荡器方式，既可以节省成本，又使得单片机具有更快的启动时间。在此选择这种方案，并不会影响秒信号发生器的走时精度，理由是，TMR1 自带振荡器与系统时钟振荡器互相独立，其计数器的递增速度完全与系统时钟无关。

★ 软件设计思路

对于 TMR1 的编程,既可以采用软件查询的方法,也可以采用中断的方法。在此,选用中断的方式。RC5、RC4 两引脚上的发光二极管的并行闪烁,是由单片机执行延时子程序循环控制的;RC7、RC6 两引脚上的发光二极管以 1 s 间隔进行的交替闪烁,是由 TMR1 产生定时中断控制的。

在主程序的初始化阶段以及在每次执行中断服务程序时,都需要给 TMR1 赋予一个初始值。该值的计算方法是:

$$\text{TMR1 初始值} = 10000\text{H} - 32768 = 65536 - 32768 = 32768 = 0080\text{H}$$

所以,TMR1L 的初始值是 80H,TMR1H 的初始值是 00H。这样就可以保证,在自带振荡器每产生 32 768 个方波,TMR1 就溢出一次,也就是恰好溢出一次每秒。

★ 汇编程序流程

主程序流程图和中断服务子程序流程图分别如图 2.16 和图 2.17 所示。延时子程序的流程图可以参考以前的范例。

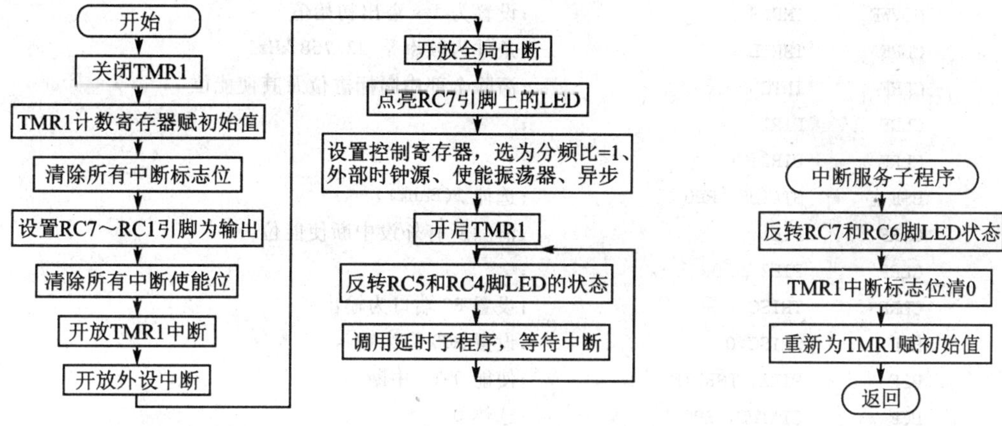

图 2.16 主程序流程图

图 2.17 子程序流程图

★ 汇编程序清单

```
;************************************************************
;《秒信号发生器》2006/9/17
;源程序文件名称：TMR1EXP1.ASM
;************************************************************
        LIST        p = 16f877          ;列表伪指令
        INCLUDE     "p16f877.inc"       ;将头文件含入源文件中
        ORG         0x000               ;设置复位向量地址
        NOP                             ;用 ICD 调试时需要加入一条 NOP
```

```
Reset_V  GOTO      START              ;跳转到主程序入口处
;************  中断服务子程序  **************************
         ORG       0x004              ;设置中断向量地址
         BCF       STATUS, RP0        ;选择 RAM 的体 0(Bank0)
T1_OVRFL
         MOVF      PORTC,W            ;将 RC 端口的先行状态读入 W
         XORLW     B'11000000'        ;将最高两位取反,其余维持不变
         MOVWF     PORTC              ;送回 RC 端口
         BCF       PIR1, TMR1IF       ;清除 TMR1 中断标志位
         MOVLW     0x80               ;为 TMR1 重新置初始值
         MOVWF     TMR1H              ;以便产生 1 s 间隔的溢出
         RETFIE                       ;中断返回,并且开放全局中断使能
;************  主程序  **************************
START    CLRF      STATUS             ;初始化,并选择 RAM 的体 0 (Bank0)
         BCF       T1CON, TMR1ON      ;关闭 TMR1
         MOVLW     0x80               ;TIM1H:TMR1L = 0x8000
         MOVWF     TMR1H              ;设置为 1 s 溢出初始值
         CLRF      TMR1L              ;条件为频率是 32.768 kHz
         CLRF      INTCON             ;清除全部中断标志位及其使能位
         CLRF      PIR1               ;
         CLRF      PIR2               ;
         BSF       STATUS, RP0        ;选体 1(Bank1)
         CLRF      PIE1               ;清除所有外设中断使能位
         CLRF      PIE2               ;
         CLRF      TRISC              ;设置 RC 端口为输出
         BSF       TRISC,0            ;设置 RC0 脚为输入
         BSF       PIE1, TMR1IE       ;使能 TMR1 中断
         BCF       STATUS, RP0        ;选体 0
         BSF       INTCON, PEIE       ;开放外设中断
         BSF       INTCON, GIE        ;开放全局中断
         MOVLW     80H                ;点亮 LED7
         MOVWF     PORTC              ;
         MOVLW     0x0E               ;设置控制寄存器,预分频比为 1:1、
         MOVWF     T1CON              ;外部时钟源、异步、使能振荡器
         BSF       T1CON, TMR1ON      ;开启 TMR1
LOOP     MOVF      PORTC,W            ;将 RC 端口的先行状态读入 W
         XORLW     B'00110000'        ;将 bit5 和 bit4 两位取反,其余维持不变
         MOVWF     PORTC              ;送回 RC 端口
         CALL      DELAY              ;调用延时子程序
```

```
        GOTO        LOOP                    ;环回,等待 TMR1 中断
;**************  延时子程序  ******************************
;当系统时钟为 4 MHz 时,延时为 521 ms
DELAY                                       ;子程序名,也是子程序入口地址
        MOVLW       0XFF                    ;将外层循环参数值经过 W
        MOVWF       70H                     ;送入用作外循环变量的
LP0     MOVLW       0XFF                    ;将内层循环参数值经过 W
        MOVWF       71H                     ;送入用作内循环变量的
LP1     NOP                                 ;插入以下几条 NOP 指令以加大延时
        NOP
        NOP
        NOP
        NOP
        DECFSZ      71H,1                   ;变量 71H 内容递减,若为 0 跳跃
        GOTO        LP1                     ;跳转到 LP1 处
        DECFSZ      70H,1                   ;变量 70H 内容递减,若为 0 跳跃
        GOTO        LP0                     ;跳转到 LP0 处
        RETURN                              ;返回主程序
;*****************************************************************
        END                                 ;源程序结束
```

★ 几点补充说明

(1) 源程序中用到了一条以前尚未介绍过的列表伪指令“list　p=16f877”,其作用是告知汇编器,本程序是为 PIC16F877 编写的。同时,可以代替在汇编器的操作界面中所进行的目标单片机型号设置。

(2) 源程序中用到了另一条以前尚未介绍过的伪指令 include "p16f877.inc",其作用是告知汇编器,在汇编时将包含文件(也可称“定义文件”或“头文件”)"p16f877.inc"含入用户自编的源文件中,使其成为用户程序的一个组成部分。关于包含文件,其实是单片机厂家针对各种型号的现有 PIC 单片机的内部硬件资源,事先编制好供单片机编程人员引用的一类定义文件(也可以是用户自己编制的一种常用定义文件)。可以避免重复劳动,给单片机用户带来极大地方便,也有利于提高编程效率。这类文件的内容通常包括,对于所有特殊功能寄存器的地址定义及其寄存器内部各个专用比特的位地址定义,RAM 存储器有效配置区域的定义,以及系统配置字各位的信息等。在《基础篇》附录 F 中给出的是一个关于 PIC16F877 的包含文件“p16f877.inc”,让读者了解这类程序的具体内容。

(3) 注意 ICD 演示板上接在 RC0 和 RC1 引脚上的负载电路应该断开,可以通过拨动开关实现。否则,TMR1 的自带振荡器不能够起振。

(4) 实践证明,32.768 kHz 晶体两端对地跨接的两只电容,选取 12 pF、20 pF 和 30 pF 均

可以正常起振。

思考题与练习题

1. PIC16F87X 单片机中是否只有定时器/计数器 TMR1 为 16 位宽？

2. 定时器/计数器 TMR1 模块的主要用途有哪些？

3. TMR1 的特点和擅长有哪些？

4. 是否能够自行分析 TMR1 模块的工作原理？

5. 如果不想让 TMR1 的预分频器发挥作用，可以采用什么编程方法？

6. 实时时钟 RTC 是什么概念？

7. TMR1 能否被软件关闭？

8. 在读取和写入 TMR1H∶TMR1L 寄存器对时应该注意什么问题？

9. 在 TMR1 电路中设置"同步控制逻辑"，有何用途？

10. 在什么情况下 CCP 模块的寄存器对 CCPRxH∶CCPRxL 就可以当作 TMR1的周期寄存器使用？

11. 控制寄存器 T1CON 在发生哪种复位时被清 0？而在发生另外哪几种复位时维持原值？

12. 当 TMR1 的自带振荡器被使能后，端口 RC 的方向控制位 TRISC1 和 TRISC0 是否还起作用？

13. TMR1 的时钟来源有几种选择？

14. TMR1 自带振荡器的工作频率有何限制？

15. TMR1 的寄存器对 TMR1H∶TMR1L，在发生何种复位时不会被清 0，这一点同于 TMR0，对吗？

16. 包含文件的含入，给实验范例 2.2 的编写带来哪些好处？

17. TMR1 模块在单片机硬件规划上，与什么外围模块的什么工作方式存在着固定的搭配关系？(提示：可以等待学完 CCP 模块之后再作解答)

第3章 定时器 TMR2 及其应用技术

本章将把 PIC 系列单片机的中、高档型号中配置的另一款别具特色的定时器 TMR2 模块及其特点作为讲解的主要对象。其实，TMR2 与前面介绍的 TMR0 和 TMR1 相比，重要的区别之一是只能工作于定时器模式，因此，称它为“定时器 TMR2”更为准确。

3.1 定时器 TMR2 模块的特性

TMR2 为 8 位宽，附带一个 4 位宽的可编程的预分频器、一个 4 位宽的可编程的后分频器，以及一个可编程的 8 位周期寄存器 PR2。其主要用途：

(1) TMR2 可以用作时间定时器，但是不能用作事件计数器。

(2) 可以为主同步串行端口 MSSP 模块(SPI 模式)提供波特率时钟(MSSP 将在以后的章节介绍)。

(3) 在硬件结构上，TMR2 还可以与 CCP 模块配合使用，来实现脉宽调制 PWM 功能(PWM 将在以后的章节介绍)。

TMR2 模块的核心是一个 8 位宽的计数器，也是一个由软件可读可写的寄存器。TMR2 按递增规律计数，从某一起始值(可由程序设置，省却状态为 00H)开始递增，到与周期寄存器 PR2 内容匹配为止，之后在下一次递增时则返回到 00H，并且会产生高位溢出信号。该溢出信号将作为后分频器的计数脉冲。在后分频器产生溢出时，才会将溢出中断标志位 TMR2IF(PIR1 的 bit1)置 1。如果此前把相关的中断使能位都置 1，还会引起 CPU 的中断响应。通过对中断使能位 TMR2IE(PIE1 的 bit1)的置 1 或清 0，即可允许或禁止 CPU 响应 TMR2 产生的中断请求。

定时器 TMR2 的特性归纳如下：

① 核心是一个 8 位宽的累加计数寄存器 TMR2；

② TMR2 在 RAM 空间内有统一的编址，地址为 11H；

③ 可用软件方式直接读出或写入 TMR2 的内容；

④ 具有一个可选用的、分频比有 3 种值可编程的 4 位预分频器；

⑤ 具有一个可选用的、分频比可连续编程的 4 位后分频器；

⑥ 自带一个 8 位周期寄存器；

⑦ 用于累加计数的信号源只能选择内部系统时钟，因此只能工作于定时器模式；

⑧ 具有溢出次数经过分频的溢出中断功能；

⑨ 可以被用户软件关闭，以使其退出工作状态。

3.2　定时器 TMR2 模块相关的寄存器

与 TMR2 模块有关的寄存器共有 6 个，如表 3.1 所列。这 6 个寄存器中的前 3 个寄存器的功能及其各个位的作用，在《基础篇》第 8 章已经有过介绍。关于 TMR2 和 PR2 寄存器，在后面章节中将另作说明。这里仅对 TMR2 控制寄存器 T2CON 作全面介绍。

表 3.1　与 TMR2 模块相关的寄存器

寄存器名称	寄存器符号	寄存器地址	寄存器内容							
			bit7	bit6	bit5	bit4	bit3	bit2	bit1	bit0
中断控制寄存器	INTCON	0BH/8BH/10BH/18BH	GIE	PEIE	T0IE	INTE	RBIE	T0IF	INTF	RBIF
第一外设中断标志寄存器	PIR1	0CH	PSPIF	ADIF	RCIF	TXIF	SSPIF	CCP1IF	TMR2IF	TMR1IF
第一外设中断屏蔽寄存器	PIE1	8CH	PSPIE	ADIE	RCIE	TXIE	SSPIE	CCP1IE	TMR2IE	TMR1IE
TMR2 工作寄存器	TMR2	11H	8 位 TMR2 计时寄存器							
TMR2 控制寄存器	T2CON	12H	—	TOUT-PS3	TOUT-PS2	TOUT-PS1	TOUT-PS0	TMR2-ON	T2CK-PS1	T2CK-PS0
TMR2 周期寄存器	PR2	92H	TMR2 定时周期寄存器							

TMR2 控制寄存器 T2CON 是一个只用到低 7 位的可读可写寄存器，最高位未用，读出时返回 0，其余各位的含义如下：

bit7	bit6	bit5	bit4	bit3	bit2	bit1	bit0
—	TOUTPS3	TOUTPS2	TOUTPS1	TOUTPS0	TMR2ON	T2CKPS1	T2CKPS0

➤ TOUTPS3～TOUTPS0：TMR2后分频器分频比选择位，如表3.2所列。

表3.2 后分频器分频比选择位

TOUTPS3～TOUTPS0	后分频器分频比	TOUTPS3～TOUTPS0	后分频器分频比
0000	1∶1	0011	1∶4
0001	1∶2	⋮	⋮
0010	1∶3	1111	1∶16

➤ TMR2ON：TMR2使能控制位。这一点优于不能被关闭的TMR0。

- 1＝启用TMR2；
- 0＝关闭TMR2，可以降低功耗。

➤ T2CKPS1～T2CKPS0：预分频器分频比选择位，如表3.3所列。

表3.3 预分频器分频比选择位

T2CKPS1 T2CKPS0	预分频器分频比	T2CKPS1～T2CKPS0	预分频器分频比
0 0	1∶1	1 0	1∶16
0 1	1∶4	1 1	

3.3 定时器TMR2模块的电路结构

定时器TMR2模块的内部结构，如图3.1所示，包含5个组成部分。下面分析各个部分的功能和组成关系。

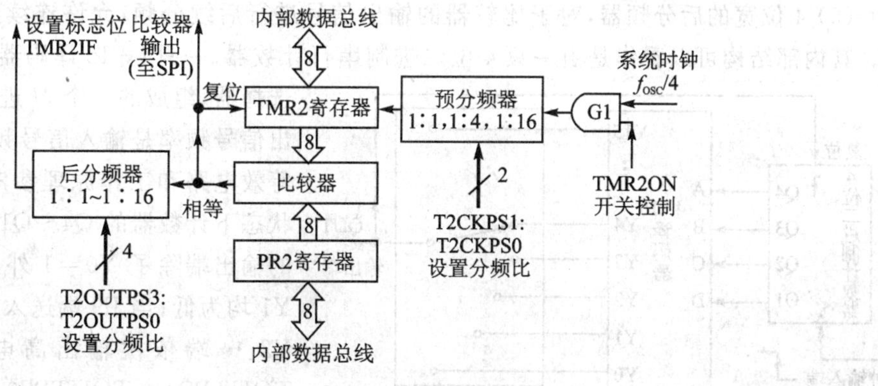

图3.1 TMR2的内部结构

(1) 核心部分是一个8位宽的累加计数器TMR2。其初始值默认是00H(即复位值)，也可以是在00H～FFH范围内由用户设定的一个起始值(但是通常较少这样使用)。

(2) 4 位宽的预分频器，对于进入 TMR2 的时钟信号进行预先分频，允许选择 3 种不同的分频比(1∶1、1∶4或 1∶16)。其等效电路和工作原理参考图 3.2 所示电路。

☞ **注意：** 在对 TMR2 或控制寄存器进行写操作时，都可以使预分频器清 0；在用任何方式复位时(包括上电复位、$\overline{\text{MCLR}}$人工复位、WDT 复位等)都会对预分频器清 0。

(3) 周期寄存器 PR2 也是一个 8 位可读可写寄存器。用来预置一个作为 TMR2 循环计数的循环周期值。芯片复位后 PR2 寄存器被自动设置为全 1(即 FFH)。

(4) 比较器是一个 8 位宽的按位比较逻辑电路。其内部结构可以看作是由 8 只“异或”门和一只 8 输入“或非”门组成，等效电路如图 3.3 所示。只有当参加比较的两组数据完全相同时，“匹配”输出端才会送出高电平，其他情况下该输出端均保持低电平。

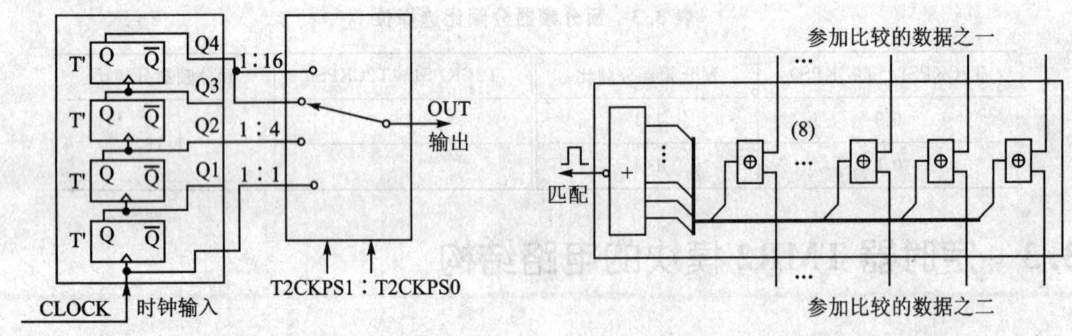

图 3.2 可编程预分频器等效电路

图 3.3 8 位比较器等效电路

(5) 4 位宽的后分频器，对于比较器的输出信号进行后续分频，允许连续选择 16 种分频比。其内部结构可以看作是由一只 4 位二进制串行计数器、一只4-16译码器和一只 16 选 1 选择器，组成的一个 N 进制计数器，则输出信号频率是输入信号频率的 $1/N$。其等效电路和工作原理参考图 3.4。复位状态下计数器的 Q4～Q1＝0000，译码器的输出端除了 Y0＝1 外，其余的 Y15～Y1 均为低；当 IN 端送入脉冲序列，Y1、Y2、… 端依次输出高电平。例如，当 TOUTPS3～TOUTPS0 ＝ 0100 时，数据选择器的输出端 OUT 与译码器的 Y4 端连通。在 IN 端送入了 4 个脉冲后，

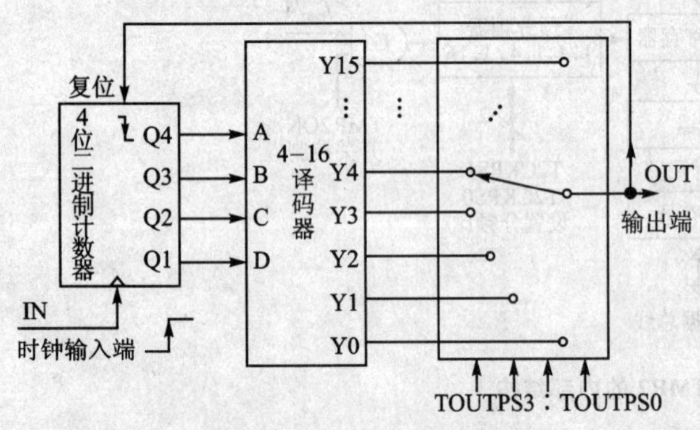

图 3.4 后分频器等效电路

Q4～Q1＝0100，经过译码器后，只有 Y4 端输出高电平，进而使得 OUT 端出现一个高电平；之后 IN 端再送入一个脉冲，则 OUT 端出现由高变低的一个下降沿；该下降沿会把计数器复位，为新一轮的计数做好准备。可见，在 IN 端每输入 5 个脉冲，在 OUT 端得到一个脉冲，从而达到 5 分频的目的。

(6) 因为 TMR2 的工作与否是可控的，所以还应该包含一个控制门 G1。只有当 TMR2 使能位 TMR2ON 置 1，系统时钟才能通过 G1，TMR2 也才能进入活动状态。

3.4 定时器 TMR2 模块的工作原理

定时器 TMR2 模块，只有一种工作方式——定时器方式，其时钟信号也只有 1 种获取方式：由内部系统时钟 4 分频后获取，即取自指令周期信号（$T_{CYC}=4/f_{OSC}$）。

3.4.1 如何禁止 TMR2 工作

TMR2 也比 TMR0 多了一种选择，即可以被用户程序关闭而节电，此点类似于 TMR1。具体方法是，将 TMR2 使能控制位 TMR2ON 清 0（T2CON 的 bit2）。此时与门 G1 的一只引脚被低电平封锁，无论另一只引脚输入状态如何变化，其输出端均保持低电平，因此使得累加计数器 TMR2 不能活动，而维持静止状态。等效电路示意图以及 TMR2 内部各部件与控制位的对应关系如图 3.5 所示。

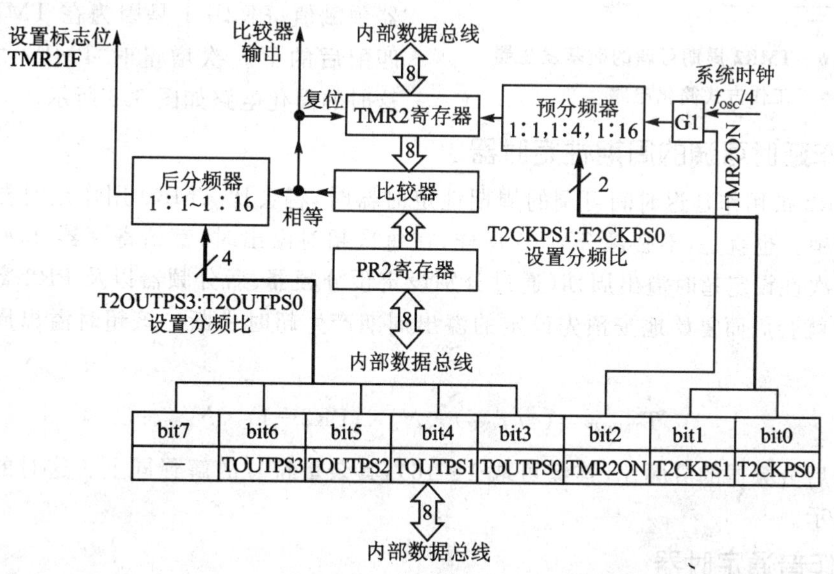

图 3.5 TMR2 内部各部件与控制位的对应关系

3.4.2 定时器工作方式

由于 TMR2 的时钟来源只能取自于内部系统时钟(分频得到的指令周期信号),因此,TMR2 模块也就固定为定时器一种工作模式。这种工作模式可以被用来实现一般的延时或定时功能,但是,厂家配置和设计 TMR2 的主要目的并不是把它用作普通的定时器,而是用它来为 CCP 模块(PWM 模式)或 MSSP 模块(SPI 模式)提供周期可调的时基信号。在单片机进入睡眠状态时,系统时钟停振,TMR2 自然就停止了运行。

1. 用作周期可调的时基发生器

当 TMR2 被用作周期可调的时基发生器时,可以为 CCP 模块(PWM 模式)或 MSSP 模块(SPI 模式)提供周期可调的时基信号。这时,应该通过将中断使能位 TMR2IE 清 0,把 TMR2 的中断功能屏蔽掉,同时也把后分频器的作用回避掉;通过向周期寄存器 PR2 中写入不同的值,以及给预分频器设定不同的分频比,来灵活调整 TMR2 输出端的信号周期 T_{TMR2}。该周期的计算式为

$$T_{TMR2}=(4/f_{OSC})\times N_1\times(PR2+1)$$

式中,f_{OSC} 为系统时钟频率;N_1 为预分频器的分频比(可取 1、4 或 16);PR2 为周期寄存器预赋值;PR2+1 是因为在 TMR2 与 PR2 匹配后的下一次增量时 TMR2 才回 00H。这时的简化电路如图 3.6 所示。

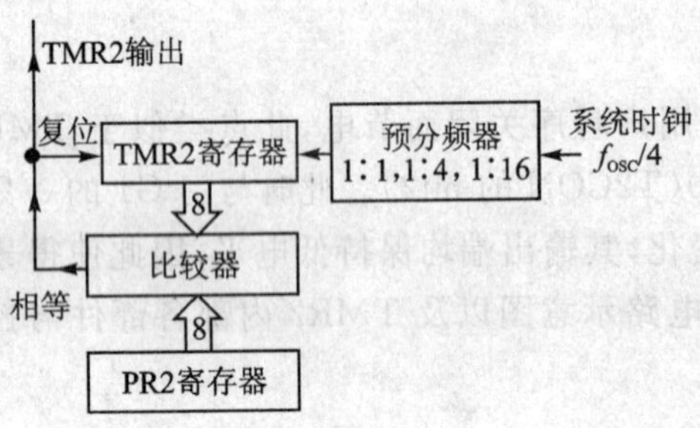

图 3.6 TMR2 周期可调的时基发生器工作方式简化电路

2. 用作延时可调的周期性定时器

当 TMR2 被用作延迟时间可调的周期性定时器时,将会比 TMR0 用作定时器方式更加节省软件开销。也就是,不必像 TMR0 那样,在每次超时溢出时,都给寄存器 TMR0 赋初始值。只要一次性设定超时溢出周期(通过分别设定预分频器、后分频器以及 PR2 寄存器来实现),TMR2 就会周而复始地按预先设定的溢出周期产生超时中断。该超时溢出周期的计算式为

$$T_{TMR2IF}=(4/f_{OSC})\times N_1\times(PR2+1)\times N_2$$

式中,N_2 为后分频器的分频比(连续可取 1~16),其余量符号的解释同上。这时的简化电路如图 3.7 所示。

3. 用作普通定时器

TMR2 模块也可以像 TMR0 那样用作普通的定时器。当这样使用时,可以将后分频器的分频比设定为 1:1,寄存器 PR2 的值设定为最大值 FFH,就相当于把后分频器、周期寄存器以

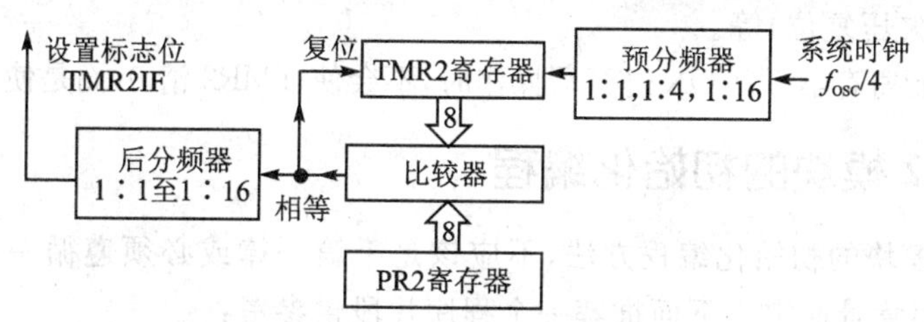

图 3.7　延时可调的周期性定时器简化电路

及比较器的功能给禁止掉了，使得它们不发挥作用。从而使 TMR2 的电路结构简化为类似于 TMR0 的式样，带有一个分频比可设定为 1∶1、1∶4或 1∶16 的 4 位预分频器。这时超时溢出周期的计算式为

$$T_{TMR2IF}=(4/f_{OSC})\times N_1\times(256-M)$$

式中，M 为 TMR2 的初始值，其余量符号的解释同上。这时的简化电路如图 3.8 所示。

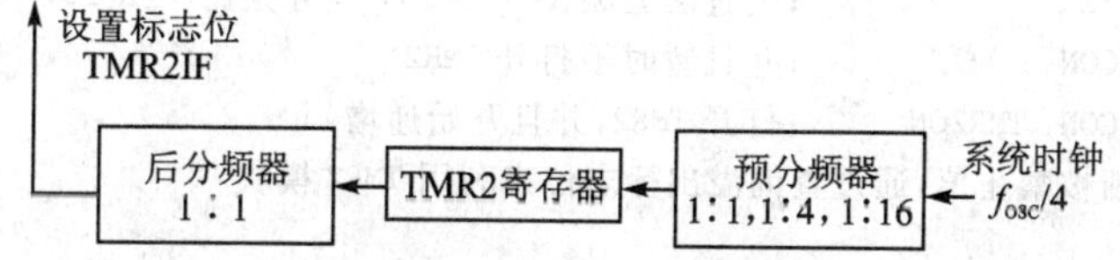

图 3.8　用作类似于 TMR0 的普通定时器简化电路

当采用这种用法，需要在 TMR2 每次超时溢出时，都要给 TMR2 赋一次初始值。累加计数寄存器 TMR2，就会以该初始值为起点开始增量，直到递增到 FFH 时，之后再来一个计数脉冲，就会将 TMR2 复位清 0，并且发出中断请求(TMR2IF 被置 1)。

如果想把预分频器的功能禁止掉，可以把它的分频比也设置为 1∶1，这样就相当于把预分频器给短路掉了。

3.4.3　寄存器 TMR2 和 PR2 以及分频器的复位

对于单片机的任何一种方式的复位操作，寄存器 TMR2 都会自动复位清 0。另外，在 TMR2 的累计值与 PR2 的值匹配时，也会使 TMR2 复位清 0。

PR2 周期寄存器对于单片机的任何一种方式的复位操作，也都会自动复位，但不是清 0，而是置为全 1(FFH)。其实这种默认状态，相当于 PR2 周期寄存器和比较器被关闭。

当发生下列几种情况中的任何一种时，将会对预分频器和后分频器同时复位清 0：

(1) 对于寄存器 TMR2 进行写操作。

(2) 对于控制寄存器 T2CON 进行写操作。

(3) 任何方式对于单片机的复位，包含上电复位、$\overline{\text{MCLR}}$人工复位、WDT 溢出复位、掉电

锁定复位(即电源欠压复位)等。

但是,对于控制寄存器 T2CON 进行写操作时,不会使 TMR2 清 0,而是使 TMR2 维持原状。

3.4.4 TMR2 模块的初始化编程

关于 TMR2 模块的初始化编程方法,不应该是千篇一律或必须遵循一个模式,应该根据 TMR2 具体的应用背景而定。下面推荐一个程序片段供参考:

```
;*****************************************************************
    CLRF     T2CON          ;关闭 TMR2,预分频比 = 1:1,后分频比 = 1:1
    CLRF     TMR2           ;清除 TMR2 计数寄存器
    CLRF     INTCON         ;禁止所有中断
    BSF      STATUS, RP0    ;选定体 1 为当前体
    CLRF     PIE1           ;禁止所有外设模块中断
    BCF      STATUS, RP0    ;选定体 0 为当前体
    CLRF     PIR1           ;清除所有外设模块中断标志位
    MOVLW    0x72           ;设置后分频比 = 1:15, 预分频比 = 1:16,
    MOVWF    T2CON          ;并且暂时不打开 TMR2
    BSF      T2CON, TMR2ON  ;打开 TMR2,并且开始递增
    ;TMR2 的中断被禁止掉,通过查询溢出标志位来利用 TMR2 模块
T2_OVFL_WAIT
    BTFSS    PIR1, TMR2IF   ;检测 TMR2 是否发生溢出中断?
    GOTO     T2_OVFL_WAIT   ;否! 继续查询
    BCF      PIR1, TMR2IF   ;TMR2 发生了溢出,清除标志位,继续下面的程序
    ⋮
;*****************************************************************
```

3.5 定时器 TMR2 模块应用举例

关于定时器 TMR2 模块的应用方法比较灵活,有多种不同的变化可以选择。例如,使用或不使用预分频器;使用或不使用后分频器;同时使用或不使用预分频器和后分频器;使用或不使用周期寄存器;使用或不使用 TMR2 寄存器赋值方式;使用或不使用中断功能等等。

【实验范例 3.1】路标导向灯

★ 项目实现功能

把演示板上的 8 只 LED 发光二极管设计为依次发光,也就是在图 3.9 所示的 15 个显示状态之间轮流切换,并且在各个状态之间切换时,插入一个 256 ms 的延时。例如,在“此路通向邮电学校”8 个字后面安置 8 只背光灯。在电路工作时,按照“此→路→通→向→邮→电→

学→校”的顺序,它们依次被点亮,从而起到为行人引导指路的作用。在8只灯全部被点亮后,再同熄同亮闪烁3次。然后开始下一个轮回,并且周而复始。

★ 硬件电路规划

路标导向灯电路如图3.10所示。由RC振荡器为电路提供系统时钟信号,其频率在本例中按4 MHz计算。实验过程中,单片机型号应用的是PIC16F877。

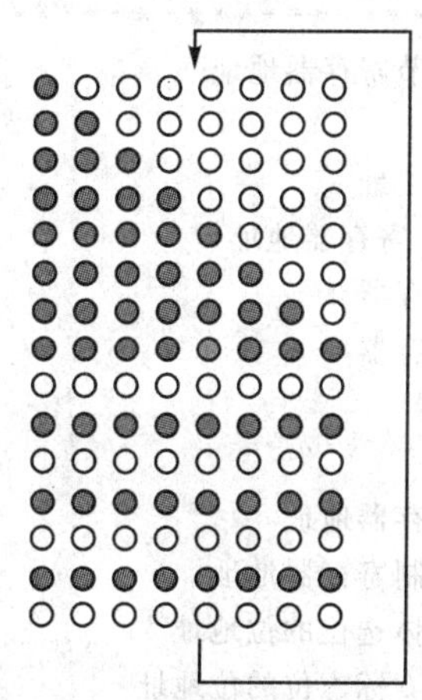

图3.9 路标导向灯

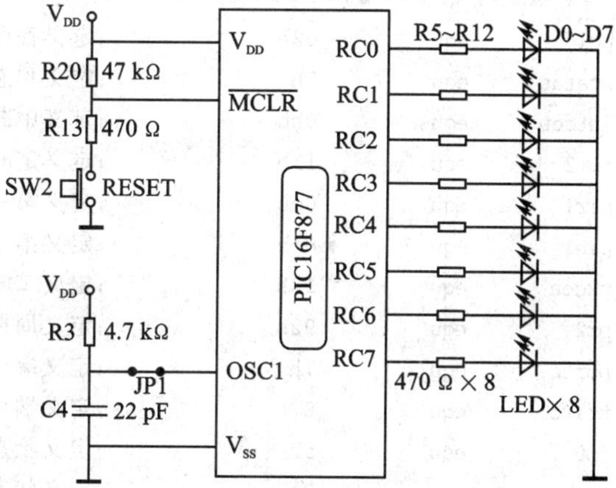

图3.10 路标导向灯电路

★ 软件设计思路

在本例中,同时利用了预分频器和后分频器,并且将预分频器和后分频器的分频比都设置为1:16;还利用周期寄存器PR2的作用,并且将其值设定为250,当TMR2计数寄存器的累加值达到250后,返回到0。利用TMR2编制了一段64 ms的延时子程序。主程序对该子程序连续调用4次,从而产生一个256 ms的延时。参考图3.7所示的延时可调周期性定时器的应用方式。

LED显示驱动码的获取采用了查表法,在表中预先存储了设定好的编码。

本例中没有开放CPU的中断响应,而是利用了查询方式。对于希望节省CPU时间的应用项目,可以通过利用CPU的中断功能来设计程序。

★ 汇编程序流程

如图3.11所示,包含主程序和子程序的流

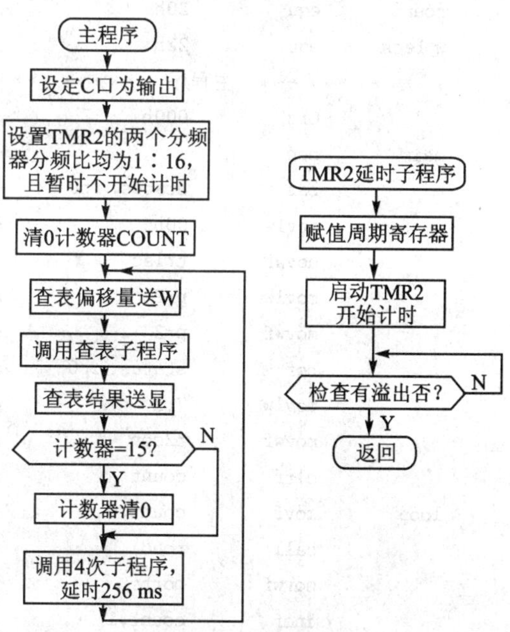

图3.11 程序流程图

程图。查表子程序可以参考以前的范例。

★ 汇编程序清单

```
;************************************************************
;《路标导向灯》2006/9/17
; 源程序文件名称：TMR2EXP1.ASM
;************************************************************
pcl      equ     02h          ;定义程序计数器低字节寄存器地址
status   equ     3h           ;定义状态寄存器地址
intcon   equ     0bh          ;定义中断控制寄存器地址
tmr2     equ     11h          ;定义定时器/计数器2寄存器地址
pir1     equ     0ch          ;定义第一中断标志寄存器
pie1     equ     8ch          ;定义第一中断使能寄存器
t2con    equ     12h          ;定义TMR2控制寄存器
pr2      equ     92h          ;定义周期寄存器
portc    equ     7h           ;定义端口C的数据寄存器地址
trisc    equ     87h          ;定义端口C的方向控制寄存器地址
rp0      equ     5h           ;定义状态寄存器中的体选位的位地址
z        equ     2h           ;定义状态寄存器中的0标志位的位地址
pr2b     equ     d'250'       ;定义为PR2寄存器准备的赋值常数
count    equ     20h          ;定义一个计数器变量寄存器
w_back   equ     22h          ;定义一个中断保护备份寄存器
;************ 主程序 ***********************************
         org     000h         ;定义程序存放的起始地址,即复位矢量
main     nop                  ;设置一条ICD必需的空操作指令
         bsf     status, rp0  ;设置文件寄存器的体1为当前体
         movlw   00h          ;将端口C的方向控制码00H先送W
         movwf   trisc        ;再转到方向寄存器,RC全部设为输出
         movlw   pr2b         ;将常数Pr2b作为
         movwf   pr2          ;周期寄存器PR2的值固定下来
         bcf     status, rp0  ;恢复到文件寄存器的体0
         movlw   7bh          ;设置控制寄存器内容：暂时不打开TMR2、
         movwf   t2con        ;预分频器和后分频器分频比都设为"1:16"
         clrf    count        ;清0计数器
loop     movf    count,0      ;count作为查表地址偏移量送入W
         call    read         ;调用读取显示信息查表子程序
         movwf   portc        ;将查表得到的驱动码送端口RC显示
         incf    count,1      ;计数器加1
         movlw   .15          ;因为表中只有15个元素,计数值只能=0-14
         subwf   count,0      ;检查计数器=15了吗
```

```
        btfsc   status,z        ;否！跳一步
        clrf    count           ;是！应该回到0
        call    delay           ;调用延时子程序
        call    delay           ;调用延时子程序
        call    delay           ;调用延时子程序
        call    delay           ;调用延时子程序,4次调用共延时256 ms
        goto    loop            ;主循环
;**********  TMR2 硬件延时子程序(64 ms)  ********************************
delay   bcf     pir1,1          ;清除TMR2溢出标志位
        bsf     t2con,2         ;启动TMR2开始计数
loop1   btfss   pir1,1          ;检测TMR0溢出标志位=1了吗
        goto    loop1           ;否！再循环回去检测
        return                  ;是！子程序返回
;**********  读取显示信息的查表子程序  ********************************
read    addwf   pcl,1           ;地址偏移量加当前PC值
        retlw   b'00000001'     ;显示信息码,下同
        retlw   b'00000011'     ;
        retlw   b'00000111'     ;
        retlw   b'00001111'     ;
        retlw   b'00011111'     ;
        retlw   b'00111111'     ;
        retlw   b'01111111'     ;
        retlw   b'11111111'     ;
        retlw   b'00000000'     ;
        retlw   b'11111111'     ;
        retlw   b'00000000'     ;
        retlw   b'11111111'     ;
        retlw   b'00000000'     ;
        retlw   b'11111111'     ;
        retlw   b'00000000'     ;
;*********************************************************************
        end                     ;通知汇编器源程序结束
```

【实验范例3.2】2 kHz对称方波发生器

★ 项目实现功能

利用定时器TMR2与其周期寄存器PR2配合工作,从引脚RC0上输出一个占空比为50%的对称方波,方波信号的周期为0.5 ms。可以利用示波器观察和验证该波形。单片机初次加电或者复位后,发光二极管LED7不停地闪烁,LED0点亮(实际是快速闪烁,只不过肉眼

不易察觉)表明发生器工作正常。

★ 硬件电路规划

实验电路如图 3.12 所示。利用 ICD 演示板上的现成元器件,只需要将拨动开关组的中间 6 位断开即可。用 RC7 引脚上的一只 LED7 来指示主程序循环的工作状态。方波信号从 RC0 引脚上输出,并用该脚上的一只 LED0 来指示中断服务子程序的工作状态。

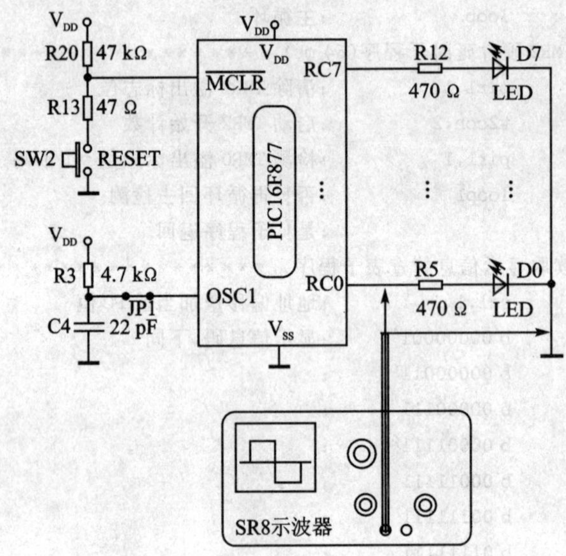

图 3.12　实验电路和示波器接线图

★ 软件设计思路

在主程序的初始化部分,将 TMR2 的预分频器和后分频器全部关闭,具体方法是将它们的分频比都设置为 1:1即可;再把周期寄存器 PR2 的值设定为 250。这样就使得 TMR2 再从 0 开始递增,每接收到 250 个指令周期 $4/f_{OSC}$(当系统时钟为 4 MHz 时指令周期为 1 μs),就产生一次溢出中断,并且自动回 0。如此周而复始地循环下去。

在响应中断时,除了清除中断标志位之外,就只需反转一下 RC0 脚上的输出电平。这样以来,在 RC0 脚上就形成一个高、低电平各持续 250 μs 的对称方波信号,其周期为 2×250 μs=500 μs=0.5 ms,频率为 2 kHz。

程序流程图比较简单,就不再给出。

★ 汇编程序清单

```
;**************************************************************
;《对称方波发生器》2006/9/17
;源程序文件名称:TMR2EXP3.ASM
;**************************************************************
```

```
status      equ     3h              ;定义状态寄存器地址
intcon      equ     0bh             ;定义中断控制寄存器地址
peie        equ     06h             ;定义外设中断使能位位地址
gie         equ     07h             ;定义全局中断使能位位地址
tmr2        equ     11h             ;定义定时器/计数器 2 寄存器地址
tmr2on      equ     2h              ;定义 TMR2 开启位的位地址
tmr2if      equ     1h              ;定义 TMR2 中断标志位的位地址
tmr2ie      equ     1h              ;定义 TMR2 中断使能位的位地址
pir1        equ     0ch             ;定义第一中断标志寄存器
pie1        equ     8ch             ;定义第一中断使能寄存器
t2con       equ     12h             ;定义 TMR2 控制寄存器
pr2         equ     92h             ;定义周期寄存器
portc       equ     7h              ;定义端口 C 的数据寄存器地址
trisc       equ     87h             ;定义端口 C 的方向控制寄存器地址
rp0         equ     5h              ;定义状态寄存器中的体选位的位地址
pr2b        equ     d'250'          ;定义为 PR2 寄存器准备的赋值常数
;--------  定义矢量  ----------------------------------------
            org     000h            ;定义程序存放的起始地址,即复位矢量
            goto    main            ;跳转主程序
            org     004h            ;定义中断矢量
;***********  中断服务子程序  ***********************************
            movlw   01h             ;
            xorwf   portc,1         ;改变 RC0 引脚的输出状态
            bcf     pir1,tmr2if     ;清除 TMR2 溢出标志位
            retfie                  ;中断返回
;***********  主程序  *******************************************
main        nop                     ;设置一条 ICD 必需的空操作指令
            bsf     status, rp0     ;设置文件寄存器的体 1 为当前体
            movlw   b'01111110'     ;将端口 C 的方向控制码 7EH 先送 W
            movwf   trisc           ;转到方向寄存器,RC7、RC0 引脚设为输出
            movlw   pr2b            ;将常数 Pr2b 作为
            movwf   pr2             ;周期寄存器 PR2 的值固定下来(250 μs)
            bsf     pie1, tmr2ie    ;使能 TMR2 中断
            bcf     status, rp0     ;恢复到文件寄存器的体 0
            bsf     intcon, peie    ;开放外设中断
            bsf     intcon, gie     ;开放全局中断
            movlw   00h             ;设置控制寄存器: 暂时不打开 TMR2、
            movwf   t2con           ;预、后分频器分频比都设为"1:1"
            bsf     t2con, tmr2on   ;启动 TMR2 开始计时
```

```
loop        movlw     80h         ;将 RC7 引脚的 LED 改变状态
            xorwf     portc,1     ;将 RC7 引脚的 LED 改变状态
            call      d521ms      ;调用延时子程序
            goto      loop        ;主循环,等 TMR2 中断
;**************  软件延时子程序  ****************************
;当系统时钟为 4 MHz 时,延时为 521 ms
d521ms                            ;子程序名,也是子程序入口地址
            movlw     0xff        ;将外层循环参数值经过 w
            movwf     7fh         ;送入用作外循环变量的
lp0         movlw     0xff        ;将内层循环参数值经过 w
            movwf     7eh         ;送入用作内循环变量的
lp1         nop                   ;加 NOP 以便增加循环程序的延时
            nop
            nop
            nop
            nop
            decfsz    7eh,1       ;内循环变量内容递减,若为 0 跳跃
            goto      lp1         ;跳转到 lp1 处
            decfsz    7fh,1       ;外循环变量内容递减,若为 0 跳跃
            goto      lp0         ;跳转到 lp0 处
            return                ;返回主程序
;************************************************************************
            end                   ;通知汇编器源程序结束
```


【实验范例 3.3】滴水显示的 8 只 LED 信号灯

该实验中采用了与实验范例 3.1 相同的电路。不同的是：LED 显示的方式类似于滴水动作,并且随着滴落的水滴数不断增加,容器中的水面不断上升;两个显示状态之间的切换插入了 1 s 的延迟时间;延迟时间的产生不仅利用了 TMR2 的中断功能,还利用了重复给 TMR2 寄存器装载初始值的方式;仅利用了预分频器的功能,后分频器没有利用,处理方法是将其分频比设定为 1:1。以下只给出程序清单,其余留待读者自行分析。

★ 汇编程序清单

```
;************************************************************************
;《滴水灯》2006/9/17
; 源程序文件名称: TMR2EXP2.ASM
;************************************************************************
pcl         equu      02h         ;定义程序计数器低字节寄存器地址
status      equ       3h          ;定义状态寄存器地址
```

```
z           equ       2h            ;定义状态寄存器中的0标志位的位地址
intcon      equ       0bh           ;定义中断控制寄存器地址
portc       equ       7h            ;定义端口C的数据寄存器地址
trisc       equ       87h           ;定义端口C的方向控制寄存器地址
count       equ       20h           ;定义一个计数器变量寄存器
count1      equ       21h           ;定义一个TMR2在1 s之内中断次数计数器
rp0         equ       5h            ;定义状态寄存器中的页选位RP0
tmr2        equ       11h           ;定义定时器/计数器2寄存器地址
pir1        equ       0ch           ;定义第一中断标志寄存器
pie1        equ       8ch           ;定义第一中断使能寄存器
t2con       equ       12h           ;定义TMR2控制寄存器
tmr2b       equ       6             ;定义TMR2寄存器初始值(6=256-250=100H-250)
w_back      equ       22h           ;定义一个中断保护备份寄存器
;***********  复位矢量和中断矢量  ************************************
            org       0000h         ;定义程序存放区域的起始地址
            nop                     ;设置一条ICD必需的空操作指令
            goto      main          ;转主程序
            org       0004h         ;中断矢量
;**********  TMR2延时子程序(4 ms)  ********************************
delay       bcf       pir1,1        ;清除TMR2溢出标志位
            movwf     w_back        ;保护W内容
            movlw     tmr2b         ;TMR2赋初值
            movwf     tmr2          ;
            incf      count1,1      ;中断次数计数器增量
            movf      w_back,0      ;恢复W内容
            retfie                  ;中断返回
;***********  主程序  ***************************************
main        bsf       status, rp0   ;设置文件寄存器的体1
            movlw     00h           ;将端口C的方向控制码00H先送W
            movwf     trisc         ;再转到方向寄存器,RC全部设为输出
            bsf       pie1,1        ;开放TMR2中断使能位
            bcf       status, rp0   ;恢复到文件寄存器的体0
            movlw     03h           ;设置控制寄存器内容:暂时不打开TMR2、预
            movwf     t2con         ;分频器设为1:16,后分频器分频比设为"1:1"
            movlw     0c0h          ;开放总中断使能位和外设中断使能位
            movwf     intcon        ;
            clrf      count         ;清0计数器
loop        movf      count,0       ;count作为查表地址偏移量送入W
            call      read          ;调用读取显示信息子程序
```

```
        movwf       portc           ;将查表得到的驱动码送显
        incf        count,1         ;计数器加 1
        movlw       .37             ;因为表中只有 37 个元素,计数值只能 = 0 - 36
        subwf       count,0         ;检查计数器 = 37 了吗
        btfsc       status,z        ;否! 跳一步
        clrf        count           ;是! 应该回到 0
        clrf        count1          ;清 0 中断次数计数器
        movlw       tmr2b           ;TMR0 赋初值
        movwf       tmr2            ;
        bsf         t2con,2         ;启动 TMR2 开始计数
loop1   movlw       .250            ;因为 1 s 中有 250 个 4 ms,应中断 250 次
        subwf       count1,0        ;检查计数器 = 250 了吗
        btfss       status,z        ;是! 跳一步
        goto        loop1           ;否! 跳回继续检测 COUNT1
        goto        loop            ;跳转到查表
;**********  读取显示信息的查表子程序  ******************************
read
        addwf       pcl,1           ;地址偏移量加当前 PC 值
        retlw       b'00000001'     ;显示信息码,下同
        retlw       b'00000010'
        retlw       b'00000100'
        retlw       b'00001000'
        retlw       b'00010000'
        retlw       b'00100000'
        retlw       b'01000000'
        retlw       b'10000000'
        retlw       b'10000001'
        retlw       b'10000010'
        retlw       b'10000100'
        retlw       b'10001000'
        retlw       b'10010000'
        retlw       b'10100000'
        retlw       b'11000000'
        retlw       b'11000001'
        retlw       b'11000010'
        retlw       b'11000100'
        retlw       b'11001000'
        retlw       b'11010000'
        retlw       b'11100000'
```

```
        retlw       b'11100001'
        retlw       b'11100010'
        retlw       b'11100100'
        retlw       b'11101000'
        retlw       b'11110000'
        retlw       b'11110001'
        retlw       b'11110010'
        retlw       b'11110100'
        retlw       b'11111000'
        retlw       b'11111001'
        retlw       b'11111010'
        retlw       b'11111100'
        retlw       b'11111101'
        retlw       b'11111110'
        retlw       b'11111111'
        retlw       b'00000000'
;***************************************************************
        end                         ;通知汇编器源程序结束
```


思考题与练习题

1. 定时器 TMR2 模块的用途有哪些？其特性又有哪些？
2. 是否能够自行分析 TMR2 模块的工作原理？
3. 在发生任何复位时 TMR2 都将被清 0，这一点与 TMR0 和 TMR1 都不同，是否如此？
4. 如果不想让 TMR2 的预分频器或后分频器不起作用，可以采用什么编程方法？
5. 如果不想让 TMR2 的周期寄存器 PR2 起作用，可以采用什么编程方法？
6. TMR2 模块在单片机硬件规划上，与什么外围模块的什么工作方式存在着固定的搭配关系？（提示：可以等待学完 CCP 和 MSSP 模块之后再作解答）
7. 是否 TMR2 是单片机内惟一一个同时具备预分频器和后分频器的定时器？
8. TMR2 模块能否工作于计数器工作方式？
9. 是否 TMR2 是惟一一个没有外接引脚的定时器？
10. TMR2 能否像 TMR1 那样可以被软件关闭？
11. TMR2 是否为惟一一个具备专用周期寄存器的定时器？
12. 当利用 TMR2 及其周期寄存器 PR2 来产生循环定时时，会简化编程吗？为什么？
13. TMR0、TMR1 和 TMR2 的核心计数寄存器都是按递增规律计数的吗？
14. 试为实验范例 3.2 补充忽略的程序流程图。
15. 试为实验范例 3.3 补充忽略的程序流程图。

第 4 章

输入捕捉/输出比较/脉宽调制 CCP 及其应用技术

输入捕捉/输出比较/脉冲宽度调制 CCP(Capture/Compare/PWM)模块,在低档的 PIC 单片机系列中没有配置;在中档的 PIC 单片机系列中的部分型号只配置了 1 个,而在另一部分型号却配置了 2 个;甚至在高档的 PIC 单片机系列中的部分型号还配置了多达 4 个 CCP 模块。

CCP 模块中包含一个 16 位的可读可写的寄存器,这个寄存器既作为 16 位的输入捕捉寄存器,又作为 16 位的输出比较寄存器,还可作为脉宽调制 PWM 输出信号的占空比设置主、从寄存器。

CCP1 和 CCP2 两个模块的结构、功能以及操作方法基本完全一样,区别仅在于各自有独立的外接引脚,有自己独立的 16 位寄存器 CCPR1 和 CCPR2,并且寄存器的地址也不相同;最重要的是只有 CCP2 模块可以被用于触发启动模/数转换器(ADC)。

CCP1 模块的 16 位寄存器 CCPR1 由两个 8 位寄存器 CCPR1H 和 CCPR1L 构成;而 CCP2 模块的 16 位寄存器 CCPR2 由另外两个 8 位寄存器 CCPR2H 和 CCPR2L 构成。这 4 个寄存器都是单独可读可写的。

CCP 模块顾名思义,该模块共有 3 种工作模式:输入捕捉、输出比较和脉冲宽度调制。这 3 种工作模式都与定时器有关,或者说,都需要定时器模块提供时钟源的支持才能工作。CCP 模块与定时器模块之间的关系,如表 4.1 所列。从该表可以看出,当 CCP 模块工作于捕捉器模式和比较器模式时,都需要定时器/计数器 TMR1 的支持;而当工作于脉宽调制器模式时,则需要定时器 TMR2 的支持。

表 4.1 CCP 模块与定时器模块的搭配关系

CCP 模块工作模式	时钟源
捕捉器	TMR1
比较器	TMR1
脉宽调制器	TMR2

由于 CCP1 和 CCP2 两个模块基本完全一样,因此,下面仅以 CCP1 为主进行讲解。

4.1 输入捕捉工作模式

输入捕捉模式，适合用于测量引脚输入的周期性方波信号的周期、频率和占空比等，也适合用于测量引脚输入的非周期性矩形脉冲信号的宽度、到达时刻或消失时刻等参数。

4.1.1 输入捕捉模式相关的寄存器

与 CCP 模块的捕捉模式（以及 TMR1）有关的寄存器共有 15 个，如表 4.2 所列。这 15 个寄存器中的前 9 个寄存器的功能及其各位的作用，在前面各个章节中已经有过介绍。关于这些寄存器，在此仅对 CCP1 和 CCP2 模块工作于捕捉模式下，所牵扯到的一些位（没有被阴影覆盖的部分）进行归纳，以方便于应用时查阅。

表 4.2　与捕捉模式（以及 TMR1）有关的寄存器

寄存器名称	寄存器符号	寄存器地址	寄存器内容							
			bit7	bit6	bit5	bit4	bit3	bit2	bit1	bit0
中断控制寄存器	INTCON	0BH/8BH/10BH/18BH	GIE	PEIE	T0IE	INTE	RBIE	T0IF	INTF	RBIF
第一外设中断标志寄存器	PIR1	0CH	PSPIF	ADIF	RCIF	TXIF	SSPIF	CCP1IF	TMR2IF	TMR1IF
第二外设中断标志寄存器	PIR2	0DH	—	—	—	EEIF	BCLIF	—	—	CCP2IF
第一外设中断屏蔽寄存器	PIE1	8CH	PSPIE	ADIE	RCIE	TXIE	SSPIE	CCP1IE	TMR2IE	TMR1IE
第二外设中断屏蔽寄存器	PIE2	8DH	—	—	—	EEIE	BCLIE	—	—	CCP2IE
RC 口方向寄存器	TRISC	87H	TRISC7	TRISC6	TRISC5	TRISC4	TRISC3	TRISC2	TRISC1	TRISC0
TMR1 低字节	TMR1L	0EH	16 位 TMR1 计数寄存器低字节寄存器							
TMR1 高字节	TMR1H	0FH	16 位 TMR1 计数寄存器高字节寄存器							
TMR1 控制寄存器	T1CON	10H	—	—	T1CKPS1	T1CKPS0	T1OSCEN	T1SYNC	TMR1CS	TMR1ON
CCP1 低字节	CCPR1L	15H	16 位 CCP1 寄存器低字节寄存器							
CCP1 高字节	CCPR1H	16H	16 位 CCP1 寄存器高字节寄存器							
CCP1 控制寄存器	CCP1CON	17H	—	—	CCP1X	CCP1Y	CCP1M3	CCP1M2	CCP1M1	CCP1M0
CCP2 低字节	CCPR2L	1BH	16 位 CCP2 寄存器低字节寄存器							
CCP2 高字节	CCPR2H	1CH	16 位 CCP2 寄存器高字节寄存器							
CCP2 控制寄存器	CCP2CON	1DH	—	—	CCP2X	CCP2Y	CCP2M3	CCP2M2	CCP2M1	CCP2M0

此外,还对表4.2后6个新引出的寄存器中与CCP1和CCP2模块的输入捕捉有关的比特进行介绍。观察该表不难看出,对于这6个寄存器只需介绍其中CCPR1L、CCPR1H和CCP1CON这3个寄存器即可,另外3个寄存器的功能与此完全相同。而这3个寄存器中,首先需要介绍的是CCP1CON控制寄存器,其余两个寄存器CCPR1L和CCPR1H的功能,留待下一小节讲解捕捉器结构和原理时一同说明。

CCP1控制寄存器CCP1CON。CCP1CON是被CCP模块只用到低6位的可读可写的寄存器,最高两位未用,读出时返回0。bit5和bit4在该模式下不用,留待以后介绍。其余4位在捕捉模式下的含义及其定义方法如下:

bit7	bit6	bit5	bit4	bit3	bit2	bit1	bit0
—	—	CCP1X	CCP1Y	CCP1M3	CCP1M2	CCP1M1	CCP1M0

CCP1M3~CCP1M0:CCP1工作模式选择位。其中,CCP1M3与CCP1M2为工作模式粗选位,分别选定禁止(00)、捕捉器(01)、比较器(10)和脉宽调制器(11)4种之一;CCP1M1与CCP1M0为工作模式细选位,分别在捕捉器和比较器模式下再细选其中不同的4种情况之一。

- 0000=关闭CCP1模块,即禁止CCP1工作以降低功耗;
- 0100=捕捉模式,捕捉CCP1脚送入的每一个脉冲下降沿;
- 0101=捕捉模式,捕捉CCP1脚送入的每一个脉冲上降沿;
- 0110=捕捉模式,捕捉CCP1脚送入的每4个脉冲下降沿;
- 0111=捕捉模式,捕捉CCP1脚送入的每16个脉冲下降沿;
- 10xx=比较模式,放到比较器模式中去介绍;
- 11xx=脉宽调制PWM模式,低2位不起作用。

4.1.2 输入捕捉模式的电路结构

CCP1工作于输入捕捉模式的电路结构如图4.1所示,包含6个组成部分,即16位比较寄存器、16位定时器TMR1、16位受控三态门、4位预分频器、正/负边沿检测电路和同步控制电路。对于图4.1作一些调整之后,得到图4.2所示简化电路。下面分析各个部分的功能和组成关系。

(1) 核心部分就是一个16位宽的寄存器CCPR1(即寄存器对CCPR1H:CCPR1L),可以通过内部数据总线读写,可以用它来转载或抓取定时器TMR1的16位长的累加计数值。何时抓取,受控于捕捉使能信号。

(2) TMR1定时器的16位累加计数寄存器TMR1(即寄存器对TMR1H:TMR1L)也可以通过内部数据总线读写,并且为CCP1提供被抓取的计时值。

(3) 16位并行受控三态门。各个门的控制端复连在一起,由捕捉使能信号统一控制。平

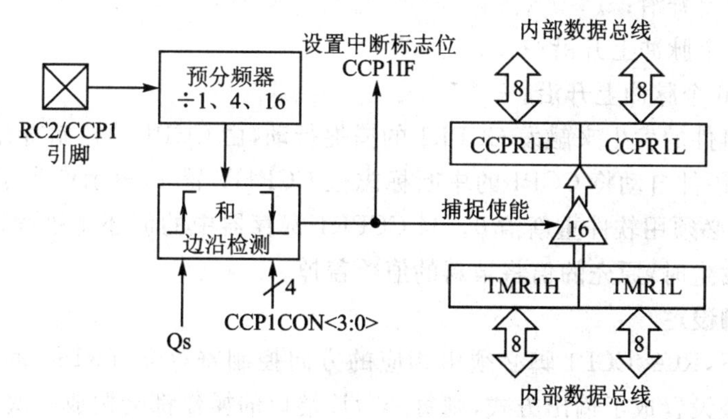

图 4.1　CCP1 捕捉模式电路结构

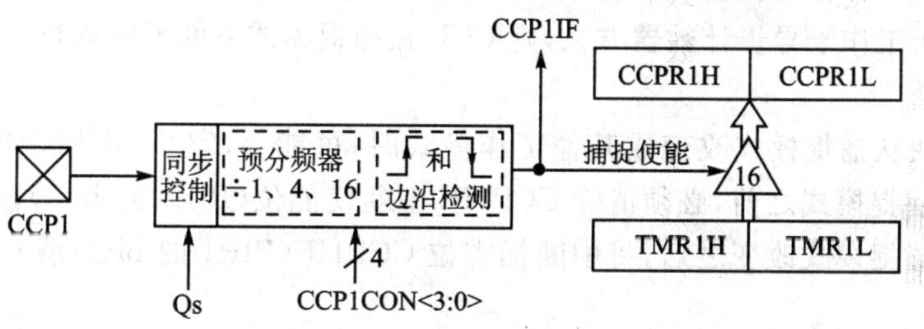

图 4.2　CCP1 捕捉模式简化电路

时它们都处于截止状态，只有当捕捉使能信号送来高电平时，16 只三态门一同打开，将此时的 TMR1 累计值抓取到 CCPR1 中。这就好像照相机的快门瞬间被打开，将景捕捉到底片上一样。

（4）4 位宽的预分频器。允许选择 3 种不同的分频比（1∶1、1∶4或 1∶16）；其等效电路和工作原理同于 TMR2 的预分频器，参考图 4.2 所示电路；其分频比由 CCP1CON 控制寄存器的低 4 位设定。

（5）正负边沿检测电路。可以通过设定 CCP1CON 寄存器的低 4 位来决定是检测送入脉冲的上升沿还是检测下升沿。

（6）同步控制电路。将外部引脚 CCP1 送入的脉冲边沿与系统时钟脉冲 Q 的边沿对齐。

4.1.3　输入捕捉模式的工作原理

当 CCP1 模块工作于捕捉模式时，一旦有下列事件在引脚 RC2/CCP1 上发生，CCPR1 寄存器立即捕捉下这一时刻的 TMR1 计数值：

（1）出现脉冲下降沿；

(2) 出现脉冲上升沿;

(3) 每出现4个脉冲上升沿;

(4) 每出现16个脉冲上升沿。

究竟是哪种事件的发生来触发CCPR1的捕捉行动,由CCP1的控制寄存器设定。当一个捕捉事件发生后,硬件自动将CCP1的中断标志位CCP1IF置1,表示产生了一次CCP1捕捉中断。CCP1IF位必须用软件重新清0。当CCPR1寄存器中的值还未被程序读取,而又有一个新的捕捉事件发生时,原先的值将被新的值覆盖掉。

1) CCP1引脚设定

在捕捉模式下,RC2/CCP1脚必须由相应的方向控制寄存器TRISC的bit2设定为输入方式。假如该脚被设置成了输出方式,则每个写该端口的操作都会构成一次捕捉条件。

2) TMR1工作方式设定

当需要CCP工作于捕捉模式时,TMR1必须设定为定时器工作方式,或者同步计数器方式。如果TMR1工作于异步计数器方式,则CCP在捕捉模式下就不能进行正常操作。

3) 软件中断

当CCP模块从捕捉模式改变成其他工作模式时,可能会产生一次错误的捕捉中断。因此,用户在改变捕捉模式之前,必须清除CCP1IE中断使能位(PIE1的bit2),来屏蔽CCP1中断请求;并且在捕捉模式改变之后,将中断标志位CCP1IF(PIR1的bit2)清0,以免引起CPU的错误响应。

4) 预分频器

通过CCP1控制寄存器的CCP1M3~CCP1M0的设置,可以选择几种不同的分频比以及设定不同的边沿检测状态。如果CCP模块被关闭,或者设定为非捕捉工作模式,其预分频器计数器被清0。任何方式对单片机的复位都将预分频器复位清0。

如果用户程序修改预分频器的分频比,也可能会产生一次错误中断,并且预分频器将不会被清0;因此第一次捕捉可能是从预分频器的一个非0的起始值开始计数的。如果需要中途改变预分频器分频比,建议使用以下程序片段。这个例子既可以清0预分频器计数器,又不会产生虚假中断。

```
CLRF      CCP1CON          ;"关闭"CCP1模块
MOVLW     NEW_CAPT_PS      ;选取新的预分频比(1:1、1:4或1:16)
MOVWF     CCP1CON          ;赋予CCP1CON寄存器,并"打开"CCP1模块
```

4.1.4 输入捕捉模式的应用举例

当CCP模块工作于输入捕捉器模式时,在实际工程中有什么用处,以及如何编程?通过以下实验范例可以给读者一些启发。

【实验范例 4.1】负脉冲宽度简易测量仪

★ 项目实现功能

主要目的是检验 CCP 模块用作输入捕捉器使用时的功能表现。具体实现方法是：利用 CCP1 模块作为输入捕捉器，捕捉从 CCP1 脚输入的一个方波脉冲的下降沿和上升沿，并且记录二者之间的时间间隔，显示在 RC7～RC4 引脚 4 只 LED 上。

能够测量的脉宽最大值为 524 ms；测量精度即分辨率为 8 μs；测量结果以 4 位十六进制数码显示出来。

★ 硬件电路规划

电路图如图 4.3 所示，复位电路、时钟电路以及显示电路，都利用演示板上原有的电路器件。另外，用一只 CMOC 四与非门 CD4011B 搭建一个单稳态电路，通过按钮开关 SW 来触发，产生一个一定宽度的用于演示的负脉冲。脉冲宽度与 SW 被按下的时间无关，而是与 R_t 和 C_t 阻容值，以及门电路的输入电压阈值有关。当该阈值为 $V_{DD}/2$ 时，脉冲宽度的计算公式为

$$t_w = 0.69R_t \cdot C_t$$

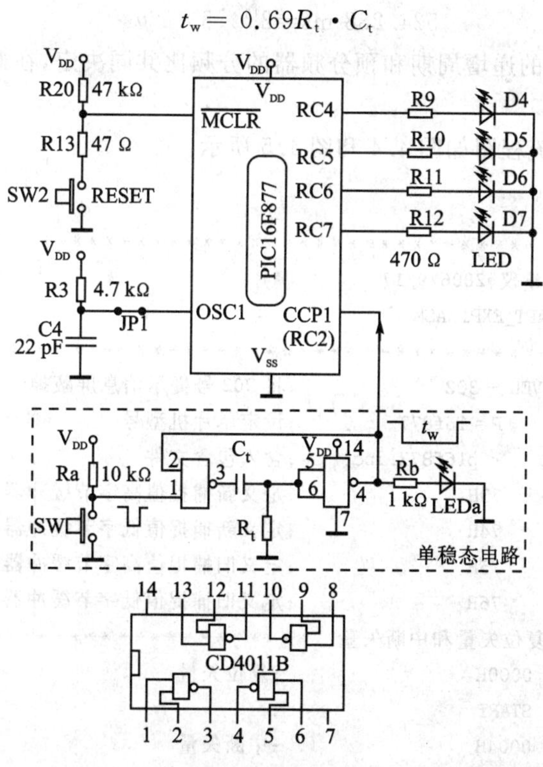

图 4.3　实验电路图

在此选取 $R_t = 10\ k\Omega$、$C_t = 10\ \mu F$，理论计算得 $t_w = 69$ ms。

利用一只串联有限流电阻的发光二极管 LEDa 作为单稳态电路输出状态的指示灯。虚线框中的单稳态电路及其状态显示电路，均是在演示板焊孔区由读者自己布局和焊接的。

★ 软件设计思路

在测量仪初次加电或人工复位时，若 RC7 引脚上的 LED 不停地闪烁，表明单片机作好了捕捉前沿(即下降沿)的准备。CCP1 是与定时器/计数器 TMR1 配合工作的。起始时 CCP1 被设定为捕捉下降沿，一旦捕捉到脉冲下降沿，就将 TMR1 清 0，使其从头开始计时，还要将 CCP1 修改为捕捉上升沿。随后，一旦再捕捉到脉冲上升沿时，就记录下此刻的捕捉值 CCPR1H:CCPR1L 作为脉宽值。

在完成了一次成功的脉冲宽度的捕捉之后，单片机将捕捉到的 16 位脉宽值，按 4 位十六进制码，从最高位到最低位分 4 次显示在 RC7～RC4 引脚的 4 只 LED 上。为了便于观察识别脉宽结果，在显示最高位时停留的时间比其他 3 位长一倍。

能够测量的脉宽最大值与 TMR1 的宽度和 TMR1 的递增周期以及预分频器的分频比有关。在此，TMR1 的时钟脉冲选择内部指令周期(T_{CYC}为 1 μs，当系统时钟频率为 4 MHz 时)，分频比设定为 1:8，TMR1 的宽度为 16 位，则所能测量的脉宽最大值为

$$524.288\ \text{ms} = 2^{16} \times 8 \times 1\ \mu s$$

测量精度由 TMR1 的递增周期和预分频器的分频比共同决定，在此为 8 μs。

★ 汇编程序流程

主程序和子程序的流程图如图 4.4 和图 4.5 所示。

★ 汇编程序清单

```
;**************************************************************
;《负脉冲宽度简易测量仪》2006/9/17
;源程序文件名称：CAPT_EXP1.ASM
;**************************************************************
            ERRORLEVEL - 302            ;将 302 号提示信息屏蔽掉
            LIST        P = 16f877      ;设定单片机型号
            INCLUDE     <p16f877.inc>   ;含入包含文件
CAPT_NEW_H  EQU         73H             ;定义新捕捉值高字节缓冲器
CAPT_NEW_L  EQU         74H             ;定义新捕捉值低字节缓冲器
CAPT_OLD_H  EQU         75H             ;定义旧捕捉值高字节缓冲器
CAPT_OLD_L  EQU         76H             ;定义旧捕捉值低字节缓冲器
;************   复位矢量和中断矢量   ****************************
        ORG         0000H               ;复位矢量
        GOTO        START               ;
        ORG         0004H               ;中断矢量
;************   中断服务子程序   ********************************
```

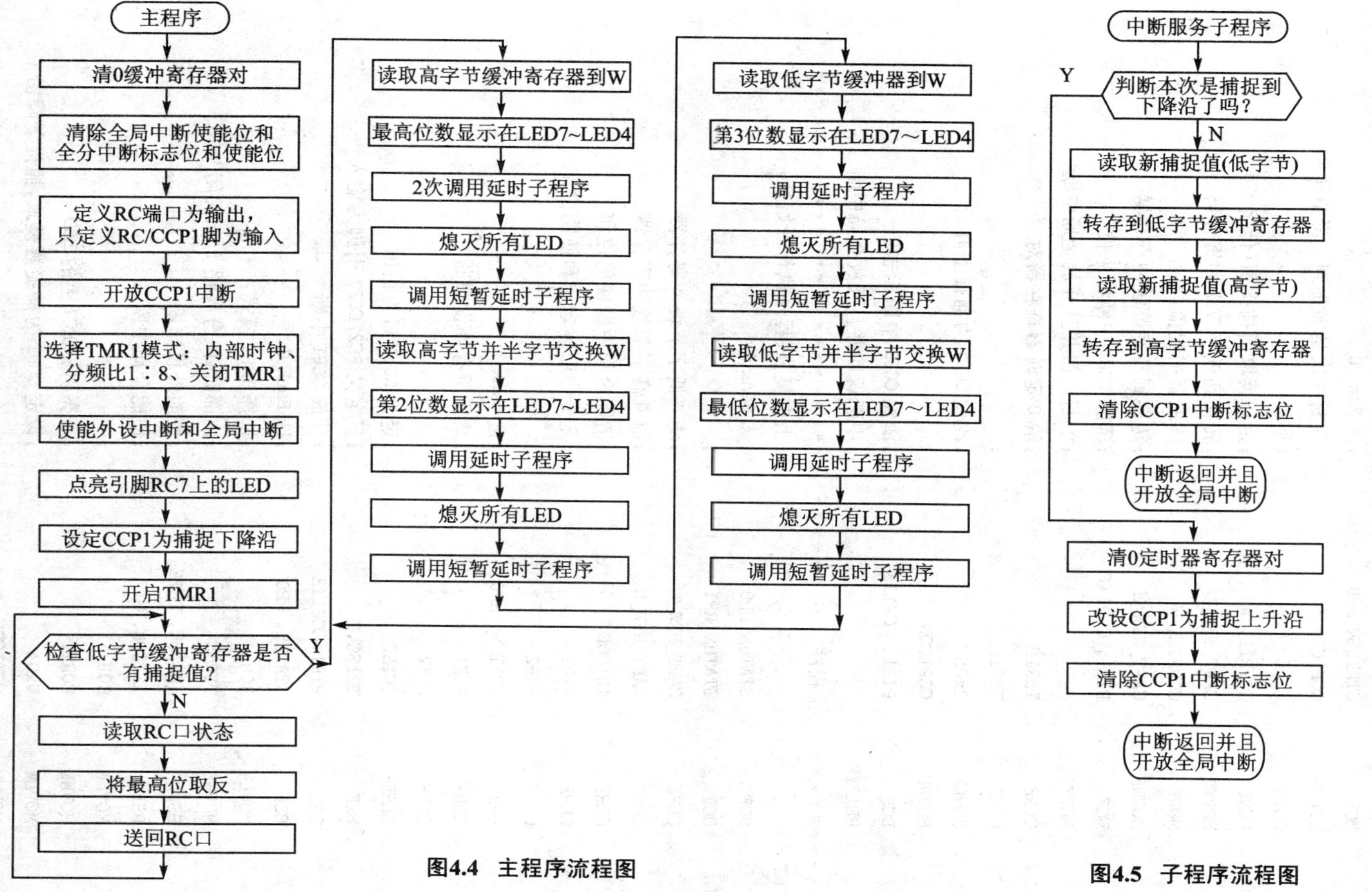

图4.4 主程序流程图

图4.5 子程序流程图

```
        BCF      STATUS, RP0      ;选 Bank 0
        BTFSS    CCP1CON,0        ;判断本次是捕捉到下降沿了吗
        GOTO     FALL             ;是!
RISE    MOVF     CCPR1L, W        ;否! 读取新捕捉值(低字节)
        MOVWF    CAPT_NEW_L       ;转存到低字节缓冲寄存器
        MOVF     CCPR1H, W        ;读取新捕捉值(高字节)
        MOVWF    CAPT_NEW_H       ;转存到高字节缓冲寄存器
        BCF      PIR1, CCP1IF     ;清除 CCP1 中断标志位
        RETFIE                    ;中断返回并且开放全局中断
FALL    CLRF     TMR1H            ;清 0 定时器寄存器对
        CLRF     TMR1L            ;
        MOVLW    0x05             ;改设 CCP1 为捕捉上升沿
        MOVWF    CCP1CON          ;
        BCF      PIR1, CCP1IF     ;清除 CCP1 中断标志位
        RETFIE                    ;中断返回并且开放全局中断
;************ 主程序 ****************************************
START                             ;上电复位(程序执行开始处)
        BCF      STATUS,RP0       ;选 Bank 0
        BCF      STATUS,RP1       ;
        CLRF     CAPT_NEW_L       ;清 0 低字节缓冲寄存器
        CLRF     CAPT_NEW_H       ;清 0 高字节缓冲寄存器
        CLRF     INTCON           ;清除全局中断使能位和
        CLRF     PIR1             ;全分中断标志位和使能位
        CLRF     PIR2             ;
        BSF      STATUS, RP0      ;选 Bank 1
        CLRF     PIE1             ;禁止所有外设中断
        CLRF     PIE2             ;
        CLRF     TRISC            ;定义 RC 端口为输出
        BSF      TRISC,2          ;只定义 RC2/CCP1 引脚为输入
        BSF      PIE1,CCP1IE      ;开放 CCP1 中断
        BCF      STATUS, RP0      ;选 Bank 0
        MOVLW    30H              ;选择 TMR1 模式:
        MOVWF    T1CON            ;内部时钟、分频比 1:8、关闭 TMR1
        BSF      INTCON, PEIE     ;使能外设中断
        BSF      INTCON, GIE      ;使能全局中断
        MOVLW    80H              ;
        MOVWF    PORTC            ;点亮引脚 RC7 上的 LED
        MOVLW    0x04             ;设定 CCP1 为捕捉器模式,捕捉下降沿
        MOVWF    CCP1CON          ;
```

```
        BSF     T1CON, TMR1ON       ;开启 TMR1
LOOP    MOVF    CAPT_NEW_L,F        ;检查低字节缓冲寄存器
        BTFSC   STATUS,Z            ;是否有捕捉值
        GOTO    NO                  ;无！跳转
YES     MOVF    CAPT_NEW_H,W        ;有！读取高字节缓冲寄存器到 W,
        MOVWF   PORTC               ;将最高位十六进制数显示在 LED7～LED4 上
        CALL    DELAY               ;延时加倍,以便识别最高位
        CALL    DELAY               ;
        CLRF    PORTC               ;熄灭所有 LED
        CALL    DELAY1              ;短暂延时
        SWAPF   CAPT_NEW_H,W        ;读取高字节缓冲器到 W,并半字节交换
        MOVWF   PORTC               ;将第 2 位十六进制数显示在 LED7～LED4 上
        CALL    DELAY               ;延时显示
        CLRF    PORTC               ;熄灭所有 LED
        CALL    DELAY1              ;短暂延时
        MOVF    CAPT_NEW_L,W        ;读取低字节缓冲寄存器到 W,
        MOVWF   PORTC               ;将第 3 位十六进制数显示在 LED7～LED4 上
        CALL    DELAY               ;延时显示
        CLRF    PORTC               ;熄灭所有 LED
        CALL    DELAY1              ;短暂延时
        SWAPF   CAPT_NEW_L,W        ;读取低字节缓冲器到 W,并半字节交换
        MOVWF   PORTC               ;将最低位十六进制数显示在 LED7～LED4 上
        CALL    DELAY               ;延时显示
        CLRF    PORTC               ;熄灭所有 LED
        CALL    DELAY1              ;短暂延时
        GOTO    YES                 ;循环显示
NO      MOVF    PORTC,0             ;令 RC7 脚 LED 闪烁
        XORLW   B'10000000'         ;
        MOVWF   PORTC               ;
        CALL    DELAY               ;
        GOTO    LOOP                ;继续大循环,等待 CCP1 中断
;**************  延时子程序(846 ms@4 MHz)  ******************************
DELAY                               ;子程序名,也是子程序入口地址
        MOVLW   0XFF                ;将外层循环参数值经过 W
        MOVWF   70H                 ;送入用作外循环变量的
LP0     MOVLW   0XFF                ;将内层循环参数值经过 W
        MOVWF   71H                 ;送入用作内循环变量的
LP1     NOP                         ;加入几条 NOP 指令以加大延时
        NOP
```

```
          NOP
          NOP
          NOP
          NOP
          NOP
          NOP
          NOP
          NOP
          DECFSZ    71H,1         ;变量 DATA2 内容递减,若为 0 跳跃
          GOTO      LP1           ;跳转到 LP1 处
          DECFSZ    70H,1         ;变量 DATA1 内容递减,若为 0 跳跃
          GOTO      LP0           ;跳转到 LP0 处
          RETURN                  ;返回主程序
;**************  短暂延时子程序(521 ms)  ****************************
DELAY1                            ;子程序名,也是子程序入口地址
          MOVLW     0XFF          ;将外层循环参数值经过 W
          MOVWF     70H           ;送入用作外循环变量的
LP10      MOVLW     0XFF          ;将内层循环参数值经过 W
          MOVWF     71H           ;送入用作内循环变量的
LP11      NOP
          NOP
          NOP
          NOP
          NOP
          DECFSZ    71H,1         ;变量 DATA2 内容递减,若为 0 跳跃
          GOTO      LP11          ;跳转到 LP11 处
          DECFSZ    70H,1         ;变量 DATA1 内容递减,若为 0 跳跃
          GOTO      LP10          ;跳转到 LP10 处
          RETURN                  ;返回主程序
;******************************************************************
          END                     ;源程序结束
```

★ 几点补充说明

(1) 在对单稳态电路单独调试时,应该将单片机从电路板上摘下来。常态下 LEDa 点亮,按动 SW 开关时 LEDa 会短暂熄灭,表示单稳态电路工作正常。

(2) 本例首次采用了一条新的伪指令“ERRORLEVEL　　-302”,其作用是将 302 号提示类信息屏蔽掉,使得汇编器在汇编结束显示如图 4.6 所示的“建立结果”窗口。如果删掉该伪指令,则会使得汇编器在汇编结束显示如图 4.7 所示的“建立结果”窗口。

(3) 利用一条“BTFSS　CCP1CON,0”指令,即可区分 CCP1 模块当前工作在“捕捉到下

```
Build Results
Building CAPT_E~1.HEX...

Compiling CAPT_E~1.ASM:
Command line: "C:\PROGRA~1\MPLAB\MPASMWIN.EXE /e+ /l+ /x- /c+ /p16F877 /q C:\PROG

Build completed successfully.
```

图 4.6 “建立结果”窗口之一

```
Build Results
Building CAPT_E~1.HEX...

Compiling CAPT_E~1.ASM:
Command line: "C:\PROGRA~1\MPLAB\MPASMWIN.EXE /e+ /l+ /x- /c+ /p16F877 /q C:\PROGRA~1\MPL
Message[302] C:\PROGRA~1\MPLAB\WORK\CAPT_E~1.ASM 42 : Register in operand not in bank 0.
Message[302] C:\PROGRA~1\MPLAB\WORK\CAPT_E~1.ASM 43 : Register in operand not in bank 0.
Message[302] C:\PROGRA~1\MPLAB\WORK\CAPT_E~1.ASM 44 : Register in operand not in bank 0.
Message[302] C:\PROGRA~1\MPLAB\WORK\CAPT_E~1.ASM 45 : Register in operand not in bank 0.
Message[302] C:\PROGRA~1\MPLAB\WORK\CAPT_E~1.ASM 46 : Register in operand not in bank 0.

Build completed successfully.
```

图 4.7 “建立结果”窗口之二

降沿”模式，还是工作在“捕捉到上升沿”模式，原因是两种模式的设定只有控制寄存器CCP1CON的末位不同。

(4) 本测量仪的使用方法：在测量仪初次加电或人工复位时，若RC7引脚上的LED7不停地闪烁，表明单片机作好了捕捉的准备；同时LEDa点亮，表明加到单片机CCP1引脚上的电平为高；然后按动开关SW模拟产生一个负脉冲，可以看到LEDa瞬间熄灭一下，表明负脉冲确实加到CCP1引脚上；此后即可看到4位十六进制脉宽值依次循环显示在LED7～LED4上，并且在显示最高位时停顿的时间要长些。本例中在LED7～LED4显示的数据为1DEAH=7 658，表明测得的脉宽值应为7 658×8 μs=61.264 ms，与理论值存在一定的偏差，原因是受元器件值误差、温度、电源电压等诸多因素的影响。本例的目的主要是为了演示CCP模块的功能。然后，按一下单片机复位键SW2即可开始一次新的捕捉实验。

4.2 输出比较工作模式

输出比较模式，适用于从引脚上输出不同宽度的矩形正脉冲、负脉冲、延时驱动信号、可控硅驱动信号、步进电机驱动信号等。

4.2.1 输出比较模式相关的寄存器

各相关寄存器的情况与输入捕捉模式几乎完全相同,见 4.1.1 节,在此不再过多重复。只是控制寄存器 CCP1CON 的低 4 位的赋值内容不同而已。

CCP1 控制寄存器 CCP1CON。CCP1CON 的低 4 位在比较模式下的含义和定义方法如下:

bit7	bit6	bit5	bit4	bit3	bit2	bit1	bit0
—	—	CCP1X	CCP1Y	CCP1M3	CCP1M2	CCP1M1	CCP1M0

CCP1M3～CCP1M0:CCP1 工作模式选择位。其中,CCP1M3～CCP1M2 为模式粗选位;CCP1M1～CCP1M0 为模式细选位,在比较模式下再细选其中 4 种情况之一。

- 0000=关闭 CCP1 模块(即禁止 CCP1 工作以节省功耗)。
- 01xx=捕捉模式,在捕捉器模式中已经作了介绍。
- 1000=比较模式,如果匹配,CCP1 脚出高,CCP1IF 置 1。
- 1001=比较模式,如果匹配,CCP1 脚出低,CCP1IF 置 1。
- 1010=比较模式,如果匹配,CCP1 脚不变,CCP1IF 置 1,产生软件中断。
- 1011=比较模式,如果匹配,CCP1 脚不变,CCP1IF 置 1,触发特殊事件:CCP1 将复位 TMR1;CCP2 将复位 TMR1 和启动 ADC(若 ADC 已被使能)。
- 11xx=脉宽调制 PWM 模式,低 2 位不起作用。

4.2.2 输出比较模式的电路结构

CCP1 工作于输出比较模式的电路结构如图 4.8 所示,包含 6 个组成部分:16 位比较寄存器 CCPR1、16 位比较器、16 位定时器 TMR1、输出逻辑控制电路、R-S 触发器和受控三态门。从中可以看出,两个 8 位的比较寄存器 CCPR1H 和 CCPR1L,以及两个 8 位的定时寄存器 TMR1H 和 TMR1L,都能够通过内部总线被用户程序直接读写。在该图的基础之上进行一些精简,得到图 4.9 所示的简化电路。下面分析各个部分的功能和组成关系。

(1) 核心部分是一个 16 位宽的寄存器 CCPR1,用它来设定一个参加比较的 16 位宽的时间基准值。

(2) 定时器的 16 位累加计数器 TMR1 为 CCP1 提供一个参加比较的 16 位宽的自由递增的计时值。

(3) 比较器是一个 16 位宽的按位比较逻辑电路,其内部结构可以参考图 4.8 所示电路。只有当参加比较的两组数据完全相同时,“匹配”输出端才会送出高电平,其他情况下该输出端均保持低电平。

(4) 输出逻辑控制电路用于选择比较器结果匹配时的行为类型,允许有 4 种不同类型的

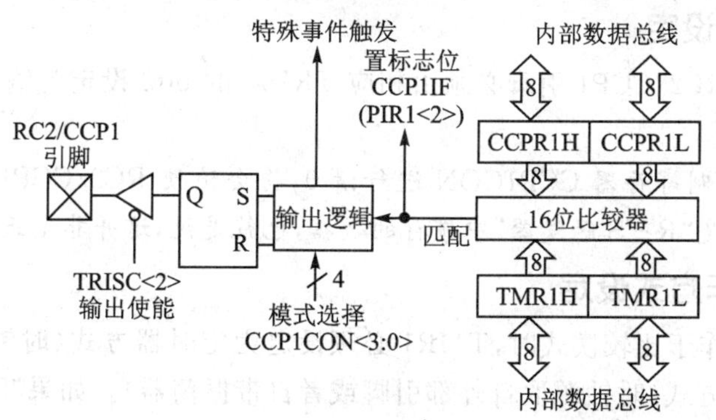

图 4.8　CCP1 比较模式电路结构

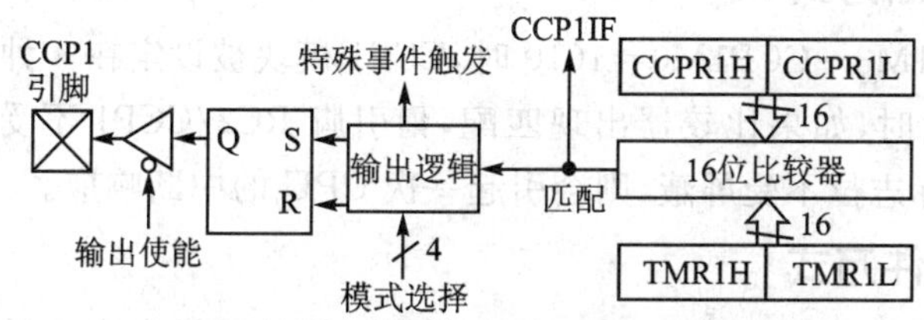

图 4.9　CCP1 比较模式电路结构简化图

选择，由 CCP1CON 控制寄存器的低 4 位设定。

(5) R－S 触发器用于确定输出引脚上的电平状态。S(Set)输入端上的有效信号将使 Q 输出端呈现高电平；R(Reset)输入端上的有效信号将使 Q 输出端呈现低电平。

(6) 受控三态门，受控于端口 RC 方向控制位(TRISC 的 bit2)。当该位清 0 时接通，反之截止。

4.2.3　输出比较模式的工作原理

当 CCP1 模块工作于比较模式时，不断地用 16 位 CCPR1 寄存器值去与 TMR1 寄存器中的累加值作比较，如果两者匹配，就会出现以下 4 种情况之一：

(1) 引脚电平变高，可以用于驱动外接电路；

(2) 引脚电平变低，可以用于驱动外接电路；

(3) 引脚电平维持原状，内部产生软件中断；

(4) 引脚电平维持原状，内部触发特殊事件。

究竟是让哪种情况发生，由寄存器 CCP1CON 的低 4 位设定。总之，当一次比较匹配发生后，都会由硬件自动将中断标志位 CCP1IF 置 1，表示产生了一次 CCP1 比较器中断。在 CPU 响应中断后 CCP1IF 位必须用软件清 0。

1. CCP1 引脚设定

在比较模式下,RC2/CCP1 引脚必须由相应 TRISC 的 bit2 设定为输出方式,以便作为比较器的输出端使用。

注意: 如果对控制寄存器 CCP1CON 进行清 0,将会迫使 RC2/CCP1 引脚输出一个默认的低电平,而这并非是“R-S 触发器”中锁存的数据,也就是说,这并非是正常的比较输出结果。

2. TMR1 工作方式设定

当需要 CCP 工作于比较模式时,TMR1 必须设定为定时器方式(时钟源取自内部指令周期)或者同步计数器方式(时钟源取自外部引脚或者自带振荡器)。如果 TMR1 工作于异步计数器工作方式,则 CCP 在比较工作模式下就不能进行正常操作。

3. 产生软件中断方式

当置控制位 CCP1M3~CCP1M0=1010 时,CCP1 模块被设定在 4 种比较模式之一的“产生软件中断”方式。这时,如果比较器出现匹配,则引脚 RC2/CCP1 不受影响,而 CCP1IF 却被置 1。如果该中断标志位不受屏蔽,则会引起一次 CPU 的中断响应。

4. 触发特殊事件方式

当置控制位 CCP1M3~CCP1M0=1011 时,CCP1 模块被设定在 4 种比较模式之一的“触发特殊事件”方式。这时,如果比较器出现匹配,将会产生一个内部硬件触发信号,可以用它来启动一项特殊操作。该触发信号的具体作用如下述。

(1) 对于 CCP1 模块而言,特殊事件触发信号的输出会置位相应的中断标志位 CCP1IF,还会自动复位 TMR1。这将使得 CCPR1 可以有效地成为 16 位定时器 TMR1 的一个 16 位可编程的周期寄存器(参考图 4.10 所示等效电路)。

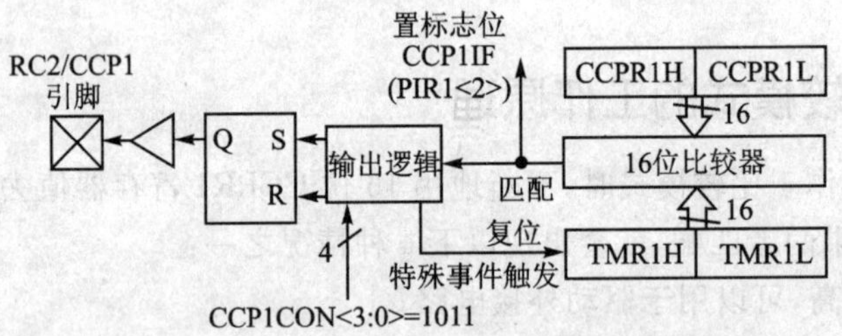

图 4.10 CCPR 用作 16 位可编程周期寄存器

(2) 对于 CCP2 模块而言,特殊事件触发信号的输出会置位相应的中断标志位 CCP2IF,也会自动复位 TMR1。这也将使得 CCPR2 可以有效地成为 16 位定时器 TMR1 的一个 16 位可编程的周期寄存器(类似于图 4.10 等效电路);另外,比 CCP1 模块多出了一项功能,特殊事件触发信号的输出,还可以启动一次 ADC 的模/数转换操作(如果单片机内部带有的 ADC 处于使能状态)。

注意：CCP1 模块或 CCP2 模块的特殊事件触发，虽然都会把 TMR1 清 0，但是，它们都不会将 TMR1IF 同时也置 1。这样有利于简化中断处理程序的编写。

4.2.4　输出比较模式的应用举例

当 CCP 模块工作于输出比较器模式时，在实际单片机应用项目中有什么用处？以及如何编程？试图通过以下实验范例给予读者一点启示。

【实验范例 4.2】简易时间控制器

★ 项目实现功能

假设某一个用电器(例如排气扇、加热器等)需要自动控制，接通电源 16 s，再断开电源 16 s，如此循环往复不停地工作。在此利用了工作于比较模式的 CCP1 模块，与可以用作其周期寄存器的 TMR1 配合工作(参考图 4.10)，从引脚 RC6 上输出一个超低频的占空比为 50% 的对称方波，方波信号的周期为 32 s。利用 RC6 引脚驱动一个继电器，再由继电器的开关触点来控制电器的电源通断；也可以利用连接在 RC6 引脚上的 LED6 观察和验证该驱动信号。单片机初次加电或者复位后，若发光二极管 LED7 不停地闪烁，表明控制器工作正常。

★ 硬件电路规划

实验电路如图 4.11 所示。利用 ICD 演示板上的现成元器件，只须将拨动开关组中的低 6 位断开即可。用 RC7 引脚上的一只 LED7 作为工作指示灯，指示主程序循环的工作状态是否正常；用 RC6 引脚上的一只 LED6 来仿真继电器 J 的动作，灯亮表示继电器 J 被驱动，其触点闭合，用电器电源被接通。同时，LED6 也用来指示中断服务子程序的工作状态是否正常。

与继电器激励线圈并联的一只二极管 D 为续流二极管，因为感性线圈在驱动电流突然截止时，会瞬间产生一个感应电动势，对于 RC6 的内部电路有击穿的危险。这时在 D 的作用下会将感应电动势释放掉，从而起到了保护单片机的功效。

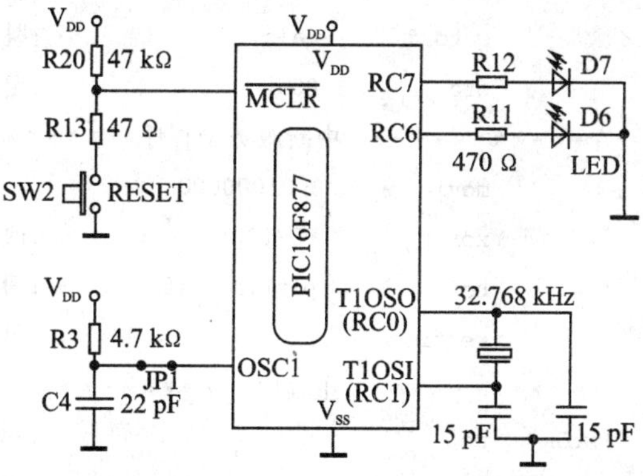

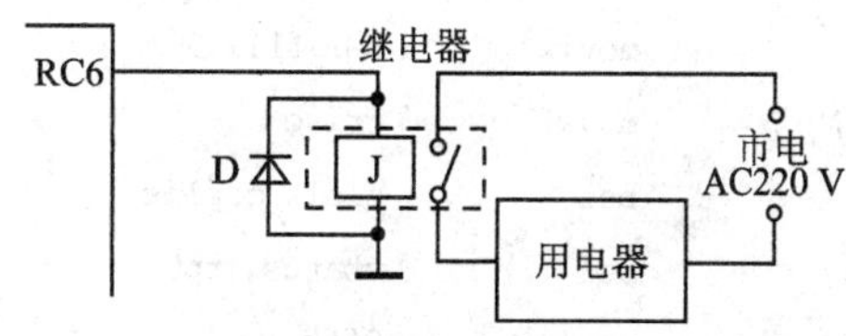

图 4.11　实验电路图

★ 软件设计思路

在主程序的初始化部分，将 TMR1 设置为预分频比 1∶8(为最大值)，启用自带振荡器、内外同步、工作于计数器方式；把 CCP1 模块的工作模式设定为触发特殊事件；再把充当 TMR1 周期寄存器的 CCPR1 寄存器对，预先赋予初始值 FFFFH，也是最大值。这样就使得 TMR1 再从 0 开始递增，每接收到 65 536 个触发信号(当自带振荡器频率为 32 768 Hz 时，该触发信号周期为 1/32 768 s 再乘分频比 8)就产生一次匹配中断，并且自动将 TMR1 清 0。如此周而复始地循环下去。在响应中断时，除了清除中断标志位之外，还需要利用软件方式反转一下 RC6 引脚上的输出电平。如此以来，在 RC6 引脚上就形成一个高、低电平各持续 16 s 的对称方波信号。

程序流程图相对比较简单，留给读者自行分析。

★ 汇编程序清单

```
;**************************************************************
;《简易时间控制器》2006/9/17
; 源程序文件名称：CCP1TMR1.ASM
;**************************************************************
        list        P = 16f877
        include     <p16f877.inc>
;---------- 定义矢量 -----------------------------------------
        org         000h                ;定义程序存放的起始地址，即复位矢量
        goto        main                ;跳转主程序
        org         004h                ;定义中断矢量
;*********** 中断服务子程序 ***********************************
        movlw       b'01000000'
        xorwf       PORTC,1             ;改变 RC6 引脚的输出状态
        bcf         pir1,ccp1if         ;清除 CCP1 中断标志位
        retfie                          ;是！中断序返回
;*********** 主程序 *******************************************
main    nop                             ;用 ICD 调试时需要加入一条 NOP
        bsf         status, rp0         ;设置文件寄存器的体 1 为当前体
        movlw       b'00111111'         ;将端口 C 的方向控制码先送 W
        movwf       trisc               ;转到方向寄存器，RC7、RC6 引脚设为输出
        bsf         pie1, ccp1ie        ;使能 CCP1 中断
        bcf         status, rp0         ;恢复到文件寄存器的体 0
        movlw       0ffh                ;
        movwf       ccpr1l              ;用最大值 FFFFH 作为"周期寄存器"
        movwf       ccpr1h              ;的值固定下来(65535)
        bsf         intcon, peie        ;开放外设中断
```

```
        bsf       intcon, gie          ;开放全局中断
        movlw     b'00111010'          ;设置控制寄存器,预分频比 = 1:8
        movwf     t1con                ;外部时钟源、同步、使能振荡器
        movlw     b'00001011'          ;设定 CCP1 为触发特殊事件模式
        movwf     ccp1con              ;
        bsf       t1con, tmr1on        ;开启 TMR1
loop    movlw     80h                  ;
        xorwf     PORTC,1              ;将 RC7 引脚的 LED 改变状态
        call      d521ms               ;调用延时子程序
        goto      loop                 ;主循环,等 TMR2 中断
;**************  软件延时子程序  ****************************
;当系统时钟为 4 MHz 时,延时为 521 ms
d521ms                                 ;子程序名,也是子程序入口地址
        movlw     0xff                 ;将外层循环参数值经过 W
        movwf     7fh                  ;送入用作外循环变量的寄存器
lp0     movlw     0xff                 ;将内层循环参数值经过 W
        movwf     7eh                  ;送入用作内循环变量的寄存器
lp1     nop                            ;加 NOP 以便增加循环程序的延时
        nop
        nop
        nop
        nop
        decfsz    7eh,1                ;内循环变量内容递减,若为 0 跳跃
        goto      lp1                  ;跳转到 lp1 处
        decfsz    7fh,1                ;外循环变量内容递减,若为 0 跳跃
        goto      lp0                  ;跳转到 lp0 处
        return                         ;返回主程序
;*************************************************************
        end                            ;通知汇编器源程序结束
```

★ 几点补充说明

在对源程序进行汇编时,应该注意一点:将 Node Properties(节点属性)对话框中的 Case sensitivity(字母大小写敏感)一项复选为 Off(如图 4.12 所示),否则,汇编器容易报告出错而不能正常完成汇编任务。原因是,在编写和录入的程序中,如果将任何一个特殊功能寄存器名称或特殊位名称用大写字母,就导致在汇编时不能很好地与"包含文件"吻合。

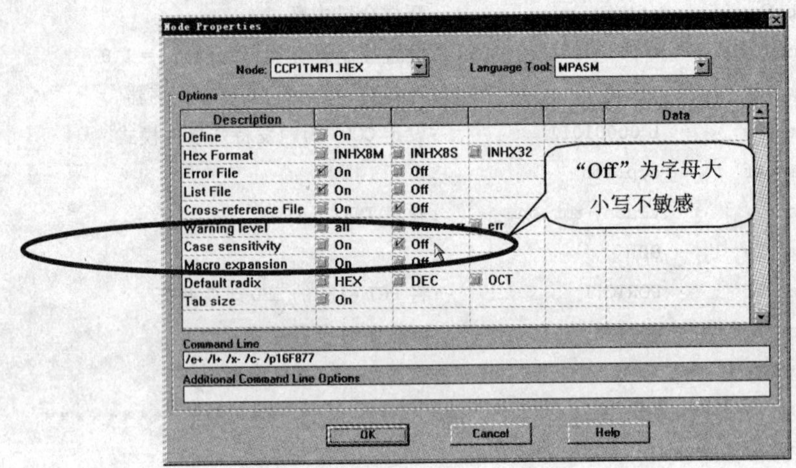

图 4.12　**Node Properties** 对话框

【实验范例 4.3】遥控编码信号码型发生器

电视机、空调、VCD 等家用电器上常用的遥控器中，使用专用编码集成电路以及其他用途的一些通用编码集成电路。如果按它们的数据信号调制格式划分，大致可分为两类：脉冲宽度调制格式（称为 RECS80 格式）和脉冲相位调制格式（称为 RC5 格式）。采用脉冲相位调制格式的芯片有 Philips 公司的 SAA3010 等；采用脉冲宽度调制格式的芯片有三菱公司的 M50462AP、M50119，普诚公司的 PT2262 等。本实验中将以脉冲宽度调制格式为例，学习利用 CCP 模块的输出比较模式来产生此类信号。

★ 项目实现功能

当 CCP1 工作于输出比较模式时，一个比较逻辑电路不停地将定时器 TMR1 计数值与比较寄存器对 CCPR1H∶CCPR1L 进行比较，出现匹配情况时，产生一个中断请求标志位，并且依据控制寄存器 CCP1CON 的 bit0 的值来决定引脚 CCP1 上输出低电平还是高电平。本例从 RB 端口读入要发送的 8 位数据，然后经过 CCP1 脚以串行方式发送出去。

串行数据编码格式如图 4.13 所示，每个位（包括结尾信号）的开始都是发送一个 18.8 μs 的高电平脉冲，作为同步头；接着，如果发送的位为 0，则再发送一个 18.8 μs 的低电平脉冲；如果发送的位为 1，则再发送一个 37.6 μs 的低电平脉冲；如果发送的是结尾信号，则再发送一个 300 μs 的低电平脉冲。然后再发送下一组数据。如图 4.13 所示的编码数据代表的是 2 位十六进制数 CAH。这样的串行数据格式与电视机、空调中采用的红外线遥控方式的信号编码格式非常类似。因此，这个实验具有一定的实用价值。

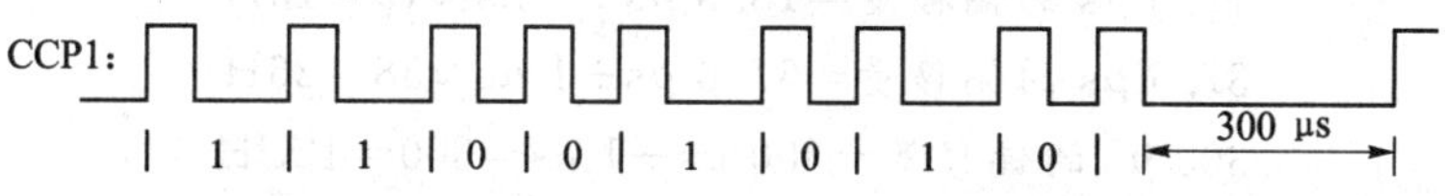

图 4.13　串行数据编码格式

★ 硬件电路规划

实验电路中的大部分元器件都是利用了 ICD 演示板上现成的资源，如图 4.14 所示，只是 RB 端口上的微型拨动开关组 K0～K7 需要在焊孔区另外布局和焊接。

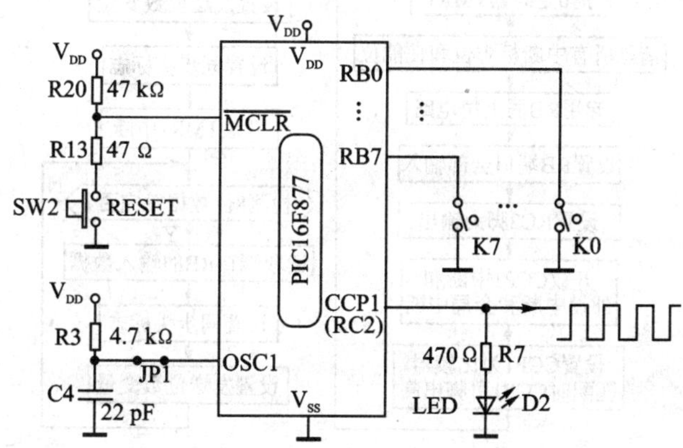

图 4.14　电路图

★ 软件设计思路

程序中对于发送脉冲宽度的控制，是由 CCPR1(＝CCPR1H∶CCPR1L 寄存器对)的值与 16 位定时器 TMR1 的值之差来决定的。每次比较器出现匹配而发生 CCP1 中断之后，既不清除 TMR1 的值，也不重新设定比较寄存器 CCPR1 的值，而是仅仅修改比较寄存器的当前值。具体修改方法是，在 CCPR1 当前值的基础上，叠加一个决定产生下一次中断的时间偏移量，以达到定时中断的效果。这里给出两套设计方案：

(1) 如果单片机采用 10 MHz 的系统时钟频率，TMR1 设置为内部时钟源，且预分频器分频比设定为 1∶1，则 TMR1 的计时频率为 2.5 MHz，周期为 0.4 μs。那么

18.8 μs 的偏移量＝18.8 μs÷0.4 μs＝47＝101111B＝2FH

37.6 μs 的偏移量＝37.6 μs÷0.4μs＝94＝5EH

300 μs 的偏移量＝300 μs÷0.4 μs＝750＝2EEH

(2) 如果根据演示板上的 RC 振荡器时基近似按 4 MHz 计算，则 TMR1 的计时频率为 1 MHz，周期为 1 μs。那么

18.8 μs 的偏移量＝18.8 μs÷1 μs≈19＝13H

37.6 μs 的偏移量＝37.6 μs÷1 μs≈38＝26H

300 μs 的偏移量＝300 μs÷1 μs＝300＝12CH

★ 汇编程序流程

主程序和子程序的流程图如图 4.15 和图 4.16 所示。

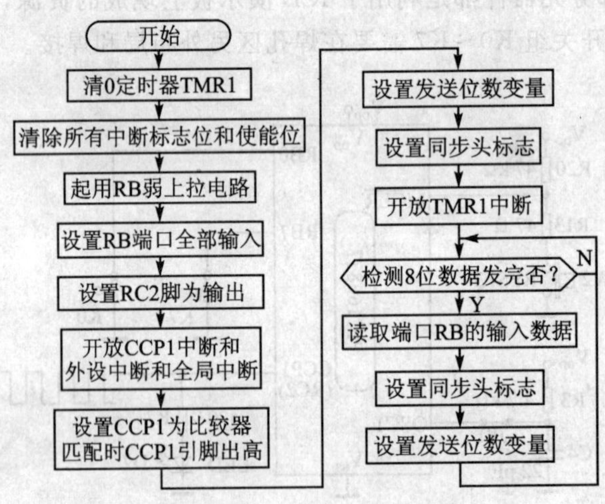

图 4.15　主程序流程图

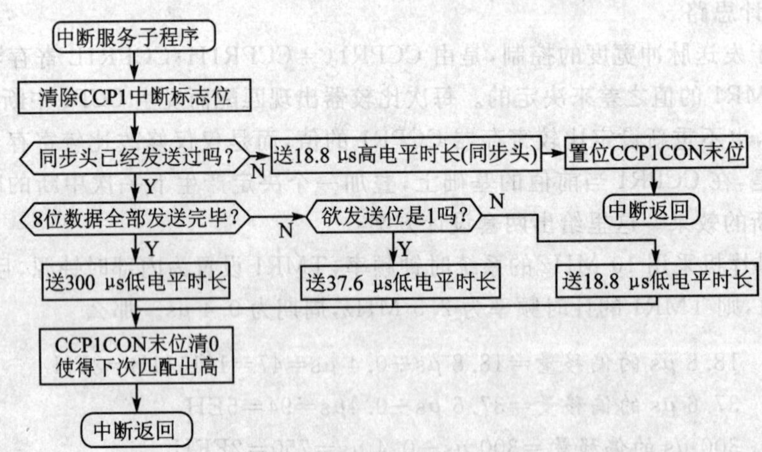

图 4.16　子程序流程图

★ 汇编程序清单

```
;************************************************************************
;《遥控编码信号码型发生器》2006/9/17
; 源程序文件名称：COMP_EXP.ASM
;************************************************************************
            LIST        P = 16f877
            INCLUDE     <p16f877.inc>
XMIT_DATA   EQU         30H                 ;新数据缓冲器
DATA_CNT    EQU         31H                 ;每组数据传送的 BIT 数
CCP1_INT_CNT EQU        32H                 ;同步头标志寄存器
;*********** 复位矢量和中断矢量 ******************************************
            ORG         000H                ;复位矢量单元地址
RESET       GOTO        START               ;跳转到主程序入口
;*********** 中断服务子程序 **********************************************
            ORG         0004H               ;中断矢量单元地址
PER_INT_V   BCF         STATUS, RP0         ;选择 Bank 0
            BCF         PIR1, CCP1IF        ;清除比较器中断标志位
            INCF        CCP1_INT_CNT, F     ;准备判断同步头标志位
            BTFSS       CCP1_INT_CNT, 0     ;检测同步头标志位
            GOTO        SYNC_PULSE          ;转去发送同步头
DATA_PULSE                                  ;发送数据 1 或 0
            DECF        DATA_CNT, F         ;发送位数寄存器减 1
            BTFSC       STATUS, Z           ;全部 8 位都发完了吗
            GOTO        PERIOD_DELTA        ;是，跳转到延时 300 μs
            RLF         XMIT_DATA, F        ;否，去下一位即将发送的数据
            MOVLW       5EH                 ;先按该位 = 1 准备时长
            BTFSC       STATUS, C           ;检测即将发送的是´1´吗
            MOVLW       2FH                 ;否，修改低电平时长为 18.8 μs
                                            ;是，保持低电平时长为 37.6 μs
SEND_DATA   ADDWF       CCPR1L, F           ;更新比较寄存器对，方法是
            BTFSC       STATUS, C           ;叠加一个低电平时长数据
            INCF        CCPR1H, F           ;
            GOTO        RET_FIE             ;跳转到中断返回
PERIOD_DELTA                                ;发送结尾信号
            MOVLW       0EEH                ;更新比较寄存器对，方法是
            ADDWF       CCPR1L, F           ;叠加一个 300 μs 低电平时长数据
            BTFSC       STATUS, C
            INCF        CCPR1H, F           ;
```

```
            MOVLW       2               ;
            ADDWF       CCPR1H, F       ;
RET_FIE     BCF         CCP1CON,0       ;修改末位,下次匹配时出高
            RETFIE                      ;中断返回
SYNC_PULSE  MOVLW       2FH             ;更新比较寄存器对,方法是
            ADDWF       CCPR1L, F       ;叠加一个高电平时长数据
            BTFSC       STATUS, C       ;
            INCF        CCPR1H, F       ;
            BSF         CCP1CON,0       ;修改末位,下次匹配时出低
            RETFIE                      ;中断返回
;************  主程序  *****************************************
START       BCF         STATUS, RP1     ;选 Bank 0
            BCF         STATUS, RP0     ;
            CLRF        TMR1H           ;TMR1 清 0
            CLRF        TMR1L           ;
            CLRF        INTCON          ;清除全部中断屏蔽位和标志位
            CLRF        PIR1            ;
            CLRF        PIR2            ;
            BSF         STATUS, RP0     ;选 Bank 1
            MOVLW       0x00            ;起用 PORTB 弱上拉电路
            MOVWF       OPTION_REG      ;
            CLRF        PIE1            ;关闭全部外设中断
            CLRF        PIE2            ;
            CLRF        T1CON           ;
            MOVLW       0xFF            ;设定 RB 端口引脚全部为输入
            MOVWF       TRISB           ;
            MOVLW       B'11111011'     ;
            MOVWF       TRISC           ;设定 RC2 引脚为输出
            BSF         PIE1, CCP1IE    ;开放 CCP1 中断
            BCF         STATUS, RP0     ;选 Bank 0
            BSF         INTCON, PEIE    ;开放外设中断
            BSF         INTCON, GIE     ;开放全局中断
            MOVLW       0x08            ;设置 CCP1 控制寄存器
            MOVWF       CCP1CON         ;匹配时令 CCP1 引脚出高
            MOVLW       0x09            ;每组数据位数为 9 - 1 = 8 位,因为
            MOVWF       DATA_CNT        ;在子程序中是先减 1 后判断所致
            MOVLW       0xFF            ;
            MOVWF       CCP1_INT_CNT    ;设置同步头标志位寄存器
            BSF         T1CON, TMR1ON   ;开启 TMR1
```

```
NEXT_BYTE
WAIT        MOVF        DATA_CNT,W          ;取发送位数变量到 W
            BTFSS       STATUS,Z            ;是否发送完毕
            GOTO        WAIT                ;否,等待
            MOVF        PORTB,W             ;是,从 RB 端口取数据
            MOVWF       XMIT_DATA           ;暂存到缓冲器
            MOVLW       0xFF                ;
            MOVWF       CCP1_INT_CNT        ;设置同步头标志位寄存器
            MOVLW       0x09                ;每组数据位数为 9 - 1 = 8 位,因为
            MOVWF       DATA_CNT            ;在子程序中是先减 1 后判断所致
            GOTO        NEXT_BYTE           ;循环
;**************************************************************
            END                             ;源程序结束
```

★ 几点补充说明

(1) 单片机初次加电或者复位后,若接在CCP1/RC2引脚上的发光二极管LED2点亮(实际是快速闪烁,只不过肉眼不易察觉),表明发生器工作正常。注意:通过ICD演示板上的拨动开关组的设定,应将其他7只RC端口引脚上的外接电路切断。

(2) 可以利用示波器来观察CCP1/RC2引脚上的输出信号波形(这里用的是SR8型双踪示波器)。按程序中设定的参数,以及单片机的系统时钟就用原有的RC振荡器的情况下,当示波器的"时基旋钮(t/div)"设定在0.1 ms上时,可以看到一帧完整的信号波形。

(3) 还应该提醒的是,如果系统时钟频率选择10 MHz的石英晶体或陶瓷谐振器,在向目标单片机烧写程序时,应该将Oscillator振荡器类型一项设定为HS。

4.3 脉宽调制输出工作模式

脉宽调制(PWM,Pulse Width Modulation)输出工作模式,适用于从引脚上输出脉冲宽度随时可调的PWM信号,例如,实现直流电机调速、简易D/A转换器、步进电机的变频控制等。

4.3.1 脉宽调制模式相关的寄存器

与CCP模块的PWM模式以及TMR2有关的寄存器共有15个,如表4.3所列。这15个寄存器的功能及其绝大多数位的作用,在前面各个章节中已经有过介绍。在此仅对CCP1和CCP2模块工作于PWM模式下,所牵扯到的一些位(没有被阴影覆盖的部分)进行归纳,方便应用时查阅。因为CCP1CON寄存器与CCP2CON寄存器的各位作用相同,所以在此只需要介绍CCP1CON寄存器。

表 4.3　与脉宽调制器模式(以及 TMR2)有关的寄存器

寄存器名称	寄存器符号	寄存器地址	寄存器内容							
			bit7	bit6	bit5	bit4	bit3	bit2	bit1	bit0
中断控制寄存器	INTCON	0BH/8BH/10BH/18BH	GIE	PEIE	T0IE	INTE	RBIE	T0IF	INTF	RBIF
第一外设中断标志寄存器	PIR1	0CH	PSPIF	ADIF	RCIF	TXIF	SSPIF	CCP1IF	TMR2IF	TMR1IF
第二外设中断标志寄存器	PIR2	0DH	—	—	—	EEIF	BCLIF	—	—	CCP2IF
第一外设中断屏蔽寄存器	PIE1	8CH	PSPIE	ADIE	RCIE	TXIE	SSPIE	CCP1IE	TMR2IE	TMR1IE
第二外设中断屏蔽寄存器	PIE2	8DH	—	—	—	EEIE	BCLIE	—	—	CCP2IE
RC 口方向寄存器	TRISC	87H	TRISC7	TRISC6	TRISC5	TRISC4	TRISC3	TRISC2	TRISC1	TRISC0
TMR2 工作寄存器	TMR2	11H	8 位 TMR2 计时寄存器							
TMR2 周期寄存器	PR2	92H	TMR2 定时周期寄存器							
TMR2 控制寄存器	T2CON	12H	—	TOUTPS3	TOUTPS2	TOUTPS1	TOUTPS0	TMR2ON	T2CKPS1	T2CKPS0
CCP1 低字节	CCPR1L	15H	16 位 CCP1 寄存器低字节寄存器							
CCP1 高字节	CCPR1H	16H	16 位 CCP1 寄存器高字节寄存器							
CCP1 控制寄存器	CCP1CON	17H	—	—	CCP1X	CCP1Y	CCP1M3	CCP1M2	CCP1M1	CCP1M0
CCP2 低字节	CCPR2L	1BH	16 位 CCP2 寄存器低字节寄存器							
CCP2 高字节	CCPR2H	1CH	16 位 CCP2 寄存器高字节寄存器							
CCP2 控制寄存器	CCP2CON	1DH	—	—	CCP2X	CCP2Y	CCP2M3	CCP2M2	CCP2M1	CCP2M0

CCP1 控制寄存器 CCP1CON。其各个位的含义如下述。

bit7	bit6	bit5	bit4	bit3	bit2	bit1	bit0
—	—	CCP1X	CCP1Y	CCP1M3	CCP1M2	CCP1M1	CCP1M0

- CCP1X～CCP1Y：CCP1 脉宽寄存器低端补充位。
  - PWM 模式：作为其脉宽寄存器的低 2 位，高 8 位在 CCPR1L 中。
- CCP1M3～CCP1M0：CCP1 工作模式选择位。
  - 0000＝关闭 CCP1 模块，即禁止 CCP1 工作以降低功耗；
  - 11xx＝脉宽调制 PWM 模式，低 2 位不起作用。

4.3.2 脉宽调制模式的电路结构

CCP1 工作于 PWM 输出模式的电路结构如图 4.17 所示，包含 10 个组成部分：10 位脉宽寄存器、10 位并行受控三态门、10 位从属脉宽寄存器、10 位比较器、10 位定时器、8 位比较器、8 位周期寄存器、4 位后分频器、R－S 触发器和输出级受控三态门。从该图中可以看出，哪些寄存器是可以通过内部数据总线直接读写的，哪个寄存器是只能通过内部数据总线直接读出而不能写入的，哪些部件是通过写控制寄存器来进行间接操控的。

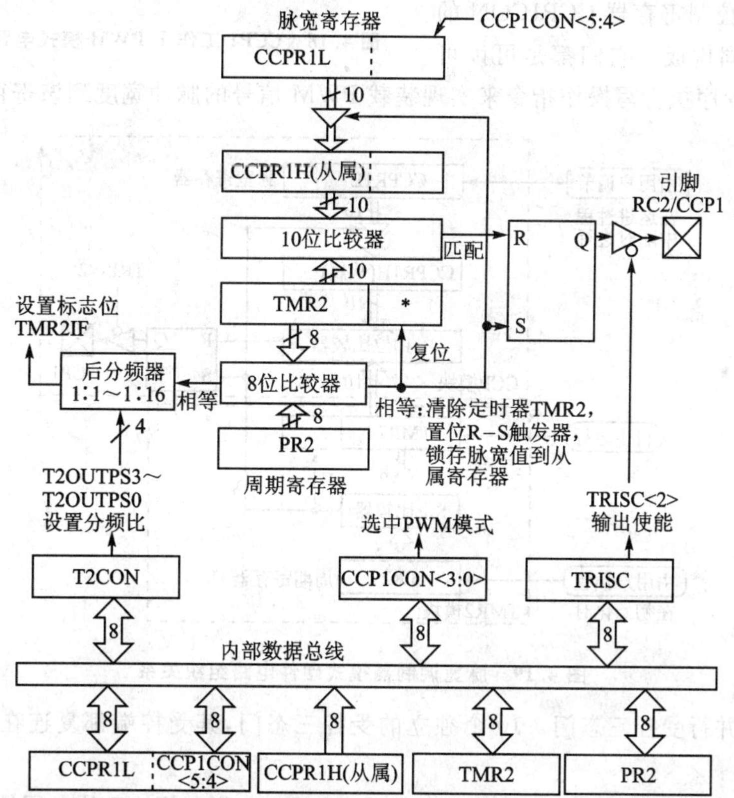

图 4.17 CCP1 工作于 PWM 模式下的电路结构

为了突出PWM模式电路结构的主要组成部分，可以对图4.17所示电路图作适当精简，简化图如图4.18所示。

对于图4.18所示电路，也可以把它划分为两大块：一块电路被包含在CCP1模块中(在此主要用来在CCP1引脚上产生低电平)；另一块被包含在TMR2模块中(在此主要用来在CCP1引脚上产生高电平)，如图4.19所示。

下面分析各个部分的功能和组成关系。

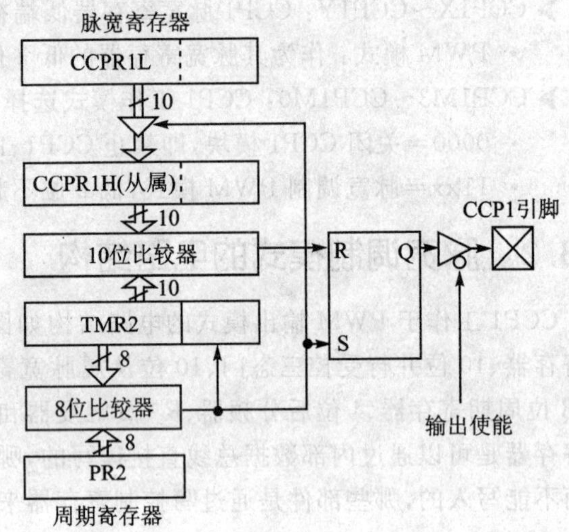

图4.18 CCP1工作于PWM模式电路结构简化图

(1) 10位脉宽寄存器。由8位寄存器CCPR1L和控制寄存器CCP1CON的bit5和bit4共同构成。它们都是可读可写的。由用户程序执行写操作指令来实现装载PWM信号的脉冲宽度到该寄存器。

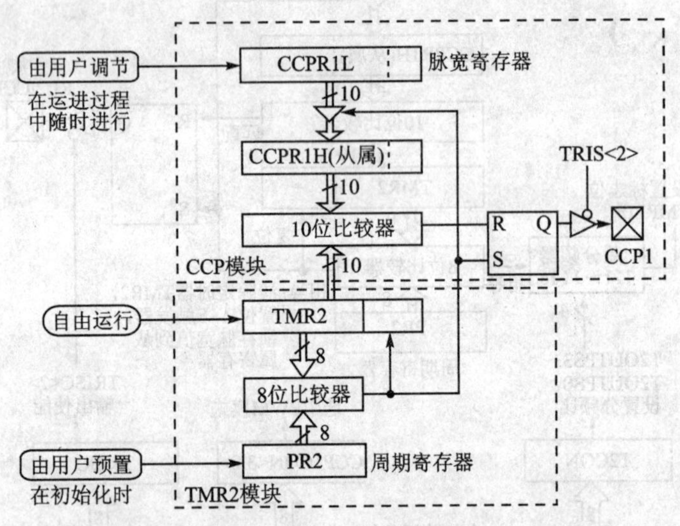

图4.19 脉宽调制器模式硬件电路组织关系

(2) 10位并行受控三态门。10个独立的受控三态门，其受控端都复连在一起，以便同步动作。

(3) 10位从属脉宽寄存器。由8位寄存器CCPR1H和内部的2位专用锁存器共同构成。它们当中只有CCPR1H是可被访问的，不过，在PWM模式下也只能读。实际上，这个10位寄存器构成了10位脉宽寄存器的二级缓冲寄存器。这种双缓冲器结构的设计方法，可以大大减少PWM操作过程中遭受干扰的机会。

(4) 10位比较器。它是一个10位宽的按位比较逻辑电路,负责对比脉宽寄存器和时基寄存器的内容。其内部结构可以参考图14.3所示电路。只有当参加比较的两组数据完全相同时,匹配输出端才会送出高电平,其他情况下该输出端均保持低电平。

(5) 10位定时器TMR2。由8位的TMR2联合两位系统时钟Q分频电路,或者联合两位TMR2的预分频器共同构成,用来为PWM的操作提供时间基准(Q代表指令周期内的4个节拍)。注:关于"两位系统时钟Q分频电路",在厂家公布的各种电路图中,都没有发现对于它的描绘,但是,它又是一种确确实实存在的电路。从系统时钟信号分解成指令周期信号,就是由这种电路分频之后实现的。

(6) 8位比较器。它是一个8位宽的按位比较逻辑电路,负责对比周期寄存器和时基寄存器的内容。其电路结构和工作原理在第3章中有过说明。

(7) 8位周期寄存器。其电路结构和工作原理在第3章中有过说明。

(8) 4位后分频器。其电路结构和工作原理在第3章中有过说明。

(9) R-S触发器。其原理图可以看作是由高电平触发的R-S触发器。

(10) 输出级受控三态门。该元器件受控于RC端口方向控制位(TRISC的bit2)。当该位清0时接通,反之截止。

4.3.3 脉宽调制模式的工作原理

当CCP1工作于PWM模式时,引脚RC2/CCP1可以输出分辨率高达10位的PWM信号波形。由于CCP1引脚与RC端口引脚是复用的,因此必须事先将TRISC寄存器的bit2清0,以设置CCP1引脚为输出状态。

值得注意的是,对于控制寄存器CCP1CON的清0操作,将会迫使RC2/CCP1引脚输出一个默认的低电平状态,而这并非是R-S触发器中锁存的数据,也就是说,这并非是正常的PWM输出结果。

参照图4.19来分析CCP模块连续产生的PWM信号波形。如图4.20所示,产生如此形状的波形得需要确定两个基本参数:一个是周期(高电平和低电平持续时间之和);另一个是脉宽(高电平持续时间)。对于CCP模块,为了产生这样的波形,至少得需要一个自由运行的时基定时器和两个可以由用户程序随意改写的参数寄存器(即周期寄存器和脉宽寄存器)。

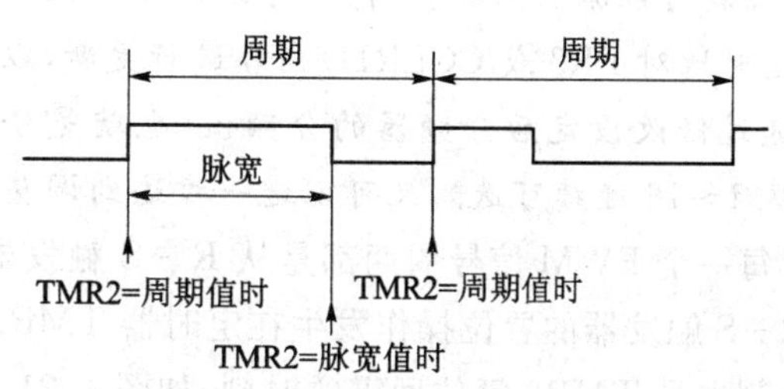

图4.20 脉宽调制器输出波形

在PIC16系列单片机中,当CCP模块工作于PWM模式时,确定PWM信号周期所用到的定时器就是 8 位宽的时基定时器 TMR2,而确定 PWM 信号脉宽所用到的定时器则是 10 位宽的时基定时器(由定时器 TMR2 的 8 位和其低端扩展的 2 位共同构成)。

1. PWM 输出信号周期

PWM 信号的周期可以通过向 PR2 中写入数值来人为设定。该周期计算公式如下：

$$\text{PWM 周期} = (\text{PR2}+1) \times 4T_{\text{OSC}} \times (\text{TMR2 预分频值})$$

其中,T_{OSC} 为系统时钟周期,$4T_{\text{OSC}}$ 为指令周期;TMR2 预分频值可以是 1、4 或 16。

一旦计算出了 PWM 信号的周期,也就知道了 PWM 信号的频率,因为二者之间互为倒数关系。

在时基定时器 TMR2 不断递增的过程中,8 位比较器也在不停地把 TMR2 的内容与预先设定的 PR2 周期值进行比较。当二者相等之后,在下一次增量发生时,将进行以下 3 种操作(参考图 4.21):

(1) 定时器 TMR2 被复位清 0。

(2) R－S 寄存器被置位,CCP1 引脚输出变高(例外情况：当 PWM 信号的占空比设定为 0%时,该引脚将不会被置 1)。

(3) PWM 信号的脉宽值自脉宽寄存器被装载到从属脉宽寄存器中。

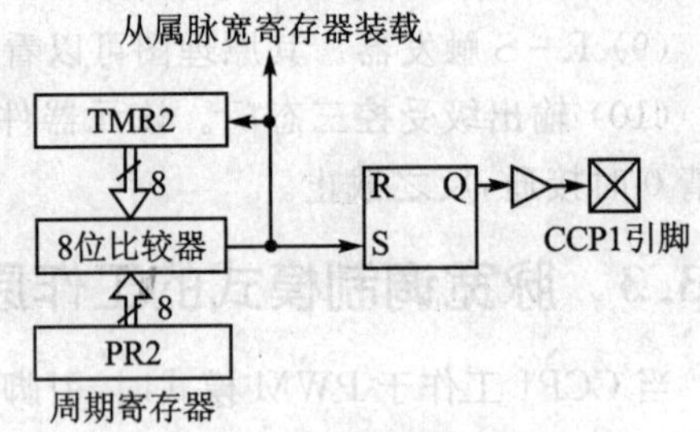

图 4.21　高电平产生时刻

注意：在确定 PWM 波形参数方面,TMR2 的后分频器并不起作用,或者说,后分频器的存在及其活动并不影响 PWM 输出信号的频率和周期。而对于脉宽调制器 PWM,后分频器也并非无用,在对 PWM 信号不同频率或不同占空比的更新率(即由用户程序对于周期寄存器 PR2 或脉宽寄存器 CCLR1L 写入新值的频度)进行设置时,后分频器就可以派上用场。例如,可以利用 TMR2 后分频器产生的中断标志位,来控制用户程序,适时地对 PR2 或 CCLR1L 内容进行更新,以达到调节 PWM 信号频率或脉宽的目的。再者,通过修改设定后分频器的分频值(也就是分频器计数器能够记录的 PWM 信号周期的个数,从 1～16 连续可选),又可以进一步达到调整这种更新率的目的。

每一个 PWM 信号周期都是从 R－S 触发器被置位(CCP1 引脚输出电平变高)开始的。该 R－S 触发器的置位操作发生在定时器 TMR2 增量到与周期寄存器 PR2 内容相等的时刻。这一刻也是 TMR2 复位回零的时刻,如图 4.21 所示。

2. PWM 输出信号的脉宽

通过写入 10 位脉宽寄存器,来设置 PWM 信号的脉冲宽度预定值。其分辨率高达 10 位：8 位寄存器 CCPR1L 作为高 8 位;CCP1CON 控制寄存器的 bit5 和 bit4 作为低 2 位。由以下公式计算 PWM 信号的脉宽：

$$\text{PWM 脉宽}=\text{CCPR1L:CCP1CON}<5:4>\times T_{OSC}\times(\text{TMR2 的预分频值})$$

其中，CCPR1L:CCP1CON<5:4>代表由两个寄存器拼装组合得到的 10 位数据；T_{OSC} 为系统时钟周期；TMR2 预分频值可以是 1、4 或 16。

CCPR1L、CCP1CON 的 bit5 和 bit4，在任何时候都是可以写入的。但是，只有在定时器 TMR2 增量到与 PR2 内容匹配时，即一个 PWM 信号周期结束时，这 10 位脉宽值才会被装载到从属脉宽寄存器里。

当 10 位从属脉宽寄存器的值与 10 位时基定时器相匹配时，R－S 触发器被复位，CCP1 引脚输出电平变低。简化示意图如图 4.22 所示。

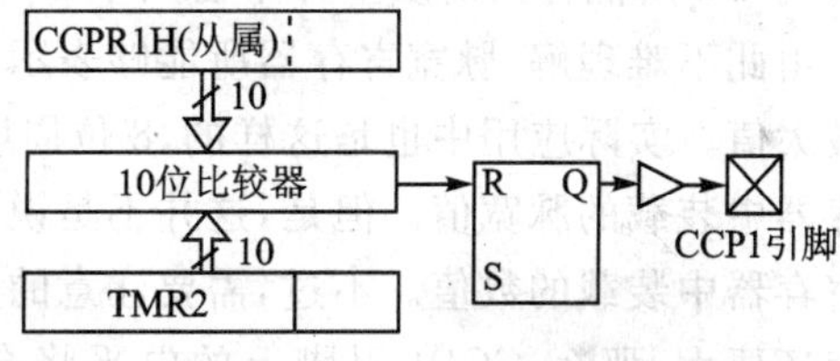

图 4.22 低电平产生时刻

前面提到，确定 PWM 信号脉宽所用到的 10 位时基定时器，由 8 位定时器 TMR2，要么联合两位系统时钟 Q 分频电路，要么联合两位 TMR2 的预分频器共同构成。那么，究竟 TMR2 是联合两位系统时钟分频电路，还是联合预分频器的高 2 位，或是联合预分频器的低 2 位，这将取决于，在控制寄存器 T2CON 中，对于 TMR2 预分频器分频比的不同设定。如图 4.23 作了清晰的描述。

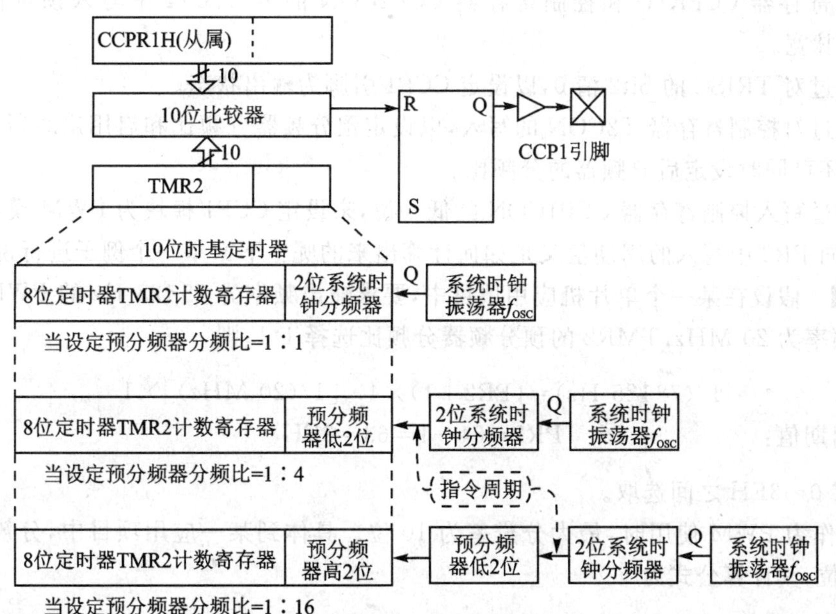

图 4.23 10 位时基定时器的组合方式

3. PWM 工作模式的操作方法

有人可能产生这样的疑问：通常一个周期性方波信号的脉冲宽度必然不会大于信号的周期。而对于这里的 PWM 电路而言，记载脉冲宽度的寄存器的字长(10 位)却大于记载周期的寄存器的字长(8 位)。也就是，脉冲宽度寄存器所能够表示的数值范围，好像超过了周期寄存器所能够表示的数值范围。这似乎是矛盾的。为了解释这个问题，不妨来看一个生活中的例子。好比有两台最大能够称重 1 万市斤的磅 P1 和 P2(最大计数范围等同)，其中 P1 只能精确到"市斤"上(所需数位少，分辨率低)，而 P2 却能够精确到"钱"上(所需数位多出了两位，分辨率高)。P2 所能称出的质量并不会大于 P1。

由此不难理解，脉宽寄存器所能够表示的最大值绝对不应该超过周期寄存器所能够表示的最大值。实际应用中也是这样的，8 位周期寄存器中装载的周期值通常都要大于 10 位脉宽寄存器中装载的脉宽值。但是，这并不是说，向脉宽寄存器中装载的数值，就不可能大于向周期寄存器中装载的数值。不过，需要注意的是，如果用户设定的 PWM 脉宽值比 PWM 信号周期值还要大，那么，CCP1 引脚上的电平将会一直维持在高电平上，而得不到被清 0 的机会。原因是，时基定时器的值在递增到脉宽值之前，就已经与周期值匹配而被清 0 了，从而使得 10 位宽的比较器出现不了匹配的情况。

当把 CCP1 模块当作脉宽调制器 PWM 使用时，需要进行以下的操作步骤：

(1) 向周期寄存器 PR2 中写入预定值，以确定 PWM 信号周期。

(2) 向寄存器 CCPR1L 和控制寄存器 CCP1CON 的 bit5、bit4 中写入预定值，以确定 PWM 信号脉宽。

(3) 通过对 TRISC 的 bit2 清 0，以设定 CCP1 引脚为输出状态。

(4) 通过对控制寄存器 T2CON 的写入，以设定预分频器分频比和启用定时器 TMR2，如果有必要，还可同时设定后分频器的分频比。

(5) 通过写入控制寄存器 CCP1CON 的低 4 位，来设定 CCP1 模块为 PWM 模式。

那么，向 PR2 中写入的周期值又是如何计算出来的呢？下面举一个例子进行说明。

【举例】 假设在某一个单片机应用项目中，要求输出频率为 78125 Hz 的 PWM 信号，系统时钟的频率为 20 MHz，TMR2 的预分频器分频比选择 1∶1，则

$$1/(78125\ \text{Hz}) = (\text{PR2}+1)\times 4\times[1/(20\ \text{MHz})]\times 1$$

最终得到周期值：

$$\text{PR2}=64-1=63=3\text{FH}$$

脉宽值应在 0～3FH 之间选取。

CCP1 作为 PWM 使用时，最大分辨率为 10 位。具体到某一应用项目中，分辨率一般可能小于 10 位，其计算公式为

$$\text{PWM 分辨率} = \frac{\log\left(\frac{f_{OSC}}{f_{PWM}}\right)}{\log 2} = \text{lb}\left(\frac{f_{OSC}}{f_{PWM}}\right) \text{ 位}$$

例如，在上例中可以计算出来 PWM 信号脉宽(即高电平)的分辨率为

$$\text{PWM 分辨率} = \text{lb}[20\ \text{MHz}/(78125\ \text{Hz})] = 8\ \text{位}$$

在表 4.4 中列举了几种 PWM 信号频率与 PWM 信号脉宽分辨率之间的对应关系。

表 4.4　PWM 频率与分辨率关系举例(条件：f_{OSC} = 20 MHz)

PWM 频率/kHz	1.22	4.88	19.53	78.12	156.3	208.3
TMR2 预分频器分频值(1,4,16)	16	4	1	1	1	1
PR2 值	FFH	FFH	FFH	3FH	1FH	17H
最大分辨率	10	10	10	8	7	6.5

4.3.4　脉宽调制模式的应用举例

当 CCP 模块工作于脉宽调制器模式时，在单片机实际应用项目中有什么用处？以及采用什么样的编程方法？试图借助于以卜实验范例给读者一些提示。

【实验范例 4.4】按钮控制灯具调光器

★ 项目实现功能

让 CCP1 模块工作于 PWM 模式，从 CCP1 引脚输出一 PWM 信号，该信号的占空比受控于一只按钮开关，利用该 PWM 信号去控制一只与灯泡串联的可控硅(或光电耦合可控硅)的导通程度，从而达到调光的目的。

在刚刚接通电源时灯泡不亮；当按下按钮开关时，灯泡开始从暗到亮逐渐变化，到达最亮点之后(即全开)，又开始从亮到暗逐渐变化，到达最暗点后(即全熄)，又开始从暗到亮逐渐变化；当松开按钮时，灯泡的亮度维持不变。

★ 硬件电路规划

实验中用到的全部元器件都是 ICD 演示板上原有的硬件资源。选用了连接在 RB0 引脚上的按钮开关 SW1 模仿操作按钮开关，选用了 RC2/CCP1 引脚上的 LED2 模仿被控灯光，利用了 RC7 引脚上的 LED7 作为程序工作状态指示灯，以便于验证和演示自己编写的程序，如图 4.24 所示。

如果还想进一步实战演练，可以利用一只东芝公司产的 TLP541G 光电可控硅(初级驱动电压和电流典型值为 1.3 V 和 10 mA；次级承受的电压和电流最大值为 400 V 和 2 A；初/次级之间击穿电压极限值为 2 500 V；售价 1～2 元，替代品还有 TLP641G、4N40 等)，不仅能够

提高电流驱动和耐压能力,还可以将低压弱电与高压强电隔离开来,以提高安全性和抗干扰能力。与光耦次级并联的阻容支路用于吸收可控硅工作期间产生的高次谐波,以减少对于其他用电器的电磁干扰。4 只整流二极管 1N4007 构成的桥式整流电路,使得单向可控硅能够当作双向可控硅来使用。

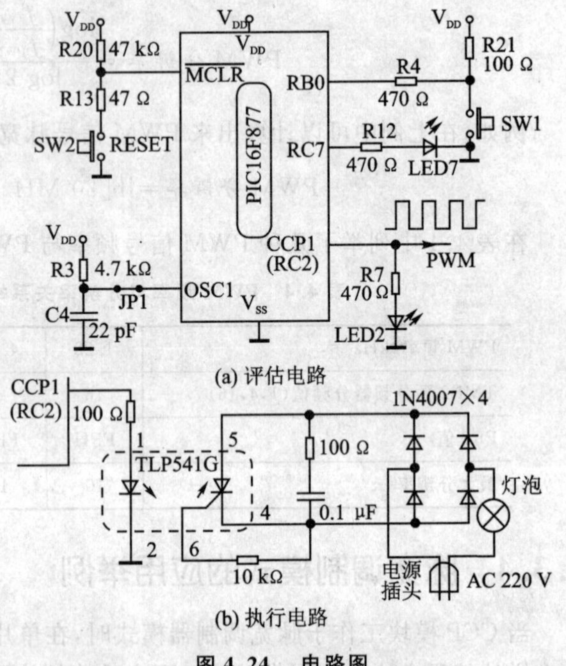

图 4.24 电路图

★ 软件设计思路

将 PWM 信号的周期设定为最大值,并且固定不变;将 PWM 信号的脉宽规划为可调(递增或递减),对于调节过程的控制方法是通过采样 RB0 端口引脚的电平。

人的眼睛对于灯光强度分辨能力并不强,因此设计成从最暗到最亮分为 256 步台阶,已经能够满足需要。当 10 位脉宽寄存器的最低 2 位固定下来,只改变高 8 位 CCPRIL 即可,这样可以使程序大大地得到简化。

TMR2 每中断一次,就控制 RC7 引脚上的 LED7 亮灭交替变化一次,可帮助判断程序的运行状况。

★ 汇编程序流程

程序流程图如图 4.25 所示。

★ 汇编程序清单

```
;*****************************************************************
;《按钮控制灯具调光器》2006/9/17
;源程序文件名称：PWM_EXP.ASM
;*****************************************************************
        LIST        P = 16F877
        INCLUDE     <P16F877.INC>
INC_F   EQU         70H                 ;定义一个递增标志寄存器,只用末位
        ORG         000H                ;复位矢量单元地址
        NOP                             ;放置一条 ICD 所需的 NOP 指令
        GOTO        START               ;
        ORG         004H                ;
;************** 中断服务子程序 ************************************
```

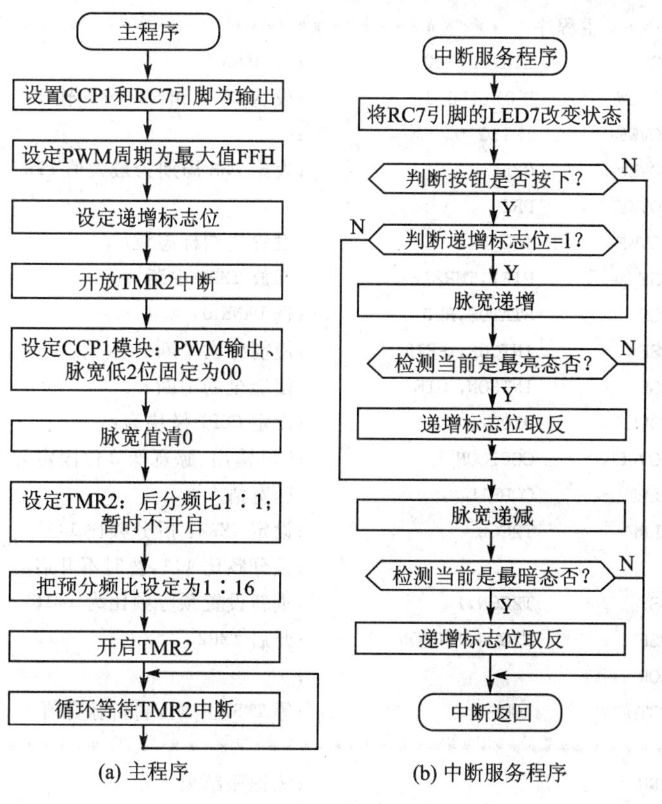

图 4.25　程序流程图

```
            MOVLW       B'10000000'     ;
            XORWF       PORTC,1         ;将 RC7 引脚的 LED7 改变状态
            BCF         PIR1, TMR2IF    ;清除 TMR2 中断标志位
            BTFSC       PORTB, 0        ;判断按钮开关的状态是否按下?
            RETFIE                      ;没有按下! 不需要修改脉宽,返回
            BTFSS       INC_F,0         ;判断递增标志位是否等于 1
            GOTO        DECREMENT       ;否! 转递减
INCREMENT   INCF        CCPR1L,F        ;脉宽递增
            COMF        CCPR1L,W        ;检测当前是最亮态否
            BTFSC       STATUS,Z        ;最亮时 CCPR1L = FFH,取反得 00H,Z = 1
            INCF        INC_F,F         ;是! 递增标志位取反
            RETFIE                      ;返回
DECREMENT   DECF        CCPR1L,F        ;脉宽递减
            BTFSC       STATUS,Z        ;检测当前是最暗态否? 最暗时 CCPR1L = 00H,Z = 1
            INCF        INC_F,F         ;是! 递增标志位取反
            RETFIE                      ;返回
```

```
;************  主程序  ************************************
START   BSF     STATUS,RP0          ;选 BANK 1
        MOVLW   B'01111011'         ;设置 CCP1 和 RC7 脚为输出
        MOVWF   TRISC               ;
        MOVLW   0XFF                ;设定 PWM 周期为最大值 FFH
        MOVWF   PR2                 ;
        MOVWF   INC_F               ;设置递增标志位
        BSF     PIE1,TMR2IE         ;开放 TMR2 中断
        BCF     STATUS,RP0          ;选 BANK 0
        BSF     INTCON, PEIE        ;使能外设中断
        BSF     INTCON, GIE         ;使能全局中断
        MOVLW   0X0C                ;设定 CCP1 模块为:
        MOVWF   CCP1CON             ;PWM 输出、脉宽低 2 位固定为 00
        CLRF    CCPR1L              ;脉宽清 0
        CLRF    T2CON               ;设定 TMR2: 后分频比 1:1
                                    ;预分频比 1:1,暂时不开启
        BSF     T2CON,1             ;重新设置预分频比为 1:16
        BSF     T2CON,TMR2ON        ;开启 TMR2
LOOP    NOP                         ;
        GOTO    LOOP                ;等 TMR2 中断,刷新脉宽值
;*********************************************************
        END                         ;源程序结束
```


★ 几点补充说明

(1) 只要电源一接通,RC7 引脚上的 LED7 就断续点亮,说明定时器工作正常。用示波器测量该引脚,可以看到对称的方波信号,其高或低电平持续时间,即为 TMR2 的中断周期。在电源接通后,LED2 处于最暗状态,然后可以按住按钮 SW1 不放,大约需要 2 s,LED2 就从最暗变到最亮,再从最亮变到最暗需要同样的时间。这一时间取决于 TMR2 的前分频器分频比和周期寄存器值。在借助于 LED2 来观察灯光强度变化的同时,最好再利用示波器查看 RC2/CCP1 引脚上输出的 PWM 信号波形。

(2) 在以上程序的基础上稍微修改一下,就可以制成一个低频三角波发生器(其周期为 $256\times256\times2\times4T_{OSC}=131072\ \mu s\approx131\ ms$),参见下面的程序清单。不过需要连接一个阻容式滤波电路,如图 4.26 所示。将示波器的探针接到阻容元件之间,时基旋钮"t/div"选定在"50 ms"档,即可在示波屏上看到一个比较平滑的三角波。

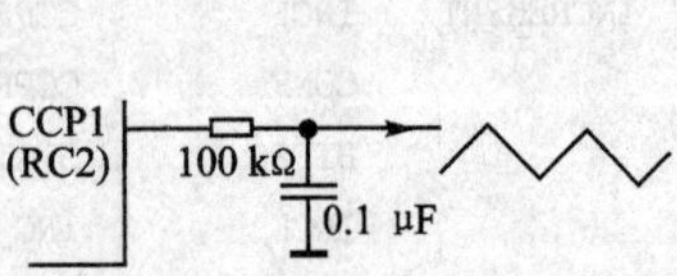

CCP1
(RC2)
100 kΩ
0.1 μF

图 4.26 接线电路图

(3) 从三角波发生器的应用实例中,又可以得到一个新的启发,PIC 单片机的 PWM 输出

功能,在配合了外接阻容滤波电路的情况下,还可以当作一个简易的数/模转换器(DAC)外设模块来使用。从而在片内没有配置 DAC 模块的单片机上,也能够达到输出模拟量的目的,而且还不需要外扩 DAC 专用芯片。程序清单如下:

```
;****************************************************************
;《三角波发生器》2006/9/17
; 源程序文件名称: PWM_EXP2.ASM
;****************************************************************
        LIST      P = 16f877
        INCLUDE   <p16f877.inc>
INC_F   EQU       70H                 ;定义一个递增标志寄存器,只用末位
        ORG       000H                ;复位矢量单元地址
        GOTO      START
        ORG       004H
INT_SRV MOVLW     B'10000000'         ;
        XORWF     PORTC,1             ;将 RC7 引脚的 LED7 改变状态
        BCF       PIR1, TMR2IF        ;清除 TMR2 中断标志位
        BTFSS     INC_F,0             ;判断递增标志位是否等于 1
        GOTO      DECREMENT           ;否! 转递减
INCREMENT
        INCF      CCPR1L,F            ;脉宽递增
        COMF      CCPR1L,W            ;检测当前是最亮态否?
        BTFSC     STATUS,Z            ;最亮时 CCPR1L = FFH,取反得 00H,Z = 1
        INCF      INC_F,F             ;是! 递增标志位取反
        RETFIE                        ;返回
DECREMENT
        DECF      CCPR1L,F            ;脉宽递减
        BTFSC     STATUS,Z            ;检测当前是最暗态否? 最暗时 CCPR1L = 00H,Z = 1
        INCF      INC_F,F             ;是! 递增标志位取反
        RETFIE                        ;返回
START   BSF       STATUS,RP0          ;选 Bank 1
        MOVLW     B'01111011'         ;设置 CCP1 和 RC7 引脚为输出
        MOVWF     TRISC               ;
        MOVLW     0xFF                ;设定 PWM 周期为最大值 FFH
        MOVWF     PR2                 ;
        MOVWF     INC_F               ;设置递增标志位
        BSF       PIE1,TMR2IE         ;开放 TMR2 中断
        BCF       STATUS,RP0          ;选 Bank 0
        BSF       INTCON, PEIE        ;使能外设中断
        BSF       INTCON, GIE         ;使能全局中断
```

```
        MOVLW   0X0C            ;设定 CCP1 模块为：
        MOVWF   CCP1CON         ;PWM 输出、脉宽低 2 位固定为 00
        CLRF    CCPR1L          ;脉宽清 0
        CLRF    T2CON           ;设定 TMR2 前后分频比 1:1,暂不开启
        BSF     T2CON,TMR2ON    ;开启 TMR2
LOOP    NOP
        GOTO    LOOP
;*************************************************************
        END                     ;源程序结束
```

4.4 两个 CCP 模块之间的相互关系

虽然两个 CCP 模块之间几乎完全相同也互相独立，但是，它们的时钟源采用了相同的定时器模块 TMR1 和 TMR2。因此，在同时使用这两个 CCP 模块时，就应该充分考虑到二者之间的相互关系、相互影响和资源搭配。这里所说的相互影响不包括主程序以及 CCP 中断服务子程序引起的任何影响。表 4.5 给出了两个 CCP 模块之间的相互关系。

表 4.5 CCP 模块之间相互关系

CCPn 工作模式	CCPm 工作模式	相互关系
捕捉器	捕捉器	相同的 TMR1 时基
捕捉器	比较器	比较器应设置成特殊事件触发器，用它将 TMR1 清 0
比较器	比较器	一个或两个比较器应设置成特殊事件触发器，用它将 TMR1 清 0
脉宽调制器	脉宽调制器	两个 PWM 将有相同的频率和刷新率(以及相同的 TMR2 中断)
脉宽调制器	捕捉器	相互无影响
脉宽调制器	比较器	相互无影响

1) 两个捕捉器之间的相互影响

当两个 CCP 模块都工作于输入捕捉模式时，定时器 TMR1 同时是这两个捕捉器的时基，这意味着它们有相同的捕捉分辨率。原因是，捕捉分辨率是由 TMR1 的预分频器分频比和时钟源频率决定的。该时钟源可以从外部引脚 RC0/T1OSO/T1CKI 输入，但是必须与单片机系统时钟同步。

2) 一个捕捉器和一个比较器之间的相互影响

当一个 CCP 模块工作于输入捕捉模式，另一个工作于输出比较模式时，定时器 TMR1 同时是这两个 CCP 模块的时基，这意味着捕捉器和比较器有着相同的分辨率。原因是，捕捉器分辨率和比较器分辨率都是由 TMR1 的预分频器分频比和时钟源频率决定的。该时钟源可

以从外部引脚 RC0/T1OSO/T1CKI 输入，但是必须与系统时钟同步。还必须注意，比较器可以进一步被设置为特殊事件触发模式，触发信号产生时将 TMR1 复位清 0。在系统设计时需要全面考虑，必须确保对于 TMR1 的触发清 0，不会给捕捉器的正常操作带来任何影响。

3）两个比较器之间的相互影响

当两个 CCP 模块都工作于输出比较模式时，定时器 TMR1 同时是这两个输出比较器的时基，这意味着它们有相同的比较分辨率。原因依然是，比较分辨率都是由 TMR1 的预分频器分频比和时钟源频率决定的。该时钟源可以从外部引脚 RC0/T1OSO/T1CKI 输入，但是必须与系统时钟同步。还必须注意，比较器可以进一步被设置为特殊事件触发模式，触发信号产生时将 TMR1 复位清 0。这就要求统筹考虑，在系统设计时，必须确保对于 TMR1 的触发清 0，不会给比较器的正常操作带来任何影响。如果两个 CCP 模块都被指定为特殊事件触发模式，它们的触发信号输出都能使 TMR1 复位。可是，如果两个比较器的触发信号不同时出现，也就是，两个比较寄存器的设定值不相同时，究竟是由哪个比较器完成对于 TMR1 的复位呢？应该是其比较寄存器值较小的比较器来复位 TMR1。

4）两个脉宽调制器 PWM 之间的相互影响

当两个 CCP 模块都工作于 PWM 模式时，定时器 TMR2 同时是这两个 PWM 的时基，这意味着它们有相同的 PWM 信号周期和相同的脉宽刷新率（即从属脉宽寄存器的重新装载率）。原因是，两路 PWM 信号的周期和脉宽刷新率都取决于同一 TMR2 的预分频器、时钟频率和后分频器，但是两路 PWM 信号的脉宽可以不同。因为两个模块 CCP1 和 CCP2 都具有自己的脉宽寄存器。

5）一个脉宽调制器和一个捕捉器或一个脉宽调制器和一个比较器

它们相互之间没有任何影响，因为，这时它们使用的时基不同，分别是相互独立的定时器 TMR2 和定时器 TMR1。

6）CCP 模块与定时器模块之间的相互影响

从前面的介绍和表 4.5 中可以看出，当两个 CCP 模块之中只要有一个被用作捕捉器时，定时器 TMR1 就不能再派他用；当两个 CCP 模块之中只要有一个被用作比较器时，定时器 TMR1 也不能再派他用；当两个 CCP 模块之中只要有一个被用作脉宽调制器时，定时器 TMR2 就不能再派他用。

思考题与练习题

1. PIC16F87X 单片机的两个 CCP 模块是否完全相同？如果不同，请列出不同之处？
2. CCP 模块有哪几种工作模式？分别需要哪些定时器支撑？
3. 工作于输入捕捉模式的 CCP 模块，其结构包括哪些组成部分？各起什么作用？
4. 能否自行分析工作于输入捕捉模式的 CCP 模块的电路结构和各部分的功能？
5. 能否自行分析 CCP 模块输入捕捉模式的工作原理？

6. 可能引起 CCP 模块捕捉行为发生的事件有哪些?

7. CCP 模块输入捕捉模式的外接引脚是否还与 RC 端口的方向控制寄存器 TRISC 有关?

8. CCP 模块的输入捕捉模式与 TMR1 的工作方式有何关系?

9. 工作于输入捕捉模式的 CCP 模块,在什么情况下可能产生虚假中断? 应该如何妥善处理?

10. 在哪些情况下会对输入捕捉器的预分频器自动清 0?

11. 输入捕捉功能适合于哪些实际应用场合?

12. CCP 模块的输出比较模式在匹配时,可能会导致哪些结果行为?

13. 输出比较功能适合于哪些实际应用场合?

14. 工作于输出比较模式的 CCP 模块,其电路结构包含哪些组成部分? 各起什么作用?

15. 能否自行分析 CCP 模块输出比较模式的工作原理?

16. CCP 模块输出比较模式的外接引脚是否还与 RC 端口的方向控制寄存器 TRISC 有关?

17. CCP 模块的输出比较模式与 TMR1 的工作方式有何关系?

18. 在什么情况下可以把 CCPR1H:CCPR1L 寄存器对当作 TMR1 的一个"16 位周期寄存器"来使用?

19. CCP 模块与 ADC 模块之间存在什么联系?

20. 试为实验范例 4.2 补充忽略的程序流程图。

21. CCP 模块的 PWM 模式适用于哪些应用场合?

22. 工作于 PWM 模式的 CCP 模块,其电路结构包含哪些组成部分? 各起什么作用?

23. 能否自行分析 CCP 模块 PWM 模式的工作原理?

24. 在 PWM 模式下,8 位宽的脉宽寄存器 CCPR1L 和 8 位宽的脉宽从属寄存器 CCPR1H,是如何分别被拼接成 10 位宽的?

25. CCP 模块 PWM 模式的外接引脚是否还与 RC 端口的方向控制寄存器 TRISC 有关?

26. 在 PWM 模式下,8 位宽的时基定时器 TMR2,是如何被拼接成 10 位宽的?

27. PWM 输出信号的分辨率与哪些因素有关?

第 5 章

模/数转换器 ADC 及其模拟接口技术

属于单片机模拟接口的这类器件具备什么本领？又为何需要这类器件呢？在各类数字化电子产品中，如何将现实的模拟世界和电子的数字世界相互对应起来是至关重要的，模/数转换器和数/模转换器（即 A/D 转换器和 D/A 转换器，或简称 ADC 和 DAC）就是把模拟物理量与数字计算机之间建立联系的桥梁，业界通常称这类器件为模拟接口类器件。ADC 的任务是将连续变化的模拟信号转换为离散的数字信号，以便于数字系统进行计算、处理、存储、控制和显示；DAC 的作用是将经数字系统处理之后的数字信号转换成模拟信号以便进行控制音频或视频播放等。也就是说，处理器（即指 MCU、MPU、DSP 等）在采集现实世界的模拟信号时，离不开前向通道中的 ADC；处理器要实现对模拟量的控制就离不开后向通道中的 DAC。

随着电子技术的更新和发展，ADC、DAC 器件也有了长足发展，新工艺、新结构的高性能器件大量出现，日益向着高速、高分辨率、低功耗、低价格的方向发展。

本章只把 ADC 作为讲解的主要内容。

5.1 背景知识

在本节中先对目前独立形态的各种 ADC 进行一点概要性介绍，以扩展读者的视野和知识面。在后面的章节中，将有针对性地介绍集成在 PIC16F87X 系列单片机内部的非独立形态的 ADC 模块。

5.1.1 ADC 种类与特点

随着应用对象和设计目标的千差万别，对于 ADC 的性能指标提出了各种各样的不同要求，从而形成了市场上大量涌现和种类繁多的以独立形态出现的 ADC。这种独立形态的 ADC，给电子工程师设计各种以单片机为控制核心的电子产品，带来了极大的灵活性和广泛的选择性。ADC 分类及特点详见表 5.1。

表 5.1　模/数转换器 ADC 分类和特点

分类			特点
计数型	V/F 型	单积分型	分辨率高,结构简单,便宜,能抑制周期性干扰,转换速度低
		电荷平衡型	
		量子化平衡型	
		脉宽调制型	
		二重平衡型	
	V/T 型	斜坡型	分辨率高,响应快,抑制噪声,速度低
		双积分型	
		四重积分型	
		同时积分型	
		五相比较型	
比较型	反馈型	逐次比较型	转换速度快,精度高
		跟踪型	转换速度快,适合单通道采集,对噪声敏感
	非反馈型	串行	集成度高,速度较快
		并行	转换速度最快,元件多,复杂,价格高,精度低
		串并行	速度快,精度高
		分级型	

5.1.2　ADC 器件的工作原理

虽然 ADC 的种类繁多,其工作原理也各异,但是,逐次逼近型 ADC 是应用较多的类型之一。在 PIC16F87X(以及其他具有片内 ADC 模块的 PIC 系列单片机)中配置的就是这种 ADC。因此,本节仅以这种 ADC 为代表,让读者了解 ADC 的工作原理。

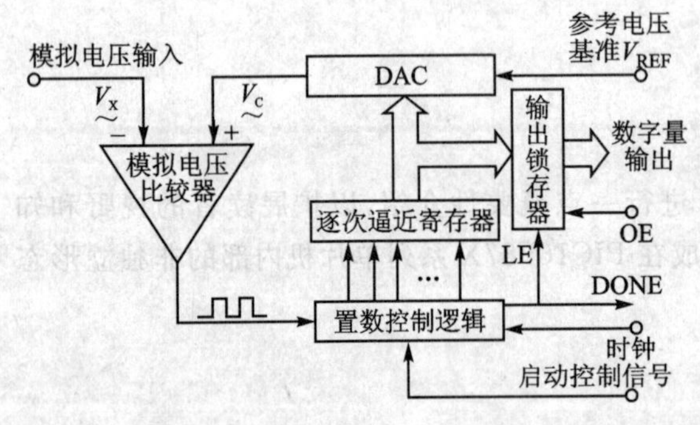

图 5.1　逐次逼近型 ADC 结构框图

这种 ADC 以 DAC 为基础,再加上模拟电压比较器、逐次逼近寄存器、置数控制逻辑以及输出锁存器组成。其结构框图如图 5.1 所示。其实,转换过程中的逐次逼近就是按照对分比较或者对分搜索的原理进行的。其信号转换的工作原理如下述。

在启动信号控制下,首先置数控制逻辑给逐次逼近寄存器最高位 D_{n-1} 置 1,其他位都清 0,寄存器的这个内容,经过 DAC 转换成模拟量 V_C,约为满量程电压的一半,与输入的模拟量 V_X 进行比较,由电压比较器输出比较结果。如果输入模拟量 V_X 大于或等于 DAC 转换输出的模拟量 V_C,则电压比较器输出为 0,同时说明寄存器中的数字量偏小,应该保留 $D_{n-1}=1$;相反,如果输入模拟量 V_X 小于 DAC 转换输出的模拟量 V_C,则电压比较器输出为 1,同时说明寄存器中的数字量偏大,应该修改为 $D_{n-1}=0$;然后,再由置数控制逻辑把逐次逼近寄存器的下一位置 1,进行同样的转换和比较,并且根据比较结果决定这一位的保留与否。这样的转换和比较过程共进行 n 次,一直到最低位 D0 确定是 1 是 0。最终,逐次逼近寄存器的所有位均已确定,转换过程就算完成了。这时,转换完成(DONE)信号和锁存允许(LE)信号同时送出有效电平,LE 信号将转换结果锁存到输出锁存器;DONE 信号用于向 CPU 声明,锁存器中已经准备好了转换后的数字量结果,供 CPU 读取。CPU 可以送来一个输出使能(OE)脉冲,将数字量从输出锁存器中取走。

下面以一个只有 3 位宽的逐次逼近型 ADC 为教学模型,来讲解这种 ADC 的动作过程,其结构框图如图 5.2 所示。

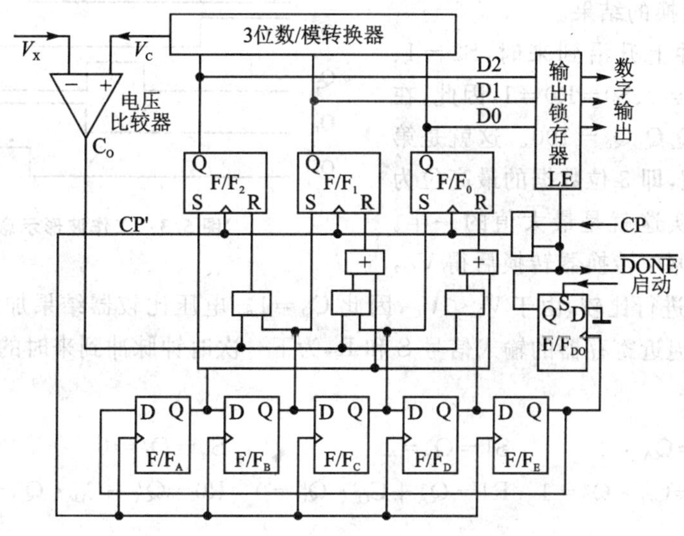

图 5.2 3 位逐次逼近型 ADC 示意图

其中,由 3 只钟控 R-S 触发器 $F/F_2 \sim F/F_0$ 组成 3 位逐次逼近寄存器;5 只 D 型触发器 $F/F_A \sim F/F_E$ 组成 5 位环形计数器;该计数器与 4 只与门、2 只或门、1 只带 R 和 S 端的 D 触发器 F/F_{DO} 共同构成置数控制逻辑。比较器输出端 C_O,当 $V_X < V_C$ 时,$C_O = 1$;当 $V_X \geqslant V_C$ 时,$C_O = 0$。3 只钟控 R-S 触发器的输入方程分别为

$$S2 = Q_A^n \qquad S1 = Q_B^n \qquad S0 = Q_C^n$$

$$R2 = C_O \cdot Q_B{}^n \qquad R1 = Q_A^n + C_O \cdot Q_C^n \qquad R0 = Q_A^n + C_O \cdot Q_D^n$$

5 位环形计数器用来产生控制节拍脉冲。整个转换过程可以分为 5 拍,其中第 1 拍($Q_A = 1$)用于准备参加比较的寄存器初始值 100;第 3 拍($Q_C = 1$)用来进行 A/D 转换;最后第 5 节拍用来结束转换并送出"转换完成(DONE)"信号,通知 CPU 可以从输出端读取 3 位数据 D2~D0。工作波形如图 5.3 所示。

假设现在输入一个模拟量,其电压为 3(更严格地讲,该电压应该是满量程的 3/8),在一个

转换周期开始之前，首先应该由CPU送来一个正脉冲启动信号，将触发器 F/F_{DO} 置位，输出高电平，放开时钟脉冲是输入路径，正式启动ADC开始一次转换。

当第1个时钟脉冲CP到来时，环形计数器的 Q_A 端输出变为1，为正式开始转换作好准备。而对于 Q_2、Q_1、Q_0 而言，由于时钟到来之前的复位端R和置位端S均为0，所以维持前一次转换的结果。

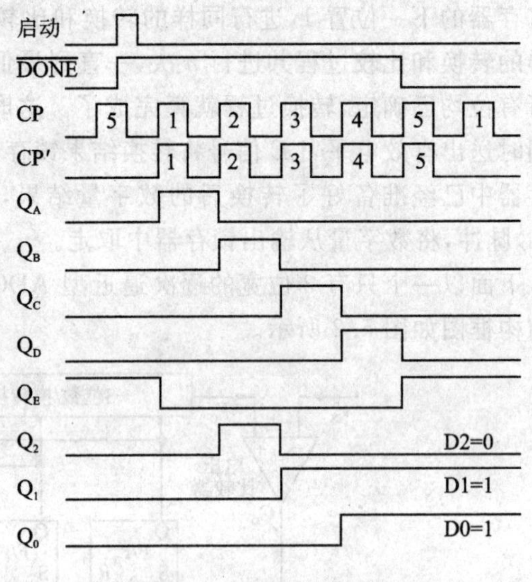

图5.3 工作波形示意图

当第2个时钟上升沿到来时，S2＝1、R2＝0，而S1＝R1＝0、S0＝R0＝1，因此，在CP作用之下，使 $Q_2Q_1Q_0=100$。这就是第一次准备比较的值，即3位数据的最高位为1，其余位为0，其实这就是最大值的一半。这个数字量经过D/A转换器转换后得 V_C，与输入模拟量 V_X 进行比较，由于 $V_X<V_C$，因此 $C_O=1$。电压比较器结果加到置数控制逻辑上，准备好了逐次逼近寄存器的输入信号S和R，为下一次时钟脉冲到来时的状态转换作好了准备：

$$S2=Q_A^n=0 \qquad S1=Q_B^n=1 \qquad S0=Q_C^n=0$$

$$R2=C_O\cdot Q_B^n=1 \qquad R1=Q_A^n+C_O\cdot Q_C^n=0 \qquad R0=Q_A^n+C_O\cdot Q_D^n=0$$

当第3个时钟脉冲到来时，$Q_2Q_1Q_0=010$，即由于模拟量 V_X 小于最大值的一半，最高位的 $Q_2=1$ 被清除了，同时准备好了下一次的比较值。假如模拟量 V_X 大于或等于最大值的一半，则比较后 $C_O=0$，使得 S2＝R2＝0，这样以来，第3个时钟脉冲到来时，$Q_2=1$ 将保持不变，从而使下一次的比较值为 $Q_2Q_1Q_0=110$。

现在，经过D/A转换后，由于 $V_X>V_O$，所以 $C_O=0$。C_O 的值加到置数控制逻辑上，就能够使 $Q_1=1$。利用以上同样的方法不难求出此时的 S1＝R1＝0，S2＝R2＝0，S0＝1，R0＝0。因此，第4个时钟脉冲到来时，$Q_1=1$ 不变，并且使 $Q_0=1$，从而使得 $Q_2Q_1Q_0=011$。

再经过D/A转换和比较之后，$V_X=V_C$，所以 $C_O=0$，从而使 S2＝R2＝0，S1＝R1＝0，S0＝R0＝0。第5个时钟脉冲到来时，$Q_2Q_1Q_0=011$ 保持不变，而环形计数器的 $Q_E=1$，其上升沿触发 F/F_{DO} 触发器，使其 Q_{DO} 输出端变低。Q_{DO} 输出端送出的下降沿信号和低电平信号的作用有3个：一是封锁进入ADC的时钟信号；二是用作锁存使能(LE)信号，把转换结果锁存的输出锁存器中；三是直接提供了DONE(转换完毕)信号。等待CPU读取二进制数据“3”，然后再通过送来启动信号，开始下一次的转换。参见图5.2所示电路。

在图 5.2 所示电路的基础上，前面再加上一级采样/保持电路和一级多路开关电路就构成了一只多通道 ADC，如图 5.4 所示。关于采样/保持电路和多路开关电路部分，在后面的章节中将会讲到。

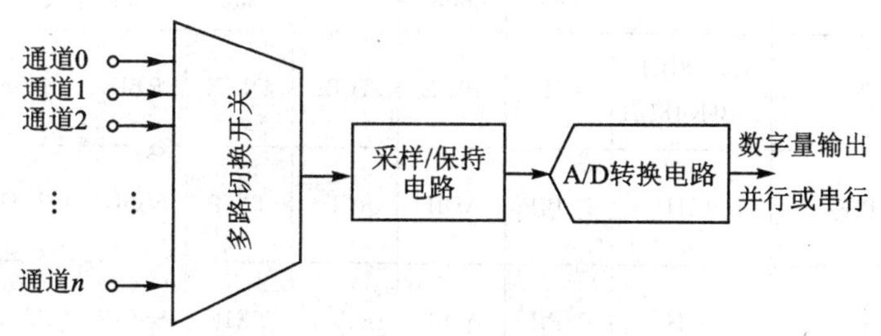

图 5.4　多通道 ADC 结构示意图

5.2　PIC16F87X 片内 ADC 模块

虽然 ADC 和 DAC 这样的模拟接口类器件常常是以独立形态出现的，但是，拥有这类器件生产技术（也叫知识产权或 IP 核）的单片机制造厂家，越来越多地把这项功能集成到单片机内部去了，以便适应单片机朝着普及化、专用化、系统单片化（SoC，System on a Chip）、内部模块种类和数量的可整合性和可裁剪性以及纯单片应用（即不需要外扩电路）的发展潮流。

在 PIC 系列单片机家族中，具备片内 ADC 模块的型号有 PIC16C7X、PIC16F87X、PIC12C67X、PIC12CE67X、PIC16C71X、PIC16C77X、PIC16C924、PIC14000、PIC17C7XX、PIC18CXXX 等。在这些单片机中配置的 ADC 模块大多数是 8 位或 10 位的。

PIC16F87X 内部的 ADC 模块是 10 位的，在此作为本章介绍的对象。28 脚封装的 PIC16F87X 部分型号，其 ADC 具有 5 个模拟通道；而 40 脚封装的 PIC16F87X 部分型号，其 ADC 则具有 8 个模拟通道。

5.2.1　ADC 模块相关的寄存器

与 ADC 模块有关的寄存器共有 11 个，如表 5.2 所列。这 11 个寄存器中的前 7 个寄存器的功能及其各个位的作用，在前面各个章节中已经有过介绍。在此仅对 ADC 模块所涉及到的一些位（没有被阴影覆盖的部分）进行归纳，以方便于应用时查阅。在此只对最后 4 个新引出的寄存器进行介绍。

ADC 模块专用的有 4 个完整的寄存器：ADC 结果高字节寄存器 ADRESH、ADC 结果低字节寄存器 ADRESL、0 号 ADC 控制寄存器 ADCON0 和 1 号 ADC 控制寄存器 ADCON1。

表 5.2 与 ADC 模块有关的寄存器

寄存器名称	寄存器符号	寄存器地址	寄存器内容							
			bit7	bit6	bit5	bit4	bit3	bit2	bit1	bit0
中断控制寄存器	INTCON	0BH/8BH/10BH/18BH	GIE	PEIE	T0IE	INTE	RBIE	T0IF	INTF	RBIF
第一外设中断标志寄存器	PIR1	0CH	PSPIF	ADIF	RCIF	TXIF	SSPIF	CCP1IF	TMR2IF	TMR1IF
第一外设中断屏蔽寄存器	PIE1	8CH	PSPIE	ADIE	RCIE	TXIE	SSPIE	CCP1IE	TMR2IE	TMR1IE
A 口数据寄存器	PORTA	05H	—	—	RA5	RA4	RA3	RA2	RA1	RA0
A 口方向寄存器	TRISA	85H	—	—	6 位方向控制数据					
E 口数据寄存器	PORTE	09H	—	—	—	—	—	RE2	RE1	RE0
E 口方向寄存器	TRISE	89H	IBF	OBF	IBOV	PSP MODE	—	3 位方向控制数据		
ADC 结果寄存器 H	ADRESH	1EH	ADC 转换结果寄存器高位							
ADC 结果寄存器 L	ADRESL	9EH	ADC 转换结果寄存器低位							
ADC 控制寄存器 0	ADCON0	1FH	ADCS1	ADCS0	CHS2	CHS1	CHS0	GO/$\overline{\text{DONE}}$	—	ADON
ADC 控制寄存器 1	ADCON1	9FH	ADFM	—	—	—	PCFG3	PCFG2	PCFG1	PCFG0

1. ADC 控制寄存器 0——ADCON0

bit7	bit6	bit5	bit4	bit3	bit2	bit1	bit0
ADCS1	ADCS0	CHS2	CHS1	CHS0	GO/$\overline{\text{DONE}}$	—	ADON

用于控制 ADC 的操作，是一个 7 位可读可写的寄存器。各位的含义如下：

➢ ADCS1～ADCS0：A/D 转换时钟及其频率选择位。

- 00＝选择系统时钟，频率为 $f_{OSC}/2$；
- 01＝选择系统时钟，频率为 $f_{OSC}/8$；
- 10＝选择系统时钟，频率为 $f_{OSC}/32$；

- 11＝选择自带阻容(RC)振荡器，频率为 f_{RC}。

➤ CHS2～CHS0：A/D 转换模拟通道选择位。选择公共通路与哪一个模拟输入端接通，如图 5.5 所示。其中 AN5～AN7 通道只有 40 脚封装的型号才具备。
  - 000＝选择通道 0，RA0/AN0；
  - 001＝选择通道 1，RA1/AN1；
  - 010＝选择通道 2，RA2/AN2；
  - 011＝选择通道 3，RA3/AN3；
  - 100＝选择通道 4，RA5/AN4；
  - 101＝选择通道 5，RE0/AN5；
  - 110＝选择通道 6，RE1/AN6；
  - 111＝选择通道 7，RE2/AN7。

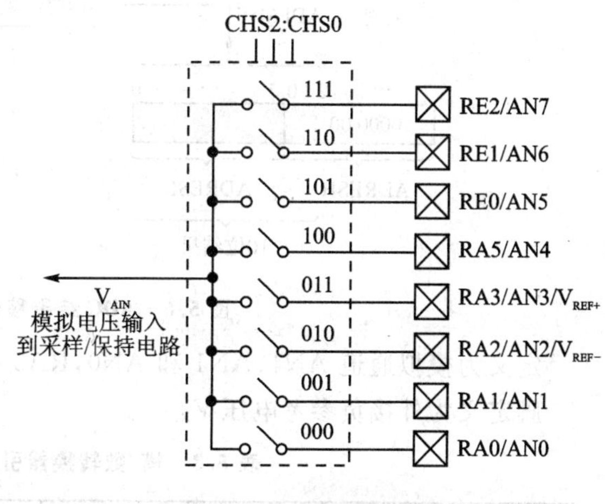

图 5.5 8 选 1 选择开关

➤ GO/$\overline{\text{DONE}}$：A/D 转换启动控制位兼作状态位。在 ADON＝1 的前提下：
  - 1＝启动 A/D 转换过程或表明 A/D 转换正在进行；
  - 0＝A/D 转换已经完成(自动清 0)或表示未进行 A/D 转换。

➤ADON：A/D 转换器开关位。
  - 1＝起用 ADC，令其进入工作状态；
  - 0＝关闭 ADC，令其退出工作状态，可以不消耗电流。

2. ADC 控制寄存器 1——ADCON1

bit7	bit6	bit5	bit4	bit3	bit2	bit1	bit0
ADFM	—	—	—	PCFG3	PCFG2	PCFG1	PCFG0

ADCON1 主要用于控制相关引脚的功能选择。对于 RA 和 RE 端口的各引脚功能进行设置，它们可以被设置成模拟输入，或者参考电压输入，或者通用数字 I/O 引脚。只有 ADCON1 寄存器的最高位和低 4 位是可读可写的(原文手册中对于 bit7 和 bit5 的读写状态描述有错)。

➤ADFM：A/D 转换结果格式选择位，如图 5.6 所示。
  - 1＝结果右对齐，ADRESH 寄存器的高 6 位读作 0；
  - 0＝结果左对齐，ADRESL 寄存器的低 6 位读作 0。

➤ PCFG3～PCFG0：A/D 转换引脚功能选择位。其含义解释如表 5.3 所列。例如，PCFG3～PCFG0 ＝1100 时，RE2～RE0 定义为通用数字 I/O 引脚，RA5、RA1 和 RA0

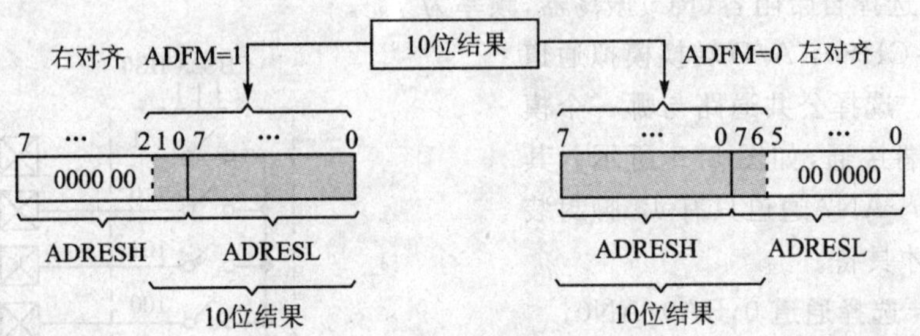

图 5.6　ADC 结果移位格式示意图

定义为模拟通道 AN4、AN1 和 AN0，RA3 引脚定义为外接正参考电压 V_{REF+}，RA2 引脚定义为外接负参考电压 V_{REF-}。

表 5.3　模/数转换器引脚功能分配方案

PCFG3：PCFG0	AN7[①] RE2	AN6[①] RE1	AN5[①] RE0	AN4 RA5	AN3 RA3	AN2 RA2	AN1 RA1	AN0 RA0	V_{REF+}	V_{REF-}	CHAN/Refs[②]
0000	A[③]	A	A	A	A	A	A	A	V_{DD}	V_{SS}	8/0
0001	A	A	A	A	V_{REF+}	A	A	A	RA3	V_{SS}	7/1
0010	D[④]	D	D	A	A	A	A	A	V_{DD}	V_{SS}	5/0
0011	D	D	D	A	V_{REF+}	A	A	A	RA3	V_{SS}	4/1
0100	D	D	D	D	A	D	A	A	V_{DD}	V_{SS}	3/0
0101	D	D	D	D	V_{REF+}	D	A	A	RA3	V_{SS}	2/1
011x	D	D	D	D	D	D	D	D	V_{DD}	V_{SS}	0/0
1000	A	A	A	A	V_{REF+}	V_{REF-}	A	A	RA3	RA2	6/2
1001	D	D	A	A	A	A	A	A	V_{DD}	V_{SS}	6/0
1010	D	D	A	A	V_{REF+}	A	A	A	RA3	V_{SS}	5/1
1011	D	D	A	A	V_{REF+}	V_{REF-}	A	A	RA3	RA2	4/2
1100	D	D	D	A	V_{REF+}	V_{REF-}	A	A	RA3	RA2	3/2
1101	D	D	D	D	V_{REF+}	V_{REF-}	A	A	RA3	RA2	2/2
1110	D	D	D	D	D	D	D	A	V_{DD}	V_{SS}	1/0
1111	D	D	D	D	V_{REF+}	V_{REF-}	D	A	RA3	RA2	1/2

① RE0～RE2 引脚，对于 28 脚封装的 PIC16F87X 不具备；

② "CHAN/Refs"一列表示，可作为模拟量输入的通道数量，同时可作为外接参考电压输入的引脚数量；

③ "A"表示模拟输入；

④ "D"表示数字输入输出。

3. ADC 结果寄存器高位 ADRESH

- 当 ADMF=0 时,用于存放 A/D 转换结果的高 8 位,如图 5.6 所示;
- 当 ADMF=1 时,用于存放 A/D 转换结果的高 2 位,此时寄存器高 6 位读作 0。

4. ADC 结果寄存器低位 ADRESL

- 当 ADMF=1 时,用于存放 A/D 转换结果的低 8 位,如图 5.6 所示;
- 当 ADMF=0 时,用于存放 A/D 转换结果的低 2 位,此时寄存器低 6 位读作 0。

5.2.2 ADC 模块结构和操作原理

ADC 模块的内部结构包含 4 个组成部分:8 选 1 选择开关(而对于 28 脚型号则是一个 5 选 1 选择开关)、双刀双掷切换开关、A/D 转换电路、采样/保持电路。

40 脚封装型号的 ADC 内部结构示意图和 28 脚封装型号的 ADC 内部结构示意图,分别如图 5.7 和图 5.8 所示,该图中的"模拟/数字转换器 ADC"方框中,实际含入了采样/保持电路和 A/D 转换电路两个部分。下面分析各个部分的功能和组成关系。

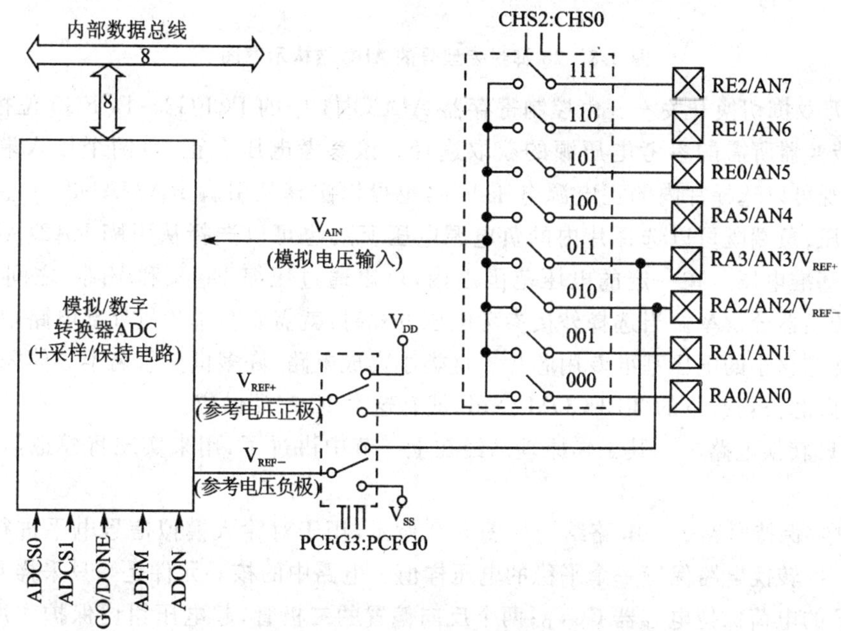

说明:RE0~RE2引脚,对于28脚封装的PIC16F87X不具备。

图 5.7 40 脚封装型号的 ADC 结构示意图

(1) 8 选 1 选择开关(或 5 选 1 选择开关)——由控制寄存器 ADCON0 中的 CHS2~CHS0 位控制,用于在引脚 AN0~AN7(或 AN0~AN4)中,选定将要进行转换的输入模拟通道,选中者与内部采样/保持电路接通。

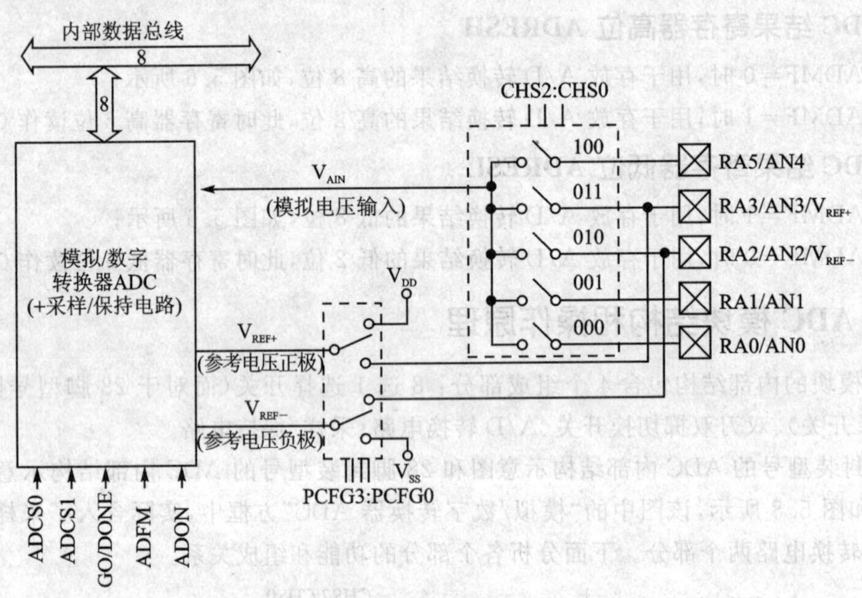

图 5.8 28 脚封装型号的 ADC 结构示意图

(2) 双刀双掷切换开关——由控制寄存器 ADCON1 中的 PCFG3～PCFG0 位控制，用于选择 A/D 转换器所需的参考电压源的获取途径。该参考电压有正、负两个接入端 V_{REF+} 和 V_{REF-}，正端既可以选择片内的正电源电压 V_{DD}，也可以选择从引脚 RA3/AN3/ V_{REF+} 接入的外部基准电压；负端既可以选择片内的负电源电压 V_{SS}，也可以选择从引脚 RA2/AN2/V_{REF-} 接入的外部基准电压。在一定的电压范围之内，可以通过压缩 V_{REF+} 和 V_{REF-} 之间的电压差值，来提高转换器分辨率。当选择外接参考电压方式时，就需要在单片机外部电路中增加一个精度高、温度漂移小的电压基准专用芯片。这类小集成电路，许多世界著名半导体公司都有生产。新纳入微芯公司旗下的 TELCOM 公司，就有这类 IC 产品供应。

(3) A/D 转换电路——其工作原理已经在上一节中讲过了，用来实现将模拟信号转换为数字量。

(4) 采样/保持电路——电路结构如图 5.9 所示，用于对输入模拟信号电平进行抽样，并且为后续 A/D 转换电路保持一个平稳的电压样值。电路中的核心元件是一只采样开关 SS 和一只 120 pF 的电荷保持电容器 C_{HOLD}；两个反向偏置的二极管，起电压钳位保护作用，防止高压侵入芯片内部；其余元件属于分布参数形成的寄生元件，也就是说，不是有意集成的而又无法去除的一类无用元件。当这类有害元件的参数值，在与有用元件的参数值可比的情况下，它们的存在和作用就是不可忽略的，必须予以考虑。

为了便于讲解和抓住要害，假如先把一些次要元件精简掉，便可以得到如图 5.10 所示的简化电路。该图中的采样开关 SS 如果闭合，VA 信号源的模拟电压就会通过其信号源自身的

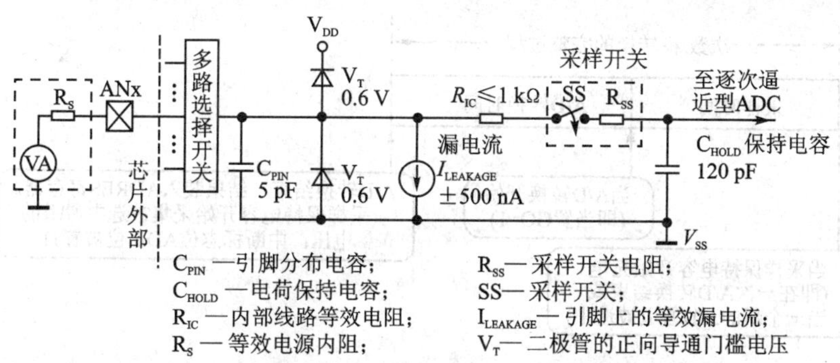

图5.9 采样保持电路结构图

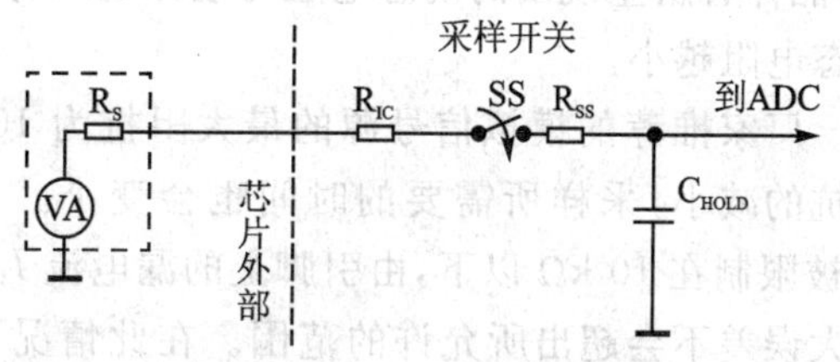

图5.10 采样保持电路简化图

内阻 R_S、芯片内部连线等效电阻(通常不大于1 kΩ)R_{IC}和采样开关SS(等效电阻为 R_{SS},阻值约7 kΩ左右)向电荷保持电容 C_{HOLD} 充电。随着充电时间的拉长,电容的端电压也随之上升。该电压的上升趋势符合一条对数曲线,最终趋近于信号源的开路电压。理论上讲,只有充电时间趋近于无穷大时,电容端电压才等于信号源的开路电压。可是在实际工程中,只要经过一定的充电时间,就可以认为电容上的电压已经接近或者达到信号源的开路电压。当电容值一定时,充电回路中的总电阻值越小,所需要的充电时间就越短。

5.2.3 ADC模块操作时间要求

ADC模块的操作过程要求占用较多的时间,并且其占用的时间主要包含两个部分:采样/保持电容的充电时间和A/D转换电路的转换时间。一次数/模转换全过程的时间分布如图5.11所示。

1. 采样时间要求

在模拟输入通道被选中(或切换)之后,必须在进行转换之前保留一段足够的时间完成采样。在图5.9和图5.10所示的电路中,当采样开关SS闭合,对于某一被选中的模拟通道 AN_X上的模拟电压进行采样时,为了使ADC满足一定的精度要求,就必须让采样电路中的电荷保持电容 C_{HOLD}有足够的充电时间,使其近似达到被采样的信号源电压值。影响充电时间的主要因素是模拟信号源等效内阻 R_S和采样开关等效阻抗 R_{SS},而采样开关等效阻抗 R_{SS}又是一个随着电源电压变化而变化的参数。R_{SS}与 V_{DD}关系曲线如图5.12所示。从该图中可以看出,阻值 R_{SS}会随着电源电压的升高而减小。其原因是,采样开关SS实际上是由工作于开关状态的场效应晶体管构成的一只电子开关,晶体管饱和导通的深度与电源电压有关,也就是

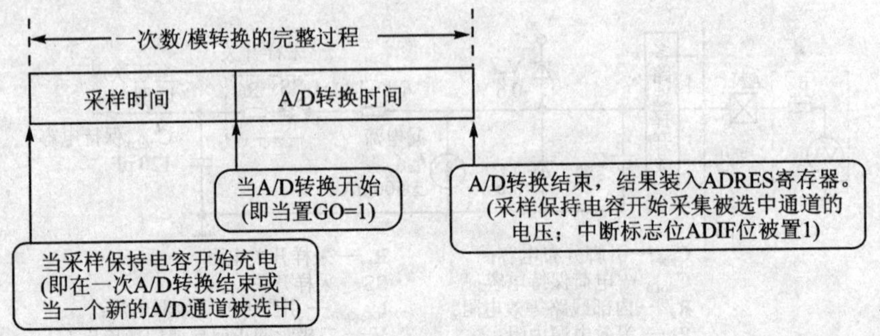

图 5.11 一次数/模转换的全过程

说，晶体管所呈现出的动态电阻与电源电压有关，电压越高动态电阻越小。

厂家推荐的模拟信号源的最大阻抗为 10 kΩ，随着该阻抗的减小，采样所需要的时间也会变小。一般来讲，当 R_S 被限制在 10 kΩ 以下，由引脚上的漏电流 $I_{LEAKAGE}$ 引起的最大误差不会超出所允许的范围。在此情况下，当 $V_{REF}=V_{DD}=5$ V 时，由漏电流 $I_{LEAKAGE}$ 引起的最大可能误差为±5 mV，或±1/4 LSB(LSB 表示最低有效位，Least Significant Bit)。

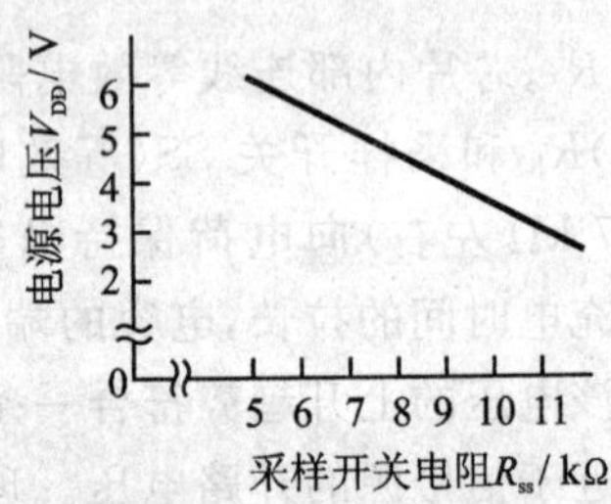

图 5.12 R_{SS} 与 V_{DD} 关系曲线

下列公式可以用于计算最短采样时间(即采样所需的最短时间)：

$$
\begin{aligned}
T_{ACQ} &= \text{放大器延迟时间} + \text{保持电容充电时间} + \text{温度补偿时间} \\
&= T_{AMP} + T_C + T_{COFF} \\
&= 2\ \mu s + T_C + [(\text{温度} - 25\ ℃) \times 0.05\ \mu s/℃]
\end{aligned}
$$

【举例】 假设信号源内阻 R_S 为 10 kΩ；电源电压 V_{DD} 为 5 V；温度为 50 ℃。试计算此时采样所需的最短时间 T_{ACQ}。

通过查对图 5.12 所示曲线可知，当 $V_{DD}=5$ V 时，$R_{SS}=7$ kΩ。R_{IC} 按 1 kΩ 计算，则

$$
\begin{aligned}
T_C &= C_{HOLD}(R_{IC} + R_{SS} + R_S) \times \ln(1/2\,047) \\
&= -120\ \text{pF} \times (1\ \text{k}\Omega + 7\ \text{k}\Omega + 10\ \text{k}\Omega) \times \ln(0.000\,488\,5) \\
&= 16.47\ \mu s \\
T_{ACQ} &= T_{AMP} + T_C + T_{COFF} \\
&= 2\ \mu s + 16.47\ \mu s + [(50\ ℃ - 25\ ℃) \times 0.05\ \mu s/℃] \\
&= 19.72\ \mu s
\end{aligned}
$$

几点注意事项归纳如下：

(1) 参考基准电压 V_{REF} 对于采样时间没有任何影响。

(2) 在每次转换完毕之后，电荷保持电容并没有放电。

(3) 信号源的最大阻抗建议不超过 10 kΩ，以便满足由引脚上的漏电流 $I_{LEAKAGE}$ 引起的最大误差不会超出所允许的范围。

(4) 在转换完成之后，下一次采样重新开始之前，必须加入 $2T_{AD}$ 的等待时间。在此期间，保持电容并没有与所选模拟通道接通。

2. A/D 转换时间要求

关于 A/D 转换过程为何需要占用时间及 A/D 转换过程又是如何分配时间的，在 5.1 节就已经说明了其中的道理。

每一位数据的转换时间被定义为 T_{AD}，完成一次 10 位数据的转换所需的时间最小值为 $12T_{AD}$。A/D 转换所需的时钟源有 4 种可选方案，由控制寄存器 ADCON0 进行设置，即 $2T_{OSC}$，$8T_{OSC}$，$32T_{OSC}$，ADC 模块内部自带的阻容(RC)振荡器的振荡周期($T_{RC}=2\sim6\ \mu s$，典型值为 4 μs)。

为了保证 A/D 转换电路正确地进行转换，所选 A/D 转换时钟源必须满足最小 T_{AD} 时间要求，即 T_{AD} 不得小于 1.6 μs。例如，当单片机应用系统所选的时钟频率 $f_{OSC}=5$ MHz 时，A/D 转换时钟源需要至少为 $8T_{OSC}$ 方可。反过来讲，如果 A/D 时钟源的选择一旦确定，那么 PIC16F87X 单片机的工作频率就随之确定了一个相应的上限值，如表 5.4 所列。

表 5.4　T_{AD} 与单片机工作频率 f_{OSC} 的关系表

A/D 转换时钟源		要求单片机工作频率最大值/MHz
时钟周期的选择	ADCS1～ADCS0	
$2T_{OSC}$	00	1.25
$8T_{OSC}$	01	5
$32T_{OSC}$	10	20
T_{RC}	11	无关

在图 5.13 中示意了，从控制位 GO(ADCON0<2>)被置 1，A/D 转换开始，到 GO 位被自动清 0，一次转换结束的全过程，所需要占用时间的情况。在 GO 位被置 1 后，第一个时间段内将包含一个时长界于指令周期 T_{CY} 和转换周期 T_{AD} 之间的时间。在图 5.14 中进一步给出了一次 A/D 转换全过程的详细时序图。

在 A/D 转换进行的过程中，如果对 GO 位人为清 0，则会中止这次 A/D 转换过程，结果寄存器对 ADRESH 和 ADRESL 中的内容，不会被部分完成的 A/D 转换结果所更新。A/D 转换被中止后，如果要进行下一次 A/D 转换，则至少需要等待 $2T_{AD}$ 的延迟时间。$2T_{AD}$ 的延迟过

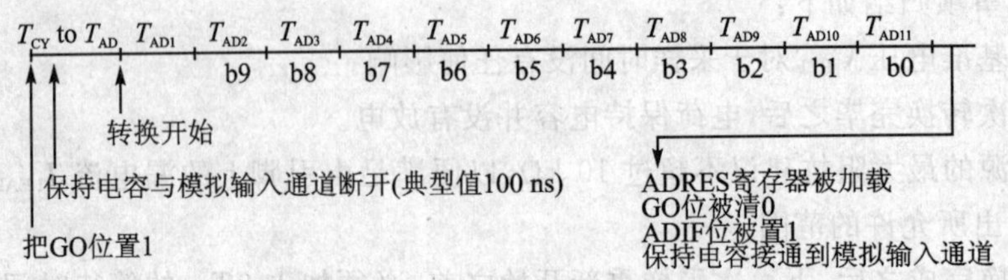

图 5.13　A/D 转换过程中的 T_{AD} 周期

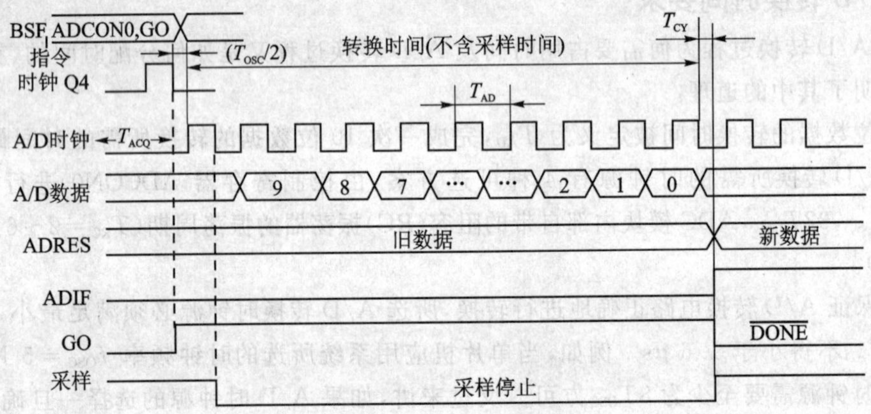

图 5.14　A/D 转换时序图

后，采样电路会自动地对选定的模拟通道进行采样。

控制寄存器 TRISA、TRISE 和 ADCON1 都有控制 ADC 模拟通道引脚的功能。当引脚作为模拟输入通道时，其 TRIS 中相应的位必须被设置为 1(输入方式)。如果 TRIS 相应的位被清 0，把相应引脚设置为输出方式，也就成了通用数字 I/O 引脚，这时假如启动 ADC 模块进行 A/D 转换，则会将数字输出电平当作 ADC 模块的模拟输入电压进行 A/D 转换。可以参见 AN7～AN0 引脚的内部结构。这表明 ADC 模块的转换行为与 TRIS 内容无关，即不管 TRIS 的控制位如何设置，都不会阻止 A/D 转换器转换动作，只是对引脚上的数字输出电平进行 A/D 转换通常没有实际意义。同理，ADC 模块的转换行为与 ADCON1 寄存器内 CHS2～CHC0 位的状态也是无关的，只是所转换的模拟通道是由 CHS2～CHC0 确定的。

☞ **注意：**使能 ADC 和启动一次 A/D 转换两个动作，不能用一条指令来完成，即 ADON 和 GO 位被置 1 不能在一条指令之内实现。

5.2.4 特殊情况下的A/D转换

下面介绍在睡眠状态中、复位状态后对于A/D转换带来的影响，以及如何利用CCP模块去触发A/D转换。

1. 睡眠状态中的A/D转换

ADC模块在单片机进入睡眠状态时仍然可以照常工作，不过，这时需要把A/D转换时钟选择为自带RC振荡器方式，即设置ADCS1∶ADCS0＝11。当RC振荡器时钟源被选定之后，在开始进行A/D转换之前，ADC将等待一个指令周期。这恰好允许单片机利用这个指令周期执行一条睡眠指令SLEEP。在单片机的睡眠状态之下进行A/D转换，也可以有效地消除单片机工作期间，内部各部分数字电路产生的数字开关噪声对于A/D转换过程带来的不良影响，所以在这种状态下A/D转换的精度更高。

A/D转换过程完成之后，在GO/$\overline{\text{DONE}}$位被硬件自动清0的同时，A/D转换结果被送入结果寄存器对中。这时，如果ADC模块中断处于允许状态，则把单片机从睡眠状态中唤醒；如果ADC模块中断处于禁止状态，即使控制位ADON置1，ADC也将被关闭。

如果A/D转换时钟是非RC振荡器方式，那么，即使ADON保持为1，执行SLEEP指令，也将中止当前的A/D转换，并且关闭ADC模块。关闭ADC模块可降低功耗。

☞ **注意：** 如果要在睡眠状态中进行A/D转换，A/D转换时钟必须选择自带RC振荡器方式，而且必须在把GO/$\overline{\text{DONE}}$置1之后，立即执行一条SLEEP指令。

2. 复位对于A/D转换的影响

单片机的上电复位POR和掉电复位BOR操作发生之后，ADC模块将被关闭，任何进行之中的A/D转换操作都被中止，所有可以用作模拟通道的单片机引脚，都将被设置为模拟输入，结果寄存器对ADRESH和ADRESL中的内容出现随机值。

看门狗WDT超时溢出复位和$\overline{\text{MCLR}}$人工复位操作发生之后，与上面不同的只是结果寄存器对ADRESH和ADRESL中的内容保持原状。

3. CCP模块触发的A/D转换

ADC模块的转换动作可以利用CCP模块(工作于比较模式)的特殊事件触发方式来触发。实际上，这是以定时器TMR1为时间基准的一种定时A/D转换方式。对于片内只有1个CCP模块的单片机(例如PIC16C72等)，是用CCP1模块去触发A/D转换的；而对于片内具有2个CCP模块的单片机(例如PIC16C73/74、PIC16F87X等)，则是用CCP2模块去触发A/D转换的；对于片内没有CCP模块的单片机(例如PIC16C70/71/71A等)，自然就不能利用这种触发方式启动A/D转换过程。

为了利用CCP模块去触发A/D转换,必须把CCP模块设置成特殊事件触发方式,也就是令控制寄存器CCPxCON的CCPxM3:CCPxM0=1011,并使能ADC模块(置ADON=1)。这样,当来自CCP模块(工作于输出比较方式)的匹配触发信号产生时,GO/$\overline{\text{DONE}}$将被置位,进而启动一次A/D转换操作,同时,将TMR1(为CCP模块提供时基信号)复位清0,以便为下一次CCP模块的定时触发准备条件。

当然,在CCP模块的触发信号产生之前,用户程序必须事先完成A/D转换之前所需的各种设置,例如,A/D转换输入通道的选择、A/D转换时钟源的选定、参考电压源的设置、与ADC模块相关引脚的设定等,并且还要保留足够的采样时间。

在CCP模块工作于特殊事件触发方式下,如果ADC模块没有被开启,即保持ADON=0,则CCP模块产生的触发信号不会对ADC模块产生任何影响,但是,仍然会使定时器TMR1被清0。

5.2.5 ADC模块的转换精度和分辨率

对于电源电压V_{DD}和参考电压源V_{REF}(也称为电压基准)而言,如果V_{DD}允许的波动范围是$V_{DD}=5\times(1\pm10\%)$ V,并且设定$V_{REF}=V_{DD}$,那么,A/D转换的全程范围误差将会小于±1LSB,其中包括偏置误差、满量程误差和整数误差。如果$V_{DD}<5$ V,或者$V_{REF}<V_{DD}$,则精度可能会有所下降。

对于A/D转换时钟而言,当单片机的时钟频率较低时,选用ADC模块自带的RC振荡器时钟源较好;而当单片机的时钟频率较高时,则选用系统时钟T_{OSC}作为时钟源较好,并且T_{AD}最好不要短于前面提到的A/D转换所需的最小时间1.6 μs,但是也不能长于8 μs。

对于模拟输入电压而言,当模拟输入电压高于V_{DD}或者低于V_{SS}有0.2 V以上时,将会使得A/D转换精度有所下降。

有时为了消除输入模拟量上的噪声所带来的偏差,可以在A/D转换器的模拟输入通道中加入阻容(RC)滤波电路,但是应该注意,接入电阻R后,不能使得模拟信号源的总等效内阻值大于10 kΩ,并且任何外部元件的并联接入,都要确保输入引脚上的漏电流不得超出所允许的最大值±5 μA。

在单片机睡眠状态下,由于消除了单片机内部数字电路工作而产生的开关噪声,所以使得这种状态之下的A/D转换精度为最高。

对于片内ADC模块具有两个参考电压外引端(V_{REF+}和V_{REF-})的单片机型号PIC16F87X系列来说(可是对于另一些型号的单片机,例如PIC16C7X系列,其片内ADC模块只有一个参考电压外引端V_{REF+}),在一定的电压范围之内,可以通过压缩V_{REF+}和V_{REF-}之间的电压差值,来提高转换器分辨率。但是,必须注意几个方面的限制:

① 参考电压差值$V_{REF+}-V_{REF-}$,最小不得小于2 V。

② 正参考电压V_{REF+},最低不得低于$V_{AVDD}-2.5$ V,最高不得高于$V_{AVDD}+0.3$ V。

③ 负参考电压 V_{REF-}，最高不得高于 $V_{REF+}-2$ V，最低不得低于 $V_{AVSS}-0.3$ V。

④ 模拟输入电压 V_{AIN} 必须限制在 $V_{SS}-0.3$ V 到 $V_{REF+}+0.3$ V 的范围之内。

其中，V_{AVDD} 和 V_{AVSS} 表示模拟电源的正、负电压，即独立为模拟电路部分供电的电压，以区别于为数字电路部分供电的电压。在要求较高的数、模混合信号电路的应用系统中，常常采用分别独立供电的方式，以便减小彼此之间的相互干扰。

5.2.6 ADC模块的操作编程

当根据需要设置好ADC模块之后，在开始A/D转换之前，必须先选定A/D转换的模拟通道。被选中的模拟通道所对应的RA或RE端口引脚，必须被设置成输入方式，即把相应的TRIS位置1。只有当模拟信号采集过程完成之后，A/D转换才能开始。下面是实现A/D转换所需要遵循的步骤。

(1) 设置ADC模块：

- 通过控制寄存器ADCON1设置引脚功能为模拟输入通道、基准电压接入引脚或通用数字I/O脚，设置转换结果的存放格式；
- 通过控制寄存器ADCON0选中某一条模拟输入通道、设定A/D转换时钟源、使能ADC模块。

(2) 如果需要A/D中断功能，开放相应的中断使能位：

- 对于ADC模块中断标志位ADIF清0；
- 对于ADC模块中断使能位ADIE置1；
- 对于外设模块中断使能PEIE置1；
- 对于全局中断使能位GIE置1。

(3) 等待所需要的采样时间。

(4) 将控制位兼状态位GO/$\overline{\text{DONE}}$置1，启动A/D转换过程。

(5) 等待A/D转换完成，可以通过以下两种方法之一来判断：

- 软件循环查询状态位兼控制位GO/$\overline{\text{DONE}}$是否被硬件自动清0，或中断标志位ADIF是否被硬件自动置1；
- 等待A/D转换完成中断请求。

(6) 读取A/D转换结果寄存器对ADRESH∶ADRESL，如果需要，对ADIF清0。

(7) 如果还需要一次A/D转换，根据实际要求重新从第(1)步或者第(2)步开始。不过，提请注意，从上一次转换结束到下一次采样开始，至少需要插入 $2T_{AD}$ 时间。

下面推荐一段适用于PIC16F87X的程序片段，其实现的功能是：

① 应用了RA0/AN0作为A/D转换输入通道。

② 参考电压源 V_{REF} 选择内部 V_{DD} 和 V_{SS}。

③ A/D转换时钟源选用自带RC振荡器。

④ 利用ADC模块的中断功能。

```
;*************************************************************
BSF      STATUS, RP0       ;选择 RAM 数据存储器体 1
BCF      STATUS, RP1       ;
CLRF     ADCON1            ;选定全部引脚为模拟输入通道,结果格式为左对齐
BSF      PIE1, ADIE        ;放开 ADC 模块中断
BCF      STATUS, RP0       ;选择体 0
MOVLW    B'11000001'       ;设置 RC 时钟源，使能 ADC,AN0 被选中
MOVWF    ADCON0            ;
BCF      PIR1, ADIF        ;清除 ADC 模块中断标志位
BSF      INTCON, PEIE      ;放开外设中断屏蔽位
BSF      INTCON, GIE       ;放开全局中断屏蔽位
;确保插入足够的对于选中通道采样所需的延迟时间
BSF      ADCON0, GO        ;开始 A/D 转换
 :                         ;在 A/D 转换完成后,ADIF 位被置 1,发出中断请求
                           ;GO/DONE位将被清 0
;*************************************************************
```

5.3 PIC16F87X片内ADC模块的应用举例

【实验范例5.1】单通道模拟量采集器

★ 项目实现功能

主要是为了验证PIC16F877片内ADC模块功能。向单片机PIC16F877的一条模拟输入通道提供一个可以随时变化的模拟量,则单片机就能够及时地把该模拟量进行模/数转换,并且还能将转换结果及时地显示出来。可以看到,转换结果会随着模拟量的变化而变化,从而可以了解片内ADC模块的工作情况。

这里所说的模拟量可以是温度、湿度、照度、压力、位移等物理量,但是,它们都需要借助于传感器变换为能够被ADC直接采集的模拟电压值才行。例如,廉价易购的热敏电阻、二极管的PN结就可以作为简易的温度传感器;常用的滑动可调电位器就可以充当位移传感器,等等。

★ 硬件电路规划

为了充分利用MPLAB-ICD配套演示板上的现有资源,让连接在RA0/AN0引脚上的1 kΩ微调电阻R1充当模拟量提供者。当利用小改锥旋转其芯轴,来调整其活动触点的滑动位置时,可以提供一个量值在V_{DD}~V_{SS}范围之内连续变化的模拟电压。利用定时器TMR0来控制周期性地启动A/D转换过程。利用连接在RC端口上的8只发光二极管LED作为输出

显示器件，把每次A/D转换产生的结果显示在8只LED上，实验电路如图5.15所示。

系统时钟利用了演示板上现有的RC振荡器。人工复位引脚$\overline{MCLR}$端连接的按钮开关SW2，一旦在单片机进入死机状态时，可以把它强行复位。在执行程序时，确信拨码开关SW3的所有开关都位于ON的位置。

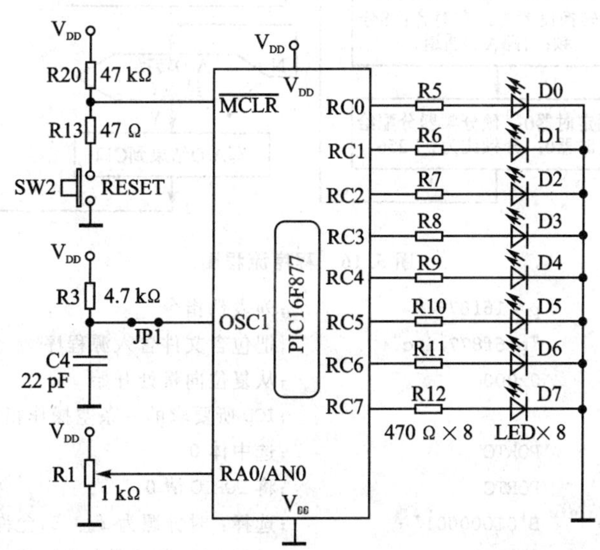

图5.15 实验电路图

★ 软件设计思路

利用单片机片内硬件资源TMR0和预分频器，为ADC提供定时启动信号，但是，没有利用其中断功能，而是采取软件查询方式。转换结果采用了左对齐方式，忽略最低2位。如此一来，就将10位的ADC当作8位的来用，降低了分辨率，已经能够满足本实验的需要。选用的A/D转换时钟源周期是系统周期的8倍，原因是演示板上的时钟振荡器外接阻容元件，所确定的系统时钟频率范围，大约在4 MHz(可以查阅表5.4)。本例对于ADC的电压基准要求不高，所以就选用电源电压V_{DD}和V_{SS}。对于A/D转换过程是否完成的判断，也没有利用ADC模块的中断功能，而是以软件方式查询其中断标志位ADIF。选用的模拟通道为AN0。

★ 汇编程序流程

程序流程图如图5.16所示。

★ 汇编程序清单

```
;**************************************************************
;《单通道模拟量采集器》2006/9/21
;源程序文件名称：ADC_EXP1.ASM
;**************************************************************
```

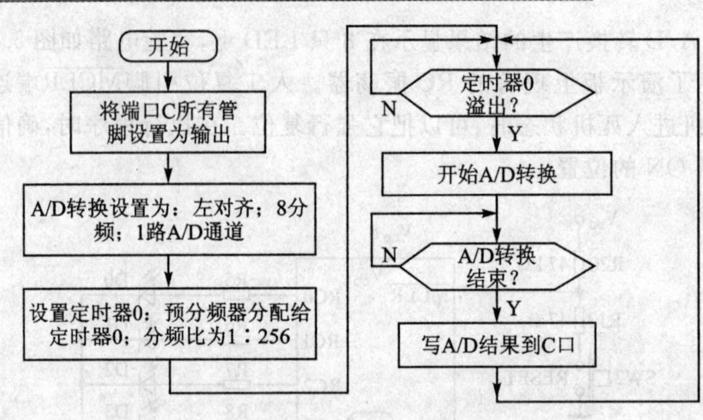

图 5.16 程序流程图

```
        list        p = 16f877          ;列表伪指令
        include     "p16f877.inc"       ;把包含文件含入源程序
        org         0x000               ;从复位向量处开始
        nop                             ;ICD 所要求的一条空操作指令
Start:  banksel     PORTC               ;选中体 0
        clrf        PORTC               ;将 PORTC 清 0
        movlw       B'01000001'         ;选择：时钟源为 fosc/8,允许 ADC 工作
        movwf       ADCON0              ;通道 AN0,暂时不启动转换过程
        banksel     OPTION_REG          ;选择寄存器 OPTION_REG 所在体为当前,即体 1
        movlw       B'10000111'         ;设定：RB 口不用上拉,分频器配给 TMR0
        movwf       OPTION_REG          ;分频比设为 1:256
        clrf        TRISC               ;PORTC 所有引脚设置为输出
        movlw       B'00001110'         ;转换结果左对齐,只选 1 个 A/D 通道 RA0/AN0
        movwf       ADCON1              ;选择 VDD 和 VSS 作为参考源
        banksel     PORTC               ;选中体 0
Main:   btfss       INTCON,T0IF         ;等待和循环检测 TMR0 溢出中断标志位
        goto        Main                ;如果没有发生 TMR0 中断,则返回
        bcf         INTCON,T0IF         ;如果发生了 TMR0 中断,则清除 T0IF 标志
        bsf         ADCON0,GO           ;开始 A/D 转换过程
Wait
        btfss       PIR1,ADIF           ;等待 A/D 转换过程结束,检测 ADC 中断标志位
        goto        Wait                ;如果没有转换完毕,则返回继续检测
        movf        ADRESH,W            ;如果转换完毕,则把 A/D 结果读到 W
        movwf       PORTC               ;经过 W 送到 C 口 8 只 LED 上显示
        goto        Main                ;循环进行 A/D 转换
;****************************************************************
        end                             ;源程序结束
```

★ 几点补充说明

(1) 程序中使用了一条此前没有用过的宏指令“banksel <标号>”。其中“banksel”是“体选”的意思,“<标号>”是在此之前已经定义了的一个寄存器名称。该指令的功能是自动根据“标号”代表的寄存器所在的 RAM 数据存储器的体,来填充状态寄存器 STATUS 中的“体选码” RP1 和 RP0。在用汇编器对源程序进行汇编时,该指令将自动被替换成填写 RP1 和 RP0 位的位操作指令。

例如,在本程序中的“banksel　PORTC”指令,经过汇编器汇编时,自动被替换为“BCF　STATUS,RP1”和“BCF　STATUS,RP0”两条指令,实现的功能是,选定 PORTC 寄存器所在的“体 0”作为当前体。同理,在本程序中的“banksel OPTION_REG”指令,经过汇编器汇编时,自动被替换为“BCF　STATUS,RP1”和“BSF　STATUS,RP0”两条指令,实现的功能是,选定 OPTION_REG 寄存器所在的“体 1”作为当前体。从图 5.17 所示的绝对列表窗口中(利用菜单命令 Window→Absolute listing 打开),能够清楚地得到证实:1283 和 1303 分别是“BCF　STATUS,RP0”和“BCF　STATUS,RP1”两条指令的机器码;1683 和 1303 是“BSF　STATUS,RP0”和“BCF　STATUS,RP1”两条指令的机器码。

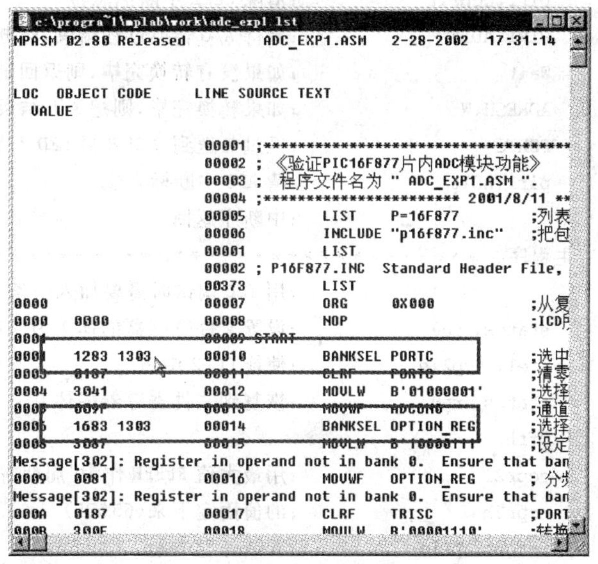

```
c:\progra~1\mplab\work\adc_exp1.lst
MPASM 02.80 Released          ADC_EXP1.ASM   2-28-2002   17:31:14

LOC  OBJECT CODE     LINE SOURCE TEXT
  VALUE

                     00001 ;****************************************
                     00002 ; 《验证PIC16F877片内ADC模块功能》
                     00003 ;  程序文件名为 " ADC_EXP1.ASM ".
                     00004 ;********************** 2001/8/11 **
                     00005        LIST    P=16F877          ;列表
                     00006        INCLUDE "p16f877.inc"     ;把包
                     00001        LIST
                     00002 ; P16F877.INC  Standard Header File,
                     00373        LIST
0000                 00007        ORG     0X000             ;从复
0000  0000           00008        NOP                       ;ICD
0001                 00009 START
0001  1283 1303      00010        BANKSEL PORTC             ;选中
0003  0187           00011        CLRF    PORTC             ;清零
0004  3041           00012        MOVLW   B'01000001'       ;选择
0005  009F           00013        MOVWF   ADCON0            ;通道
0006  1683 1303      00014        BANKSEL OPTION_REG        ;选择
0008  3087           00015        MOVLW   B'10000111'       ;设定
Message[302]: Register in operand not in bank 0.  Ensure that ban
0009  0081           00016        MOVWF   OPTION_REG        ; 分
Message[302]: Register in operand not in bank 0.  Ensure that ban
000A  0187           00017        CLRF    TRISC             ;PORT
000B  300E           00018        MOVLW   B'00001110'       ;转换
```

图 5.17　绝对列表窗口

(2) 在此例中利用的 8 位定时器 TMR0,即使再加上一个 8 位分频器,最大也只能产生约 65 ms 的延时,所以,这里是每隔约 65 ms 启动 ADC 进行一次转换。

(3) 如果想实现以较长的时间间隔来进行周期性地自动检测气温等模拟量,并且利用非常有限的存储空间进行记录存档,可以利用 CCP2 模块的“特殊事件触发”模式能够触发 ADC

转换的功能来实现。下面的程序清单就可以完成每隔约 524 ms 检测一次。如果让 TMR1 工作于异步计数方式,且以 32768 Hz 自带振荡器作为时钟源,就可以实现每隔 16 s 启动一次 ADC。必须引起注意的是:只有 CCP2 模块可以触发 ADC,而 CCP1 模块则不能。作者对此进行了专门的验证,原因是有的书中误认为 CCP1 和 CCP2 模块都能触发 ADC。

```
;*****************************************************************
;《CCP2 触发的单通道模拟量采集器》2006/9/21
; 源程序文件名称: ADC_EXP2.ASM
; 注意: CCP1 不可以替代这里的 CCP2!
;*****************************************************************
        list        p = 16f877          ;列表伪指令
        include     "p16f877.inc"       ;把包含文件含入源程序。如果需要,修改目录
        org         0x000               ;从复位向量处开始
        goto        main
        org         004h                ;定义中断矢量
;***********  中断服务子程序  ************************************
        bcf         pir1,ccp2if         ;清除 CCP2 中断标志位
Wait    btfss       PIR1,ADIF           ;等待 A/D 转换过程结束,检测 ADC 中断标志位
        goto        Wait                ;如果没有转换完毕,则返回继续检测
        movf        ADRESH,W            ;如果转换完毕,则把 A/D 结果读到 W
        movwf       PORTC               ;经过 W 送到 C 口 8 只 LED 上显示
        bcf         pir1,ADIF           ;清 ADC 中断标志位
        retfie                          ;中断序返回
;***********  主程序  ********************************************
main    nop                             ;用 ICD 调试时需要加入一条 NOP
        bsf         status, rp0         ;设置文件寄存器的体 1 为当前体
        bsf         pie1, ccp2ie        ;使能 CCP2 中断
        bcf         status, rp0         ;恢复到文件寄存器的体 0
        movlw       0ffh
        movwf       ccpr2l              ;用最大值 FFFFH 作为"周期寄存器"
        movwf       ccpr2h              ;的值固定下来(65535)
        bsf         intcon, peie        ;开放外设中断
        bsf         intcon, gie         ;开放全局中断
        movlw       b'00110000'         ;设置控制寄存器,预分频比 = 1:8
        movwf       t1con               ;内部时钟源、同步、禁止振荡器
        movlw       b'00001011'         ;设定 CCP2 为触发特殊事件模式
        movwf       ccp2con             ;
        bsf         t1con, tmr1on       ;开启 TMR1
        banksel     PORTC               ;选中体 0
```

```
        clrf      PORTC           ;将 PORTC 清 0
        movlw     B'01000001'     ;选择：时钟源为 fosc/8,允许 ADC 工作,
        movwf     ADCON0          ;通道 AN0,暂时不启动转换过程
        banksel   TRISC           ;选择寄存器 TRISC 所在体为当前,即体 1
        clrf      TRISC           ;PORTC 所有引脚设置为输出
        movlw     B'00001110'     ;转换结果左对齐,只选 1 个 A/D 通道 RA0/AN0
        movwf     ADCON1          ;选择 VDD 和 VSS 作为参考源
        banksel   PORTC           ;选中体 0
loop    nop                       ;
        goto      loop            ;主循环,等 CCP2 中断
;*****************************************************************
        end
```

【实验范例 5.2】单线扫描实现多键输入的技术方案

在单片机应用项目的开发过程中,如何解决利用更少的单片机引脚实现更多信息吞吐的问题;如何解决利用更简练的电路和更廉价的器件实现更丰富功能的问题;以及如何解决节省能耗的问题始终是电子工程师孜孜以求的努力目标。理由是,可以带来诸多好处,例如,减少成本、降低故障率、减小电路板空间、提高生产效率等。本例中的解决方案会对研发人员有一定的启发性和实用价值。

★ 项目实现功能

仅仅使用一条 I/O 引脚,借助于片内的 ADC 模块,即可实现多个按键开关的数字量输入问题。本例只是为了教学实验的目的,所以仅连接了 4 只按键开关。实际应用时可以扩展到多达 1023 个按键(理论极限值)。

★ 硬件电路规划

实验电路如图 5.18 所示。为了避开 ICD 演示板上固定连接在 AN0 引脚的一只微调电阻 R1,所以,在此选用了另一个模拟量输入通道 AN1 来连接按键开关电路。

按键开关电路如图 5.19 所示。这里设计的 4 种按键电路均可以在无键按下时不消耗电流。在进行按键操作时,4 种电路分别在 V_O 端输出的电压值,如表 5.5 所列。

下面仅对图 5.19(a)电路作进一步说明和编程,为了各个电阻向标称值靠拢,不妨选取 $R=1.3\ \text{k}\Omega$;$R_a=3.9\ \text{k}\Omega$;$R_b=1.3\ \text{k}\Omega$;$R_c=0.43\ \text{k}\Omega$。

★ 软件设计思路

如果把 ADC 的 10 位转换结果全部用足,最多可以区分 1024 个状态,去除一个作为无键按下的“空”状态,则最多可以区分 1023 个按键。这只是理论值,实际中不容易实现,原因是相邻按键的转换结果距离太近时,容易造成误判,并且抗干扰能力也太差。

因为只是作为演示,这里连接的按键开关数量较少。为了简化程序,仅取 ADC 转换结果

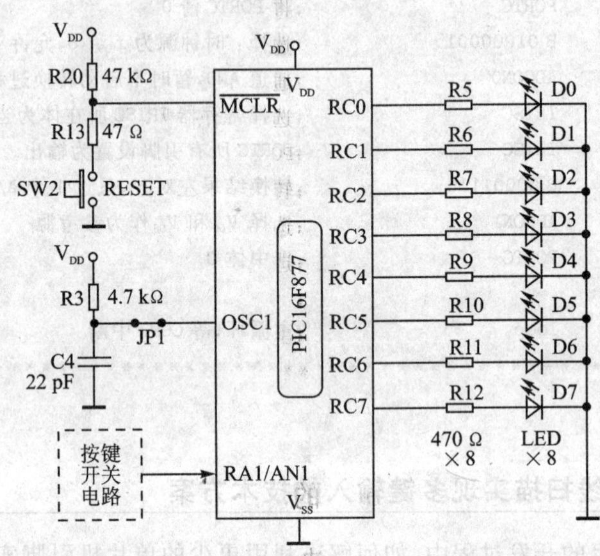

图 5.18　实验电路(ICD 演示板原有器件)

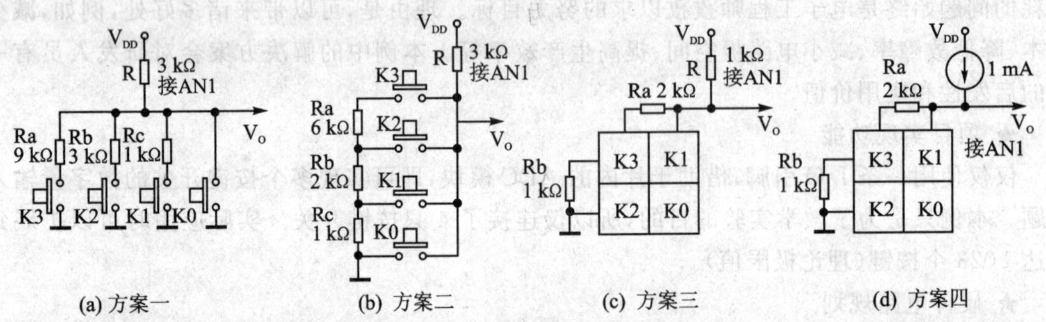

图 5.19　按键开关实验电路方案

的高 8 位，就已经远远满足本例对于分辨率的需要了。

将相邻两个状态的转换结果的平均值固定下来作为区分按键位置的判别值。例如，(FFH＋C0H)/2≈E0H，作为空状态的判别值，只要转换结果大于该值，即判为无键被按下；又例如，(C0H＋80H)/2＝A0H，作为按下 K3 的判别值，只要转换结果大于该值，即判为 K3 已经闭合。本例程序中没有考虑支持同时按下多键的复合键情况，留给读者自行去实现。

按键的扫描采用周期性启动 A/D 转换的方法来实现。每次扫描过程，是从低到高用各档判别值去衡量 A/D 转换结果，以区分按下的是哪只键或是无键按下，这样方便于程序的编写。若有键按下就让 RC1 和 RC0 引脚上的 LED 显示键值(0～3)；若无键按下就让 RC 口上的所有8只LED都点亮。通过分析表5.5，可以发现其中电路(a)的判别值是等间距的(电路(b)

也是如此)，且间距为 40H。这个规律的存在，能够采用循环结构编写键值判别程序段，从而可以进一步精练程序。

★ 汇编程序流程

主程序流程图如图 5.20 所示，子程序的流程图可以参考以前的程序范例。

表 5.5　按键位置与输出电压对应关系

键盘电路	被压下的按键	输出电压 V_O/V	转换结果(取高 8 位)	区分按键的分水岭判别值
(a)	无	V_{DD}	FFH	≥E0H
	K3	$(3/4)V_{DD}$	C0H	<E0H
	K2	$(2/4)V_{DD}$	80H	<A0H
	K1	$(1/4)V_{DD}$	40H	<60H
	K0	0	00H	<20H
(b)	无	V_{DD}	FFH	≥E0H
	K3	$(3/4)V_{DD}$	C0H	<E0H
	K2	$(2/4)V_{DD}$	80H	<A0H
	K1	$(1/4)V_{DD}$	40H	<60H
	K0	0	00H	<20H
(c)	无	V_{DD}	FFH	≥E0H
	K3	$(3/4)V_{DD}$	C0H	<E0H
	K2	$(2/3)V_{DD}$	ABH	<B5H
	K1	$(1/2)V_{DD}$	80H	<96H
	K0	0	00H	<40H
(d)	无	$5(V_{DD})$	FFH	≥CCH
	K3	3	99H	<CCH
	K2	2	66H	<80H
	K1	1	33H	<4DH
	K0	0	00H	<1AH

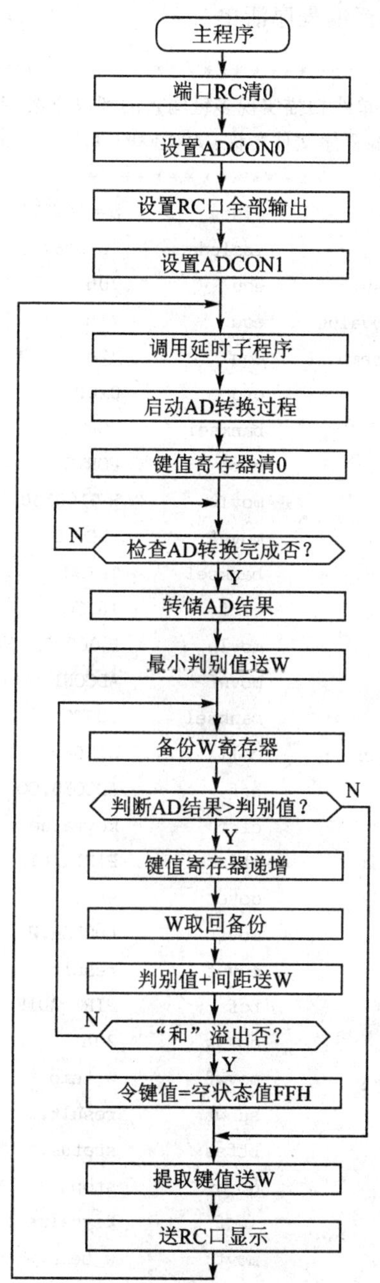

图 5.20　主程序流程图

★ 汇编程序清单

```
;******************************************************************
;《单线扫描实现多键输入的解决方案》2006/9/21
; 源程序文件名称：ADC_EXP3.ASM
;******************************************************************
            list        p = 16f877          ;列表伪指令
            include     "p16f877.inc"       ;把包含文件含入源程序
Result      equ         70h                 ;AD 结果寄存器
Keyvalue    equ         71h                 ;键值寄存器
w_temp      equ         72h                 ;W 临时备份寄存器
            org         0x000               ;从复位向量处开始
            banksel     PORTC               ;选中体 0
            clrf        PORTC               ;清 0 PORTC
            movlw       B'01001001'         ;选择：时钟源为 fosc/8,允许 ADC 工作
            movwf       ADCON0              ;通道 AN1;暂时不启动转换过程
            banksel     TRISC               ;选择寄存器 TRISC 所在体为当前,即体 1
            clrf        TRISC               ;PORTC 所有引脚设置为输出
            movlw       B'00000100'         ;转换结果左对齐,选择 3 个 A/D 通道
            movwf       ADCON1              ;选择 VDD 和 VSS 作参考源
            banksel     PORTC               ;选中体 0
Main        call        d196ms              ;调用延时子程序
            bsf         ADCON0,GO           ;开始 A/D 转换过程
            clrf        keyvalue            ;设定键值寄存器初始值 = 0
Wait        btfss       PIR1,ADIF           ;等待 A/D 转换过程结束,检测 ADC 中断标志位
            goto        Wait                ;如果没有转换完毕,则返回继续检测
            movf        ADRESH,W            ;如果转换完毕,则把 A/D 结果读到 W
            movwf       result              ;转存 AD 结果
            bcf         PIR1,ADIF           ;清除 ADC 中断标志位
            movlw       20h                 ;取最小状态判别值
loop        movwf       w_temp              ;保留备份
            subwf       result,w            ;AD 结果 - 判别值大于 0(即 C = 1)吗
            btfss       status,c            ;判断 C = 1 吗
            goto        stop                ;否！即 AD 结果小于判别值
            incf        keyvalue,1          ;键值递增
            movf        w_temp,w            ;取回备份
            addlw       40h                 ;判断值加间距值
            btfss       status,c            ;"和"大于 FFH 吗(即 C = 1)
            goto        loop                ;否！继续判别
            movlw       0ffh                ;是！停止继续判别
```

```
            movwf       keyvalue              ;无键按下时显示 FFH
Stop        movf        keyvalue,w            ;提取键值
            movwf       PORTC                 ;经过 W 送到 C 口 8 只 LED 上显示
            goto        Main                  ;循环进行 A/D 转换,返回
;*************   延时子程序 (196 ms@4 MHz)   ***************************
d196ms      movlw       0xff                  ;将外层循环参数值经过 W
            movwf       7fh                   ;送入用作外循环变量的寄存器
lp0         movlw       0xff                  ;将内层循环参数值经过 W
            movwf       7eh                   ;送入用作内循环变量的寄存器
lp1         decfsz      7eh,1                 ;内循环变量递减,若为 0 跳跃
            goto        lp1                   ;跳转到 lp1 处
            decfsz      7fh,1                 ;外循环变量递减,若为 0 跳跃
            goto        lp0                   ;跳转到 lp0 处
            return                            ;返回主程序
;**********************************************************************
            end                               ;源程序结束
```

5.7 ADC功能虚拟技术

所谓ADC功能虚拟技术,就是利用单片机内部的其他硬件资源,或者纯软件手段来构造一个虚幻的ADC模块或部件,从而也能够实现ADC的功能。这类技术的实现途径或解决方案,给单片机用户提供了灵活多样、丰富多彩的解决思路,具有普遍的适用性和启迪意义。特别适合把某些低价位、低配置单片机芯片,当作高性能、高档次单片机来应用时参考。不过,利用虚拟技术实现的ADC,具有转换速率低等弱点。

本节为读者提供了3种ADC虚拟技术的算法:RC充放电法、RC振荡器法、电压比较器法。旨在起到抛砖引玉的作用。为了便于读者上手验证和评估,在实验板上准备了相应焊接部分外接元器件的空间。本节属于扩充性内容,仅仅供读者了解即可。

5.7.1 RC充放电法

设计思想:利用一只感测电阻Rx和一只固定电容C1构成一个RC充放电支路,Rx的阻值会随着环境温度或亮度等物理量的变化而变化,继而充电时间也会随着Rx阻值的变化而变化。就是采取测量电容充电时间长短的方法,来实现检测环境温度或亮度等物理量的目的。

RC充放电法又可以细分为双端RC充放电法和单端RC充放电法。

1. 双端RC充放电法

(1) 参考硬件电路:双端RC充放电法的硬件电路如图5.21所示。之所以叫做双端,原

因有两个，一是因为物理量感测探头(即阻值可变的电阻器Rx，例如热敏电阻、光敏电阻、湿敏电阻等，可以当作传感器使用)需要连接2根信号线；二是需要占用单片机的2根通用并口引脚(其中Pin2也可以选用外部中断触发脚INTx)。C1为充电电容(可以取值0.1 μF)；Rx为充电兼放电电阻，可以选取经济易购的光敏电阻(亮阻和暗阻分别约为1 kΩ和10 kΩ)或热敏电阻(室温下阻值为50 kΩ)。

(2) 参考软件算法：

① 初始化一个单片机内部TMR模块为定时器方式。

② 禁止2个引脚上的弱拉功能(如果有)。

③ 让通用I/O引脚Pin1输出低电平，将电容C1彻底放电。

④ 令引脚Pin1输出高电平，开始了经过Rx给C1充电的过程。

⑤ 在开始充电的同时，启动定时器TMR开始计时过程。

⑥ 在充电期间，不停地查询输入引脚Pin2上的逻辑状态(也可以选用中断功能，并且设定上升沿触发有效)，一旦该引脚上电平变高，就立刻停止TMR的计时过程。

⑦ 读取TMR累计的充电时长，通过计算或查表来进行修正，以便得到准确的温度或亮度参数(因为热敏电阻等廉价型器件，其线性度不是很高，应该对测量结果修正)。

2. 单端RC充放电法

(1) 参考硬件电路：单端RC充放电法的硬件电路如图5.22所示。之所以叫做单端，理由也有2个，一是因为物理量感测探头只需要连接1根信号线；二是仅仅需要占用单片机的1个通用并口引脚(可以选用带有外部中断触发功能INT的引脚)。C1为充放电电容器；Rx为充电电阻器；R1为放电电阻兼保护电阻器(阻值较小，100 Ω，也可省略)，避免放电冲击电流损坏单片机引脚内部电路。

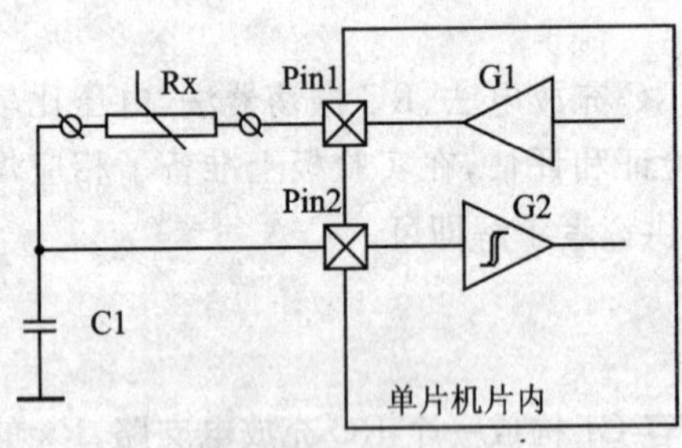

图5.21 双端RC充放电法

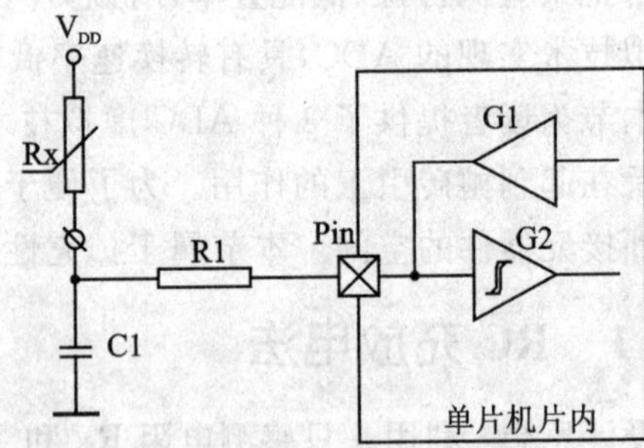

图5.22 单端RC充放电法

(2) 参考软件算法：

① 初始化一个单片机内部TMR模块为定时器方式。

② 禁止单片机引脚Pin上的弱拉功能(如果有)。

③ 设置通用 I/O 引脚 Pin 为输出状态，并且输出低电平，以便经过 R1 给电容 C1 彻底放电。

④ 再设置引脚 Pin 为输入状态，随即开始了经过 Rx 给 C1 充电的过程。

⑤ 在开始充电的同时，启动定时器 TMR 开始计时过程。

⑥ 在充电期间，不停地查询输入引脚 Pin 上的逻辑状态(也可以选用中断功能，并且设定上升沿触发有效)，一旦该引脚上电平变高，就立刻停止 TMR 的计时过程。

⑦ 读取 TMR 累计的充电时长，通过计算或查表来进行修正，以便得到准确的温度或亮度参数。

5.7.2　RC 振荡器法

设计思想：利用一只感测电阻 Rx 和一只固定电容 C1，再配合运算放大器或电压比较器，构成一个多谐振荡器，Rx 的阻值会随着环境温度或亮度等物理量的变化而变化，继而振荡器的频率也会随着 Rx 阻值的变化而变化。就是采取测量振荡器输出方波的频率、周期或脉宽的方法，来实现检测环境温度或亮度等物理量的目的。

RC 振荡器法又可以细分为双端 RC 振荡器法和单端 RC 振荡器法。

1. 双端 RC 振荡器法

(1) 参考硬件电路：双端 RC 振荡器法的硬件电路如图 5.23 所示。振荡器的核心是一个运算放大器(是四运放 LM324 当中的一个)；C1 为充放电电容器；Rx 为充电兼放电电阻器；R1 和 R2 分压支路为放大器设置工作点(为 $V_{CC}/2$)；R3 为放大器设置施密特效应的回滞电压差。振荡器工作频率主要取决于 Rx 和 C1，但是也会受 R3 的影响。振荡器的输出端连接到带有 TCx 功能的单片机引脚上。

(2) 参考软件算法之一：以信号周期(或脉宽)为测量对象，适用于振荡器工作频率较低的情况。

① 初始化一个单片机内部 TMR 模块，为输入捕捉器模式 ICx(既可以捕捉脉宽，也可以捕捉周期)。

② 通过查询方式或者中断方式，等待一次捕捉活动的完成。

③ 读取捕捉值寄存器，通过计算或查表来进行修正，以便得到准确的温度或亮度参数。

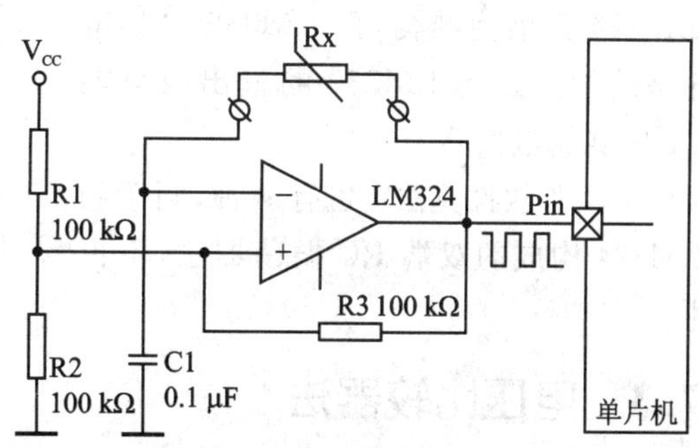

图 5.23　双端 RC 振荡器法

(3) 参考软件算法之二：以信号频率为测量对象，适用于振荡器工作频率较高的情况。比第一种算法应该更精准。

① 初始化一个单片机内部 CCPx 模块(与 CCPx 引脚相对应)为事件计数器方式(或触发脉冲计数器方式),对于 CCPx 引脚上输入的脉冲源进行计数。

② 启用和设置时基中断信号发生器,并且开放相应的中断请求功能,产生一个固定而精确的时间间隔信号,作为启动/停止脉冲计数器的“闸门”信号。当该闸门信号宽度恰好等于 1 s 时,在闸门信号持续期间,计数器的累计结果就是脉冲源的频率。对于这里的应用,闸门信号不必是 1 s,只要恒定即可。因此用时基信号发生器很合适。在尽量保证计数器不溢出的前提下,时基定时时间间隔越大越好。

③ 在一次闸门信号的前沿,启动计数器并且从 0 开始对外来脉冲进行累计;在闸门信号的后沿到来时停止计数器。

④ 读取计数器的累计结果,通过计算或查表来进行修正,以便得到准确的温度或亮度参数。

2. 单端 RC 振荡器法

(1) 参考硬件电路:单端 RC 振荡器法的硬件电路如图 5.24 所示。振荡器的核心是一个模拟电压比较器(是四比较器 LM339 当中的一个);C1 为充放电电容器;Rx 为充电电阻器;R4 为放电电阻器;R1 和 R2 分压支路为比较器设置工作点(为 $V_{CC}/2$);R3 为比较器设置施密特效应的回滞电压差。振荡器工作频率主要取决于 Rx 和 C1,但是也会受 R3 的影响。振荡器的输出端连接到带有 TCx 功能的单片机引脚上。

尽管 LM339 与 LM324 在电路符号上没有差别,但是二者的应用目标和电气特性差别较大,并且输出端内部电路截然不同,LM324 为推挽结构,而 LM339 为集电极开路结构。因此 LM339 的输出级只能为 C1 提供放电回路。

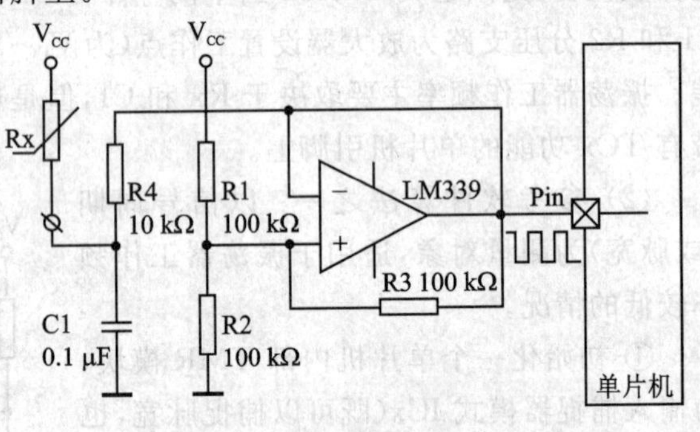

图 5.24 单端 RC 振荡器法

(2) 参考软件算法:也有两种,同于利用 LM324 构成的双端 RC 振荡器法,不再赘述。

5.7.3 电压比较器法

设计思想:仿效的是逐次逼近型模/数转换器的工作原理,也是先构造一个数/模转换器,再配合一个模拟电压比较器。

电压比较器法又可以细分为 R-2R 电压比较器法和 PWM 电压比较器法。

1. R-2R 电压比较器法

(1) 参考硬件电路:R-2R 电压比较器法的硬件电路如图 5.25 所示。其中,包含一个模拟电压比较器(是四比较器LM339当中的一个)和一个R-2R电阻网络搭建的简易DAC(在图5.26所示的电路中,描绘了一个将4位数字信号转换为模拟电压的R-2R型DAC原理示意图);V_X和R_S代表被测电压源及其等效内阻。

DAC的8根输入端连接到单片机的一个并口引脚上(引脚数量也可以更多,越多等效的DAC和ADC,其分辨率就越高),比较器的输出端连接到一条通用I/O引脚Pin1上(也可以选用带有触发中断源功能的引脚)。

(2) 参考软件算法:

① 初始化连接DAC的并口为输出方式,Pin1为输入方式。

② 通过并口逐次输出从00H→FFH逐渐递增的数字(或者从FFH→00H逐渐递减的数字)。

③ 每输出一次数字信号,都要检测一次Pin1引脚的逻辑状态。

④ 由于被测电压V_X的存在,起初得到的应该都是高电平(或者低电平)。一旦从Pin1引脚检测到低电平(或者高电平),说明DAC的输出电压已经到了最接近被测电压V_X的程度。

⑤ 停止输出,记录下来此刻输出的数字,即是模拟电压V_X应该对应的数字信号。

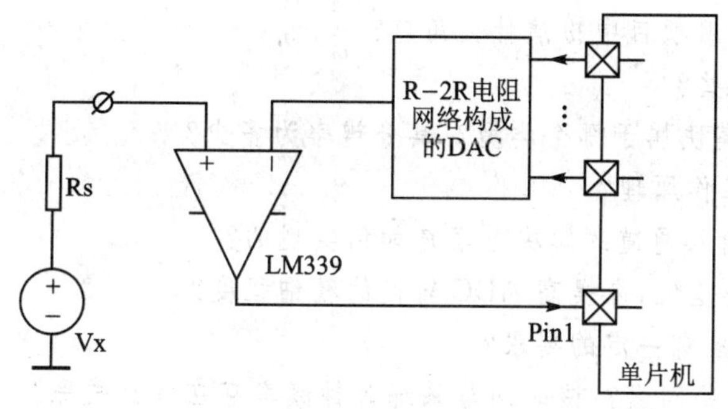

图5.25　R-2R电压比较器法

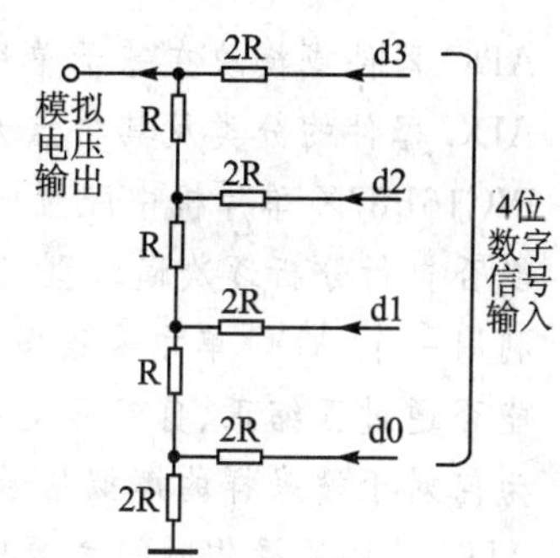

图5.26　R-2R电阻网络型DAC示意图

2. PWM电压比较器法

(1) 参考硬件电路:PWM电压比较器法的硬件电路如图5.27所示。其中,包含一个模拟电压比较器(是四比较器LM339当中的一个)和一个DAC(是利用内部PWM功能,搭配外接RC低通滤波器,实现的一个简易数/模转换器);V_X和R_S代表被测电压源及其等效内阻。

(2) 参考软件算法:

① 初始化一个CCPx模块为PWM模式。

② 向PWM的脉宽值寄存器逐次写入数据,并且是从"最大值→最小值"逐渐递减的数据(或者是从"最小值→最大值"逐渐递增的数据),使得等效DAC的输出电压逐渐变低(或者变高)。

③ 每改变一次脉宽值,都要检测一次Pin1引脚的逻辑状态。

④ 由于被测电压V_X的存在,起初得到的应该都是低电平(或者高电平)。一旦检测到Pin1引脚的电平变高(或者变低),说明DAC的输出电压最接近V_X。

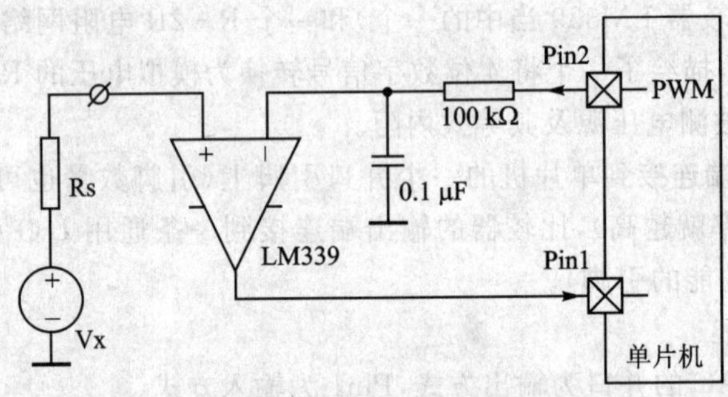

图 5.27　PWM 电压比较器法

⑤ 停止改写脉宽值,保留此刻的脉宽值,应该是模拟电压 V_X 所对应的数字信号。至此就算得到了一次 ADC 的转换结果。

思考题与练习题

1. ADC 器件或模块在基于单片机的应用项目中扮演什么角色?
2. ADC 器件的分类及其特点大致有哪些?
3. PIC16F87X 单片机中配置的 ADC 模块属于哪个类型?其分辨率为多少?
4. 能否自行分析逐次逼近型 ADC 的工作原理?
5. 利用一个 ADC 单元采集多条模拟输入通道的解决方案是如何实现的?
6. 能否通过压缩正、负参考电压之间的差值,来提高 ADC 转换的精细程度?
7. 为何对于被采样的模拟信号源的内阻有一定的要求?
8. ADC 模块的操作时间主要取决于哪些因素?该时间与系统时钟频率存在什么关系?
9. 在单片机进入睡眠状态时 ADC 模块还能否工作?
10. 为何说在单片机睡眠状态下进行的 A/D 转换精度更高?
11. 哪一个 CCP 模块的特殊事件触发方式,可以触发 A/D 转换操作?
12. 何种情况下需要为 ADC 模块外接参考电压源?
13. 对于 ADC 模块的编程方法和步骤是怎样的?
14. 试计算并填写表 5.5 中"区分按键的分水岭判别值"的剩余格。
15. 试分析图 5.21 中 4 种开关电路的优缺点,同时应把进一步扩充按键数量的情况考虑进去。
16. 在实验范例 5.2 中,当分别采用图 5.21(c)和(d)按键开关时,你能否分别为其编写源程序并且调通?
17. 10 位的 A/D 转换结果能够以两种不同的格式存放在两个 8 位宽的寄存器中,这样有什么好处?

第 6 章

串行通信概念和串行通信接口 USART 及其应用

计算机与外界所进行的信息交换经常被人们称为数据通信(有时也简称通信)。通信的基本方式又可以分为并行通信和串行通信两种。

并行通信是指一次就可以同时传送一个数据字的传输方式(其中包含 8 位、16 位,甚至更多位的数据)。其优点是传输速度快;缺点是需要同时连接的线数多,尤其是在通信距离较长时,传输线的成本会急剧增加。对于单片机而言,还需要占用多个宝贵的引脚资源。40 脚 PIC16F87X 内有一个并行通信模块 PSP,它就可以利用 RD 和 RE 端口的 11 个引脚(8 根数据线+3 根控制线),来实现与其他处理器之间的并行通信。

串行通信是指把一个数据字逐位顺序分时进行的传输方式。其缺点是传送速度较低,假设并行传送 n 位数据所需要的时间是 T,那么,串行传送同样数据的时间至少为 nT,实际工程上往往总是大于 nT,原因是时间上还会需要额外的开销;突出的优点就是仅仅需要数量很少的传输线,特别适合远距离传输。此外,对于单片机而言,串行通信的另一个重要优点就是,需要占用的引脚资源较少。

PIC16F87X 单片机内部集成了两个类型不同的串行通信模块,即通用同步/异步收发器 USART(Universal Synchronous/Asynchronous Receiver Transmitter)模块和主控同步串行端口 MSSP(Master Synchronous Serial Port)模块。前者的主要应用目标是系统之间的远距离串行通信(该项技术的应用历史比较久远);而后者的主要应用目标是系统内部近距离的串行扩展。

本章主要讲解 USART 模块,而 MSSP 模块将在后面的章节再作专题介绍。在正式讲解 USART 模块之前,有必要预先介绍一些有关串行通信的基本概念和基础知识。这些背景知识也适用于后面将要讲到的 MSSP 模块,以及 SPI 和 I^2C 串行通信接口。

6.1 串行通信的相关概念

串行通信的实现,在制式、种类、形式、规范、标准、编码、检错、纠错、帧结构、组网方式、调制方式、主要用途等许多方面，存在着多种类型、变化、选择和解决方案。例如，Philips公司发明的I^2C总线；Intel等公司提出的SMBus总线；Freescale公司首先应用的SPI接口；美国国家半导体(NSC)公司首先应用的MicroWire接口；达拉斯公司(DALLAS，现在已经并入MAXIM公司)推出的1-Wire总线；美国电子工业协会推荐标准RS-232、RS-422、RS-485接口；Intel等公司提出的USB总线；苹果(Apple)等公司提出的IEEE—1394总线(俗称火线)；博世(BOSCH)公司提出的CAN总线；现场总线基金会推出的FF总线；Motorola联合东芝等公司共同开发的LONworks总线；罗克威尔(Rockwell)公司提出的ControlNet总线等，都是用来实现与串行通信功能相关的技术和规范。

6.1.1　串行通信的两种基本方式

串行通信又存在着异步传送和同步传送两种基本方式。

1. 异步传送方式

在线路上，异步传送的数据是以“字符”为单位来传送的(即面向字符)。其特点是数据在线路上的传送，各个字符可以是断续的，也可以是连续的，这完全由发送方根据需要来控制。另外，在异步传送时，起同步作用的时钟脉冲，并不传送到接收方，即收、发双方各自使用自己的时钟源，来控制发送的速率和接收的检测(采样)时刻。为了克服数据传输时，双方时钟的不一致性以及时钟偏差的积累而引起数据接收的错误，异步传送过程中采用了两项技术：一是通信双方在通信速率、每个字符的总长度上，必须要作预先的约定；二是接收方需要采用字符再同步技术，即每接收一个字符都要进行一次起始位的识别和定位。

从物理线路的连接上看，进行异步通信的双方之间的连线，只有信息传输线，而没有时钟传输线。

由于字符的发送是随机进行的，因此，对于接收方来说就是一个判断何时有字符送来，何时是一个新的字符开始的问题。所以，在异步通信过程中，对于被传送的字符必须进行必要的包装，必须预先规定一种双方认可的信息格式，即每个字符的信息格式由4部分组成：起始位、数据位串、奇偶校验位和停止位。这样一组信息就称为一个数据帧或简称一帧。一帧信息的传送由起始位开始，停止位结束。

(1) 起始位：是一个逻辑0，占用一位的时间，用来通知收信方一个新的字符开始到来。线路上在不传送字符期间，线路电平应该一直保持为逻辑1。接收方不断地检测线路上的状态，如果连续检测到逻辑1之后，又检测到一个逻辑0，就断定开始发来一个新的字符，立刻准备接收数据。字符的起始位还被用来同步接收方的时钟，以保障后面的接收能够按照正确的节奏和正确的检测时刻进行。

(2) 数据位串：起始位后面紧接着就是多位数据，它可以是5位、6位、7位、8位或9位等。由于串行通信的速率是与数据的位数有关，所以要根据实际需要来确定数据的位数，一般采用8位或9位者居多(尤其在单片机中更是如此)。另外，需要注意的是，在发送时，通常是数据的最低位在前,即紧挨起始位的是数据的最低位 LSB(Least Significant Bit),其最高位 MSB(Most Significant Bit)后面紧接奇偶校验位。

(3) 奇偶校验位:只占一位,但是它不是必需的,也可以规定不用奇偶校验位,或者将奇偶校验位替换为其他控制位,例如,用该位来确定这个字符所代表信息的性质(如地址、数据、命令或状态信息等)。该位的利用,需要通信双方预先作好软件上的约定。

(4) 停止位:用来表示一个字符的结束。它被规定为逻辑 1。停止位可以是 1 位、1.5 位或者 2 位,采用 1 位的情况较为多见。接收方收到停止位时,便得知一个字符接收完毕,同时为接收下一个字符作好准备,即只要再收到一位 0,就是一个新的字符的起始位。如果停止位后面不是紧接着传送下一个字符,则让线路上保持逻辑 1。

图 6.1(a)描述的是字符连续发送的情况,即上一个字符的停止位紧接下一个字符的起始位。图 6.1(b)则描述的是字符断续发送的情况,即上一个字符的停止位与下一个字符的起始位之间,有不定数量的空闲位,空闲位自然填充 1,线路处于等待状态。

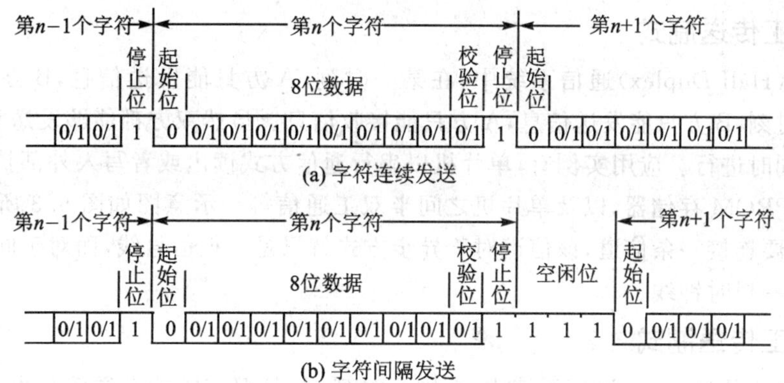

图 6.1　异步通信的帧结构

2. 同步传送方式

在异步传送中,每一个字符都要用起始位和停止位作为字符的开始和结束标志位,增加了额外开销,占用了传输时间,降低了传送效率。不仅如此,还需要通信双方必须预先约定通信的信息格式(即帧结构,包含长度、起始位的定义、停止位的定义、校验方式等)、通信的速率等内容。这样以来,既给通信双方的硬件增加了复杂程度以及提高了制造成本,也给通信双方的软件设计增加了负担,而且还降低了处理器对于不同通信对象的广泛适应性和灵活性。因此,在单片机与外围芯片之间的近距离通信中,同步传送方式得到了广泛的应用(例如 SPI、MicroWire、I²C 等,均属于同步传送方式)。

从物理线路的连接上看,进行同步通信的双方之间的连线,不仅有信息传输线,而且也有时钟传输线。同步时钟由主控方负责提供。由此可见,同步传送方式比异步传送方式增加了双方之间的连接线路，但是通信的传输效率有所提高。可以不需要像异步通信那样，把信息必须组织成包含起始位和停止位的帧结构。

6.1.2 串行通信的数据传送制式

在同步或者异步串行通信过程中，通常通信的内容(即数据或字符)是在双方之间双向传送的，只有少数情况是只能单向传送。

1. 单工传送制式

在单工(Simplex)通信系统中，一方只能发送信息，而另一方只能接收信息。例如，单片机以串行通信方式控制数/模转换器 DAC、数字电位器、液晶显示器 LCD 或 LED 显示器，以及接收模/数转换器 ADC、温度传感器及其他传感器信息等应用实例，就属于这种情况。示意图如图 6.2 所示。通信双方之间只需要连接一条信道，该信道对于异步方式就只是一根信号线，而对于同步方式则是一根信号线和一根时钟线。

2. 半双工传送制式

在半双工(Half Duplex)通信系统中，在某一时刻，A 方只能发送信息，B 方只能接收信息；而在另一时刻，B 方只能发送信息，A 方只能接收信息。虽然双方都能够发送和接收信息，但是，不能够同时进行。应用实例有，单片机以串行通信方式读出或者写入外部扩展 RAM 数据存储器、EEPROM 存储器，以及单片机之间半双工通信等。示意图如图 6.3 所示。通信双方之间也只需要连接一条信道，该信道对于异步方式就只是一根信号线，而对于同步方式则是一根信号线和一根时钟线。

3. 全双工传送制式

在全双工(Full Duplex)通信系统中，在同一时刻，A、B 双方既能发送信息也能接收信息。也就是，发送信息和接收信息在双方之间能够同时进行。应用实例有，单片机之间进行全双工通信等。示意图如图 6.4 所示。通信双方之间需要连接两条信道，这种信道对于异步方式就只是一根信号线，而对于同步方式则是一根信号线和一根时钟线(不过双向信道的时钟线往往合用一根即可)。

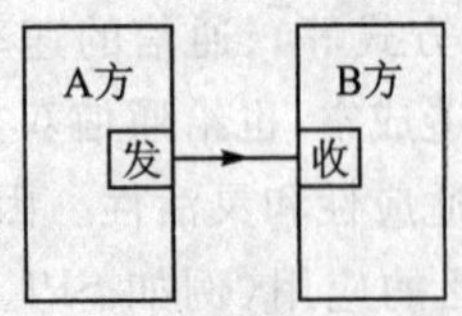

图 6.2 单工通信示意图

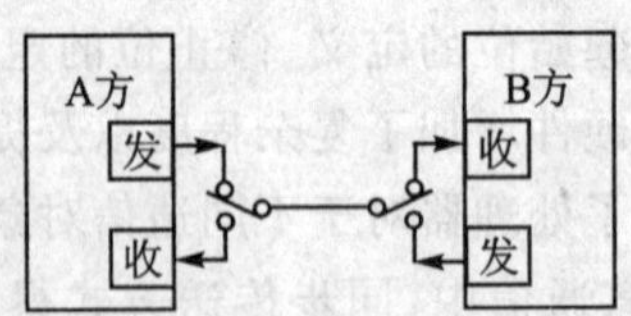

图 6.3 半双工通信示意图

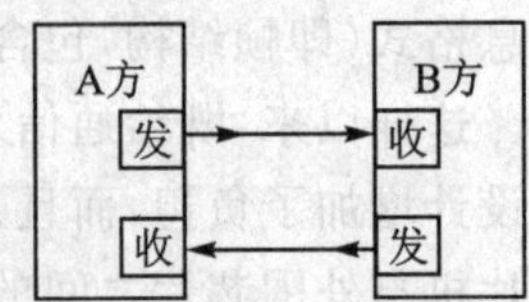

图 6.4 全双工通信示意图

6.1.3 串行通信中的控制方式

在一次通信的建立到结束的全过程中，总会有通信的一方处于主动地位，而另一方处于被动地位。处于主动地位的一方叫做主控器(或主器件或主机)，处于被动地位的另一方叫做被控器(或从器件或从机)。

1. 主控器方式

主控器是一次通信的倡议者和通信过程的控制者，控制着通信线路的使用权和分配权。此外，对于同步通信方式来讲，主控器还负责发送同步时钟；对于多机通信系统，由主控器负责发送地址码，寻址即将与之建立通信的被控器。

2. 被控器方式

被控器是一次通信的响应者和通信过程的受控者。此外，对于同步通信方式来讲，被控器接收主控器发送的同步时钟，以便与主控器保持同步；被控器既可以是发送器，也可以是接收器；对于多机通信系统，由被控器负责接收地址码，并与自身预先分配的地址码进行比较。

6.1.4 串行通信中的码型、编码方式和帧结构

在串行通信的线路上传送的码型，主要是不归零码，简称 NRZ(Non-Return Zero)码。NRZ 码也是一种占空比 100%的单极性码，这是最基本、最简单的码型，如图 6.5 所示。此外，用于通信的码型还有半占空单极性码、半占空双极性码、AMI 码、HDB3 码等，了解即可不必深究。

在计算机中，数据和字符都是以一定的编码来表示的。编码的种类很多，但是较常用的主要是 ASCII 码(关于 ASCII 码表可以参见《基础篇》附录)。ASCII(American Standard Code for Information Interchange)码意指美国标准信息交换码。它已被国际标准化组织(ISO)批准为国际标准，称为 ISO 646 标准。

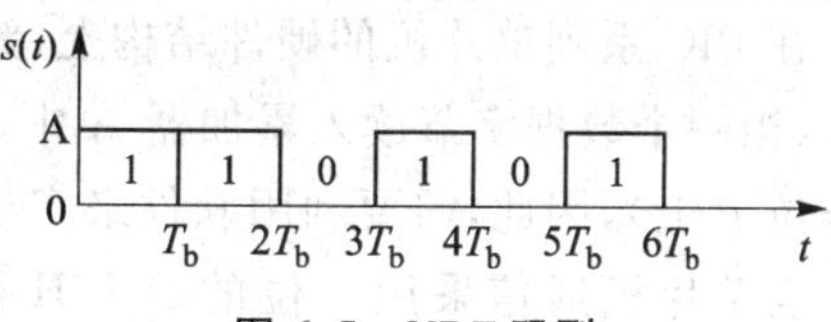

图 6.5 NRZ 码型

关于串行异步通信的帧结构，在前面已经有过介绍。原则上讲，一帧中包含的数据位数可以是 5 位、6 位、7 位或 8 位等，一般采用 8 位或 9 位者比较常见。如图 6.6 所示，是几种典型的帧结构。图 6.6(a)为 10 位帧结构，传送的是 7 位 ASCII 码和一位奇偶校验位，适用于电传打字机或 ASCII 码终端设备；图 6.6(b)为 10 位帧结构，传送的是 8 位数据，不带奇偶校验位；图 6.6(c)为 11 位帧结构，传送的是 8 位数据和 1 位奇偶校验位；图 6.6(d)为 11 位帧结构，传送的是 8 位数据，不带奇偶校验位，带 1 位地址/数据识别码，以区别本帧是数据帧还是地址帧；图 6.6(e)为 11 位帧结构，传送的是 8 位数据，不带奇偶校验位，而带 1 位标志位，以区别本帧是命令字还是状态字等。

图 6.6(b)～(e)帧结构适用于单片机通信系统。其中，(b)和(c)适用于"点对点"的单片

起始位	Bit0	Bit1	Bit2	Bit3	Bit4	Bit5	Bit6	校验位	停止位

(a) 帧结构1

起始位	Bit0	Bit1	Bit2	Bit3	Bit4	Bit5	Bit6	Bit7	停止位

(b) 帧结构2

起始位	Bit0	Bit1	Bit2	Bit3	Bit4	Bit5	Bit6	Bit7	校验位	停止位

(c) 帧结构3

起始位	Bit0	Bit1	Bit2	Bit3	Bit4	Bit5	Bit6	Bit7	地址/数据	停止位

(d) 帧结构4

起始位	Bit0	Bit1	Bit2	Bit3	Bit4	Bit5	Bit6	Bit7	标志位	停止位

(e) 帧结构5

图 6.6　几种帧结构

机之间或者单片机与 PC 机之间的通信(不需要寻址操作)；而(d)和(e)则适合于“一点对多点”的单片机之间或者单片机与 PC 机之间的“多机通信方式”(需要寻址操作)。

6.1.5　串行通信中的检错和纠错方式

在数据通信中，如何保证数据传输的正确性是十分重要的，因此在数据传输过程中，常常伴随着数据校验措施。在单片机数据通信中，通常采用的校验方法有奇偶校验、累加和校验、循环冗余校验 CRC(Cyclic Redundancy Check)等。

1. 奇偶校验

在 PIC 系列单片机的硬件结构上，没有像 80C51 系列单片机那样提供了奇偶校验的硬件支持(当一个数据字节读入累加器 A 中，该字节的奇偶性自动反映到程序状态字 PSW 的奇偶标志位 P 上)，因此，需要利用软件来实现该功能。

当单片机通信采用 7 位的 ASCII 码时，奇偶校验位可以放在字节的最高位；如果采用 8 位数据格式，则需要一个第 9 位作为奇偶校验位。奇偶校验又可以细分为奇校验(包含校验位在内的数据字节中“1”的个数为奇数)和偶校验(包含校验位在内的数据字节中“1”的个数为偶数)两种情况。

2. 累加和校验

如果传送一个数据块(即由多个数据字节组成的一个数据组群)，其中有 n 个字节，在数据块传送之前，对 n 个字节进行累加运算，形成一个累加和字节(若有高位溢出，自然丢掉)，把累加和附加在数据块的后面传送；接收方收到包含 n 个字节数据和 1 个字节累加和的数据块后，也按同样的方法对于 n 个字节数据进行累加，并且把两个累加和进行比较，如果不相同。表示数据块传送有误，可以通知发送方重新发送一次数据块。

累加和的“加”运算，既可以是算术加(按字节加)，采用加法指令实现，也可以是逻辑加(按位加)，采用异或操作指令实现。

3. 循环冗余校验 CRC

奇偶校验和累加和校验虽然使用起来比较方便，但是，实现校验目的有效性存在一定的限制。例如，对于奇偶校验，如果干扰持续时间较短，仅仅使得数据字节中的一位出现错误时，该校验方法还是有效的；如果干扰持续较长，引起连续出错，导致数据字节中的 2 位、4 位、6 位或 8 位出现错误时，该校验方法将不再有效。虽然，累加和校验可以发现几个连续位的差错，但是不能检测出数据字节的顺序错误，因为数据字节交换顺序后累加和是不变的。循环冗余校验却可以克服上述不足，因此，在重要的数据存储和数据通信中，常常采用循环冗余校验方法。

循环冗余校验 CRC 的基本原理是，将一个数据块看作是一个很长的二进制数，例如把一个 64 字节的数据块，看作是一个 512 位的二进制数。然后，利用一个特定的数据去除它，将余数作为校验码，附加在数据块之后一起发送。接收方在接收到携带着校验码的数据块之后，对它们进行同样的运算，即可检测出是否数据块传送无误。

目前，循环冗余校验已经在数据存储、数据处理和数据通信中得到越来越广泛的应用，并且在国际上形成了规范(例如国际电报电话咨询委员会 CCITT 的标准是 CRC-CCITT)，已经有不少现成的 CRC 软件算法以及专为 MCS-51 系列和 PIC 系列等单片机编写的程序。

4. 通信中的纠错

不管是采用哪一种校验方法，也只能是发现数据传输时发生的错误，在发现数据出错后只能通知发送方重发一遍，来间接地实现“纠错”的目的，这在实时性要求很强的通信过程中，例如是现场采集的瞬息万变的信息，就无法实现信息的重发。因为，此刻信源的信息已经改变，无法找回上一时刻的信息。即使保留有信源样本，当差错频繁出现时，重发会占用很多的通信时间，而降低有效通信速率。在此情况之下，接收方就特别需要不仅能够检错，而且还能纠错的通信编码方式。

纠错码是采用加大码距的办法来区别非法代码，其纠错原理建立在概率统计的理论基础之上的，目前，常用的纠错码有汉明码、矩阵码、检二纠一码等。一般符合这样一个原则，纠错能力越强的编码方式，其需要附加的额外信息就越多，对有效通信速率降低的幅度就越大。下面就对“汉明码”的检纠错原理进行简介。

汉明码是 1950 年由汉明(Hamming)提出的纠正单个错误的线性分组码。它具有性能好、编译码逻辑简单、易于工程实现等优点。因此，在实际通信系统中和差错控制系统中得到了广泛的应用。

在此只讨论使得 8 位信息(B7～B0)具有纠正单个位错误能力的汉明码。为此，在发送端，在即将传送的 8 位有效信息的后面，附加 4 位校验码 C3～C0，构成总长度为 12 位的、具有检纠错功能的汉明码。其中校验码 C3～C0 的构造方法如下：

$C3 = B7 \oplus B6 \oplus B5 \oplus B4$

$C2 = B7 \oplus B3 \oplus B2 \oplus B1$

$C1 = B6 \oplus B5 \oplus B3 \oplus B2 \oplus B0$

$C0 = B6 \oplus B4 \oplus B3 \oplus B1 \oplus B0$

将信息位和校验位按下面的数据格式存放。

位序	bit11	bit10	bit9	bit8	bit7	bit6	bit5	bit4	bit3	bit2	bit1	bit0
编码	B7	B6	B5	B4	C3	B3	B2	B1	C2	B0	C1	C0

在接收端收到数据时，按以下方法构造 4 位校验因子 S3～S0(细心观察可以发现，下面 4 个表达式，是在上面 4 个表达式的基础上添加最后一项得来的)：

$S3 = B7 \oplus B6 \oplus B5 \oplus B4 \oplus C3$

$S2 = B7 \oplus B3 \oplus B2 \oplus B1 \oplus C2$

$S1 = B6 \oplus B5 \oplus B3 \oplus B2 \oplus B0 \oplus C1$

$S0 = B6 \oplus B4 \oplus B3 \oplus B1 \oplus B0 \oplus C0$

通过这 4 位校验因子 S3～S0，就可以指示出 12 位汉明码中任何一位误码的位置。如果要纠正这一误码，只需将该位取反即可。

【举例】假设在某一点对点双机通信系统中，发送端有一个即将发送的数据，即 B7～B0＝01101010。发送之前，先对其按汉明码的编码规则进行编码，得到如下的校验位：

$C3 = B7 \oplus B6 \oplus B5 \oplus B4 = 0 \oplus 1 \oplus 1 \oplus 0 = 0$

$C2 = B7 \oplus B3 \oplus B2 \oplus B1 = 0 \oplus 1 \oplus 0 \oplus 1 = 0$

$C1 = B6 \oplus B5 \oplus B3 \oplus B2 \oplus B0 = 1 \oplus 1 \oplus 1 \oplus 0 \oplus 0 = 1$

$C0 = B6 \oplus B4 \oplus B3 \oplus B1 \oplus B0 = 1 \oplus 0 \oplus 1 \oplus 1 \oplus 0 = 1$

此时对应的 12 位汉明码是：

位序	bit11	bit10	bit9	bit8	bit7	bit6	bit5	bit4	bit3	bit2	bit1	bit0
编码	B7	B6	B5	B4	C3	B3	B2	B1	C2	B0	C1	C0
内容	0	1	1	0	0	1	0	1	0	0	1	1

将这样一个汉明码发送到对方，如果是传输无误码，在接收端得到的信息将会保持原样。此时，4 位校验因子为：

$S3 = B7 \oplus B6 \oplus B5 \oplus B4 \oplus C3 = 0 \oplus 1 \oplus 1 \oplus 0 \oplus 0 = 0$

$S2 = B7 \oplus B3 \oplus B2 \oplus B1 \oplus C2 = 0 \oplus 1 \oplus 0 \oplus 1 \oplus 0 = 0$

$S1 = B6 \oplus B5 \oplus B3 \oplus B2 \oplus B0 \oplus C1 = 1 \oplus 1 \oplus 1 \oplus 0 \oplus 0 \oplus 1 = 0$

$S0 = B6 \oplus B4 \oplus B3 \oplus B1 \oplus B0 \oplus C0 = 1 \oplus 0 \oplus 1 \oplus 1 \oplus 0 \oplus 1 = 0$

4 位校验因子 S3～S0＝0000，表示在传输过程中没有产生任何误码。

现在假设，在传输过程中 B4 发生了误码(0→1)的情况下，在接收端得到的信息，将会如下所示：

位序	bit11	bit10	bit9	bit8	bit7	bit6	bit5	bit4	bit3	bit2	bit1	bit0
编码	B7	B6	B5	B4	C3	B3	B2	B1	C2	B0	C1	C0
内容	0	1	1	1	0	1	0	1	0	0	1	1

此时，4 位校验因子为：

S3＝B7 ⊕ B6 ⊕ B5 ⊕ B4 ⊕ C3＝ 0 ⊕ 1 ⊕ 1 ⊕ 1 ⊕ 0＝1

S2＝B7 ⊕ B3 ⊕ B2 ⊕ B1 ⊕ C2＝ 0 ⊕ 1 ⊕ 0 ⊕ 1 ⊕ 0＝0

S1＝B6 ⊕ B5 ⊕ B3 ⊕ B2 ⊕ B0 ⊕ C1＝ 1 ⊕ 1 ⊕ 1 ⊕ 0 ⊕ 0 ⊕ 1＝0

S0＝B6 ⊕ B4 ⊕ B3 ⊕ B1 ⊕ B0 ⊕ C0＝ 1 ⊕ 1 ⊕ 1 ⊕ 1 ⊕ 0 ⊕ 1＝1

S3～S0＝1 00 1＝9，表示在传输过程中已经产生了误码；并且误码位的位置是在 12 位汉明码当中的第 9 位，由上面的数据格式可以查到，第 9 位就是 B4。将其取反，即可实现纠错的目的。

6.1.6　串行通信组网方式

计算机之间通信、计算机与单片机之间通信、单片机与单片机之间通信或者单片机与外设器件之间通信，都需要组织成一定的网络形式，例如星形网、树形网、环形网、总线型网等，如图 6.7 所示。一般总线型网络结构在单片机通信中用的较多(在此不准备对于这些网络形式作深入介绍)。无论是哪种网络形式，都无外乎包含若干的节点和连线。节点就是参与通信的计算机、单片机、外设器件等，连线就是连接各个节点的通信线路。这里所说的“网”是一个广义的概念，其覆盖的范围可以是一块电路板上几个器件的互连，一台家用电器内部的电路，一辆汽车之内的多个单片机的互连，一个智能建筑之内的多台设备和装置的互连，一个智能小区之内的多台设备和装置的互连，甚至借助于电话网还可以将其延伸到一个地区、一个国家乃至世界各地。

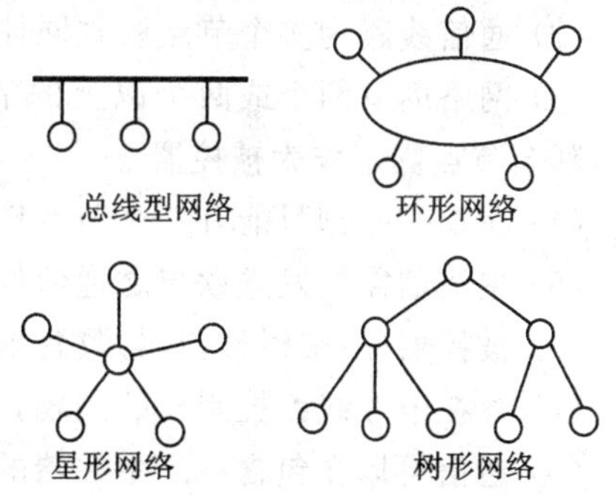

图 6.7　常见的 4 种网络结构类型

以下主要针对单片机通信，简单介绍几种组网方式的特点。

1. 点对点通信方式

点对点通信方式(即一对一的双机通信方式)是最简单、最容易实现的一种方式。示意图可以参见图 6.2～图 6.4。其特点是：

(1) 参与通信的节点只有两个，一个节点为主控器，另一个节点为被控器。

(2) 两个节点之间的通信线路为这两个节点所专用。

(3) 不存在主控器寻址选取某一个被控器的问题。

(4) 不存在争夺线路控制权的问题。

2. 多机通信方式

多机通信方式(也是一点对多点的单主机通信方式)是在单片机通信方面应用较多的一种方式。示意图如图6.8所示。其特点是:

(1) 参与通信的节点数在两个以上。

(2) 通信线路为多个节点所共同使用,但是不能被两组通信对象同时使用。

(3) 系统内只有一个节点为主控器(主机),其余节点均为被控器(从机)。

(4) 主控器需要发送欲与之通信的被控器地址或者选通信号。

(5) 被控器需要地址检测逻辑功能。

(6) 主控器独自享有线路控制权,不存在争夺线路控制权的问题。

(7) 一般通信只是在主机和某一从机之间进行,而从机之间不能直接建立通信。

3. 多主机通信方式

多主机通信方式从连接形式上看,很类似但是又不同于一点对多点的通信方式,是单片机通信应用的一种方式。示意图如图6.9所示。其特点是:

(1) 参与通信的节点数有多个(即两个以上)。

(2) 通信线路为多个节点所共同使用,但是不能同时使用。

(3) 网络内有两个或两个以上的节点既可以充当主控器(主机),也可以充当被控器(从机),其余节点固定作为被控器。

(4) 在某一时刻只能有一个节点作为主控器,享有通信线路的控制权。

(5) 主控器需要发送欲与之通信的被控器的地址或选通信号。

(6) 被控器(或临时被控器)具备地址检测逻辑功能。

(7) 存在争夺线路控制权的问题,主控器需要具备总线仲裁逻辑功能。

(8) 通信可以在包含一个主控器的任意两个节点之间建立。

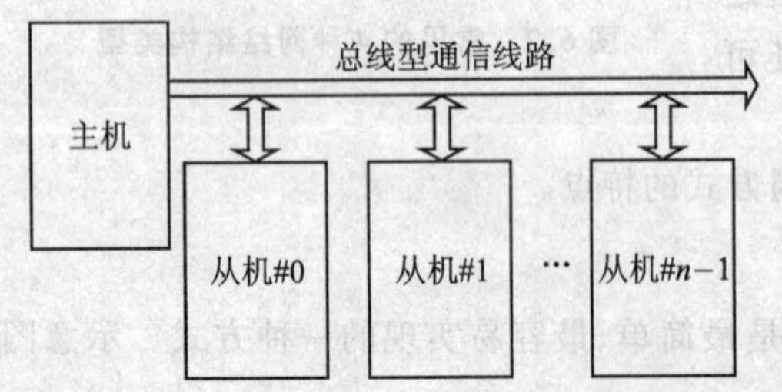

图6.8　点对多点多机通信方式

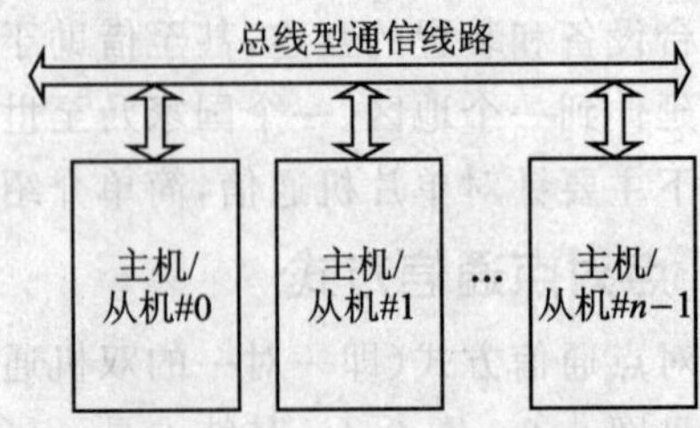

图6.9　多主机通信方式

6.1.7　串行通信接口电路和参数

在被广泛使用的微型个人计算机(PC 机)、调制解调器(MODEM)、数字设备、通信设备、终端设备、计算机外围设备、仪器仪表设备、工业控制设备、游戏装置等各种设备上,大都配置有现成的串行通信接口(基本都是 RS－232C 接口)。如果让单片机与这些设备建立通信,就要用到与这些设备相互兼容的通信接口。

下面就以单片机与 PC 机通信接口为例。如果距离较远,为了使得信号能够有效传输,中间还需要用到调制解调器,以便把信号转换为适合更长距离传输的形式,如图 6.10 所示。该图中描绘的 MODEM 之间的长途线路上传输的是频移键控信号 FSK(Frequency Shift Keying),该信号利用两个音频正弦波分别代表逻辑 1 和 0。

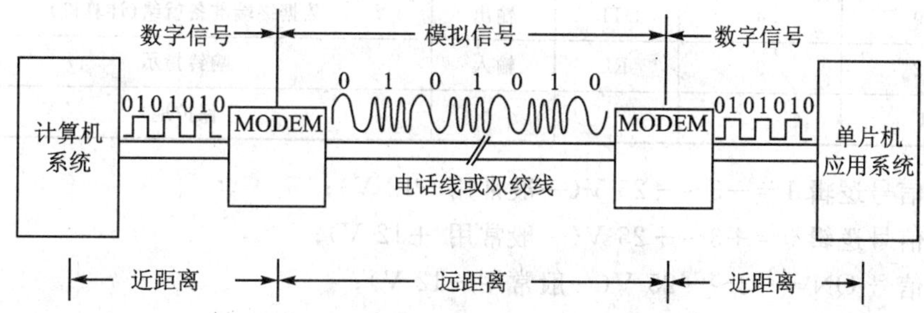

图 6.10　远程通信示意图

如果单片机与 PC 机之间的通信距离较近,则可以不用 MODEM 而直接利用数字信号进行传输,便可以得到图 6.11 所示的示意图。但是,这里所说的数字信号并不是电压幅度不超过 5 V 的 TTL 电平信号,而是 RS－232C 电平信号,原因是,假如直接利用 TTL 电平进行传输,通信距离不会超过 1～3 m,而利用 RS－232C 电平进行传输,通信距离可以扩展到 15 m 左右。下面简单地介绍这种大量应用的接口电路 RS－232C。

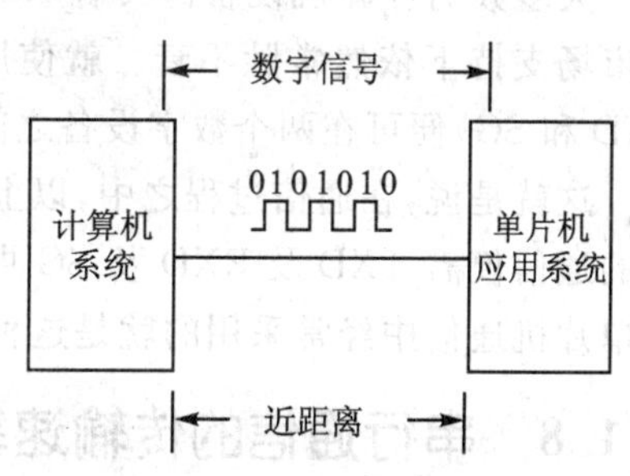

图 6.11　近程通信示意图

RS－232C 接口的全称为 EIA RS－232C(其中"EIA RS"意思是 Electronics Industries Association Recommended Standard,美国电子工业协会推荐标准),实际上是串行通信接口的一种标准或规范。它采用 25 针的连接器 DB－25 或 9 针连接器 DB－9,其每一条插针的信号功能都是标准的,对于各种信号的电平规定也是标准的,因而便于各种数字设备之间的兼容和互相连接。其基本的信号定义如表 6.1 所列。

其中只有 TXD、RXD 是数据通信信号,其余基本是实现控制目的的握手信号(或叫互锁信号)。对于各种信号电平的规定如下:

表 6.1　RS-232C 接口的信号定义

DB-25 脚位	DB-9 脚位	信号名称	方　向	含　义
2	3	TXD	输出	数据发送端
3	2	RXD	输入	数据接收端
4	7	RTS	输出	请求发送(计算机要求发送数据)
5	8	CTS	输入	清除发送(MODEM 准备接收数据)
6	6	DSR	输入	数据设备准备就绪
7	5	SG	—	信号地
8	1	DCD	输入	数据载波检测
20	4	DTR	输出	数据终端准备就绪(计算机)
22	9	RI	输入	响铃指示
1	—	—	—	保护地

- 数据信号逻辑 1=－3～－25 V(一般常用－12 V)；
- 数据信号逻辑 0=＋3～＋25 V(一般常用 ＋12 V)；
- 控制信号 ON=－3～－25 V(一般常用－12 V)；
- 控制信号 OFF=＋3～＋25 V(一般常用＋12 V)。

大多数的计算机设备都具有 RS-232C 接口，尽管它的性能指标并非很好。但其在广泛的市场支持下依然常胜不衰。就使用而言，RS-232C 也确实有其优势：仅需 3 根线(TXD、RXD 和 SG)便可在两个数字设备之间全双工地传送数据。

这就是说，在通信过程之中，以上信号既可能全部被利用，也可以只利用其中一部分，最简单的通信仅需 TXD 及 RXD 及 SG 即可完成，其他的握手信号可以做适当处理或直接悬空。在单片机通信中经常采用的就是这种最简单的连接方式。

6.1.8　串行通信的传输速率

模拟通信的主要特征是信号幅度的取值是连续的，也是无限的；而数字通信的主要特征则是信号幅度的取值是离散的，也是有限的。数字信号的每一位编码(也叫码元)可以是任意进制的，不过，二进制码最为常见。如图 6.12(a)所示描述的是二进制编码，每一个码元只有两种编码状态“0”和“1”，信号幅度的取值也只有 0 V 和 3 V 两种；而图 6.12(b)描述的是四进制编码，每一个码元具有 4 个编码状态“0”、“1”、“2”和“3”，信号幅度的取值则有－3 V、－1 V、＋1 V 和＋3 V 四种，携带的信息量也比前者高出一倍。

在数字通信系统的主要性能指标中，衡量传输速率的指标一般有两个：信息传输速率和符号传输速率。

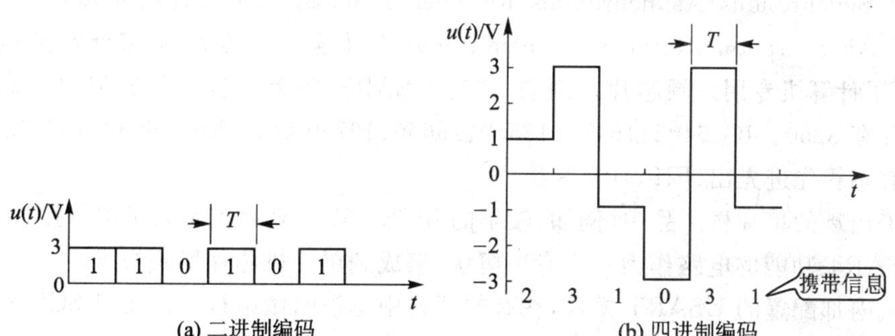

图 6.12　数字信号

1. 信息传输速率 *R*

信息传输速率(通常记作 R)指,每秒传送的位数,单位是"位/秒"(b/s)。

信道或线路上的传输速率通常是以每秒所传送的信息量多少来衡量的。信息论中定义信源发生信息量的度量单位是"位"(bit)。一个二进制码元所包含的信息量是一位,所以信息传输速率的单位是"位/秒"(b/s)。例如,一条传输线路,每秒传输 2400 个二进制码元,它的信息传输速率就是 2400 b/s。

2. 符号传输速率 *N*

符号传输速率(通常记作 N)指,单位时间内传送的符号(即码元)个数,单位是"波特"(baud)。这也就是俗称的"波特率"的概念。

这里的码元可以是二进制的,也可以是多进制的。在二进制通信系统中,符号传输速率 N 就等于信息传输速率 R;而对于多进制通信系统,二者是不相等的。例如,在四进制通信系统中,符号传输速率为 2400 波特/秒,其信息传输速率则为 4800 b/s;如果符号传输速率保持不变,换成八进制编码,则信息传输速率就可以提高到 7200 b/s。

信息传输速率 R 和符号传输速率 N,两者关系是:

$$R = N\log_2 M \text{ (位/秒)}$$

其中,M 为符号编码的进制。对于二进制编码,$M=2$,代入式中可得:$R=N$。虽然说这是一种特例,但是,这也是最常见的一种情况。

6.2 PIC16F87X 片内通用同步/异步收发器 USART 模块

在微型计算机系统设计和接口技术中,为了使得 CPU 能够与计算机外围设备,或者其他计算机系统进行通信,很早就应用了这种串行接口技术,即通用同步/异步收发器 USART

(Universal Synchronous/Asynchronous Receiver Transmitter)或通用异步收发器 UART (Universal Asynchronous Receiver Transmitter)。为了实现此功能,许多计算机芯片制造公司,都研制了计算机专用外围芯片。例如,实现 USART 功能的芯片有 8251 等;实现 UART 功能的芯片有 8250、SIO、6402、16450、16550、16650、16750 等。其中 16550、16650、16750 等,内部还带有多级先进先出(FIFO)缓冲器。

在后来出现的单片机产品中(例如,较早的 MCS-51 系列),也引入了串行接口技术,并且把实现 USART 功能的电路作为一个专用模块,集成到单片机芯片里头去了。

单片机内部配置的 USART 模块,在有的资料中也被叫做串行通信接口 SCI(Serial Communication Interface)模块。单片机中的 USART 模块,通常采用的是一种在标准规范基础上简化了的、无握手信号的、二线式的串行通信方式,使得占用单片机引脚资源的数量降低到最低限度。

PIC16F87X 系列单片机内部集成的 USART 模块,适用于同其他计算机系统以及同单片机外部扩展独立的外设芯片之间进行串行通信,并且可以定义为三种工作方式:全双工异步方式、半双工同步主控方式和半双工同步从动方式。一般全双工方式用于和 PC 机或 CRT(阴极射线管)终端等装置之间的通信;半双工方式用于和 A/D 或 D/A 转换器、串行 EEPROM 存储器或者其他单片机等器件之间的通信。如果再进一步细致划分,USART 模块可以工作于如表 6.2 所列的多种不同情况之下。

表 6.2 PIC16F87X 内部 USART 模块的几种工作方式

USART	异步方式(UART)	不可寻址	8 位数据
			8 位数据,加校验位
		可寻址	8 位数据,加标识位
			8 位地址,加标识位
	同步方式(USRT)	主控器	发送
			接收
		被控器	发送
			接收

PIC16F87X 的 USART 模块,所需的两根外接引脚是与 RC 端口模块共用 RC7 和 RC6 两根口线。在 USART 模块被开发利用期间,RC 端口模块必须放弃对于 RC7 和 RC6 两根口线的使用权,不仅不使用而且还不能干扰到这两根引脚。理想的做法是,阻断 RC 模块与两引脚的电气连接,但实际中可以采用的方法是,在 RC 模块一侧设置两引脚为输入模式(对外呈现高阻状态),令方向寄存器 TRISC＜7:6＞＝11 即可。

在 PIC16F87X 单片机进入睡眠状态时,USART 模块不能工作于异步通信方式和同步主控通信方式。原因是,这些工作方式都要用到波特率发生器,而波特率发生器产生波特率时钟所依赖的系统时基振荡器在单片机睡眠期间停止了工作。

6.2.1　USART 模块相关的寄存器

与 USART 模块有关的寄存器共有 9 个，都在 RAM 阵列中具有统一的地址编码，如表 6.3 所列。这 9 个寄存器中的前 4 个是与单片机其他模块合用的寄存器，其功能以及各个位的作用，在前面的章节已经有过介绍。关于 USART 模块专用的，也是在此新引出的 5 个寄存器，在后面作全面介绍。

表 6.3　与 USART 模块相关的寄存器

寄存器名称	寄存器符号	寄存器地址	寄存器内容							
			bit7	bit6	bit5	bit4	bit3	bit2	bit1	bit0
中断控制寄存器	INTCON	0BH/8BH/10BH/18BH	GIE	PEIE	T0IE	INTE	RBIE	T0IF	INTF	RBIF
第一外设中断标志寄存器	PIR1	0CH	PSPIF	ADIF	RCIF	TXIF	SSPIF	CCP1IF	TMR2IF	TMR1IF
第一外设中断屏蔽寄存器	PIE1	8CH	PSPIE	ADIE	RCIE	TXIE	SSPIE	CCP1IE	TMR2IE	TMR1IE
C 口方向寄存器	TRISC	87H	TRISC7	TRISC6	TRISC5	TRIST4	TRISC3	TRISC2	TRISC1	TRISC0
发送状态兼控制寄存器	TXSTA	98H	CSRC	TX9	TXEN	SYNC	—	BRGH	TRMT	TX9D
接收状态兼控制寄存器	RCSTA	18H	SPEN	RX9	SREN	CREN	ADDEN	FERR	OERR	RX9D
发送寄存器	TXREG	19H	USART 发送缓冲寄存器							
接收寄存器	RCREG	1AH	USART 接收缓冲寄存器							
波特率寄存器	SPBRG	99H	对于波特率发生器产生波特率的定义值							

1. 发送状态兼控制寄存器 TXSTA

bit7	bit6	bit5	bit4	bit3	bit2	bit1	bit0
CSRC	TX9	TXEN	SYNC	—	BRGH	TRMT	TX9D

TXSTA 是一个 bit3 不用，bit1 只读，其余 6 位可读可写的寄存器，其中没有使用的一位读取时会返回 0。其各位的含义如下：

- TX9D：发送数据的第 9 位(如果使用 9 位数据帧结构)。
- TRMT：发送移位寄存器(TSR)“空”标志位。

- 1=发送移位寄存器空；
- 0=发送移位寄存器满。

➢ BRGH：高波特率选择位。

异步模式下：

- 1=高速；
- 0=低速。

同步方式下：未用。

➢ SYNC：USART 同步/异步模式选择位。

- 1=选择同步模式(USRT)；
- 0=选择异步模式(UART)。

➢ TXEN：发送使能位。

- 1=使能发送功能；
- 0=关闭发送功能。

➢ TX9：发送数据长度选择位。

- 1=9 位数据发送(实际是 8 位数据加 1 位校验或标识位)；
- 0=8 位数据发送。

➢ CSRC：时钟源选择位。

同步模式下：

- 1=选择主控模式(时钟来自内部波特率发生器)；
- 0=选择被控(从属)模式(时钟来自外部输入信号)。

异步模式下：未用。

2. 接收状态兼控制寄存器 RCSTA

bit7	bit6	bit5	bit4	bit3	bit2	bit1	bit0
SPEN	RX9	SREN	CREN	ADDEN	FERR	OERR	RX9D

RCSTA 是一个低 3 位只读，高 5 位可读可写的寄存器。其各位的含义如下：

➢ RX9D：所接收数据的第 9 位，可作校验位或者标志位等。

➢ OERR：超速出错标志位(Overrun Error bit)。

- 1=发生了超速错误，可以通过将 CREN 位清 0，来使该位清 0；
- 0=未发生超速错误。

➢ FERR：帧格式错误标志位。

- 1=有帧格式错误(通过读 RCREG 寄存器，该位可以被刷新)；
- 0=无帧格式错误。

➢ ADDEN：地址匹配检测使能位。只有接收数据选择 9 位时，该位才起作用。

- 1＝启用地址匹配检测功能，把收到的信息码按数据码和地址码进行鉴别。仅当接收移位寄存器 RSR 的 bit8＝1(即认定收到地址码)时，才把收到的地址码装载到接收缓冲寄存器。允许中断。
- 0＝取消地址匹配检测功能，对于发来的所有信息码不加鉴别，都看作是数据码，即允许接收和装载所有数据，第 9 位可以被用作奇偶校验位。

➢ CREN：连续接收使能位。

异步模式下：

- 1＝使能连续接收功能；
- 0＝禁止连续接收功能。

同步模式下：

- 1＝使能连续接收，直到该位被清 0 为止。该位优先于 SREN 位。
- 0＝关闭连续接收。

➢ SREN：单字节接收使能位。

异步方式下：未用。

同步方式下：

- 1＝使能单字节接收功能；
- 0＝禁止单字节接收功能。

☞ **注意：** 同步从属接收方式下该位无用。接收完成后该位即被清 0。

➢ RX9：接收数据长度选择位

- 1＝选择接收 9 位数据(其中 1 位可作校验位或者标识位等)；
- 0＝选择接收 8 位数据。

➢ SPEN：串行端口使能位。

- 1＝允许串行端口工作(把 RC7 和 RC6 设置成 USART 的外接引脚)；
- 0＝禁止串行端口工作。

3. USART 发送缓冲寄存器 TXREG

bit7	bit6	bit5	bit4	bit3	bit2	bit1	bit0
TX7	TX6	TX5	TX4	TX3	TX2	TX1	TX0

USART 发送缓冲寄存器 TXREG，也可以简称发送缓冲器，是一个用户程序可读可写的寄存器。每次用户发送的数据都是通过写入该缓冲器来实现的。

4. USART 接收缓冲寄存器 RCREG

bit7	bit6	bit5	bit4	bit3	bit2	bit1	bit0
RX7	RX6	RX5	RX4	RX3	RX2	RX1	RX0

USART 接收缓冲寄存器 RCREG，也可以简称接收缓冲器，是一个用户程序可读可写的寄存器。每次从对方传送过来的数据，用户都是从该缓冲器最后读取出来的。

5. 波特率寄存器 SPBRG

bit7	bit6	bit5	bit4	bit3	bit2	bit1	bit0
对于波特率发生器产生波特率的定义值							

SPBRG 寄存器用来控制一个独立的 8 位定时器的溢出周期。该寄存器的设定值(0～255)与波特率成反比关系。在同步方式下，波特率仅由这一个寄存器来决定；而在异步方式下，则由 BRGH 位(TXSTA 寄存器的 bit2)和该寄存器共同确定。

6.2.2 USART 波特率发生器 BRG

USART 模块带有一个 8 位的波特率发生器 BRG(Baud Rate Generator)，实际上就是波特率时钟发生器，为串行信息帧格式中每一位编码的发送和接收检测提供定时时钟。它可以支持 USART 的同步方式和异步方式。利用寄存器 SPBRG 来定义一个 8 位定时器的循环周期，以实现对波特率的控制。在异步方式下，BRGH 位也用来控制波特率。

为了帮助读者诠释波特率发生器 BRG 的电路结构和工作原理，笔者总结出了一个如图 6.13 所示的示意图(仅供大家参考)。BRG 的核心实际是一个按递减规律工作的 8 位二进制计数器，其初始值由寄存器 SPBRG 装载，其装载动作发生的时刻是，在每次递减计数器

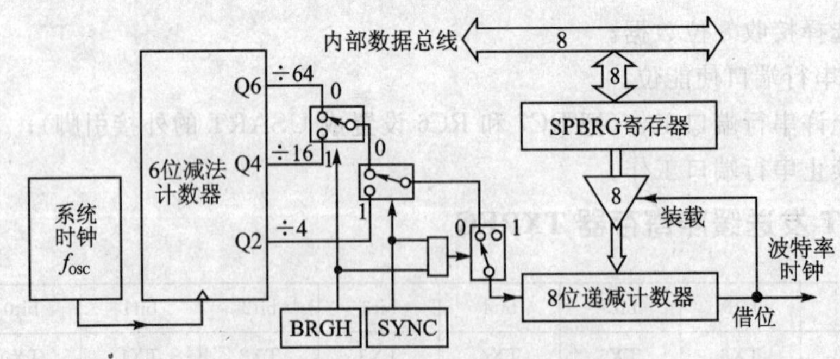

图 6.13　波特率时钟发生器示意图

到达00H之后的下一个计数脉冲到来而发生借位时。递减计数器的计数脉冲由系统时钟经过一个6级分频器得到,其分频比可以由BRGH位和SYNC位设定为1:4、1:16或1:64。为递减计数器输送初始值的寄存器SPBRG,与单片机内部数据总线相连,用户可以利用软件进行写入操作,以便按波特率的需要设定预期的值。

在主控方式下,即时钟由自身内部电路提供,SYNC和BRGH取不同值时,波特率的计算公式也不同,如表6.4所列。

表6.4 波特率计算公式(主控器模式)

SYNC	BRGH=0(低速)	BRGH=1(高速)
0(异步)	波特率$=f_{OSC}/[64(X+1)]$ $X=[f_{OSC}/(64\times$波特率$)]-1$	波特率$=f_{OSC}/[16(X+1)]$ $X=[f_{OSC}/(16\times$波特率$)]-1$
1(同步)	波特率$=f_{OSC}/[4(X+1)]$ $X=[f_{OSC}/(4\times$波特率$)]-1$	无

注:"X"为应赋给SPBRG寄存器的初始值。

从表中也可看出,在异步方式下,BRGH位还决定波特率的公式算法。依据所需的波特率值以及单片机的系统时钟频率f_{OSC},即可算出SPBRG寄存器所应预先设定的初始值X(往往是舍弃小数后的近似值)。另外,还可算出波特率实际值和理想值之间的误差率(即相对误差)。

下面举例说明波特率及其误差率的计算方法。

【举例】 假设单片机时钟频率$f_{OSC}=16$ MHz;所需波特率=9600;选定BRGH=0(低速方式);SYNC=0(异步方式)。则经过查表6.4,确定波特率计算公式为

$$波特率=f_{OSC}/[64(X+1)]$$

代入数值

$$9\,600=16\,000\,000/[64(X+1)]$$

计算得

$$X=25.042\approx25=19H$$

所以

$$波特率=16\,000\,000/[64\times(25+1)]=9\,615$$

$$误差率=(9\,615-9\,600)/9\,600=0.16\%$$

即使所需要的是低波特率,只要计算出来的SPBRG的初始值不超出0~255,也可以利用高速方式(BRGH = 1)及其波特率计算公式,即波特率$=f_{OSC}/[16(X+1)]$,可以达到同样的目的。在上例中,如果其他不变,仅仅改用BRGH= 1(高速方式),则可以计算出:

$$X=103.16\approx103=67H$$

所以

$$波特率=16\,000\,000/[16\times(103+1)]=9\,615$$

$$误差率=(9615-9600)/9600=0.16\%$$

可见,选择高速方式计算出的波特率和误差率与选择低速方式完全相同。不仅如此,在某些情况下,利用高速方式的波特率计算公式甚至可以减小所产生的误差,所以利用高速方式还具有一定的优越性,即使所需要的是低波特率。下面以举例的方式加以验证。

【举例】假设单片机时钟频率 $f_{OSC}=16$ MHz;所需波特率=33600;选定 BRGH=0(低速方式);SYNC=0(异步方式)。经过查表 6.4,确定波特率计算公式为

$$波特率=f_{OSC}/[64(X+1)]$$

代入数值 $33600=16000000/[64(X+1)]$

计算得 $X=6.440\approx6=6H$

所以 $波特率=16000000/[64\times(6+1)]=35714$

$$误差率=(35714-33600)/33600=6.29\%$$

如果其他不变,仅仅改用 BRGH= 1(高速方式),则可以计算出:

$$X=28.762\approx29=1BH$$

所以 $波特率=16000000/[16\times(29+1)]=33333$

$$误差率=(33600-33333)/33600=0.79\%$$

由此可见,当低速改为高速之后,误差率从 6.29%降低到 0.79%,仅为低速的 1/8。另外,选择合适的系统时钟频率,可以很有效地降低误差率。例如,选择石英晶体的频率为 3.6864 MHz 时,可以使得传输波特率为 300、1200、2400、9600、19200、28800 和 57600 的误差率都降到“0”。

☞ **注意**:在修改波特率时,一旦把新的初始值写入 SPREG 寄存器,就会使波特率发生器 BRG 清 0,这样可以保证 BRG 不必等到溢出时即可开始输出新的波特率。

现将与波特率发生器 BRG 有关的特殊功能寄存器以及有关的位小结一下,以便于读者应用时查阅,如表 6.5 所列。

表 6.5 与 BRG 有关的寄存器及其位

寄存器名称	寄存器符号	寄存器地址	寄存器内容							
			bit7	bit6	bit5	bit4	bit3	bit2	bit1	bit0
发送状态兼控制寄存器	TXSTA	98H	CSRC	TX9	TXEN	SYNC	—	BRGH	TRMT	TX9D
接收状态兼控制寄存器	RCSTA	18H	SPEN	RX9	SREN	CREN	ADDEN	FERR	OERR	RX9D
波特率寄存器	SPBRG	99H	对于波特率发生器产生波特率的定义值							

6.2.3 USART 模块的异步工作方式

通过把控制位 SYNC(寄存器 TXSTA 的 bit4)清 0,可以将 USART 模块设定为异步工作方式。USART 模块异步工作方式由以下一些重要部件组成:波特率发生器 BRG、采样电路、异步发送器和异步接收器,简化方框图如图 6.14 所示。

在异步串行通信方式下,USART 模块在单片机的 RX 引脚上接收的以及在 TX 引脚上发送的码型,采用的是标准的不归零(NRZ)码;串行信息的编码方式(也是成帧方式)采用的是 1 位起始位、8 位或 9 位数据位和 1 位停止位,最常用的数据格式是 8 位。片内提供了一个专用的 8 位波特率发生器 BRG,可以利用来自时基振荡器的系统时钟信号,产生标准的波特率时钟。

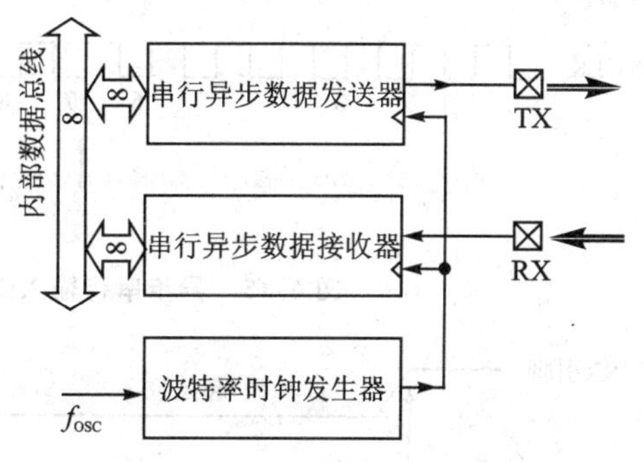

图 6.14　串行异步收发器示意图

USART 模块的接收和发送数据的顺序是低位在前,即首先发送最低位(LSB)。USART 模块的发送器和接收器在功能上互相独立,但是它们所用的数据格式和波特率是相同的。波特率发生器可以根据 BRGH 位的设置,产生两种不同的移位速度,分别是对系统时钟 16 分频和 64 分频得到的波特率时钟。

USART 模块在硬件上,没有配置支持奇偶校验(Parity)的专用功能电路,但是,用户可以利用软件的方法实现奇偶校验功能,并且夹带在每个信息帧(可选的)第 9 位数据的位置上。

1. 异步串行输入数据的采样方法

USART 模块对于异步串行输入数据的采样方法,是以"三中取二"的方式,判断输入引脚上的电平是高还是低。也就是对串行数据输入端 RX 脚上送入的每一个位数据都要连续采样 3 次。正常情况下,3 次采样的结果应该一致;假如通信线路上或者引脚上受到干扰,导致 3 次采样结果不完全相同,则少数服从多数,取其中 2 次为高或为低的结果来认定 RX 引脚的输入电平。

随着所选定的波特率的不同,3 个采样点,即选择连续 3 次采样的时刻也不同。如果 USART 工作于低速波特率(BRGH=0)时,3 个采样点就选在波特率 16 倍频时钟的第 7、第 8 和第 9 个脉冲下降沿上,时序图如图 6.15 所示。该图中第 1 行描绘的是 RX 引脚上的状态变化;第 2 行描绘的是波特率时钟;第 3 行描绘的是对于波特时钟 16 倍频后得到的时钟脉冲。

如果 USART 工作于高速波特率(BRGH=1)时,3 个采样点就选在波特率 4 倍频时钟的第 1 个脉冲下降沿之后,紧靠第 2 脉冲上升沿之前的,系统时钟 Q2 和 Q4 的 3 个连续的脉冲跳变沿上(包含 2 个下降沿和 1 个上升沿),时序图如图 6.16 和图 6.17 所示。从这两个图中可以看出,第 1 行描绘的是 RX 引脚上的状态变化;第 2 行描绘的是波特率时钟;第 3 行描绘的是对于波特时钟 4 倍频后得到的时钟脉冲；第 4 行是每个指令周期中的 Q2 和 Q4 脉冲被挑选出来之后得到的序列脉冲，其频率为系统时钟频率 f_{OSC} 的 1/2。

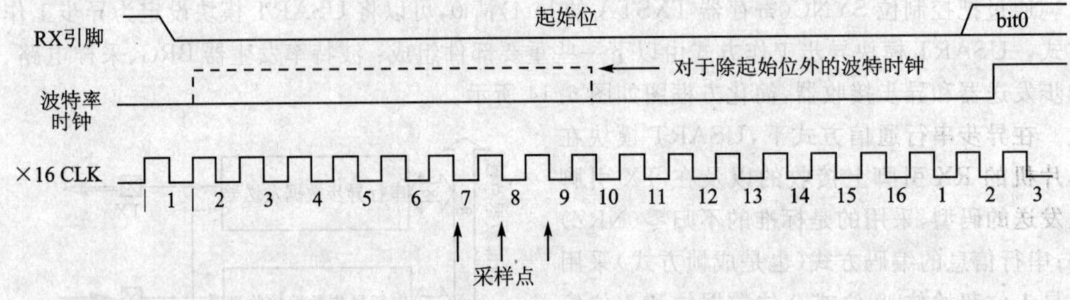

图 6.15　异步串行输入数据的采样时序图(BRGH=0)

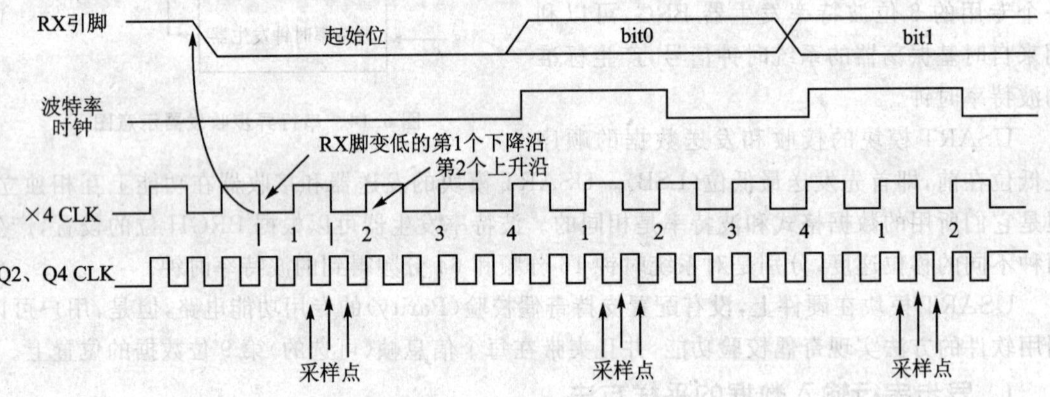

图 6.16　异步串行输入数据的采样时序图(BRGH=1)

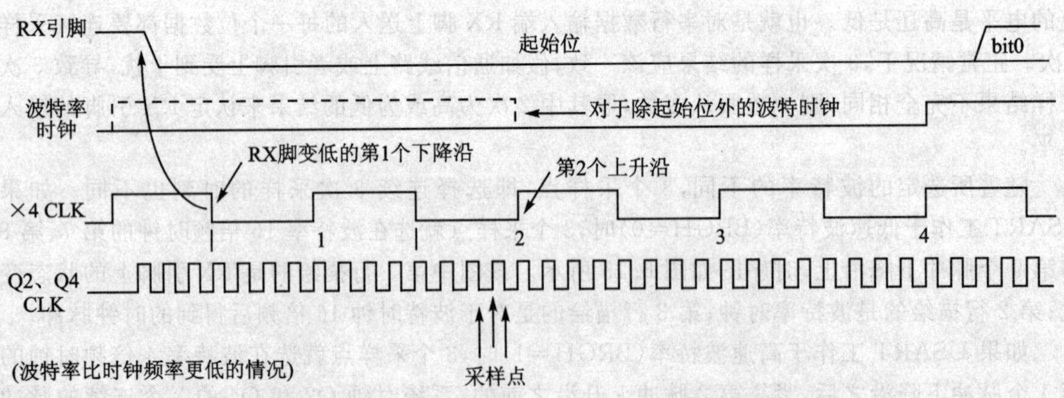

图 6.17　异步串行输入数据的采样时序图(BRGH=1)

2. USART 异步发送器

USART 异步发送器结构图如图 6.18 所示。其核心是发送移位寄存器 TSR 和发送缓冲器 TXREG。TXREG 与内部数据总线直接相连，是一个软件可读可写的寄存器。首先用户程序把要发送的数据写入 TXREG 内；然后由硬件自动控制再把数据从 TXREG 装载到 TSR，并且与来自寄存器 TXSTA 的 TX9D 位共同组合成 9 位数据(如果选定 9 位格式)；再在前面添加一位起始位 0，在后面添加一位停止位 1，构成一个完整的帧结构；最后在波特率时钟的控制下，再由移位寄存器 TSR 把数据一位一位地依次发送出去；同时也就完成了“并行→串行”的变换。

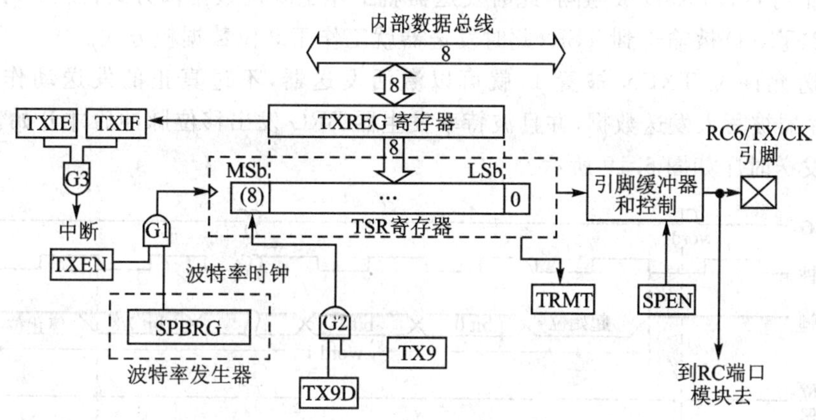

图 6.18　异步发送器结构图

TSR 要一直等到把目前正在发送的数据的停止位发出去之后，才会从 TXREG 载入新的发送数据。一旦 TXREG 把数据送入 TSR 后(发生在一个指令周期 T_{CY} 之内)，则寄存器 TXREG 就为腾空状态；同时发送中断标志位 TXIF 被置 1，向 CPU 发出中断请求。

这个中断是否被 CPU 响应，可以通过设置发送中断使能位 TXIE 来决定。不管 TXIE 的状态如何，一旦寄存器 TXREG 被腾空，都会自动把 TXIF 置 1。并且，TXIF 标志位不能由软件清 0，只有当新的欲发送数据写入寄存器 TXREG 后，才由硬件自动清 0，这一点应当引起注意。

由此可见，可以利用 TXIF 标志位来判断寄存器 TXREG 的空满状态；而移位寄存器 TSR 的空满状态，则可以由 TRMT 位来标识。当 TRMT=1，表示 TSR 寄存器已经腾空。TRMT 位是一个只读位，并且与中断逻辑没有任何联系。用户必须利用程序查询该位的值，来判断移位寄存器 TSR 的空满情况。

另外，移位寄存器 TSR 与内部数据总线没有直接通路，它是一个不可访问的寄存器，只能通过可访问的发送寄存器 TXREG 对 TSR 进行间接置数。

置发送允许位 TXEN=1 时，中断标志位 TXIF 被置 1，对于寄存器 TXREG 的写操作，可以将 TXIF 位暂时清 0;一旦寄存器 TXREG 被腾空,标志位 TXIF 又会立即自动置 1。因此,TXIF 位在异步发送器投入工作的多数时间里都处于逻辑 1 的状态。

从图 6.18 中不难看出,异步发送器进行发送工作,受控于两个位,即 TXEN 和 SPEN。TXEN 位控制着发送器的定时信号的源头,当 TXEN=0,封锁了与非门 G1,移位寄存器得不到波特率时钟而不能进行发送;SPEN 位控制着发送器的输出通道,当 SPEN=0,发送器到引脚 TX 之间的传送路径被阻断,因而,数据也不能被发送出去。总共 9 位宽的移位寄存器 TSR,低 8 位数据取自发送寄存器 TXREG,最高位(第 9 位,也是 TSR 的 bit8)来自寄存器 TXSTA 的 TX9D(bit0)。不过,TX9D 是否被加载到 TSR 中,还要受控于 TX9 位。当 TX9=0,封锁了与非门 G2,TX9D 被阻隔,此时发送器就工作于 8 位数据帧方式;而当 TX9=1,放开了与非门 G2,TX9D 被输送到 TSR,此时发送器就工作于 9 位数据帧方式。

一旦发送允许位 TXEN 被置 1,就可以激活发送器,不过真正的发送动作,只有等到 TXREG 寄存器被写入发送数据,并且波特率发生器 BRG 发出移位脉冲后才开始。单个数据帧(Word1)发送时序如图 6.19 所示。

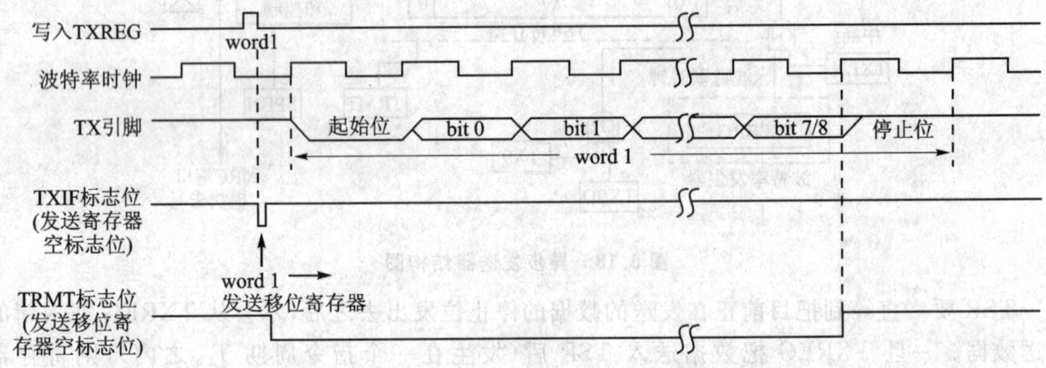

图 6.19 异步主控器发送时序:发送单个数据帧

当然,用户也可以先把发送数据写入 TXREG 寄存器,然后再置 TXEN=1 来开始发送工作。一般情况下,当发送先被启动(即先置 TXEN 为 1)时,移位寄存器 TSR 都是空的,一旦用户程序把数据写入寄存器 TXREG 后,就会立即被转送到 TSR 中,从而出现刚刚对 TXREG 进行了写操作,TXREG 又立刻变空的情况。由此可见,一帧接一帧地连续发送 2 个数据(word1 和 word2)也是可以的,时序图如图 6.20 所示。

如果在数据发送过程中,用户利用程序把 TXEN 位清 0,则会造成发送工作中止,或者对异步发送器复位,发送端 TX 恢复为高阻态。原因是,在异步发送器不活动的时候,TX 引脚的功能恢复成了普通数字 I/O 引脚,而又因为事先已经把 TRISC6 和 TRISC7 定义为 1,即设置成了输入方式,输入方式就对外呈现出高阻状态。

如果要发送 9 位数据帧,须先设置发送数据字长选择位 TX9=1,然后再把第 9 位数据置

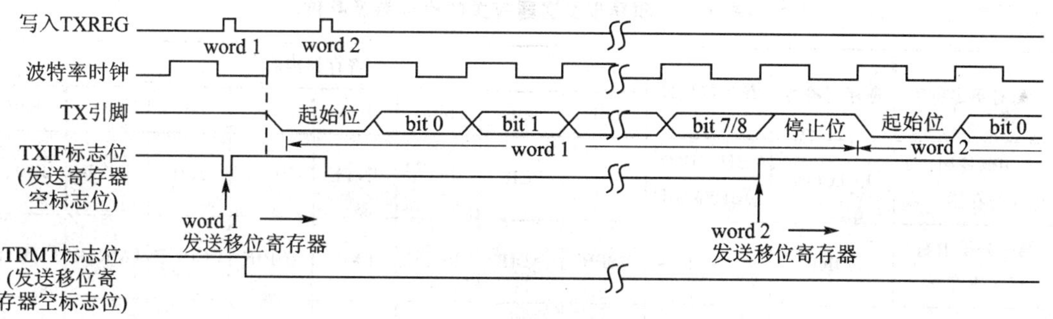

图 6.20　异步主控器发送时序：连续发送 2 个数据帧

入 TX9D 位的位置内。注意：必须在将 8 位数据写入寄存器 TXREG 之前，把第 9 位数据置入 TX9D 中，否则第 9 位数可能会出错。这是因为，如果 TSR 寄存器为空，写入寄存器 TXREG 中的数据会立即被装入移位寄存器 TSR 中，在这种情况下，后装入 TSR 寄存器的第 9 位数据就是错误的。

综上所述，用户对异步发送方式的程序编写应当遵循以下几个步骤：

(1) 选择合适的波特率，然后把经过计算得来的初始值写入寄存器 SPBRG，如果需要高速波特率，应置 BRGH=1。

(2) 置 SYNC=0 及 SPEN=1，使 USART 工作于异步串行工作方式。

(3) 如果需要中断处理功能，置 TXIE=1。

(4) 如果要传送 9 位数据，置 TX9=1。

(5) 置 TXEN=1，使 USART 工作于发送器方式，这也会使 TXIF 被置 1。

(6) 如果选择传送 9 位数据，这时要把第 9 位数据置入 TX9D。

(7) 把即将发送的 8 位数据送入 TXREG 并启动发送，硬件开始自动发送。

(8) 如果使用中断处理功能，务必确保 GIE 和 PEIE 中断使能位已经被置 1。

从图 6.18 中可以看出，单片机厂家为异步发送器设计的硬件环境，既可以发送 8 位数据帧，也可以发送 9 位数据帧。至于采用哪种帧结构(几种不同的帧结构见图 6.6)以及每帧之内携带的内容是 7 位 ASCII 码、8 位数据码、8 位地址码、8 位命令码还是 8 位状态码，是否采用校验位，是采用奇校验还是采用偶校验，这些都是灵活的，是不受硬件限制的，是可以由用户编制软件实现的。不过有一点是受到(后面将要讲到的)异步接收器硬件电路限定的，那就是当采用 9 位的帧结构，并且利用第 9 位码来标志本帧发送的是 8 位数据码还是 8 位地址码时，必须用 1 代表地址码，用 0 代表数据码，才便于异步接收器检测。

现将与异步发送器有关的特殊功能寄存器，以及有关的位归纳以下，以便于读者应用时查阅，如表 6.6 所列。

表 6.6 和异步发送器有关的寄存器及其位

寄存器名称	寄存器符号	寄存器地址	寄存器内容							
			bit7	bit6	bit5	bit4	bit3	bit2	bit1	bit0
中断控制寄存器	INTCON	0BH/8BH/10BH/18BH	GIE	PEIE	T0IE	INTE	RBIE	T0IF	INTF	RBIF
第一外设中断标志寄存器	PIR1	0CH	PSPIF	ADIF	RCIF	TXIF	SSPIF	CCP1IF	TMR2IF	TMR1IF
第一外设中断屏蔽寄存器	PIE1	8CH	PSPIE	ADIE	RCIE	TXIE	SSPIE	CCP1IE	TMR2IE	TMR1IE
发送状态兼控制寄存器	TXSTA	98H	CSRC	TX9	TXEN	SYNC	—	BRGH	TRMT	TX9D
接收状态兼控制寄存器	RCSTA	18H	SPEN	RX9	SREN	CREN	ADDEN	FERR	OERR	RX9D
发送寄存器	TXREG	19H	USART 发送缓冲寄存器							
波特率寄存器	SPBRG	99H	对于波特率发生器产生波特率的定义值							

3. USART 异步接收器

USART 异步接收器方块图如图 6.21 所示。其核心是接收移位寄存器 RSR 和接收寄存器 RCREG。

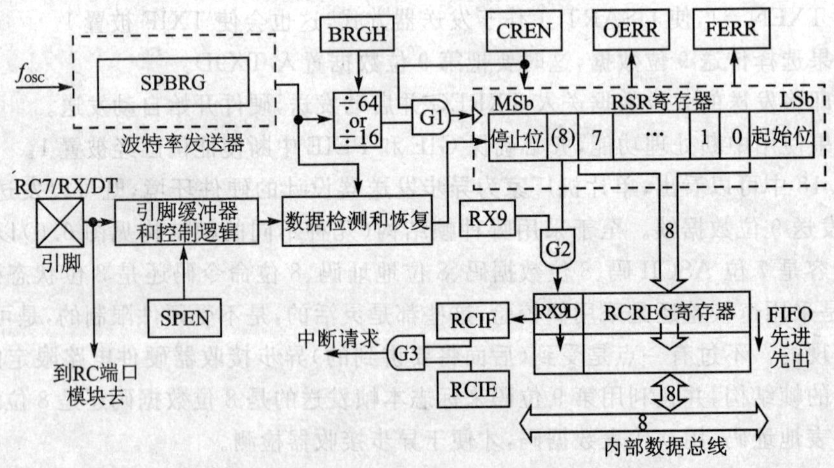

图 6.21 USART 异步接收器方块图

进行通信的对端送来的异步串行数据，从 RC7/RX/DT 引脚输入；在波特率发生器提供的采样定时信号控制下，由数据检测和恢复电路对于输入的信号波形进行采样，以恢复数据的本来面目；然后在波特率发生器提供的移位时钟脉冲控制下，把恢复得来的 8 位(或者 9 位)串行数据，以及起始位和停止位，一步一步地移入 RSR 寄存器。

一旦采样到停止位，接收移位寄存器 RSR 就把收到的 8 位数据，装载到接收寄存器 RCREG(如果 RCREG 为空)，并且把第 9 位(如果有)装载到 RX9D 位；同时也就完成了"串行→并行"变换；接着设置"接收中断请求"标志位，即置 RCIF＝1，通知 CPU 来读取接收寄存器 RCREG 中的数据和第 9 位数据 RX9D。

通过设置屏蔽位 RCIE 可以决定是开放还是禁止 CPU 响应接收中断请求。RCIF 位是一个只读位，不能由软件清 0，而是在 RCREG 寄存器中的数据被 CPU 读出后，或者是 RCREG 寄存器为空时，由硬件自动清 0。

实际上，RCREG 是一个双缓冲寄存器，可以看作是，数据从上边进入(下边送出)的、具有二级结构的先进先出(FIFO，First In First Out)队列。同样，RX9D 位也是二级结构。因此，这就允许移位寄存器 RSR 连续接收 2 帧数据，并且依次装入队列中进行缓冲，之后第 3 个数据还可以再移位到 RSR 寄存器中。

一旦检测到第 3 个数据的停止位，如果 RCREG 队列仍是满的(二级缓冲器都还装着前两次接收到的数据)，溢出错误标志位 OERR 将会被置 1，而在 RSR 寄存器中的数据将自动丢失。采用二级 FIFO 队列的设计手法，可以提高单片机的运行效率，减少被中断打扰的次数。理由是，CPU 在执行一次中断服务子程序时，就可以连续读两次 RCREG 寄存器，把队列中的两个数据取出。

溢出标志位 OERR 是一个只读位，但是又必须由软件清 0，可以通过操作连续接收使能位 CREN 来实现，具体方法就是，把 CREN 位清 0 之后再置 1 即可将 OERR 位清 0(从图 6.22 所示的时序图中可以看出)。

当 OERR 被置 1 后，RSR 中的数据被禁止继续装载 RCREG 寄存器，而且也不会再接收 RX 引脚送来的数据，所以必须用软件将 OERR 位恢复成 0，才能使接收工作继续下去。

在接收移位寄存器 RSR 中，对于所收到的每一帧格式信息的停止位都要例行检测。如果收到的停止位是 0，则发出帧格式错误信号，其帧格式出错标志位 FERR 被置为 1。FERR 和第 9 位接收到的数据，以及接收到的 8 位数据以相同的方式被缓冲。读取 RCREG 寄存器，会导致给 RX9D 和 FERR 位装入新的值，因此，为了不丢失 FERR 和 RX9D 位原来的信息，用户必须在读取 RCREG 寄存器之前，先读取包含着 RX9D 和 FERR 位的 RCSTA 寄存器。

一旦选择了异步方式之后，将 CREN 位置 1 就激活了异步接收器。USART 异步接收时序图如图 6.22 所示。

综上所述，用户对于异步接收方式的程序编写应当遵循以下几个步骤：

(1) 选择合适的波特率，然后算出 SPBRG 中应有的初始值，并将其置入 SPBRG 中。如果是高速波特率，还应置 BRGH＝1。

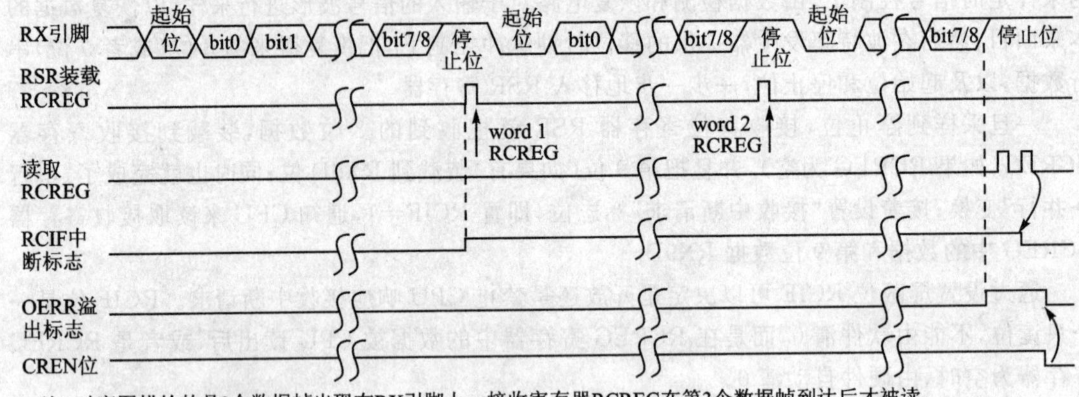

注：时序图描绘的是3个数据帧出现在RX引脚上。接收寄存器RCREG在第3个数据帧到达后才被读，从而导致OERR位被置1。

图 6.22　USART 异步接收时序

(2) 设置 SYNC＝0 及 SPEN＝1，使其工作于异步串行工作方式。

(3) 如需中断功能，置 RCIE＝1。

(4) 如需接收 9 位数据，置 RX9＝1。

(5) 置 CREN＝1，激活接收器。

(6) 当一个字节接收完成后，产生中断请求(RCIF＝1)，如果 RCIE＝1，便产生中断。

(7) 读 RCSTA 寄存器以便获取第 9 位数据(如果选择了接收 9 位数据的话)，并且判断是否在接收过程中发生了错误。

(8) 读 RCREG 寄存器中已经收到的 8 位数据。

(9) 如果发生了接收错误，通过置 CREN＝0 以清除错误标志位。

(10) 如果使用中断方式，务必确保中断屏蔽位 GIE 和 PEIE 被置 1。

初始化串行异步接收器/发送器的程序片段：

```
;******************************************************************
;说明：该程序中假设使用了中断功能。当然也可以使用软件查询方式
;******************************************************************
BSF      STATUS,RP0        ;选择 RAM 体 1
BCF      STATUS,RP1        ;
BSF      TRISC,7           ;把 RC 模块的 RC7 引脚设置为输入状态
BSF      TRISC,6           ;把 RC 模块的 RC6 引脚设置为输入状态
MOVLW    <波特率设定值>     ;设置波特率寄存器初始值
MOVWF    SPBRG             ;该值按需算得，与系统时钟频率
MOVLW    0x40              ;设定：8-bit 发送，发送器使能，
MOVWF    TXSTA             ;异步方式，低速方式
```

```
BSF        PIE1,TXIE        ;使能发送器中断
BSF        PIE1,RCIE        ;使能接收器中断
BCF        STATUS,RP0       ;选择 RAM 体 0
MOVLW      0x90             ;设置：8-bit 接收,接收器使能,
MOVWF      RCSTA            ;串行端口使能
;*************************************************************
```

现将与异步接收器有关的特殊功能寄存器,以及有关的位小结一下,以便于读者应用时查阅,如表 6.7 所列。

表 6.7　和异步接收器有关的寄存器及其位

寄存器名称	寄存器符号	寄存器地址	寄存器内容							
			bit7	bit6	bit5	bit4	bit3	bit2	bit1	bit0
中断控制寄存器	INTCON	0BH/8BH/10BH/18BH	GIE	PEIE	T0IE	INTE	RBIE	T0IF	INTF	RBIF
第一外设中断标志寄存器	PIR1	0CH	PSPIF	ADIF	RCIF	TXIF	SSPIF	CCP1IF	TMR2IF	TMR1IF
第一外设中断屏蔽寄存器	PIE1	8CH	PSPIE	ADIE	RCIE	TXIE	SSPIE	CCP1IE	TMR2IE	TMR1IE
发送状态兼控制寄存器	TXSTA	98H	CSRC	TX9	TXEN	SYNC	—	BRGH	TRMT	TX9D
接收状态兼控制寄存器	RCSTA	18H	SPEN	RX9	SREN	CREN	ADDEN	FERR	OERR	RX9D
接收寄存器	RCREG	1AH	USART 接收缓冲寄存器							
波特率寄存器	SPBRG	99H	对于波特率发生器产生波特率的定义值							

4. 带地址检测功能的 9 位 USART 异步接收器

PIC16F87X 系列单片机片内的 USART 模块,又被称为可寻址的通用同步/异步收发器 AUSART(Addressable USART)。原因是,它是在早期微芯公司推出的单片机型号(例如 PIC16C6X 和 PIC16C7X 等)配置的 USART 基础之上,为了更好地适应单片机多机通信方式,添加了一项可以检测地址码的新功能。

也就是说,PIC16F87X 系列单片机片内的 USART 模块,比 PIC16C6X 系列和 PIC16C7X 系列等型号的单片机内部的 USART 模块多了一项针对多机通信寻址而开发的功能,因此,在讲解带有地址检测功能的 USART 异步接收器的电路结构和工作原理之前,有必要再对"一点对多点"的多机通信方式的工作机理进行一些简要地剖析。

在图 6.23 所示的多机通信示意图中,通信线路被一个主机和多个从机所公用,某一时刻

的通信是在主机和某一个从机之间进行的。

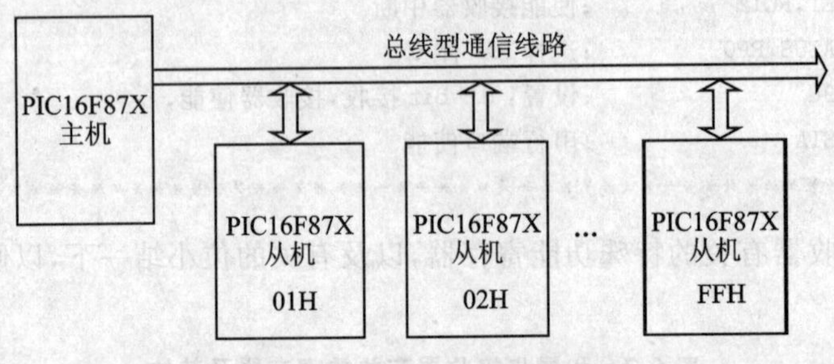

图 6.23 多机通信连接示意图

为了确保建立可靠通信，而避免误发送或者误接收现象，就必须建立一定的运行机制，也就是要在主机和从机的软件编程时，设置一些必要的约定。例如：

(1) 通信线路的控制权归主机。

(2) 各个从机内部都有一个自己专有的网内统一编号，或者叫做地址(不超过 8 位)。

(3) 通信的帧结构采用可携带 9 位数据的 11 位帧结构。

(4) 每一次通信的建立，主机都是倡议者，从机都是响应者。

(5) 在建立每一次通信之前，由主机发送某一从机的地址，并且利用第 9 位置 1 来标志地址帧。

(6) 某一从机在与主机的通信没有建立起来之前，时刻检测和过滤线路上传送的每一帧信息，如果是数据帧就毫不犹豫地丢弃，如果是地址帧就要进行对号核准。

(7) 在经过对号后，从机发现自身就是被主机寻址(或呼叫)的对象，就接收主机随后发给它的每一帧信息。

(8) 待一次通信完成之后，被寻址的从机返回到原先的状态。

带地址检测功能的 USART 异步接收器的电路结构，如图 6.24 所示。从图中可以看出，它是在图 6.21 的基础之上，添加了如图 6.25 所示的一部分电路构成的。新增电路部分仅仅是为了控制是否将 RSR 中所收到的信息码装载到 RCREG 中。其他电路的结构和工作原理完全同于上一小节的介绍，在此不再赘述。

图 6.25 所示的新增电路，实际上它的功能是一个从 RSR 到 RCREG 的装载控制逻辑。即在移位寄存器 RSR 和接收寄存器 RCREG 之间利用 1＋8 只受控三态门设置了一道关卡，三态门的导通与截止，受控于 3 个逻辑信号 RX9、ADDEN 和 RSR＜8＞。下面分析它在何种条件下实施装载，何种条件下拒绝装载。不妨将装载使能信号记作 LE，那么，LE 的逻辑表达式为

$$LE = RX9 \cdot ADDEN \cdot RXR\langle 8\rangle + \overline{RX9} + \overline{ADDEN}$$

对应的真值表如表 6.8 所列。

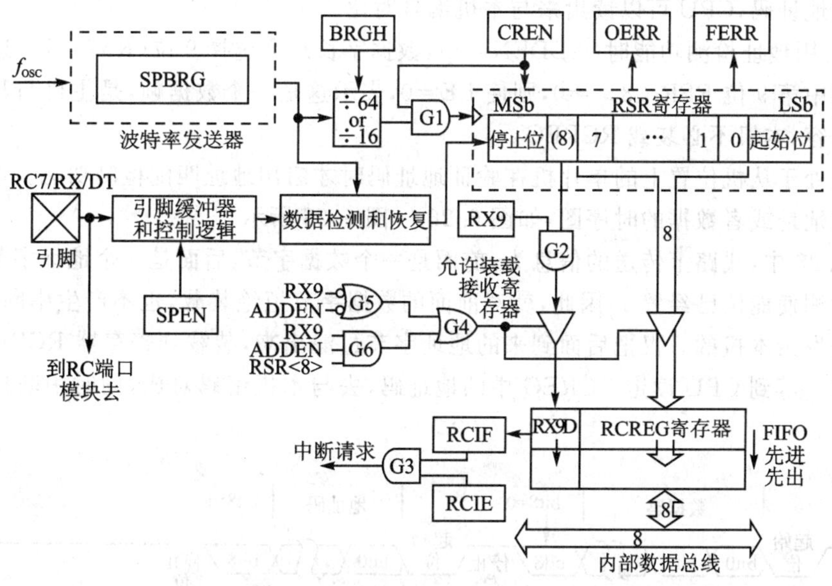

图 6.24 带地址检测的USART异步接收器方块图

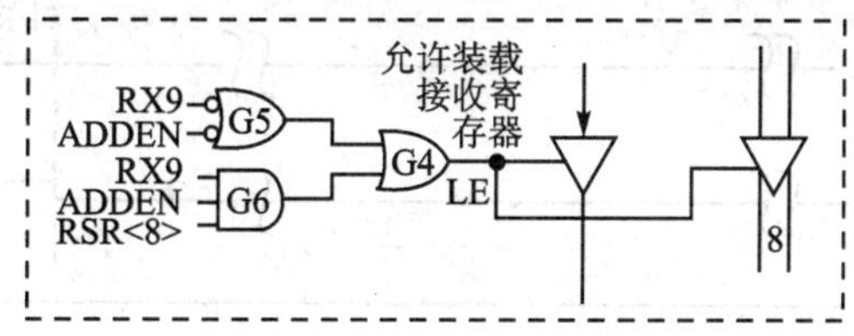

图 6.25 装载控制电路逻辑

从逻辑表达式和真值表中都可以看到：

① 当控制位 ADDEN 清 0，即地址检测功能被禁止后，LE 总是保持 1，就是说装载控制电路总是畅通的。这时图 6.24 电路就等同于图 6.21 电路。

② 当控制位 RX9 清 0，即选中 8 位字长，LE 也总是保持 1，装载控制电路也总畅通。

③ 在启用地址检测功能时(ADDEN＝1)，数据字长总会选择 9 位(RX9＝1)，这时只有当收到的信息帧中第 9 位 RSR＜8＞＝1，才会使 LE＝1，才能够将 RSR 中收到的地址装载到 RCREG 寄存器以供 CPU 读取；同时把中断标志位 RCIF 置 1，以提示 CPU，异步接收器已经

表 6.8 真值表

ADDEN	RX9	RSR＜8＞	LE
0	X	X	1
X	0	X	1
1	1	1	1
1	1	0	0

收到了一帧地址码;CPU 可以读出来与本机编号对比。

④ 在启用地址检测功能时(ADDEN=1),数据字长总会选择 9 位(RX9=1),这时如果收到的信息帧中第 9 位 RSR<8>=0,则使 LE=0,表示这是一个数据帧,是主机与其他从机之间的通信内容,本机不必装载 RCREG。

通常是处于从机位置上的单片机在验证地址码时才启用地址匹配检测功能。这时的异步接收器接收地址或者数据的时序图,如图 6.26 ~图 6.28 所示。

在图 6.26 中,线路上传送的信息为,前面是一个数据字节,后面是一个地址字节。由于事先把地址检测使能位已经置 1,因此,就对前面的数据字节拒绝装载,也不产生中断请求,表明该数据不是发给本机的。仅把后面到来的地址字节过滤出来,装载到寄存器 RCREG,并且产生中断请求。等到 CPU 读走 RCREG 中的地址码,去与本机编码对比,同时中断标志位自动恢复为 0。

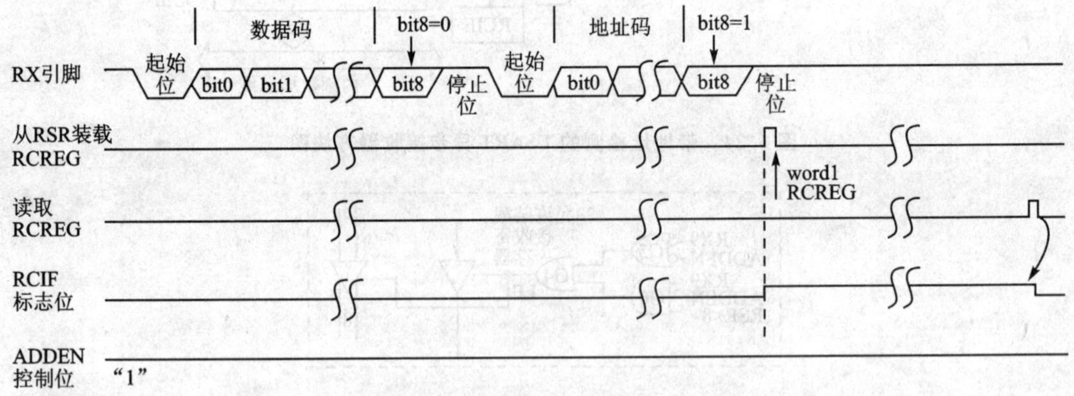

图 6.26 异步接收器接收时序图之一

在图 6.27 中,线路上传送的信息为,前面是一个地址字节,后面是一个数据字节。由于事先启用了地址检测功能,因此,就对前面的地址字节进行了装载,并且产生了中断请求。等到 CPU 读走 RCREG 中的地址码,中断标志位自动恢复为 0。在 CPU 尚未确认该地址码与本机编号是否相符,以及 ADDEN 位的逻辑 1 没有被更改之前,拒绝接收线路上后来出现的所有数据。

在图 6.28 中,线路上传送的信息为,前面是一个地址字节,后面是一个数据字节。由于事先启用了地址检测功能(ADDEN=1),因此,就对前面的地址字节进行了装载,并且产生了中断请求。等到 CPU 读走 RCREG 中的数据,中断标志位自动恢复为 0。经过 CPU 核准,该地址码正好与本机编号相符,立刻禁止地址检测功能(即令 ADDEN=0)。此后,正式进入通信过程,接收、装载、读取和转储主机发给本机的所有数据信息。

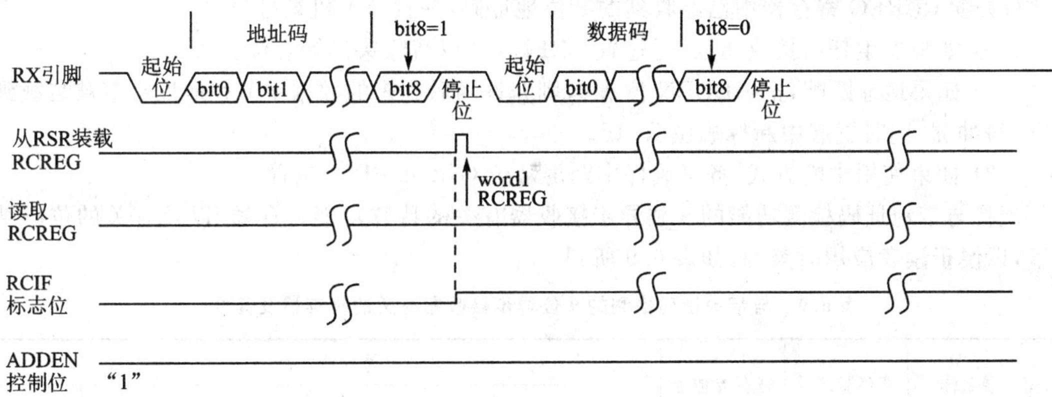

图 6.27　异步接收器接收时序图之二

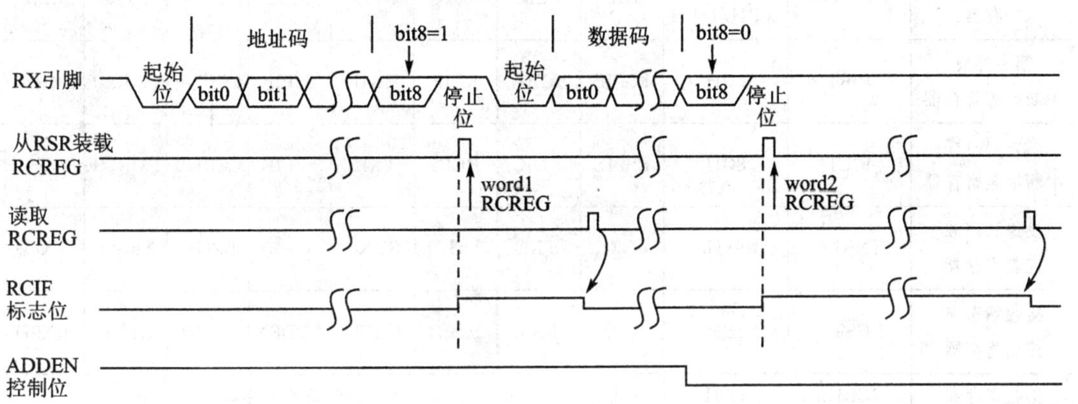

图 6.28　异步接收器接收时序图之三

综上所述，用户对于带地址检测功能的 9 位 USART 异步接收器的程序编写，应当遵循以下几个步骤：

(1) 选择合适的波特率，然后算出 SPBRG 中应有的初始值，并将其置入 SPBRG 中。如果是高速波特率，还应置 BRGH=1。

(2) 设置 SYNC=0 及 SPEN=1，使其工作于异步串行工作方式。

(3) 如需中断功能，置 RCIE=1。

(4) 必须置 RX9=1，选定接收 9 位数据格式。

(5) 把 ADDEN 位置 1，启用地址检测过滤功能。

(6) 置 CREN=1，激活接收器。

(7) 当一个地址字节被接收完成后，产生中断请求(RCIF=1)，如果 RCIE=1，便引起中断。

(8) 读 RCSTA 寄存器以便获取第 9 位数据，并且判断是否在接收过程中发生了任何错误。

(9) 读 RCREG 寄存器中已经收到的 8 位地址码,并且与本机编号对比。

(10) 如果发生任何接收错误,通过置 CREN=0 以清除错误标志位。

(11) 如果地址匹配,把 ADDEN 位清 0,则允许随后到来的数据字节和地址字节被装载到 FIFO 缓冲器,同时置起中断标志位 RCIF。

(12) 如果使用中断方式,务必确保中断屏蔽位 GIE 和 PEIE 被置 1。

现将与带地址码检测功能的 9 位异步接收器有关的特殊功能寄存器,以及有关的位归纳如下,以便于读者应用时查阅,如表 6.9 所列。

表 6.9 与带地址码检测的 9 位异步接收器有关的寄存器及其位

寄存器名称	寄存器符号	寄存器地址	寄存器内容							
			bit7	bit6	bit5	bit4	bit3	bit2	bit1	bit0
中断控制寄存器	INTCON	0BH/8BH/10BH/18BH	GIE	PEIE	T0IE	INTE	RBIE	T0IF	INTF	RBIF
第一外设中断标志寄存器	PIR1	0CH	PSPIF	ADIF	RCIF	TXIF	SSPIF	CCP1IF	TMR2IF	TMR1IF
第一外设中断屏蔽寄存器	PIE1	8CH	PSPIE	ADIE	RCIE	TXIE	SSPIE	CCP1IE	TMR2IE	TMR1IE
发送状态兼控制寄存器	TXSTA	98H	CSRC	TX9	TXEN	SYNC	—	BRGH	TRMT	TX9D
接收状态兼控制寄存器	RCSTA	18H	SPEN	RX9	SREN	CREN	ADDEN	FERR	OERR	RX9D
接收寄存器	RCREG	1AH	USART 接收缓冲寄存器							
波特率寄存器	SPBRG	99H	对于波特率发生器产生波特率的定义值							

6.2.4 USART 模块的同步主控工作方式

所谓同步串行数据通信,是指进行通信的双方之间,在串行传输数据的同时,还设有一根时钟专线,对于收发双方起同步作用。在 PIC16F87X 系列单片机中的 USART 模块,工作于同步方式时,其外接引脚仍然复用了 RC 端口模块的 RC7 和 RC6 两根引脚。不过,这时 RC7 引脚被用作数据双向传输通道 DT;RC6 引脚被用作时钟发送或者接收专线 CK。

同步方式下,线路上传输的信息格式,可以是 8 位数据或者 9 位数据。但是,由于利用时钟专线的方式对双方进行了同步,因此,就不再需要起始位和停止位。

在同步通信系统中,数据是在一条线路上双向传输的,而时钟却是在一条线路上固定从主机向从机单向发送的,于是,就会存在如图 6.29 和图 6.30 所示的两种不同的情况:主机发信,从机收信;主机收信,从机发信。但是,不论是哪种情况,同步时钟信号总是由主机负责产

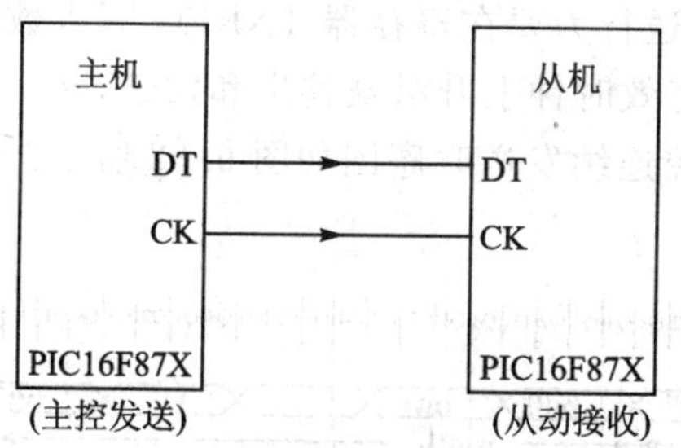

图6.29 主机发信-从机收信的同步串行通信情况

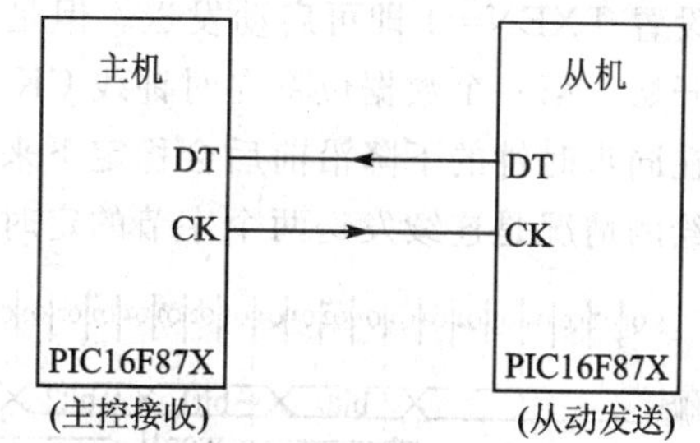

图6.30 主机收信-从机发信的同步串行通信情况

生和发送,而从机只是接收和利用。

在同步主控器方式下,数据的传输是以半双工的方式进行的,即发送和接收不同时进行。通过置 SYNC=1 可选择同步工作方式。置 CSRC=1 即可进入同步主控方式。串行同步主控发送器/接收器示意图,如图 6.31 所示。

另外,还应置 SPEN=1,以使 RC6 引脚和 RC7 引脚可分别作为 USART 模块的时钟线 CK 和数据线 DT,主控方式下由本机的波特率发生器负责发送同步时钟信号。

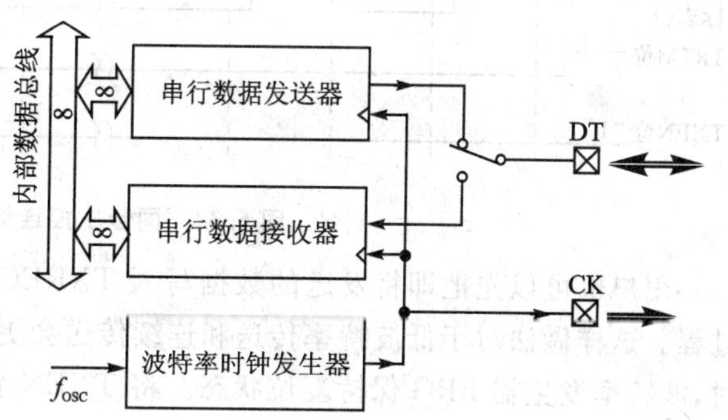

图6.31 串行同步主控发送器/接收器示意图

1. USART同步主控发送

USART 同步主控发送器结构参见图 6.16,其核心是发送移位寄存器 TSR 和发送寄存器 TXREG。TXREG 中的数据是由用户软件写入的,而 TSR 从 TXREG 中下载要发送的数据,要等待 TSR 发送完前一个数据的最后一位,才能将 TXREG 中的数据(如果有数据的话)装载到 TSR 内;一旦 TXREG 把数据传给 TSR 后(在一个指令周期之内完成),TXREG 寄存器即为空,同时发送器中断标志位就会被自动置位,即 TXIF=1,发出中断请求。

实际上该中断是否得到 CPU 的响应,这可以用中断使能位 TXIE 的设置来控制。不管 TXIE 位的状态如何,TXIF 的置位不受限制,并且 TXIF 位不能利用软件清 0。只有当一个新的数据写入 TXREG 寄存器时,TXIF 位才会被自动清 0。TXIF 位可以指示 TXREG 寄存器的空满状态,而状态位 TRMT 位可以指示 TSR 的空满状态。TRMT 是一个只读位,只有当 TSR 为空时,TRMT 位才会自动置位。TRMT 位与中断逻辑没有关系,所以它不会产生中断请求。因为 TSR 没有与内部数据总线的连接通路,所以用户程序不能对它直接访问。若想检验 TSR 的空满状态,只能通过对 TRMT 位的查询来判断。

设置 TXEN=1 即可启动发送。但是,真正的发送行为要在寄存器 TXREG 写入数据后才会开始。第一个数据位将在时钟线 CK 的下一个有效时钟上升沿被移出和发送,并且确保数据在同步时钟的下降沿前后会稳定下来。同步主控连续发送时序图如图 6.32 所示。该图中描绘的情况是连续发送两个字节的定时关系。

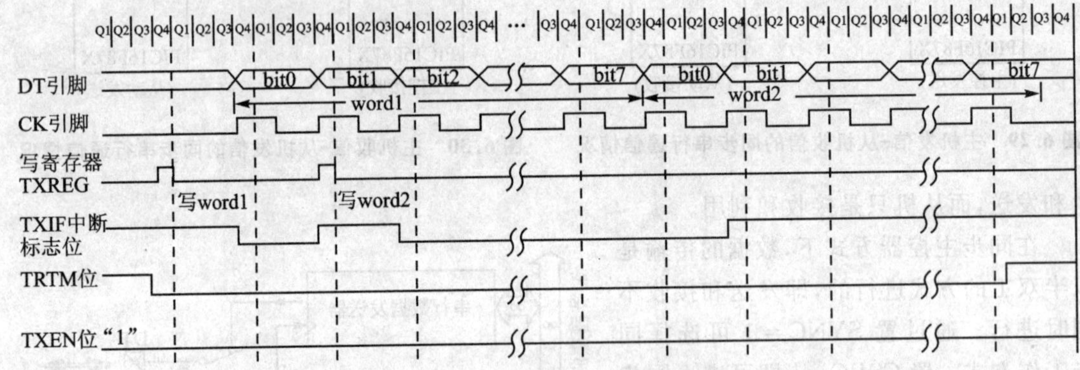

图 6.32 同步主控连续发送时序图

用户也可以先把即将发送的数据写入 TXREG 寄存器,然后再置 TXEN=1 来启动发送过程。这样做法对于低波特率传送和连续传送会更好些,因为当 TXEN、CREN 和 SREN 为 0 时,波特率发生器 BRG 保持复位状态。将 TXEN 置 1 就可以启动 BRG 立即产生移位时钟。这时的同步主控发送时序图如图 6.33 所示。

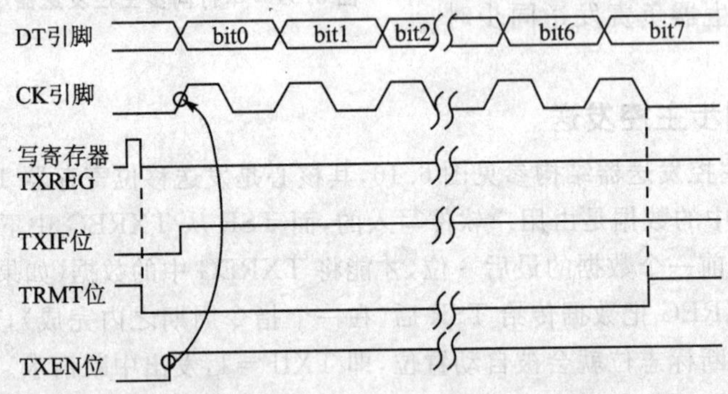

图 6.33 同步主控发送时序图(由 TXEN 位控制)

通常情况下,在数据发送首次被启动时,移位寄存器 TSR 是空的,写到寄存器 TXREG 中的数据会立即被装入 TSR 中,从而导致寄存器 TXREG 马上变空,紧接着可以再写入一个数据,因此,一个接一个地连续发送两个数据就成为可能。

如果在发送过程中,用户程序将 TXEN 位清 0,则会使发送中止,并复位发送器,同时 DT 线和 CK 线恢复成高阻态(输入态)。如果在数据发送过程中,接收使能位 CREN 或者 SREN

中的任何一位被软件置1,都会使发送被中止,同时数据DT线变成高阻状态(准备接收),而时钟CK线仍然保持为输出态(如果CSRC位是1,而且选择内部时钟)。尽管发送器从逻辑上讲与两条外部引脚没有连接,可是发送器不会被复位。如果这时用户要复位发送器,就要把TXEN位清0。

如果用户希望中止正在进行着的数据发送过程,转而接收一个外部送来的单个数据,可以置SREN=1。当这个新数据接收完毕后,SREN自动恢复为0。这时由于TXEN位仍保持为1,就会使串行端口重新回到发送状态,DT线立刻从输入态再转回到输出态,并且开始发送。如果用户不希望回到发送状态,应及时把TXEN位清0。

为了发送9位数据,TX9必须置1,并且把第9位数据载入TX9D。注意,应先把第9位数据载入TX9D,再把低8位数据写入TXREG。这是因为一旦把低8位数据写入TXREG后,要发送的9位数据马上会装载到TSR中准备移位发送,所以,如果先写低8位数据到TXREG,则TSR中载入的第9位数据将是上次的第9位数而不是最新的,这是错误的。

综上所述,用户对于同步主控发送方式的程序编写应当遵循以下几个步骤:

(1) 选择合适的波特率,然后把经过计算得来的初始值写入寄存器SPBRG。

(2) 置SYNC=1、SPEN=1和CSRC=1,使USART工作于同步主控串行口工作方式。

(3) 如果需要中断处理功能,置TXIE=1。

(4) 如果要传送9位数据,置TX9=1。

(5) 置TXEN=1,使USART工作于发送器方式。

(6) 如果选择传送9位数据,这时要把第9位数据置入TX9D。

(7) 把即将发送的8位数据送入TXREG,并启动发送过程,硬件开始自动发送。

(8) 如果使用中断功能,务必确保GIE和PEIE中断使能位已经被置1。

现将与同步主控发送器有关的特殊功能寄存器,以及有关的位归纳如下,以便于读者应用时查阅,如表6.10所列。

表6.10 与同步主控发送器有关的寄存器及其位

寄存器名称	寄存器符号	寄存器地址	寄存器内容							
			bit7	bit6	bit5	bit4	bit3	bit2	bit1	bit0
中断控制寄存器	INTCON	0BH/8BH/10BH/18BH	GIE	PEIE	T0IE	INTE	RBIE	T0IF	INTF	RBIF
第一外设中断标志寄存器	PIR1	0CH	PSPIF	ADIF	RCIF	TXIF	SSPIF	CCP1IF	TMR2IF	TMR1IF
第一外设中断屏蔽寄存器	PIE1	8CH	PSPIE	ADIE	RCIE	TXIE	SSPIE	CCP1IE	TMR2IE	TMR1IE

续表 6.10

寄存器名称	寄存器符号	寄存器地址	寄存器内容							
			bit7	bit6	bit5	bit4	bit3	bit2	bit1	bit0
发送状态兼控制寄存器	TXSTA	98H	CSRC	TX9	TXEN	SYNC	—	BRGH	TRMT	TX9D
接收状态兼控制寄存器	RCSTA	18H	SPEN	RX9	SREN	CREN	ADDEN	FERR	OERR	RX9D
发送寄存器	TXREG	19H	USART 发送缓冲寄存器							
波特率寄存器	SPBRG	99H	对于波特率发生器产生波特率的定义值							

2. USART 同步主控接收

USART 同步主控接收器结构参见图 6.21,其核心部分是接收移位寄存器 RSR 和接收寄存器 RCREG。

一旦选择了同步主控方式,也就是把 SYNC 位和 CSRC 位置 1 后,只要把 SREN 位或 CRENR 位置 1,即可进入同步主控接收状态,CPU 在时钟 CK 的下降沿采样数据 DT 线上的信号电平。如果 SREN=1,仅接收一个数据字节;如果 CREN=1,则可以连续地接收数据字节,直至 CREN 位被清为 0 为止。如果 SREN 位和 CREN 位都被置为了 1,则以 CREN 为优先而进行连续接收。

在一个数据的所有位都被采样后,即移位时钟的最后一个脉冲的下降沿到来之后,在硬件控制下自动把 RSR 中的内容装载到 RCREG;然后置接收器中断标志位 RCIF=1。中断请求是否得到 CPU 的响应,还要看中断使能位 RCIE 是否被置 1。

RCIF 是一个只读位,当用户程序把 RCREG 寄存器中的数取走后,或者 RCREG 寄存器为空时,RCIF 位被硬件自动清为 0,以准备下一个数据的接收。实际上 RCREG 寄存器是一个二级的先进先出缓冲寄存器(即二级 FIFO 队列),因此,它允许存放 RSR 装载的两个数据,同时还可以让第 3 个数据移位接收到 RSR 中。如果第 3 个数接收完毕,即在检测到第 3 个数据的最后一位之后,而 RCREG 中仍有两个数据未被读取,则超速出错标志位 OERR 就会被置 1.这会禁止 RSR 中的数据向 RCREG 转载,这样在 RSR 中的第 3 个数据就会被丢弃。

另外,在 OERR 位被置 1 期间,不会再接收后面到来的其他数据,因此,如果 OERR 位置 1,必须及时把它清 0。OERR 位是一个只读位,不能利用软件直接清 0,只能通过软件将 CREN 位清 0 来间接实现 OERR 位的清 0。用户程序可以连续读两次 RCREG 寄存器,把 FIFO 缓冲器中的两个数据取走。

如果接收的是 9 位数据格式,则第 9 位数存放的位置是在 RC9D 中。用户必须先读取 RCSTA 寄存器,以便从 RC9D 位上取得第 9 位数据,然后再读 RCREG 寄存器以取得低 8 位数据。假如先读取 RCREG 寄存器,将会给 RC9D 位装入新的数据,而覆盖掉原来的数据,所以，为了不丢失 RX9D 位上保存的原信息，用户必须在读取 RCREG 寄存器之前，先读取 RCSTA 寄存器中的 RX9D 位。

USART 同步串行主控接收时序图如图 6.34 所示。该图中描绘的情况是 CREN＝0、SREN＝1，发送单个字节的定时关系。

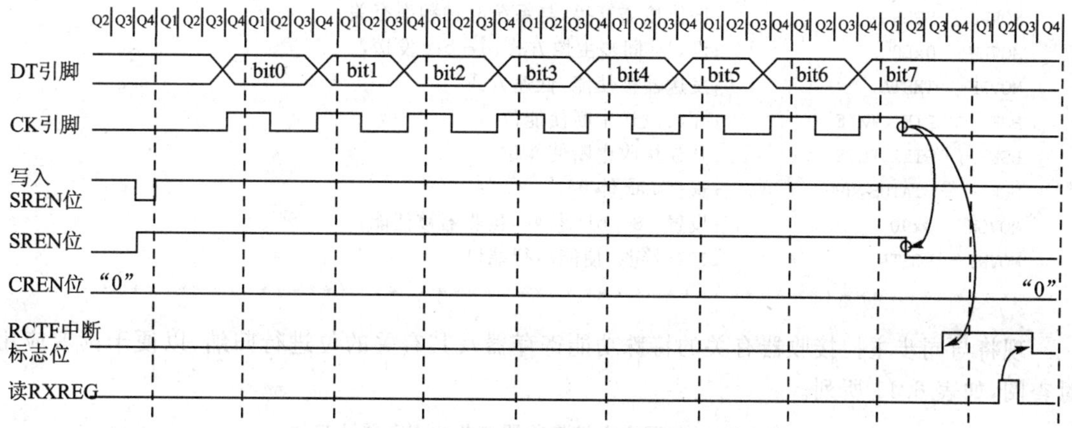

图 6.34　同步主控接收时序图(由 SREN 位控制)

综上所述，用户对于同步主控接收方式的程序编写应当遵循以下几个步骤：

(1) 选择合适的波特率，然后算出 SPBRG 中应有的初始值，并将其置入 SPBRG 中。

(2) 设置 SYNC＝1、SPEN＝1 和 CSRC＝1，使其工作于同步主控串口工作方式。

(3) 设置 CREN＝SREN＝0。

(4) 如需中断功能，置 RCIE＝1。

(5) 如需接收 9 位数据，置 RX9＝1。

(6) 如果只需要单字节方式接收，置 SREN＝1；如果需要以连续方式接收数据，则置 CREN＝1。

(7) 当接收完成后，产生中断请求(RCIF＝1)，如果 RCIE＝ 1，便产生中断。

(8) 如果选择了接收 9 位数据格式，读 RCSTA 寄存器以便获取第 9 位数据，并且判断是否在接收过程中发生了错误。

(9) 读 RCREG 寄存器中已经收到的低 8 位数据。

(10) 如果发生了接收错误，通过清 CREN＝0 来清除错误标志位 OERR。

(11) 如果使用中断方式，务必确保中断屏蔽位 GIE 和 PEIE 已经被置 1。

初始化串行同步主控接收器/发送器的程序片段：

```
;*******************************************************************
;说明：该程序中假设使用了中断功能，当然也可以使用软件查询方式
;*******************************************************************
```

```
BSF     STATUS,RP0          ;选择 RAM 体 1
BCF     STATUS,RP1          ;
BSF     TRISC,7             ;把 RC 模块的 RC7 引脚设置为输入状态
BSF     TRISC,6             ;把 RC 模块的 RC6 引脚设置为输入状态
MOVLW <波特率设定值>        ;设置波特率寄存器初始值
MOVWF   SPBRG               ;该值按需算得,与系统时钟频率有关
MOVLW   0xB0                ;设置:同步主控方式,8-bit 发送,
MOVWF   TXSTA               ;发送器被使能,低速方式
BSF     PIE1,TXIE           ;开放发送中断使能位
BSF     PIE1,RCIE           ;开放接收中断使能位
BCF     STATUS,RP0          ;选择 RAM 体 0
MOVLW   0x90                ;设置:8-bit 接收,接收器被使能,
MOVWF   RCSTA               ;连续接收,使能串行端口
;*****************************************************************
```

现将与同步主控接收器有关的特殊功能寄存器及其有关的位进行归纳,以便于读者应用时查阅,如表 6.11 所列。

表 6.11 与同步主控接收器有关的寄存器及其位

寄存器名称	寄存器符号	寄存器地址	寄存器内容							
			bit7	bit6	bit5	bit4	bit3	bit2	bit1	bit0
中断控制寄存器	INTCON	0BH/8BH/10BH/18BH	GIE	PEIE	T0IE	INTE	RBIE	T0IF	INTF	RBIF
第一外设中断标志寄存器	PIR1	0CH	PSPIF	ADIF	RCIF	TXIF	SSPIF	CCP1IF	TMR2IF	TMR1IF
第一外设中断屏蔽寄存器	PIE1	8CH	PSPIE	ADIE	RCIE	TXIE	SSPIE	CCP1IE	TMR2IE	TMR1IE
发送状态兼控制寄存器	TXSTA	98H	CSRC	TX9	TXEN	SYNC	—	BRGH	TRMT	TX9D
接收状态兼控制寄存器	RCSTA	18H	SPEN	RX9	SREN	CREN	ADDEN	FERR	OERR	RX9D
接收寄存器	RCREG	1AH	USART 接收缓冲寄存器							
波特率寄存器	SPBRG	99H	对于波特率发生器产生波特率的定义值							

6.2.5 USART 模块的同步从动工作方式

USART 模块的同步从动方式和同步主控方式的不同之处是其时钟信号 CK 是由外部提

供的，也就是由与之通信的对方提供的。这样即使本机的CPU处在睡眠状态下，仍然可以进行发送或接收数据。

通过置SYNC＝1可选择同步工作方式；通过清CSRC＝0则进入同步从动方式。与同步主控方式相同的是，在同步从动方式下，数据的传输也是以半双工的方式进行的。串行同步主控发送器/接收器示意图，如图6.35所示。

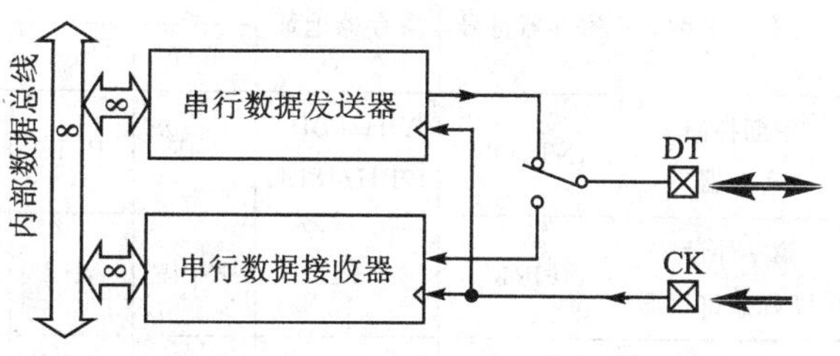

图6.35　串行同步从动发送器/接收器示意图

另外，还应置SPEN＝1，以使RC6引脚和RC7引脚可分别作为USART模块的时钟输入线CK和数据吞吐线DT，从动方式下本机的波特率发生器被禁止工作。

1. USART同步从动发送

假设向TXREG寄存器连续写入两个即将发送的数据之后，再执行睡眠指令SLEEP而使单片机进入睡眠状态，则TXREG中的第一个数据将马上转储到发送移位寄存器TSR中，并且进行发送；第2个数据仍保留在TXREG中，这时候TXIF不像平常那样立刻被置成1；一直等到第1个数发送完毕，TXREG中的第二个数据再转储到TSR中发送时，才会置TXIF＝1，发出中断请求；如果TXIE＝1，这个中断请求将唤醒睡眠中的单片机；如果总中断屏蔽位GIE也是开放的，则跳到中断服务程序入口地址处执行中断例程；如果总中断屏蔽位GIE是禁止的，则会沿着SLEEP指令之后的下一条指令去继续执行。

综上所述，用户对于同步从动方式的程序编写应当遵循以下几个步骤：

(1) 置SYNC＝1、SPEN＝1和CSRC＝0，使USART工作于同步从动串口方式。

(2) 设置CREN＝SREN＝0。

(3) 如果需要中断处理功能，置TXIE＝1。

(4) 如果要传送9位数据，置TX9＝1。

(5) 置TXEN＝1，使USART工作于发送器方式。

(6) 如果选择传送9位数据，这时要先把第9位数据置入TX9D。

(7) 把即将发送的8位数据送入TXREG，并启动发送过程，硬件开始自动发送。

(8) 如果使用中断处理功能，务必确保GIE和PEIE中断使能位已经被置1。

现将与同步从动发送器有关的特殊功能寄存器，及其有关的位归纳如下，以便于读者应用时查阅，如表6.12所列。

2. USART同步从动接收

同步从动接收方式和同步主控接收基本上是一样，只有在单片进入睡眠状态时，它们才有区别。另外，在从动方式下，SREN位不起作用。

表 6.12　与同步从动发送器有关的寄存器及其位

寄存器名称	寄存器符号	寄存器地址	寄存器内容							
			bit7	bit6	bit5	bit4	bit3	bit2	bit1	bit0
中断控制寄存器	INTCON	0BH/8BH/10BH/18BH	GIE	PEIE	T0IE	INTE	RBIE	T0IF	INTF	RBIF
第一外设中断标志寄存器	PIR1	0CH	PSPIF	ADIF	RCIF	TXIF	SSPIF	CCP1IF	TMR2IF	TMR1IF
第一外设中断屏蔽寄存器	PIE1	8CH	PSPIE	ADIE	RCIE	TXIE	SSPIE	CCP1IE	TMR2IE	TMR1IE
发送状态兼控制寄存器	TXSTA	98H	CSRC	TX9	TXEN	SYNC	—	BRGH	TRMT	TX9D
接收状态兼控制寄存器	RCSTA	18H	SPEN	RX9	SREN	CREN	ADDEN	FERR	OERR	RX9D
发送寄存器	TXREG	19H	USART 发送缓冲寄存器							

假设在执行 SLEEP 指令之前，单片机已经设置 USART 为同步从动接收状态(CREN＝1)，则单片机进入睡眠后仍可以接收一个外部送来的数据。当该数据接收完成后，RSR 中的数据将装载到 RCREG 内，并产生中断请求(RCIF＝1)；如果中断是允许的(RCIE＝1)，那么这个中断请求就会唤醒单片机；如果 GIE＝1，则跳到中断服务程序入口地址处执行中断例程；如果 GIE＝0，则会沿着 SLEEP 指令之后的下一条指令去继续执行。

综上所述，用户对于同步从动接收方式的程序编写应当遵循以下几个步骤：

(1) 设置 SYNC＝1、SPEN＝1 和 CSRC＝0，使其工作于同步从动串口方式。

(2) 如需中断功能，置 RCIE＝1。

(3) 如需接收 9 位数据，置 RX9＝1。

(4) 置 CREN＝1，使得 USART 工作于接收方式。

(5) 当接收完成后，产生中断请求(RCIF＝1)，如果 RCIE＝1，便引起中断。

(6) 如果选择了接收 9 位数据格式，读 RCSTA 寄存器以便获取第 9 位数据，并且判断是否在接收过程中发生了错误。

(7) 读 RCREG 寄存器中已经收到的低 8 位数据。

(8) 如果发生了接收错误，通过置 CREN＝0 来清除错误标志位。

(9) 如果使用中断方式，务必确保中断屏蔽位 GIE 和 PEIE 事先被置 1。

现将与同步从动接收器有关的特殊功能寄存器及其有关的位位归纳如下，以便于读者应用时查阅，如表 6.13 所列。

表 6.13 与同步从动接收器有关的寄存器及其位

寄存器名称	寄存器符号	寄存器地址	寄存器内容							
			bit7	bit6	bit5	bit4	bit3	bit2	bit1	bit0
中断控制寄存器	INTCON	0BH/8BH/10BH/18BH	GIE	PEIE	T0IE	INTE	RBIE	T0IF	INTF	RBIF
第一外设中断标志寄存器	PIR1	0CH	PSPIF	ADIF	RCIF	TXIF	SSPIF	CCP1IF	TMR2IF	TMR1IF
第一外设中断屏蔽寄存器	PIE1	8CH	PSPIE	ADIE	RCIE	TXIE	SSPIE	CCP1IE	TMR2IE	TMR1IE
发送状态兼控制寄存器	TXSTA	98H	CSRC	TX9	TXEN	SYNC	—	BRGH	TRMT	TX9D
接收状态兼控制寄存器	RCSTA	18H	SPEN	RX9	SREN	CREN	ADDEN	FERR	OERR	RX9D
接收寄存器	RCREG	1AH	USART 接收缓冲寄存器							

6.3 通用同步/异步收发器 USART 的应用举例

PIC16F87X 单片机内部的 USART 模块具有异步和同步通信能力。其异步通信能力主要用于与其他计算机系统或单片机系统进行远程通信,而同步通信能力则主要用于本单片机电路系统之内的片外器件串行扩展。以下分别给出 USART 模块异步通信方式和同步通信方式的应用实例,具有较高的实用价值和借鉴意义。

【实验范例 6.1】微机 COM 串口与单片机 UART 串口进行双向通信

★ 项目实现功能

利用微型计算机的超级终端功能,经过异步串行通信端口 COM 和 PIC16F877 单片机片内的通用同步/异步收发器 UART 端口模块,进行双向异步串行通信实验,效果非常理想。

所谓微型计算机的"超级终端"功能,实际上是微型计算机系统利用专用软件模拟的"超级终端"的一种能力。所谓"终端"是一种通常具有键盘和显示器而又自身不带数据处理功能的装置,就是一种实现"人-机对话"的界面装置,其数据处理功能放到远端的高速计算机系统中去实现。

★ 硬件电路规划

通用同步/异步收发器 UART 模块结构、UART 发送/接收方框图、PIC16F877 的 UART

经过电平转换(RS-232电平/TTL电平互换)专用芯片MAX232连接微型计算机的接线图,分别如图6.36~图6.38所示。需要在ICD演示板的布线区焊接8只串接电阻的发光管,分别连接到RD端口引脚上。

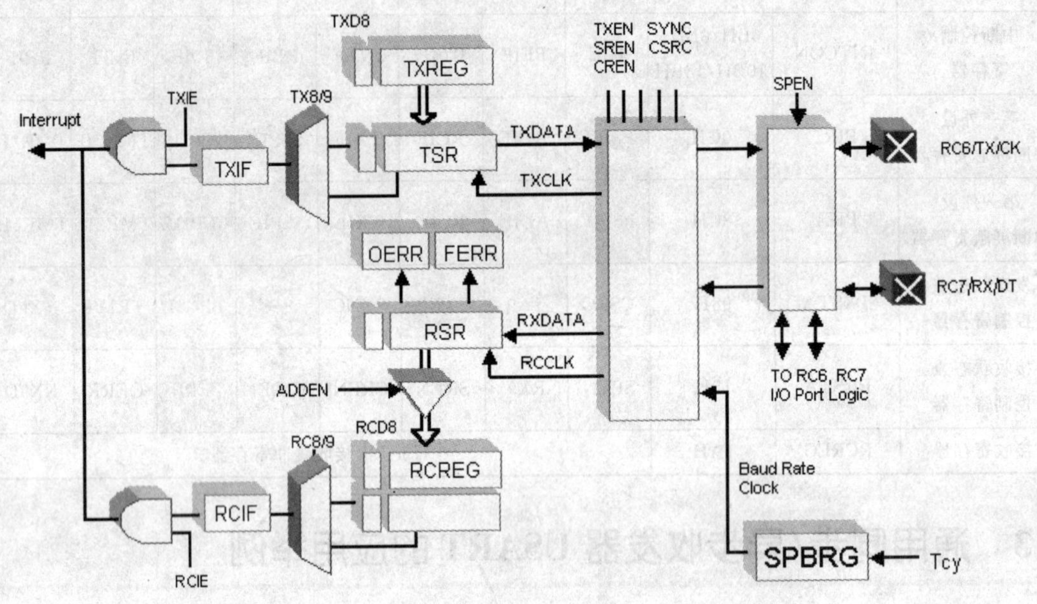

图6.36 通用同步/异步收发器USART模块结构示意图

★ 软件设计思路

令UART模块工作于异步收/发两种状态之间切换。将通信波特率设定在19200,当单片机的时钟频率为4 MHz,并且UART工作于高速波特率时,经过查表得到波特率发生器寄存器的初始值为12。

★ 汇编程序流程

主程序和中断服务子程序的流程图,如图6.39和图6.40所示。另外,延时子程序的流程图可以参考以前的实验范例。

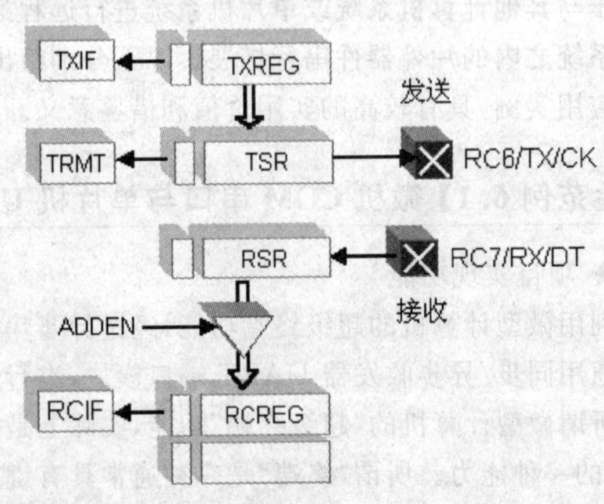

图6.37 USART发送/接收方框图

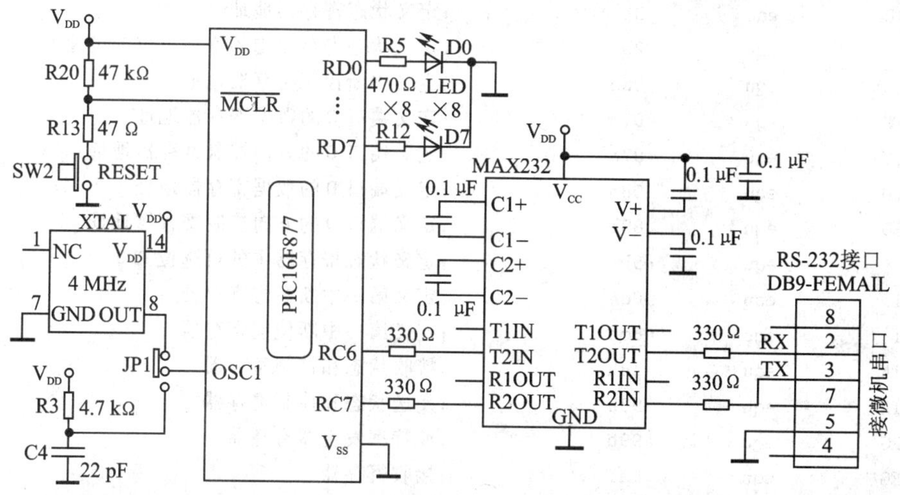

图 6.38　PIC16F877 的 UART 经过电平转换专用芯片 MAX232 连接微机

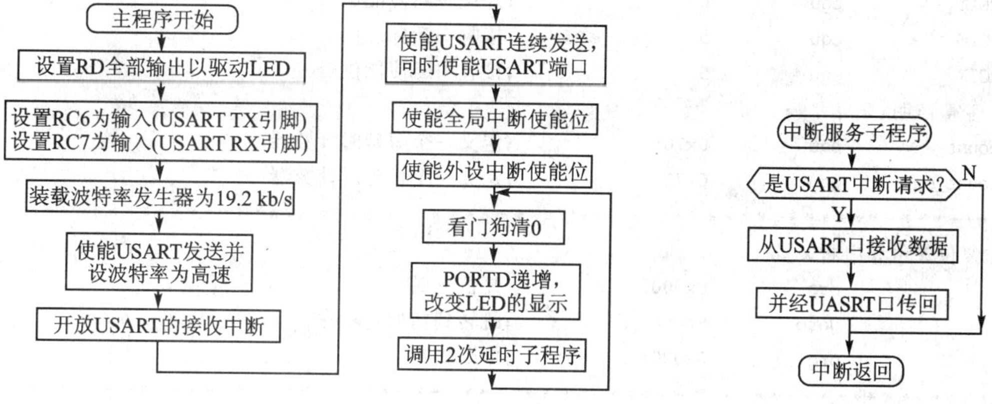

图 6.39　主程序流程图

图 6.40　子程序流程图

★ 汇编程序清单

```
;***********************************************************************
;《微机 COM 串口与单片机 UART 串口进行双向通信》2006/9/24
; 源程序文件名称:USART1.ASM
;***********************************************************************
; 常数定义:
VAL_US      equ         .249            ;短延时定时常数
VAL_MS      equ         .200            ;长延时定时常数
; 寄存器和位定义:
```

```
STATUS      equ     3h          ;定义状态寄存器地址
Z           equ     2h          ;定义状态寄存器中的 0 标志位的位地址
INTCON      equ     0bh         ;定义中断控制寄存器地址
PORTC       equ     07h         ;定义端口 C 的数据寄存器地址
TRISC       equ     87h         ;定义端口 C 的方向控制寄存器地址
PORTD       equ     08h         ;定义端口 D 的数据寄存器地址
TRISD       equ     88h         ;定义端口 D 的方向控制寄存器地址
RP0         equ     5h          ;定义状态寄存器中的页选位 RP0
PIR1        equ     0ch         ;定义第一中断标志寄存器
PIE1        equ     8ch         ;定义第一中断使能寄存器
RCSTA       equ     18h         ;接收状态和控制寄存器
TXSTA       equ     98h         ;发送状态和控制寄存器
SPBRG       equ     99h         ;波特率发生器寄存器
RCREG       equ     1ah         ;接收寄存器
TXREG       equ     19h         ;发送寄存器
GIE         equ     7           ;总中断使能位
PEIE        equ     6           ;外设中断使能位
RCIF        equ     5           ;接收中断标志位
RCIE        equ     5           ;接收中断使能位
; 变量声明:
count       equ     0x70        ;定义一个短延时计数器
count_ms    equ     0x71        ;定义一个长延时计数器
;**************************************************************
; 复位矢量和中断矢量
            org     0x0000      ;复位矢量
            goto    Startup     ;跳转到初始化程序
            org     0x0004      ;中断矢量
;**************************************************************
; 中断服务程序
            btfss   PIR1,RCIF   ;检查是否为 USART 发出的中断请求
            goto    Err_Exit    ;否！退出
            movf    RCREG,0     ;是！从 USART 接收数据
            movwf   TXREG       ;并且转送回去
Err_Exit    retfie              ;中断返回
;**************************************************************
; 主程序初始化部分
Startup     bsf     STATUS, RP0 ;选择 RAM 的体 1 为当前体
            clrf    TRISD       ;设置 PORTD 全部输出以便驱动 LED 显示
            bsf     TRISC,6     ;断开 RC 模块与 USART TX 引脚的联系
            bsf     TRISC,7     ;断开 RC 模块与 USART RX 引脚的联系
```

```
        movlw       .12            ;装载波特率发生器,为 19.2 kb/s
        movwf       SPBRG          ;在单片机时钟为 4 MHz 时
        movlw       b'00100100'    ;使能 USART 发送,设置波特率发生器为高速方式
        movwf       TXSTA          ;
        bsf         PIE1,RCIE      ;开放 USART 的接收中断
        bcf         STATUS, RP0    ;恢复 RAM 体 0 为当前体
        movlw       b'10010000'    ;使能 USART 连续接收,
        movwf       RCSTA          ;同时使能 USART 端口
        bsf         INTCON,GIE     ;使能全局中断使能位
        bsf         INTCON,PEIE    ;使能外设中断使能位
;-------------------------------------------------------------------
; 主程序主体部分
Main    clrwdt                     ;看门狗(如果启用的话)清 0
        incf        PORTD,f        ;PORTD = PORTD + 1,可以驱动 LED 作显示(可选)
        call        delay_ms       ;调用 2 次延时子程序
        call        delay_ms
        goto        Main           ;返回
;---------  200 ms 延时子程序  -------------------------------------
delay_ms:
        movlw       VAL_MS
        movwf       count_ms
loop_ms call        delay_us
        decfsz      count_ms,f
        goto        loop_ms
        return
;---------  100 μs 延时子程序  -------------------------------------
delay_us:   nop
        movlw       VAL_US
        movwf       count
loop_us nop
        decfsz      count,f
        goto        loop_us
        return
;*******************************************************************
        end                        ;源文件结束
```

★ 程序验证方法

硬件安置：在将用户程序调通和烧写固化到目标板上的 PIC16F877 单片机之后，把 ICD 与微机之间的 RS－232 电缆，以及 ICD 与目标板之间的六芯电缆断开，令 ICD 闲置。然后，把

原来连接 ICD 的 RS-232 电缆插头，直接与目标板上的 RS-232 插座连接。最后接通目标板的电源即可。

软件配置：为了建立超级终端和目标板之间的通信，首先需要启动 Windows 系统(在此应用的是 WIN98 操作系统)中的超级终端软件。启动方法可以选择菜单命令“开始”→“程序”→“附件”→“通信”→“超级终端”，如图 6.41 所示。

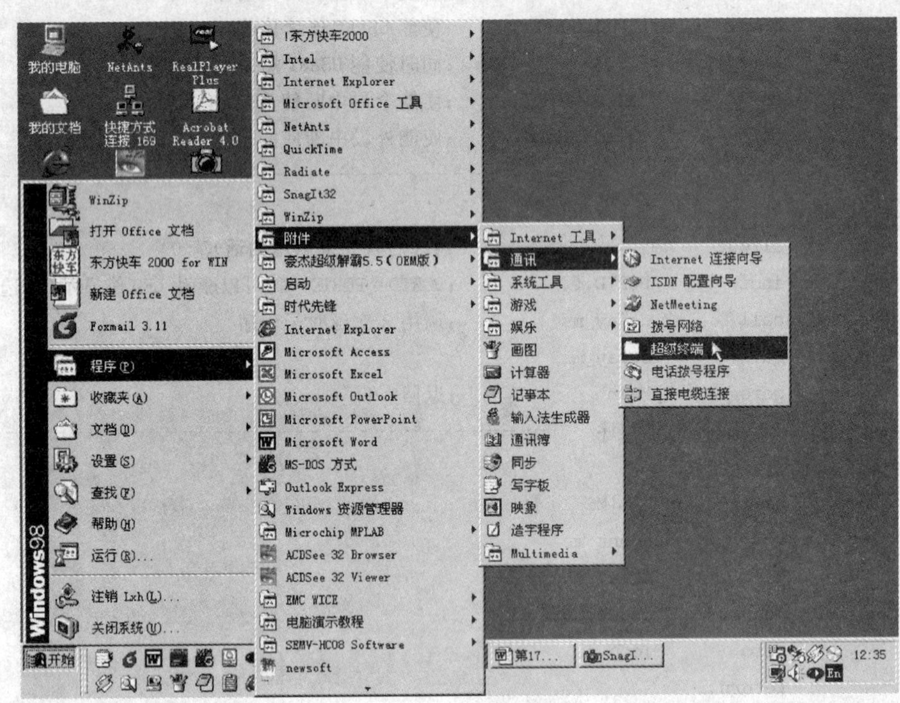

图 6.41 选择超级终端

之后，出现图 6.42 所示的界面。在该界面中用鼠标左键双击图标“Hypertrm.exe”，即可出现图 6.43 所示的超级终端起始画面，几秒钟之后自动打开图 6.44 所示的超级终端“连接说明”对话框。

在超级终端连接说明对话框中，输入一个自己为本终端定义的“名称”(在此定义的是“LXH”)。然后，单击“确定”按钮，随即出现图 6.45 所示的超级终端连接设置对话框。选择“直接连接到串口 1”，单击“确定”按钮，随即出现图 6.46 所示的超级终端端口设置对话框，即可选中微机背后的串行端口 COM1 作为连接用户目标板的通

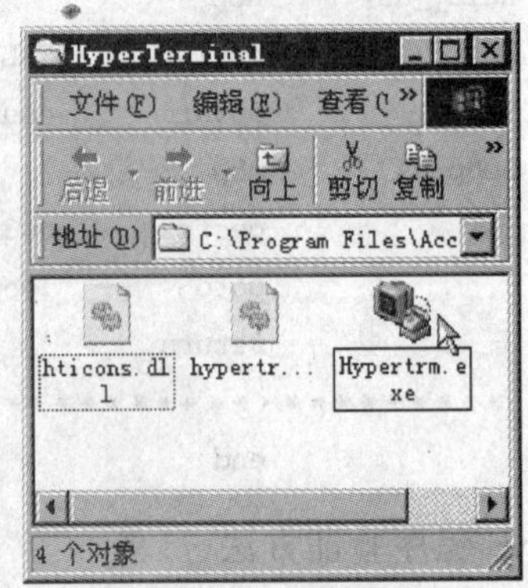

图 6.42 启动超级终端

信端口。

图 6.43　超级终端起始画面

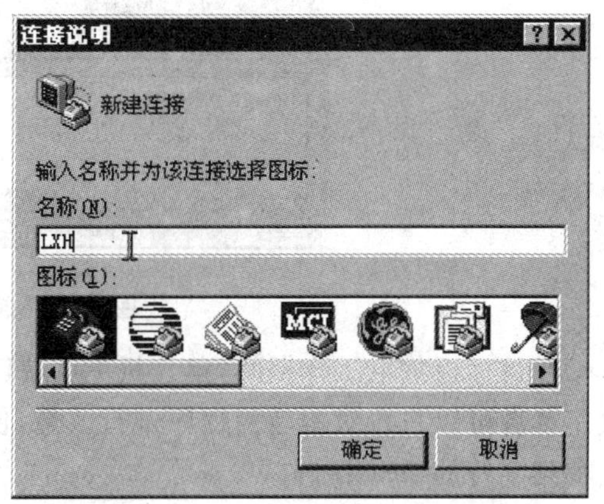

图 6.44　超级终端"连接说明"对话框

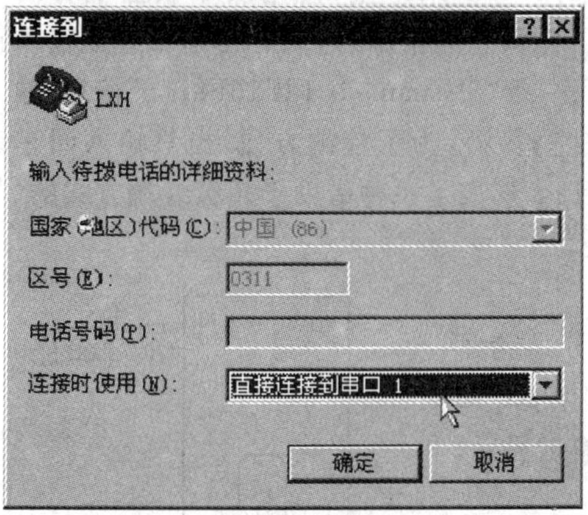

图 6.45　超级终端连接设置对话框

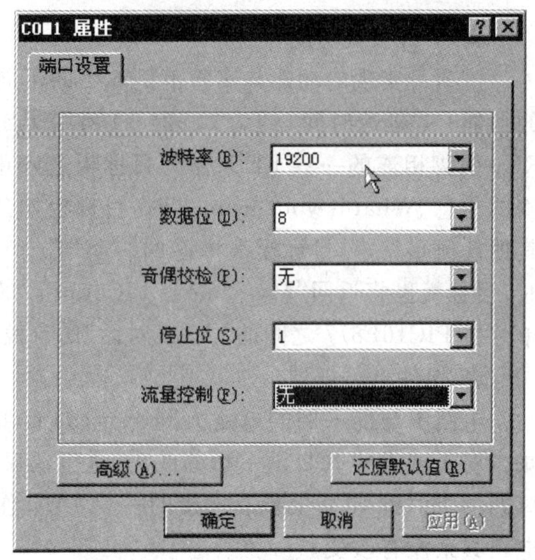

图 6.46　超级终端端口设置对话框

在超级终端端口设置对话框中,各个选项依次选择:19200、8、无、1、无,以便与用户程序中设置的波特率等通信参数相一致。然后,单击"确定"按钮,随即出现图 6.47 所示的超级终端工作窗口。起初该工作窗口之内是空白的,只要目标板及其 PIC16F877 单片机工作正常,在"超级终端"的键盘上键入任何可显字符,都将会显示在工作窗口之内。其实,显示在工作窗口之内的每一个字符,都是微机系统经过串行通信方式发送给目标板上的 PIC16F877,PIC16F877 在成功地接收到每个字符后,不加任何处理再成功地原样反送给微机系统。

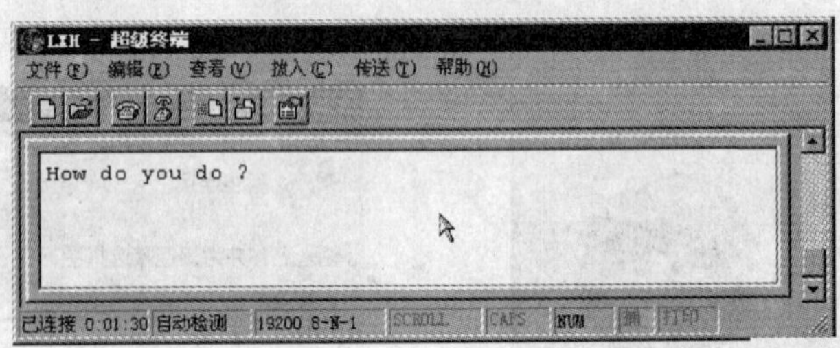

图 6.47 超级终端工作窗口

在目标板加电工作期间，单片机 RD 端口上连接的 8 只 LED 会不停地进行二进制累加计数。读者可以自行对本范例程序进行改造，使其 8 只 LED 及时显示从微机系统的超级终端上接收到字符的 ASCII 码。

【实验范例 6.2】经过 UART 串口进行的人-机对话

★ 项目实现功能

该项目实现的功能与实验范例 6.1 的不同之处，以及在实验范例 6.1 的基础之上新增加的功能有：延迟时间（约为 0.524 s）利用了定时器 TMR1 来产生；使用演示板上现有的与 RC0 引脚相连的一只 LED，作为目标板进入正常工作状态的指示灯；只有当超级终端输入正确的信息“What is your name?”时，目标板才会返回一条“My name is PIC16F877.”信息；输入其他任何字符串，目标板都将返回一条“Error!”信息；另外，为了检测方便，当只输入回车键时，目标板也将返回“My name is PIC16F877.”。因此，形成了一种借助于超级终端方式的、与单片机 PIC16F877 之间的“人-机对话”的有效途径。

★ 硬件电路规划

电路图与前一例的电路大同小异，如 6.48 所示。为了减少对于现成的 ICD 演示板的改动，这里仅仅利用了 RC 端口的一个引脚 RC0 上现有连接的一只 LED 作为输出显示。电路其余没有改变。

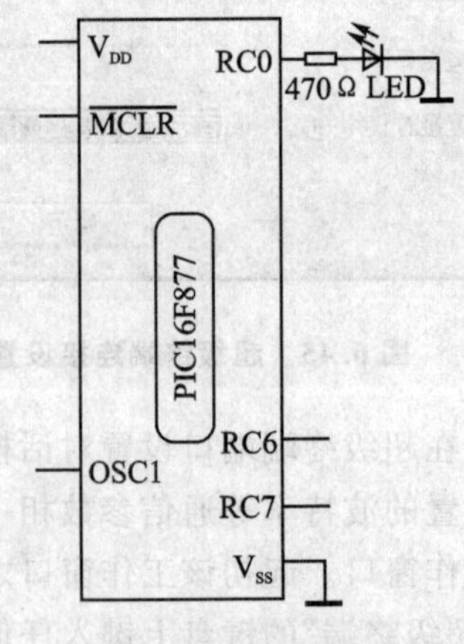

图 6.48 电路图

★ 软件设计思路

令 UART 模块工作于异步收、发两种状态之间切换。其通信波特率的设定与实验范例 6.1 相同。当单片机的时钟频率为 4 MHz 时，利用 16 位定时器 TMR1，再把它的预分频器的分频比设定为 1∶8，其延迟时间为 $2^{19}=524\,288$ 个指令周期 = 524.288 ms。控制单片机 RC0 引脚上的 LED 闪烁发光，用于指示单片机的工作状态。

一旦目标板加电,单片机就进入工作状态,在 LED 不断闪烁的同时,时刻监视 UART 端口上收到的任何字符,并且将收到的任何可显字符反还给超级终端。如果检测到"回车键",就立即将自身预存的两条信息的一条发送给超级终端。

查表程序依据查到的数据是否为 0 来判断是否到达表格的末尾。这就要求在建立表格数据时,将表格的最后一个元素存储一个 0。

用户自己定义和程序中用到的寄存器变量,应该尽量定义在地址为 70H～7FH 的区间,以方便于程序中的操作。理由是,对于 PIC16F877 而言,无论当前的 RAM 体是哪一个,都能够访问到该区间上的寄存器单元。

★ 汇编程序流程

在图 6.49～图 6.51 中给出了主程序、中断服务子程序和查表与反馈子程序的流程图。两个查表子程序的流程图可以参考以前的实验范例。

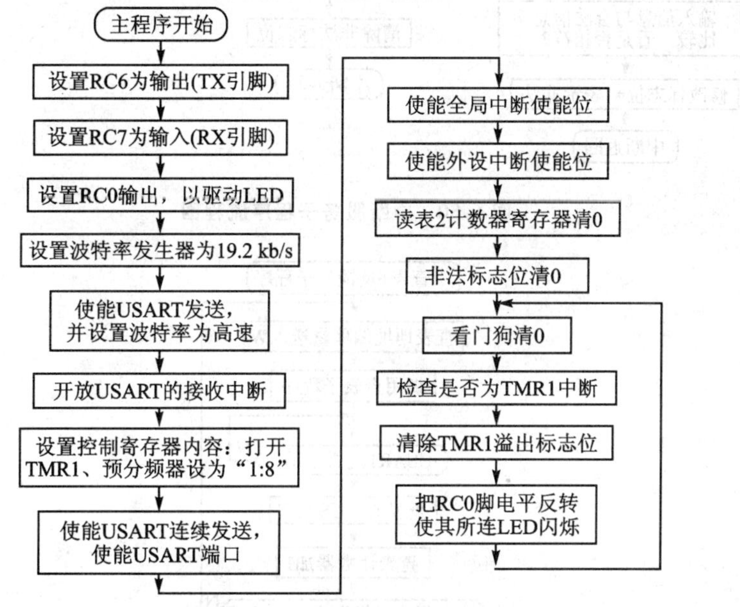

图 6.49　主程序流程图

★ 汇编程序清单

```
;**************************************************************
;《经过 UART 串口进行的人 - 机对话》2006/9/24
; 源程序文件名称：USART3.ASM
;**************************************************************
; 特殊功能寄存器及其位的地址定义
STATUS      equu        3h          ;定义状态寄存器地址
```

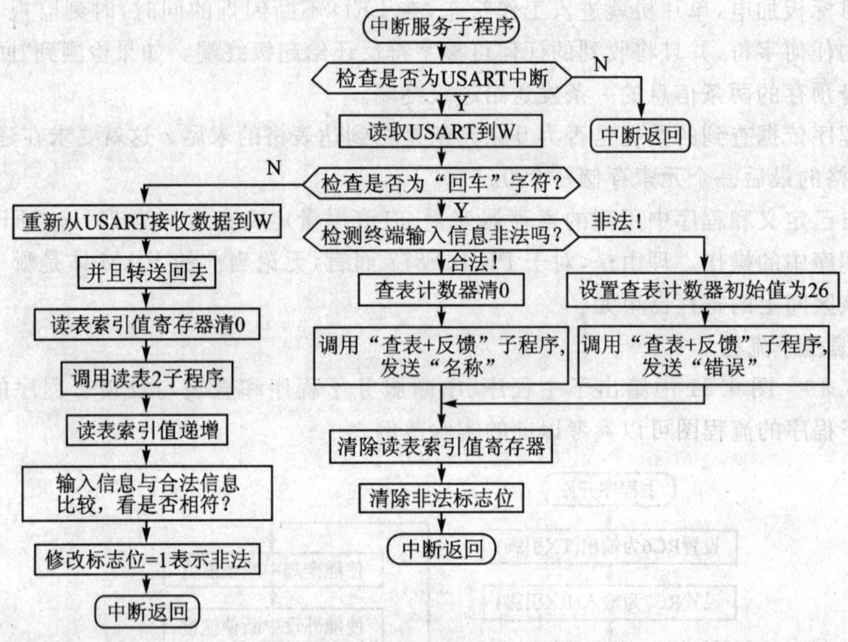

图 6.50　中断服务子程序流程图

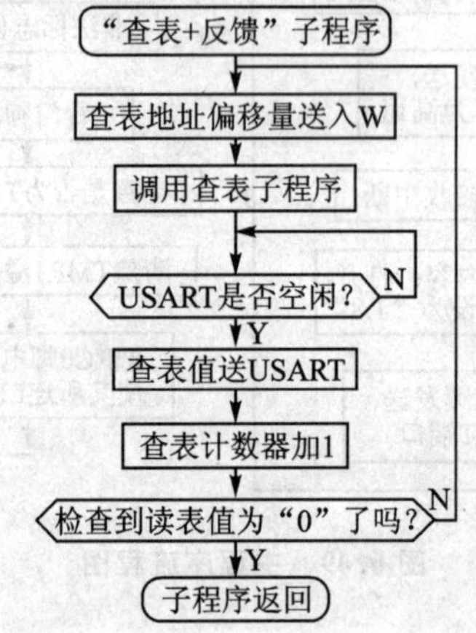

图 6.51　“查表＋反馈”子程序

```
Z          equ     2h     ;定义状态寄存器中的 0 标志位的位地址
INTCON     equ     0bh    ;定义中断控制寄存器地址
PORTC      equ     07h    ;定义端口 C 的数据寄存器地址
TRISC      equ     87h    ;定义端口 C 的方向控制寄存器地址
RP0        equ     5h     ;定义状态寄存器中的页选位 RP0
```

```
PIR1        equ     0ch         ;定义第一中断标志寄存器
PIE1        equ     8ch         ;定义第一中断使能寄存器
RCSTA       equ     18h         ;接收状态和控制寄存器
TXSTA       equ     98h         ;发送状态和控制寄存器
SPBRG       equ     99h         ;波特率发生器寄存器
RCREG       equ     1ah         ;接收寄存器
TXREG       equ     19h         ;发送寄存器
GIE         equ     7           ;总中断使能位
PEIE        equ     6           ;外设中断使能位
RCIF        equ     5           ;接收中断标志位
RCIE        equ     5           ;接收中断使能位
TXIF        equ     4           ;发送中断标志位
PCL         equ     2           ;程序计数器低字节寄存器
TMR1L       equ     0eh         ;定义定时器/计数器 1 低字节寄存器地址
TMR1H       equ     0fh         ;定义定时器/计数器 1 高字节寄存器地址
T1CON       equ     10h         ;定义 TMR1 控制寄存器
TMR1IF      equ     0           ;定义 TMR1 中断标志位位地址
; 变量寄存器的地址声明(定义在 4 个体的公共区域以方便程序的读写)
readcunt    equ     0x70        ;定义一个读表 2 计数器
count1      equ     0x72        ;定义一个查表 1 显示计数器
temp        equ     0x73        ;定义一个临时寄存器
FEIFA       equ     0x74        ;定义一个非法标志寄存器
;**********************************************************************
; 复位矢量和中断矢量
;----------------------------------------------------------------------
            org     0x0000      ;复位矢量
            goto    Startup     ;跳转到初始化程序
            org     0x0004      ;中断矢量
;----------------------------------------------------------------------
; 中断服务程序
;----------------------------------------------------------------------
HighISR     btfss   PIR1,RCIF   ;检查是否为 USART 中断
            retfie              ;否! 中断返回
            movf    RCREG,0     ;读取 USART 到 W
            sublw   0x0d        ;检查是否为"回车"<CR>字符
            btfss   STATUS,Z    ;
            goto    feedback    ;否! 跳转
            btfss   FEIFA,0     ;检测终端输入信息非法吗
            Goto    call1       ;合法
```

```
            Goto      call2          ;非法
call1       clrf      count1         ;清 0 查表计数器
            call      table          ;调用"查表 + 反馈"子程序,送"名称"
            goto      EXIT           ;
call2       movlw     .26            ;表格从第 26 个元素起为"错误"信息
            movwf     count1         ;设置查表计数器初始值
            call      table          ;调用"查表 + 反馈"子程序,送"错误"
EXIT        clrf      readcunt       ;清除读表索引值寄存器
            clrf      FEIFA          ;清除非法标志位
            retfie                   ;返回
feedback    movf      RCREG,0        ;重新从 USART 接收数据到 W
            movwf     TXREG          ;并且转送回去
            movf      readcunt,0     ;清 0 读表索引值寄存器
            Call      read2          ;调用读表子程序
            Incf      readcunt,1     ;读表索引值递增
            Subwf     RCREG,0        ;输入信息与合法信息比较
            Btfsc     STATUS,Z       ;看是否相符?
            retfie                   ;是! 中断返回
            bsf       FEIFA,0        ;否! 修改标志位 = 1 表示非法
            retfie                   ;中断返回
;----------------------------------------------------------------
;"查表 + 反馈"子程序
;----------------------------------------------------------------
table                                ;"查表 + 反馈"子程序名称
loop        movf      count1,0       ;count1 作为查表地址偏移量送入 W
            call      read1          ;调用读取显示信息子程序
            movwf     temp           ;
GetData     btfss     PIR1,TXIF      ;等待,直到 USART 空闲
            goto      GetData
            movwf     TXREG          ;查表值送 USART
            incf      count1,1       ;查表计数器加 1
            movf      temp,0         ;检查到读表值为"0"了吗
            btfss     STATUS,Z       ;是! 跳一步,结束查表
            goto      loop           ;否! 应该返回继续查表
            return                   ;返回
;--------  查表子程序 1  ------------------------------------------
read1                                ;字符串"My name is PIC16F877."
            addwf     PCL,1          ;地址偏移量加当前 PC 值
            retlw     a'\n'          ;换行控制符号,即 0DH = <CR>
```

```
        retlw       a'\r'           ;回车控制符号,即 0AH = <LF>
        retlw       a'M'            ;送回到微机的超级终端的字符串
        retlw       a'y'            ;下同
        retlw       a' '            ;
        retlw       a'N'            ;
        retlw       a'a'            ;
        retlw       a'm'            ;
        retlw       a'e'            ;
        retlw       a' '            ;
        retlw       a'i'            ;
        retlw       a's'            ;
        retlw       a' '            ;
        retlw       a'P'            ;
        retlw       a'I'            ;
        retlw       a'C'            ;
        retlw       a'1'            ;
        retlw       a'6'            ;
        retlw       a'F'            ;
        retlw       a'8'            ;
        retlw       a'7'            ;
        retlw       a'7'            ;
        retlw       a'.'            ;
        retlw       a'\n'           ;换行控制符号,即 0DH = <CR>
        retlw       a'\r'           ;回车控制符号,即 0AH = <LF>
        retlw       0               ;
read                                ;字符串"Error!"
        retlw       a'\n'           ;换行控制符号,即 a'\n' = 0DH = <CR>
        retlw       a'\r'           ;回车控制符号,即 a'\r' = 0AH = <LF>
        retlw       a'E'            ;送回到微机的超级终端的字符串
        retlw       a'r'            ;下同
        retlw       a'r'            ;
        retlw       a'o'            ;
        retlw       a'r'            ;
        retlw       a'!'            ;
        retlw       a'\n'           ;换行控制符号,即 0DH = <CR>
        retlw       a'\r'           ;回车控制符号,即 0AH = <LF>
        retlw       0               ;
;--------  查表子程序 2  ----------------------------------------
read2                               ;字符串"What is your name?"
```

```
        addwf   PCL,1           ;地址偏移量加当前 PC 值
        retlw   a'W'            ;与超级终端的输入字符串相比较的字符
        retlw   a'h'            ;下同
        retlw   a'a'            ;
        retlw   a't'            ;
        retlw   a' '            ;
        retlw   a'i'            ;
        retlw   a's'            ;
        retlw   a' '            ;
        retlw   a'y'            ;
        retlw   a'o'            ;
        retlw   a'u'            ;
        retlw   a'r'            ;
        retlw   a' '            ;
        retlw   a'n'            ;
        retlw   a'a'            ;
        retlw   a'm'            ;
        retlw   a'e'            ;
        retlw   a'?'            ;
;------------------------------------------------------------------
; 主程序
;------------------------------------------------------------------
Startup bsf     STATUS, RP0     ;选择 RAM 的体 1
        bsf     TRISC,6         ;设置 RC6 为输入(USRT CK 引脚)
        bsf     TRISC,7         ;设置 RC7 为输入(USRT DT 引脚)
        bcf     TRISC,0         ;设置 RC0 输出,以驱动 LED 闪烁作运行指示灯
        movlw   .12             ;装载波特率发生器,为 19.2 kb/s,在单片机时钟为 4 MHz 时
        movwf   SPBRG
        movlw   b'00100100'     ;使能 USART 发送,设置波特率发生器为高速方式
        movwf   TXSTA           ;
        bsf     PIE1,RCIE       ;开放 USART 的接收中断
        bcf     STATUS, RP0     ;选择 RAM 体 0
        movlw   35h             ;设置控制寄存器内容:打开 TMR1、
        movwf   T1CON           ;预分频器设为"1:8",产生延时 524 ms
        movlw   b'10010000'     ;使能 USART 连续接收,使能 USART 端口
        movwf   RCSTA           ;
        bsf     INTCON,GIE      ;使能全局中断使能位
        bsf     INTCON,PEIE     ;使能外设中断使能位
        clrf    readcunt        ;清 0 读表 2 计数器寄存器
```

```
         clrf      FEIFA           ;清0非法标志寄存器中的标志位
Main     clrwdt                    ;看门狗(如果启用的话)清0
         btfss     PIR1,TMR1IF     ;检查是否为TMR1中断
         goto      Main            ;否！跳回
         bcf       PIR1,TMR1IF     ;是！清除TMR1溢出标志位
         movlw     b'00000001'     ;把RC0引脚电平反转，
         xorwf     PORTC,1         ;使其所连LED闪烁(每隔524 ms改变一次状态)
         goto      Main            ;返回
;*******************************************************************
         end                       ;源文件结束
```

★ 程序验证方法

程序的运行与检验方法，可以参考实验范例6.1。不过，有一点提请注意：超级终端和MPLAB不能同时占用COM1端口，否则，将导致微机系统出错。

在图6.52所示的超级终端工作窗口中描述的是，第1行输入的是单个回车键，结果反馈一条“My Name is PIC16F877.”信息，并且显示在第2行上；第3行输入的是错误信息，回车后，结果反馈一条“Error!”提示信息，显示在第4行上；第5行输入的是所要求的正确信息“What is your name?”，结果反馈一条“My Name is PIC16F877.”信息，显示在第6行上；其余不再赘述。

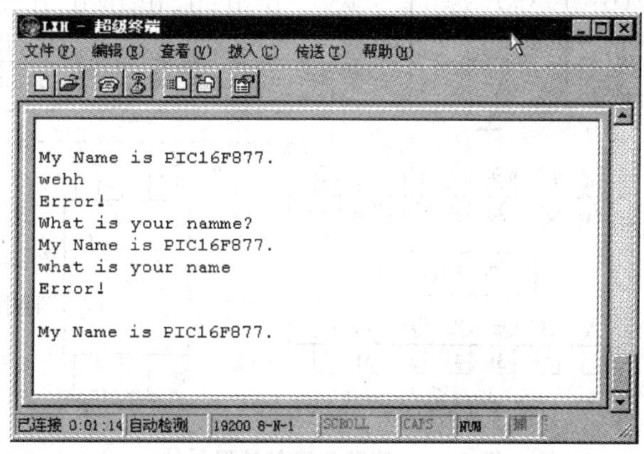

图6.52 对话工作窗口

【实验范例6.3】利用USRT扩展8位并行输出口线

★ 项目实现功能

本实验的主要目的就是展示USRT模块同步通信这种功能，具体方法就是，利用一片移位寄存器型通用TTL数字集成电路，构成串并变换输出电路来扩展8条输出引线，进而可以

驱动 LED 型 7 段数码管(或 8 只分立 LED)。当单片机加电并且进入程序的正常运行状态之后,可以看到数码管在"0～F"16 个数字之间按递增规律循环显示。

★ 硬件电路规划

在 ICD 演示板的基础之上,扩展一只通用 TTL 数字集成电路 74LS164、8 只限流电阻和一只 LED 数码管,如图 6.51 所示。74LS164 是一只廉价易购的 8 位串入并出或串入串出移位寄存器,串行数据输入端 A 和 B 共同连接到 USART 模块的同步数据输出端 DT,并行数据输出端外接一只 LED 共阴极数码管。74LS164 和共阴极数码管引脚排列图如图 6.53 所示。由于 USRT 的同步发送时序表明,DT 端移出的数据在 CK 同步时钟脉冲下降沿是稳定的,而 74LS164 的数据移入则是在时钟脉冲的上升沿进行采样的,再者,USRT 的同步时钟平时停留在低电平上,而 74LS164 的同步时钟平时停留在高电平上较好,因此,当在两者之间加入一只反相器后,实践证明可以稳定可靠地工作。

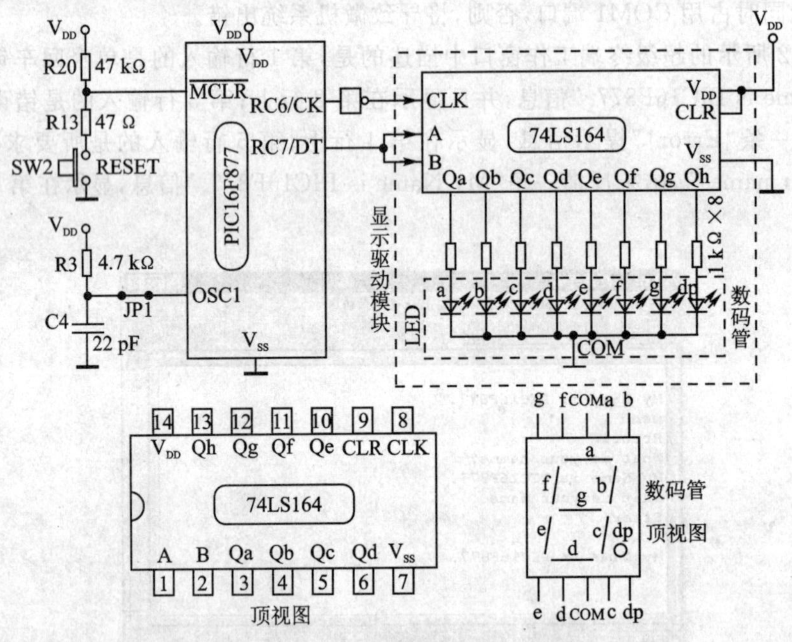

图 6.53 实验电路与扩展器件

★ 软件设计思路

为了实现以上实验目的,在程序的初始化部分进行必要的设置。例如,USRT 模块能否进入工作状态由 RCSTA 寄存器的 SPEN 位控制;是工作在异步还是同步方式,以及同步方式下是选择主控还是选择从动,则分别由 TXSTA 寄存器的 SYNC 和 CSRC 位设置。对于 USART 的同步方式只有低速模式一种选择,即 TXSTA 寄存器的 BRGH=0。波特率的计算公式为:$f_{OSC}/[4(X+1)]$。在本例选 X 为 255,波特率约为 0.98 kb/s。

另外,由于 USRT 模块串行移位数据时是低位在先的(与下一章将要介绍的 SPI 接口高位在先的数据移位方式正好相反,这一点应该引起足够地重视),因此,在对被显数字向 LED 数码管的显示段码进行转换时,应该注意一致性,否则,将显示乱码。例如,发送给数字"0"的笔段码给驱动共阴极数码管的 74LS164,当高位在先时该段码为 3FH(=bit7~bit0 =dp,g,f,…,a);当低位在先时该段码为 FCH(=bit7~bit0=a,b,c,…,dp)。高位至低位的排列顺序两者恰好相反(可以参考第 4.12 节)。

★ 汇编程序流程

主程序流程图如图 6.54 所示,子程序流程图比较简单,不再给出,也可以参考以前的实验范例。

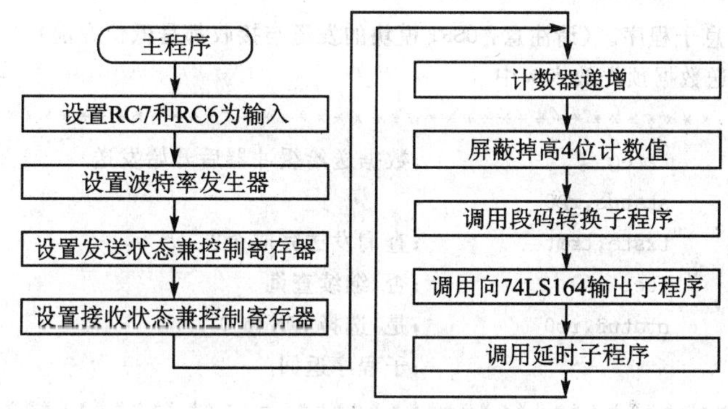

图 6.54 程序流程图

★ 汇编程序清单

```
;*****************************************************************
;《利用 USRT 串口扩展 8 位并行输出口》2006/9/24
; 源程序文件名称:USRT1.ASM
;*****************************************************************
        include    "p16f877.inc"     ;含入包含文件
count   equ        0x70              ;定义一个计数器变量
        org        0x0000            ;复位矢量
Startup bsf        STATUS, RP0       ;选择 RAM 的体 1 为当前体
        bcf        STATUS, RP1       ;
        bsf        TRISC,6           ;设置 RC6 为输入(USRT CK 引脚)
        bsf        TRISC,7           ;设置 RC7 为输入(USRT DT 引脚)
        movlw      .255              ;用 255 装载波特率发生器
        movwf      SPBRG             ;在系统时钟 4 MHz 时约为 0.98 kb/s
        movlw      b'10110000'       ;设置发送状态兼控制寄存器
        movwf      TXSTA             ;
```

```
        bcf        STATUS, RP0           ;恢复 RAM 体 0 为当前体
        movlw      b'10000000'           ;设置接收状态兼控制寄存器
        movwf      RCSTA                 ;使能 USART 端口
main    incf       count,f               ;计数器递增
        movlw      0fh                   ;
        andwf      count,w               ;屏蔽掉高 4 位计数值后留在 W 中
        call       convert               ;调用段码转换子程序
        call       out                   ;调用向 74LS164 输出子程序
        call       d521                  ;调用延时子程序
        goto       main                  ;返回
;*****************************************************************
;发送一个字节信息子程序。(请注意：USRT 模块的发送与接收都是低位在前)
;入口条件：待发送数据预先放入 W 中
;*****************************************************************
out:    movwf      txreg                 ;数据送给缓冲器后开始发送
        bsf        status,rp0
loop    btfss      txsta,trmt            ;查询发送完成否？
        goto       loop                  ;否,继续查询
        bcf        status,rp0            ;是,选择 RAM 体 0
        return                           ;子程序返回
;*****************************************************************
; "二进制/段码"转换(即查表)子程序
;*****************************************************************
convert: addwf     pcl,1                 ;把 W 内容叠加到 PC 的低 8 位上
        retlw      0fch                  ;返回字符"0"的笔段码(bit7～bit0 = a,b,c,…,dp)
        retlw      60h                   ;"1"的笔段码
        retlw      0dah                  ;"2"的笔段码
        retlw      0f2h                  ;"3"的笔段码
        retlw      66h                   ;"4"的笔段码
        retlw      0b6h                  ;"5"的笔段码
        retlw      0beh                  ;"6"的笔段码
        retlw      0e0h                  ;"7"的笔段码
        retlw      0feh                  ;"8"的笔段码
        retlw      0f6h                  ;"9"的笔段码
        retlw      0eeh                  ;"A"的笔段码
        retlw      3eh                   ;"b"的笔段码
        retlw      9ch                   ;"C"的笔段码
        retlw      7ah                   ;"d"的笔段码
        retlw      9eh                   ;"E"的笔段码
```

```
        retlw       8eh                     ;"F"的笔段码
;*************************************************************
;延时子程序(在系统时钟频率为 4 MHz 时延时 521 ms)
;*************************************************************
d521:   movlw       0xff                    ;将外层循环参数值经过 W
        movwf       77h                     ;送入用作外循环变量的
lp0     movlw       0xff                    ;将内层循环参数值经过 W
        movwf       78h                     ;送入用作内循环变量的
lp1     nop                                 ;加 NOP 以便增加循环程序的延时
        nop
        nop
        nop
        nop
        decfsz      78h,1                   ;变量内容递减,若为 0 跳跃
        goto        lp1                     ;跳转到 lp1 处
        decfsz      77h,1                   ;变量内容递减,若为 0 跳跃
        goto        lp0                     ;跳转到 lp0 处
        return                              ;子程序返回
;*************************************************************
        end                                 ;源文件结束
```

★ 几点补充说明

(1) 由于 74LS164 吞吐电流的输出负载能力严重不对称,低电平吸入电流的负载能力(为 8 mA)比高电平流出电流的负载能力(仅有 0.4 mA)大得多,因此,如果手头具备共阳极 LED 数码管则更好。

(2) 如果需要仅仅利用 DT 和 CK 两线串行驱动多位 LED 数码管,可以将多片 74LS164 串行级连在一起。方法是后一片的 A、B 端连接到前一片的 Qh 端,各片的时钟端复接在一起。

(3) 如果利用 74LS165 或 74LS166 等并入串出移位寄存器,还可以实现用 USRT 同步方式扩展 8 位并行输入端口,并且也可以根据需要级连多片。

思考题与练习题

1. 计算机与外界交换信息的方式有并行通信和串行通信之分,各自有哪些优缺点?
2. 串行通信又分为哪两种基本方式?
3. 异步串行通信的信息格式所采用的数据帧结构包含哪几个部分?
4. 从物理线路的连接上看,同步通信和异步通信的主要差异是什么?
5. 什么叫单工、双工、全双工通信方式?

6. 能否解释串行通信中的主控器和被控器的概念?
7. 异步串行通信中常用的帧结构有哪几种?它们分别适用于哪些场合?
8. 串行通信中常用的检错方法有哪几种?各自的特点有哪些?
9. 串行通信中采用的汉明码纠错方法的工作原理是怎样的?
10. 串行通信的组网方式有哪些种类?
11. 单片机通信常用的几种组网方式分别具备哪些特点?
12. RS-232C 代表的意思是什么?是如何规定其标准的?
13. 在单片机串行通信中所用到的 RS-232C 信号只是它的一个子集,对吗?
14. 信息传输速率 R 和符号传输速率 N 的概念差异有哪些?两者存在什么关系?
15. PIC16F87X 的 USART 模块可以工作于哪些工作方式之下?
16. PIC16F87X 的 USART 模块为何有时又被称为 AUSART(可寻址的 USART)?
17. 当 USART 模块工作于异步或同步方式下,其波特率分别是如何确定的?
18. USART 模块在传输数据时是低位在先还是高位在先?
19. USART 发送中断标志位 TXIF 和接收中断标志位 RCIF 能否被软件清 0?
20. 带地址检测功能的 USART 是如何过虑地址帧的?
21. USART 的地址检测功能主要适用于什么应用场合?
22. USART 模块工作于同步方式时是以半双工还是以全双工方式进行通信的?

第7章

SPI接口概念、SPI接口模块和SPI接口应用

微芯公司前期推出的PIC16C6X和PIC16C7X系列单片机，其内部都配备有一个称为“同步串行端口(SSP，Synchronous Serial Port)”的模块，在新推出的PIC16F87X系列单片机内部配置的可以实现相同功能的模块，则叫做“主控同步串行端口(MSSP，Master Synchronous Serial Port)”模块。原因是后者在前者的基础上，进行了一些硬件扩展和功能改进，硬件上能够更好地支持I^2C总线的主控模式，所以名称上也作了相应的扩展(添加了“主控”的字样)以示区别。

MSSP模块主要是用来与带串行接口的外围器件或其他带有同类接口的单片机进行通信的一种串行接口。这些外围器件可以是串行的RAM、EEPROM、FLASH、LCD显示驱动器、LED显示驱动器、VF荧光显示驱动器、移位寄存器、A/D转换器、D/A转换器、数字锁相环PLL、日历时钟RTC、数字电位器、多路模拟开关、键盘扫描转换器、IC卡、串行/并行转换扩展接口、温度传感器、立体声音量/音调/衰减/均衡控制器、双音多频DTMF信号发生器、电能表芯片、FSK调制解调器芯片、电话来电显示译码芯片，等等。

绝大多数以“纯单片”组态方式应用的单片机(例如，MC68HC05、MC68HC08、MC68HC11系列单片机；PIC12CXX、PIC16CXX系列单片机等)，其内部总线是对外不开放的。如果在片内现有的硬件资源不能满足实际产品项目需要时，可以利用同步串行接口或者串行总线(例如SPI接口、I^2C总线、MicroWire接口、SMBus总线、1-Wire总线等)，来扩展各种通用外设芯片(如ADC、EEPROM等)或专用外围芯片(例DTMF发生器、电能表芯片等)。这将是一种最方便、最有效的单片机应用系统扩展方法。

PIC16F87X单片机内部的MSSP模块可以兼容，或者说可以工作于以下两种工作模式：

(1) 串行外围接口SPI(Serial Peripheral Interface，简称SPI接口)；

(2) 芯片间总线I^2C(Inter Integrated Circuit Bus，简称I^2C总线)。

本章只介绍工作于SPI模式之下的MSSP模块。在介绍USART模块的上一章中引出的一些基本概念，仍然适用于本章。在正式讲解SPI接口功能之前，有必要首先简单介绍一些关于SPI接口技术的背景知识。

7.1 关于SPI接口的背景知识和基本概念

SPI是由美国摩托罗拉公司最先推出的一种同步串行传输规范，也是一种单片机外设芯片串行扩展接口。该公司在其生产的MC68HC05系列、MC68HC908系列和MC68HC11系列单片机中都配置了SPI专用模块，并且还为此开发了种类繁多、功能丰富的，具备或者兼容SPI接口的单片机外围器件。由于具备SPI接口的外围器件，具有引出脚少、封装简便、造价低廉等突出优点，在市场上得到了迅速普及(例如著名的25XXX系列EEPROM产品，微芯公司就生产此类芯片)，因此，其他单片机制造商也相继开发了片内具备SPI接口模块的单片机。美国微芯公司生产的PIC16C6X、PIC16C7X和PIC16F87X系列单片机就属于此类产品。

7.1.1 SPI接口信号描述

SPI接口可以用全双工方式同时发送和接收8位数据，它共使用了4个引脚。按摩托罗拉公司标准的定义和命名方法，这4个引脚规定分别为：

1) 主器件输入/从器件输出线(简称MISO, Master In Slave Out)

在主器件中作为输入线，在从器件中作为输出线。其作用是在一个方向上传送数据：先送高位(MSB)，后送低位(LSB)。如果从器件没有被选中，则主器件的MISO线处于高阻状态。

2) 主器件输出/从器件输入线(简称MOSI, Master Out Slave In)

在主器件中作为输出线，在从器件中作为输入线。其作用也是在一个方向上传送数据：先送高位(MSB)，后送低位(LSB)。

3) 同步串行时钟线(简称SCK, Serial Clock)

在主器件中作为输出线，在从器件中作为输入线。SCK时钟信号，用于主、从器件之间在MISO和MOSI线上传送数据时进行同步。在8个时钟周期之内，主、从器件之间完成一个字节信息的交换。SCK定时信号由主器件负责产生和输出。

时钟脉冲的速率(即频率)、相位和空闲状态电平，都可以由用户软件选择确定。图7.1中描述了所有的4种定时关系。从该图可以看出：主器件和从器件必须在相同的时序中工作；SCK信号在空闲期间，既可以停留在低电平上，也可以停留在高电平上；发送数据的一方总是在每个SCK时钟的前半个周期送出数据；接收数据的一方总是在每个SCK时钟周期的中心跳变沿上，采样数据输入端和锁存数据。

4) "从机方式"选择线(简称$\overline{SS}$, Slave Select)

对于工作于从器件模式的单片机，$\overline{SS}$输入线用作选通信号输入端，该引脚必须在传送数据之前被设置为低电平，并且在整个数据传送过程中维持为稳定的低电平；对于工作于主器件模式的单片机，$\overline{SS}$输入线必须接高电平。一个主机对接一个从机进行全双工通信的连接方法，可以参考图7.2所示。

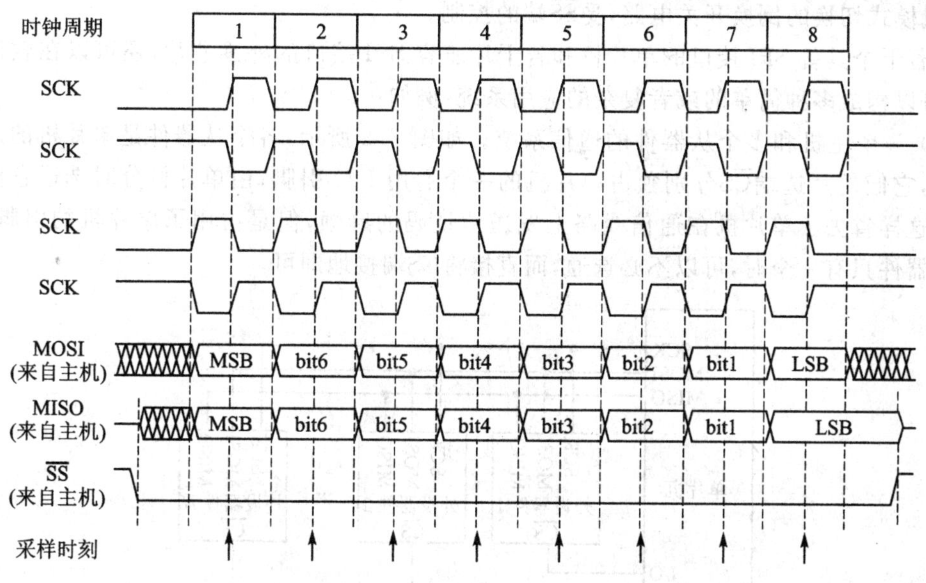

图7.1 数据时钟时序图

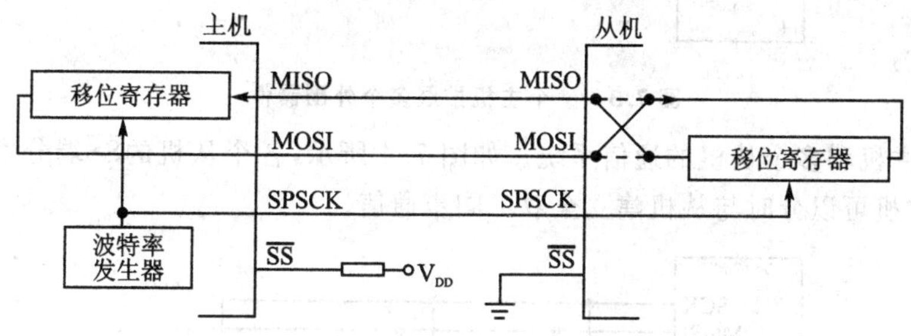

图7.2 全双工主机-从机连接方法

对于以上提到的几个名词再作一点补充解释：主器件一定是内部带有CPU的智能器件或单片机(所以称其为主机也可)，而从器件既可以是内部带有CPU的智能器件(在这种情况下称其为从机更准确)，也可以是简单的外设器件(在这种情况下称其为从器件更准确)。无论选用哪个称呼，只要不产生混淆均可。

7.1.2 基于SPI的系统构成方式

在图7.2中所示的是一个主机对接一个从机进行全双工通信的系统构成方式。在该系统中，由于主机和从机的角色是固定不变的，并且只有一个从机，因此，可以将主机的$\overline{SS}$端接高电平，将从机的$\overline{SS}$端固定接地。注意，具备SPI接口的MC68HCXX系列单片机，可以将"同名端"直接相连，原因是，该系列单片机的MISO和MOSI两引脚之间，在片内设置了一个随主、从机模式切换的倒换开关电路，受$\overline{SS}$端的控制。

由若干个具备SPI接口的单片机和若干片兼容SPI接口的外围芯片，还可以在软件的控制下，可以构成多种简单的或者复杂的应用系统，例如：

(1) 一个主机和多个从器件的通信系统。如图7.3所示，各个从器件是单片机的外围扩展芯片，它们的片选端$\overline{CS}$分别独占单片机的一个通用I/O引脚，由单片机分时选通它们建立通信。这样省去了单片机在通信线路上发送地址码的麻烦，但是占用了单片机的引脚资源。当外设器件只有一个时，可以不必选通，而直接将$\overline{CS}$端接地即可。

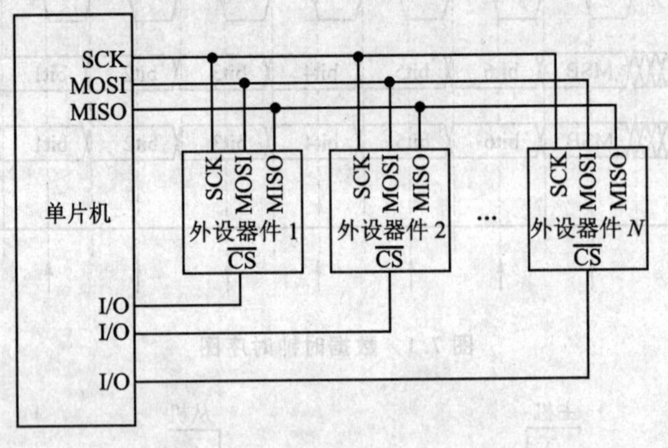

图7.3　一个主机扩展多个外围器件

(2) 一个主机和多个从机的通信系统。如图7.4所示，各个从机的$\overline{SS}$端分别与单片机的I/O脚相连，主机可以分时与从机建立全双工同步通信。

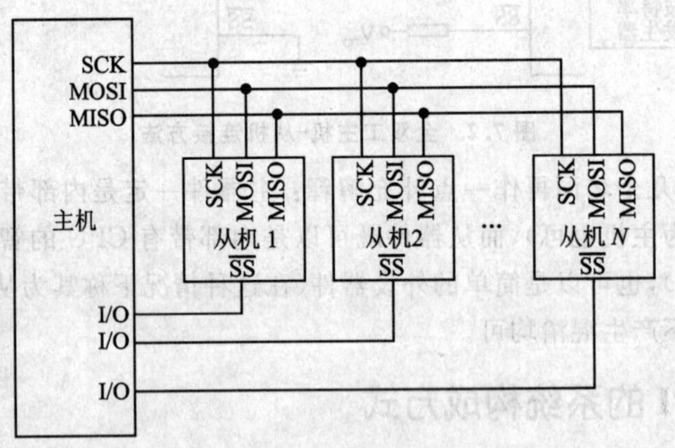

图7.4　一个主机连接多个从机

(3) 几个单片机互相连接构成多主机通信系统。如图7.5所示，描绘的是3个既可以当作主机也可以当作从机的单片机组成的系统。

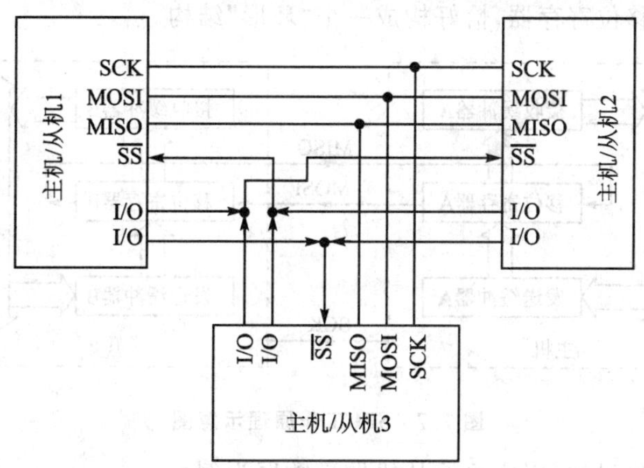

图 7.5 多主机系统连接方法

(4) 主机、从机和从器件共同组成的应用系统。如图 7.6 所示，描绘的是一个主机、一个从机和多片外设芯片，这些外设芯片有的是只接受来自单片机信息的类型（可以省去 MISO 线），有的是只向单片机提供信息的类型（可以省去 MOSI 线），还有的是既接受也发送信息的类型。

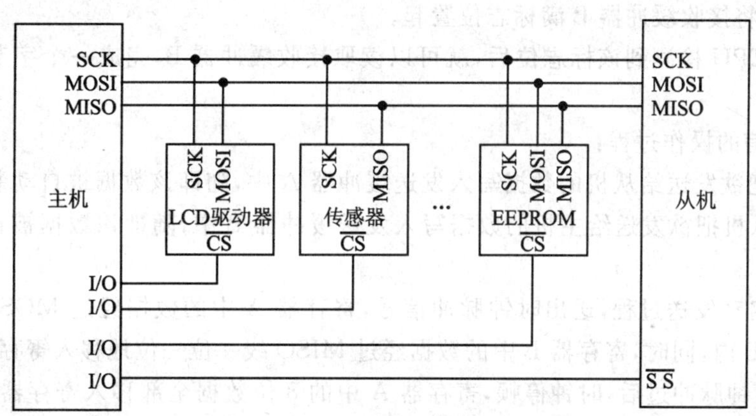

图 7.6 主机、从机和从器件互连

7.1.3 SPI 接口工作原理

SPI 工作原理示意图如图 7.7 所示。电路包含 3 个主要组成部分：移位寄存器、发送缓冲器和接收缓冲器。其中，发送缓冲器与数据总线相连，可以由用户程序写入欲发送的数据，然后自动向移位寄存器装载数据；接收缓冲器也与数据总线相连，可以由用户程序读取接收到的数据；移位寄存器负责收发数据，它有移入和移出两个端口，分别与收和发两条通信线路连接，与通信对端单片机的移位寄存器,恰好构成一个"环形"结构。

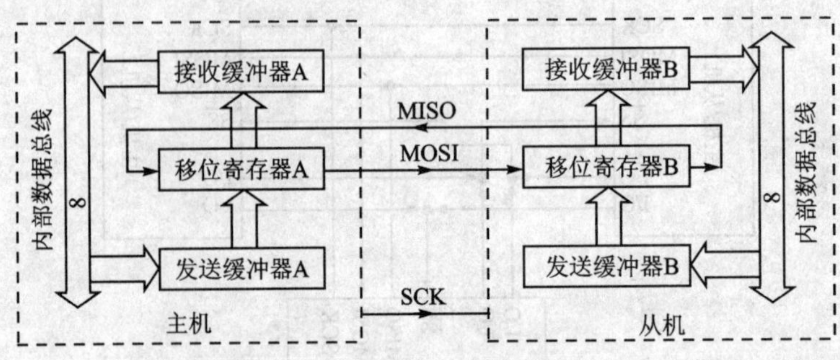

图7.7 SPI工作原理示意图

半双工通信的操作过程(以主机给从机发送数据为例):

(1) 主机CPU经过数据总线把欲发送数据写入发送缓冲器A,该数据随即被自动装入移位寄存器A中。

(2) 主机启动发送过程,送出时钟脉冲信号,有效数据从寄存器A中一位一位地移入寄存器B内(同时寄存器A中也被移入了一个无效数据,可以不必理睬)。

(3) 8个时钟脉冲过后,时钟停顿,8位数据全部移入寄存器B中,随即又被自动装入接收缓冲器B,并且将接收缓冲器B满标志位置起。

(4) 从机CPU检测到该标志位后,就可以读取接收缓冲器B,完成一个字节的单向通信过程。

全双工通信的操作过程:

(1) 主机把欲发送给从机的数据写入发送缓冲器A中,随即该数据被自动装入移位寄存器A中,同时从机把欲发送给主机的数据写入发送缓冲器B中,随即该数据被自动装入移位寄存器B中。

(2) 主机启动发送过程,送出时钟脉冲信号,寄存器A中的数据经过MOSI线一位一位地移入寄存器B内,同时,寄存器B中的数据经过MISO线一位一位地移入寄存器A内。

(3) 8个时钟脉冲过后,时钟停顿,寄存器A中的8位数据全部移入寄存器B中,随即又被自动装入接收缓冲器B,并且将从机接收缓冲器B满标志位置起。同理,寄存器B中的8位数据全部移入寄存器A中,随即又被自动装入接收缓冲器A,并且将主机接收缓冲器A满标志位置起。

(4) 主机CPU检测到接收缓冲器A满标志位后,就可以读取接收缓冲器A,同样从机CPU检测到接收缓冲器B满标志位后,就可以读取接收缓冲器B。完成一个字节的互换通信过程。

从以上操作过程的分析可以看出,即使是在进行全双工通信时,接收缓冲器和发送缓冲器也没有同时被占用。也就是说,在发送缓冲器被使用时,接收缓冲器处于空闲状态,而接收缓冲器忙的时候,发送缓冲器又空闲下来。因此,就可以将两个缓冲器的功能合二为一,构成一个收发缓冲器,以简化电路而又不会冲突。这样图 7.7 所示的电路,就可以简化成图 7.8 所描绘的精简结构。

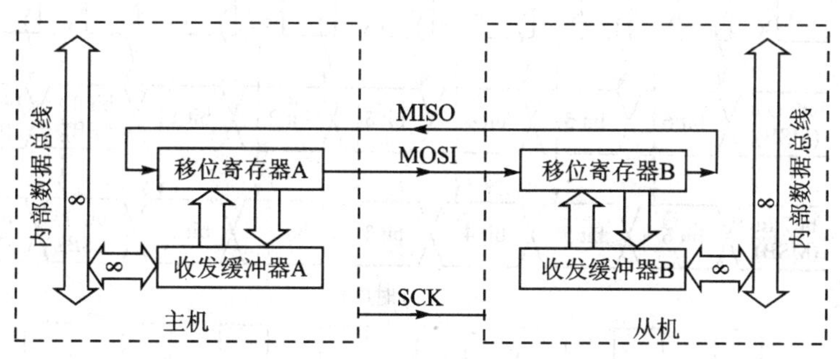

图 7.8　电路精简的 SPI 工作原理示意图

7.1.4　兼容的 MicroWire 接口

MicroWire 串行接口是由美国国家半导体公司(NSC)最先提出的,是与 SPI 兼容的另一种扩展接口,广泛应用于 NSC 公司产生的 COP400、COP800 和 HPC 系列单片机中,后来的改进版本增加了多主机功能,称为 MicroWire/Plus。

NSC 公司不仅在其出产的多种系列单片机中配置了该接口模块,而且还为此开发了种类繁多而且功能丰富的,具备或者兼容这种接口的单片机外围器件。由于具备 MicroWire/Plus 接口的单片机外围器件,同样具有引出脚少、封装简便、造价低廉等突出优点,在市场上得到了迅速普及(例如著名的 93XXX 系列 EEPROM 产品,微芯公司就生产此系列芯片),因此,其他单片机制造商也相继开发了,片内具备兼容 MicroWire/Plus 接口功能模块的单片机。美国微芯公司生产的 PIC16C6X、PIC16C7X 和 PIC16F87X 系列单片机也属于此类产品。

1. MicroWire/Plus 接口信号描述

MicroWire/Plus 接口可以用全双工方式同时发送和接收 8 位数据,它定义了 3 条信号线来实现通信功能。按美国国家半导体公司标准的定义和命名方法,这 3 条引脚分别规定为:

(1) 串行数据输入线(简称 SI),在主器件和从器件中均定义为输入线。其作用是接收数据:先送高位(MSB),后送低位(LSB)。

(2) 串行数据输出线(简称 SO),在主器件和从器件中均定义为输出线。其作用是发送数据:先送高位(MSB),后送低位(LSB)。

(3) 同步串行时钟线(简称 SK),在主器件中定义为输出线,在从器件中定义为输入线。SK 时钟脉冲信号,用于在主、从器件之间传送数据时进行同步。在 8 个时钟周期之内,主、从器件之间完成一个字节信息的交换。SK 定时信号由主器件负责产生和输出。

可选的 4 种数据时钟定时关系，如图 7.9 所示。其中，虚线箭头表示对于接收数据的采样时刻；实线箭头表示对于输出数据的移位时刻。

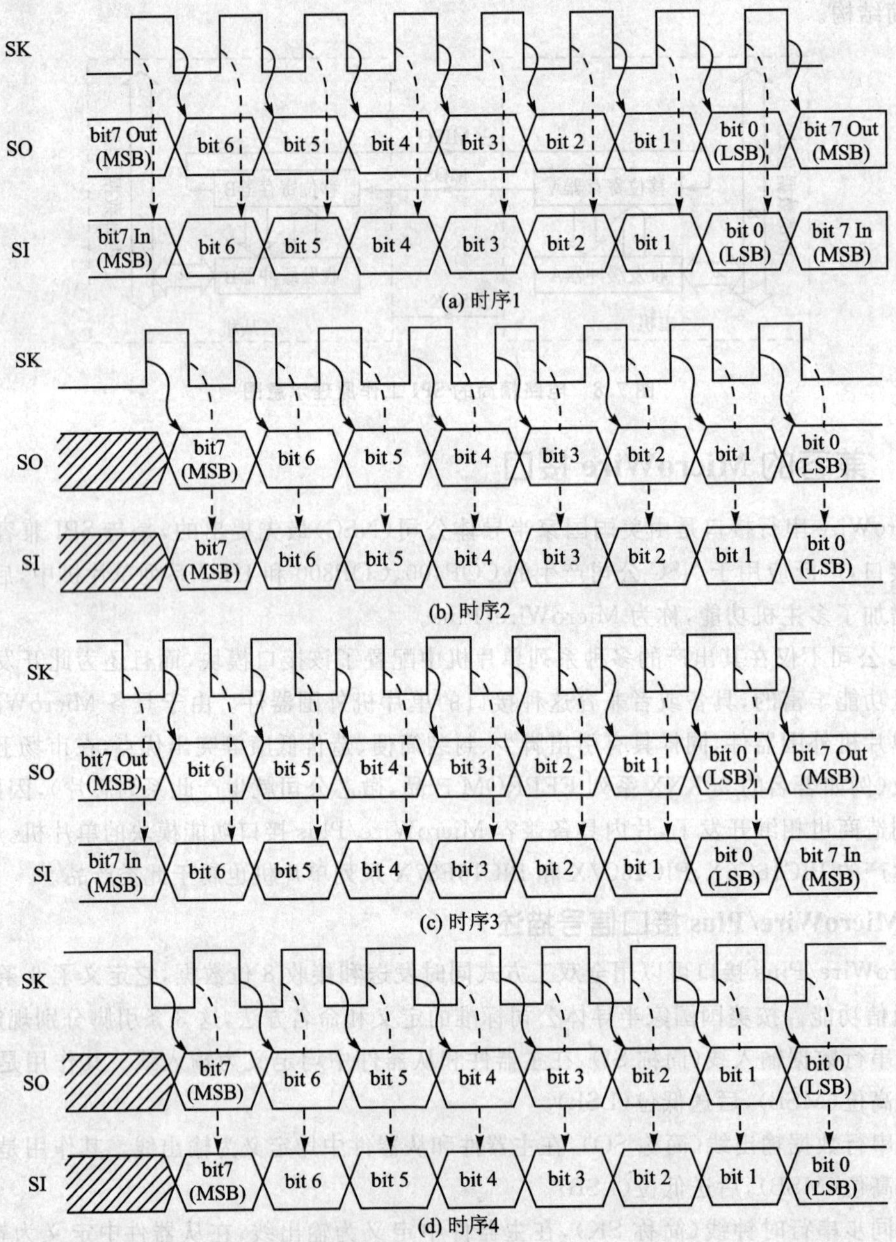

图 7.9　4 种数据时钟时序图

如果以主、从机方式通信时,还应该连接一条主机对从机的片选线(简称$\overline{CS}$)。对于工作于从器件模式的单片机,$\overline{CS}$输入线用作选通输入端。该引脚必须在传送数据之前被设置为低电平,并且在整个数据传送过程中维持稳定的低电平。

2. 基于 MicroWire/Plus 的系统构成方式

有若干个具备 MicroWire 接口的单片机和若干片兼容 MicroWire 接口的外围芯片,还可以在软件的控制下,构成多种简单的或者复杂的应用系统。例如在图 7.10 中,描绘的是一个主机、一个从机和多片外设芯片。这些外设芯片有的是只接受来自单片机信息的类型(可以省去 SO 线),有的是只向单片机提供信息的类型(可以省去 SI 线),还有的是既接受也发送信息的类型。从该图中看出,主机和从机(或者从器件)之间连接的数据吞吐线,不是同名引脚相连,而是异名端相连,这一点不同于 SPI 接口。

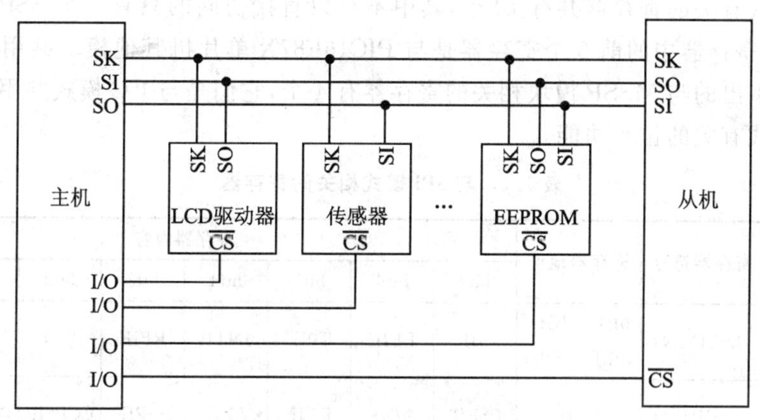

图 7.10 主机、从机和从器件互连

7.2 PIC16F87X 的 SPI 接口

由于 PIC 单片机的 SPI 接口是在充分吸取了 Motorola 公司的 SPI 接口和 NSC 公司的 MicroWire 接口两种规范优点的基础之上开发出来的,因此,信号线的名称定义没有完全遵从两种规范当中的任何一种。PIC16F87X 系列单片机内部由 MSSP 模块构成的 SPI 接口,可同步发送或接收 8 位数据,由 3 个或者 4 个引脚来实现通信功能。4 个引脚分别定义为:

(1) 串行数据输出(简称 SDO):对应 RC5/SDO 引脚。

(2) 串行数据输入(简称 SDI):对应 RC4/SDI 引脚。

(3) 时钟(简称 SCK):对应 RC3/SCK 引脚。

另外,当 SPI 工作于"从机"模式时,可能还需要第 4 个引脚:

(4) "从动方式"选择(简称/SS):对应 RA5/$\overline{SS}$引脚。

对 SPI 接口的工作状态进行初始化时，必须通过设置其控制寄存器 SSPCON＜5:0＞和状态寄存器 SSPSTAT＜7:6＞来确定以下工作方式和参数：

(1) 主控方式(SCK 作为时钟输出)。

(2) 从动方式(SCK 作为时钟输入)。

(3) 时钟极性(决定空闲态维持的电平是高还是低)。

(4) 输入数据采样相位(决定在 SCK 信号的上升/下降沿来采样数据)。

(5) 时钟速率(仅在主控方式中有用)。

(6) 从动方式选择(仅在从动方式中有用)。

7.2.1 SPI 接口相关的寄存器

与 SPI 模式有关的寄存器共有 10 个，其中不可以直接访问的只有 1 个 SSPSR，如表 7.1 所列。这 10 个寄存器中的前 6 个寄存器是与 PIC16F87X 单片机其他模块共用的，在此不再详解。这里新引出的与 MSSP 模块相关的寄存器有 4 个，它们是与 I^2C 模式共用的，在此仅仅介绍与 SPI 模式有关的位和功能。

表 7.1 与 SPI 模式相关的寄存器

寄存器名称	寄存器符号	寄存器地址	寄存器内容							
			bit7	bit6	bit5	bit4	bit3	bit2	bit1	bit0
中断控制寄存器	INTCON	0BH/8BH/10BH/18BH	GIE	PEIE	T0IE	INTE	RBIE	T0IF	INTF	RBIF
第一外设中断标志寄存器	PIR1	0CH	PSPIF	ADIF	RCIF	TXIF	SSPIF	CCP1IF	TMR2IF	TMR1IF
第一外设中断屏蔽寄存器	PIE1	8CH	PSPIE	ADIE	RCIE	TXIE	SSPIE	CCP1IE	TMR2IE	TMR1IE
ADC 控制寄存器 1	ADCON1	9FH	ADFM	—	—	—	PCFG3	PCFG2	PCFG1	PCFG0
RA 端口方向寄存器	TRISA	85H	—	—	TRISA5	TRISA4	TRISA3	TRISA2	TRISA1	TRISA0
RC 端口方向寄存器	TRISC	87H	TRISC7	TRISC6	TRISC5	TRISC4	TRISC3	TRISC2	TRISC1	TRISC0
收发缓冲器	SSPBUF	13H	MSSP 接收/发送数据缓冲器							
同步串口控制寄存器	SSPCON	14H	WCOL	SSPOV	SSPEN	CKP	SSPM3	SSPM2	SSPM1	SSPM0
同步串口状态寄存器	SSPSTAT	94H	SMP	CKE	D/$\overline{A}$	P	S	R/$\overline{W}$	UA	BF
移位寄存器	SSPSR	无地址	MSSP 接收/发送数据移位寄存器							

1. 收/发数据缓冲器 SSPBUF

bit7	bit6	bit5	bit4	bit3	bit2	bit1	bit0
MSSP 接收/发送数据缓冲空间							

SSPBUF 与内部数据总线直接相连，是一个可读可写的寄存器。用户将欲发送的数据写入其中，也从其中读取接收到的数据。

2. 同步串口状态寄存器 SSPSTAT

bit7	bit6	bit5	bit4	bit3	bit2	bit1	bit0
SMP	CKE	$D/\overline{A}$	P	S	$R/\overline{W}$	UA	BF

SSPSTAT 用来对 MSSP 模块的各种工作状态进行记录。最高两位可读可写，低 6 位只能读出。在此仅仅介绍与 SPI 相关的位和功能。

➤ SMP：SPI 采样控制位兼 I^2C 总线转换率控制位。

在 SPI 主控方式下：

- 1＝在输出数据的末尾采样输入数据；
- 0＝在输出数据的中间采样输入数据。

在 SPI 从动方式下：在该工作方式下，SMP 位必须清 0。

➤ CKE：SPI 时钟沿选择兼 I^2C 总线输入电平规范选择位。

在 CKP＝0，静态电平为低时：

- 1＝在串行时钟 SCK 的上升沿发送数据；
- 0＝在串行时钟 SCK 的下降沿发送数据。

在 CKP＝1，静态电平为高时：

- 1＝在串行时钟 SCK 的下降沿发送数据；
- 0＝在串行时钟 SCK 的上升沿发送数据。

➤ BF：缓冲器已满标志位。仅仅用在 SPI 接收状态下：

- 1＝接收完成，缓冲器已经满；
- 0＝接收未完成，缓冲器还为空。

3. 同步串口控制寄存器 SSPCON

bit7	bit6	bit5	bit4	bit3	bit2	bit1	bit0
WCOL	SSPOV	SSPEN	CKP	SSPM3	SSPM2	SSPM1	SSPM0

同步串口控制寄存器 SSPCON 用来对 MSSP 模块的多种功能和指标进行控制。是一个可读可写的寄存器,在此仅仅介绍与 SPI 相关的位和功能。

➢ WCOL:写操作冲突检测位。在 SPI 从动方式下:
- 1=正在发送前一个数据字节时,又有数据写入 SSPBUF 缓冲器(必须用软件清 0);
- 0=未发生冲突。

➢ SSPOV:接收溢出标志位。
- 1=表示缓冲器 SSPBUF 中仍然保持着前一个数据时,移位寄存器 SSPSR 中又收到新的数据。在溢出时,SSPSR 中的数据将丢失;在从动方式下,为了避免产生溢出,即使是在单纯地发送时,用户也必须读取 SSPBUF 中的(无效)数据;在主控方式下,溢出位不会被置 1,因为每次操作都是通过对 SSPBUF 的写操作进行初始化的(必须用软件清 0)。
- 0=表示未发生接收溢出。

➢ SSPEN:同步串口 MSSP 使能位。当 SPI 模式被使能时,相关引脚必须正确地设定为输入或者输出状态。
- 1=允许串行端口工作,并且设定 SCK、SDO、SDI 和$\overline{SS}$为 SPI 接口专用;
- 0=关闭串行端口功能,并且设定 SCK、SDO、SDI 和$\overline{SS}$为普通数字 I/O 脚。

➢ CKP:时钟极性选择位。
- 1=空闲时时钟停留在高电平;
- 0=空闲时时钟停留在低电平。

➢ SSPM3~SSPM0:同步串口 MSSP 方式选择位。
- 0000= SPI 主控工作方式,时钟=$f_{OSC}/4$;
- 0001= SPI 主控工作方式,时钟=$f_{OSC}/16$;
- 0010= SPI 主控工作方式,时钟=$f_{OSC}/64$;
- 0011= SPI 主控工作方式,时钟=TMR2 输出/2;
- 0100= SPI 从动工作方式,时钟=SCK 引脚输入,使能$\overline{SS}$引脚功能;
- 0101= SPI 从动工作方式,时钟=SCK 引脚输入,关闭$\overline{SS}$引脚功能,$\overline{SS}$被用作普通数字 I/O 引脚。

4. 移位寄存器 SSPSR

bit7	bit6	bit5	bit4	bit3	bit2	bit1	bit0
MSSP 接收/发送数据串行移位空间							

直接从端口引脚接收或发送串行数据,将已经成功接收到的数据卸载到缓冲器 SSPBUF 中,或者从缓冲器 SSPBUF 装载即将发送的数据。

7.2.2　SPI接口的结构和操作原理

当主控同步串行端口MSSP模块工作于SPI接口模式时，其电路结构如图7.11所示(作者注：为了原理讲得通，作者对于该图做了两处微小的改动：G3输入端和G6输出端)。其核心是与内部数据总线连通的数据缓冲器SSPBUF以及由SSPBUF实现装载和卸载的数据移位寄存器SSPSR。寄存器SSPSR的数据移入端经过一只施密特触发器G1与引脚SDI连接，其输出端经过一只受控三态门G2与引脚SDO连接。移位时钟经过一只与非门G3、选择开关MUX1和边沿选择电路a或b，取自外接引脚SCK(当工作于从动方式时)，或者取自系统时钟的分频结果或"TMR2输出/2"(当工作于主控方式时)。另外，当工作于主控模式下，由引脚SCK向通信对端输送的移位时钟，是经过受控三态门G5、边沿选择电路b和选择开关MUX2，索取的是系统时钟的分频结果或者"TMR2输出/2"。

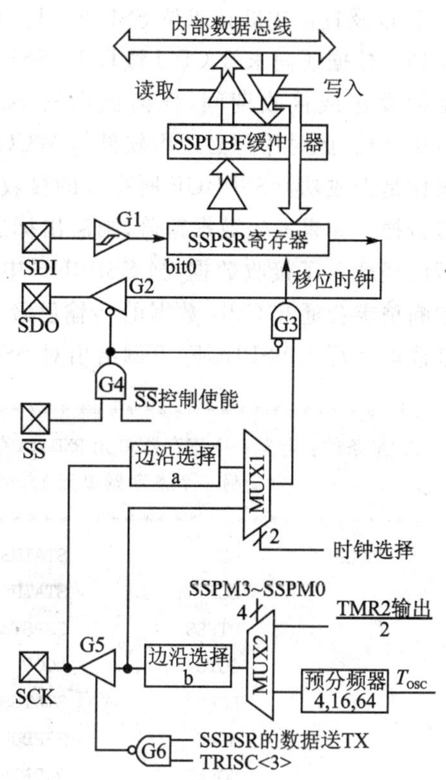

图7.11　SPI结构示意图

要让SPI串行端口工作，必须把MSSP模块的使能位SSPEN置1。要复位或者重新定义SPI接口方式，就要对SSPEN位清0，再对SSPCON寄存器重新初始化，然后把SSPEN位置为1。这样就可以把引脚SDI、SDO、SCK和$\overline{SS}$作为SPI接口的专用引脚。为了使得这些引脚具有串行接口的功能，还必须对其方向控制位进行相应的定义：

- SDI引脚的I/O方向由SPI接口自动控制，应设定TRISC4=1；
- SDO引脚定义为输出，即TRISC5=0；
- 在主控方式下，SCK引脚定义为输出，即TRISC3=0；
- 在从动方式下，SCK引脚定义为输入，即TRISC3=1；
- 在从动方式下如果用到$\overline{SS}$引脚，则定义为输入，即TRISA5=1，并且在ADCON1控制寄存器里必须设置该引脚为普通数字I/O引脚。

以上4个SPI接口引脚当中，任何不用的引脚，皆可以通过设置其相应的方向寄存器的控制位为"相反"值。例如在主控方式下，如果只想发送数据(给显示驱动器、DAC等)，则可将未用到的两条引脚SDI和$\overline{SS}$，通过把它们对应的方向寄存器TRIS中的方向控制位清0，就可以把这两个引脚当作普通“输出”脚使用。

当SPI接口收到一个8位数据时，就将其装载到缓冲器SSPBUF，并且置位缓冲器满标志BF=1，以及置位中断请求位SSPIF=1。由于SSPBUF起到二级缓冲器的作用，故在第一个接收到的数据还尚未被CPU读取时，SSPSR寄存器即可进行第二个数据的接收。当在进行数据的发送或接收期间，任何试图写SSPBUF的操作都无效，并且将造成写冲突检测位WCOL=1。此时用户必须用软件将WCOL位重新清0，以便使其能标志后面的SSPBUF写入操作是否成功。SSPBUF所存放的接收到的数据必须及时读取走，否则可能会被后来的数据覆盖掉。如果发生数据覆盖，则溢出标志位SSPOV会被置为1。BF位用来标志SSPBUF是否已经载入了接收数据，当SSPBUF中的数据被读取后，BF位即自动被清0。MSSP模块的中断请求会通知CPU数据的传输已经完成。如果用户不愿用中断方式，可用软件查询方式来读取和写入SSPBUF，下例给出对SSPBUF操作的程序段：

```
;***************************************************************
;背景条件：定义一个寄存器单元 RXDATA 存放接收到的数据；
;          定义另一个寄存器单元 TXDATA 用来预先存入即将发送的数据
;***************************************************************
LOOP    BSF      STATUS,RP0     ;选 Bank1
        BCF      STATUS,RP1     ;
        BTFSS    SSPSTAT,BF     ;检测收到数据否
        GOTO     LOOP           ;未收到,继续查询
        BCF      STATUS,RP0     ;已经收到,选 Bank0
        MOVF     SSPBUF,W       ;读 SSPBUF 内容
        MOVWF    RXDATA         ;存入用户指定单元
        MOVF     TXDATA,W       ;准备发送数据
        MOVWF    SSPBUF         ;发送数据写入 SSPBUF
;***************************************************************
```

要激活和使能MSSP模块，须置SSPEN(SSPCON<5>)=1。其操作程序编写方法如下，假设用SSPDATA代表一个常数，是用户根据实际需要将要给控制寄存器SSPCON：

```
;***************************************************************
        BCF      SSPCON,SSPEN   ;先将 SSPEN 清 0
        MOVLW    SSPDATA        ;初始化数据→W
        MOVWF    SSPCON         ;初始化 SSPCON
        BSF      SSPCON,SSPEN   ;激活串行口
;***************************************************************
```

在图7.12中给出两个单片机相连的典型连接方法(注：作者对于该图做了微小改动)。主控器通过发SCK信号来启动数据传输，数据通过移位寄存器在各自选定的时钟边沿上传送，并在下个边沿被锁存，两个单片机必须以相同的时钟极性进行工作，同时发送和接收数据。

发送的数据是否有用则由软件来选择，存在以下3种可能：

(1) 主控器发送有效数据——被控器发送无效数据；

(2) 主控器发送有效数据——被控器发送有效数据；

(3) 主控器发送无效数据——被控器发送有效数据。

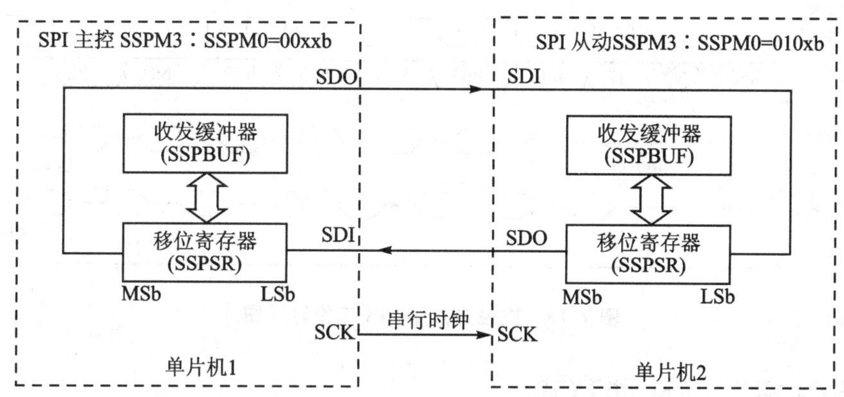

图 7.12　SPI 接口主/从连接示意图

7.2.3　SPI接口的主控方式

主机由于控制着SCK时钟信号，故可在任何时候启动数据的传输过程。主机可以通过“软件协议”的办法(例如给从机发送一个特殊字节作为命令)来决定从机何时需要发送数据。

在主机工作方式下，数据一旦装入或者写入缓冲器SSPBUF就可以开始读取或者发送操作。此时，SSPSR将连续地将其SDI引脚上的信号，按其预先选定的时钟节拍进行移入。当收完一个字节后，都按正常字节对待(其实有的字节可能是无效数据)，就立即装入SSPBUF，同时中断标志位和缓冲器满标志位都被相应地置1，通知CPU读取SSPBUF。这种情况很适合作为“在线主动监控”方式的接收器，有时这种应用方式可能是很有用的。如果SPI仅做接收工作，则SDO输出线可以不用(即把该引脚设置成输入)。

时钟极性可以通过CKP位的定义来选定。SPI接口在几种不同情况下的工作时序图，如图7.13～图7.15所示，数据的最高位先被传送。在主机方式下，SPI接口的通信速率(即比特率)，可以由用户编程设定，有4种选择(详见SSPCON寄存器描述)：$f_{OSC}/4$、$f_{OSC}/16$、$f_{OSC}/64$和TMR2输出/2。

在系统时钟振荡频率为20 MHz时，最高SCK时钟频率即可达到5 MHz。

在图7.13中描绘的是，主控方式下SPI工作时序图。当CKE=1时，SCK引脚上的第1个时钟边沿之前，SDO引脚上的数据就有效了；而输入数据的采样时间取决于SMP位，有两种选择。图中还可以看出，何时缓冲器SSPBUF被装满接收到的数据。

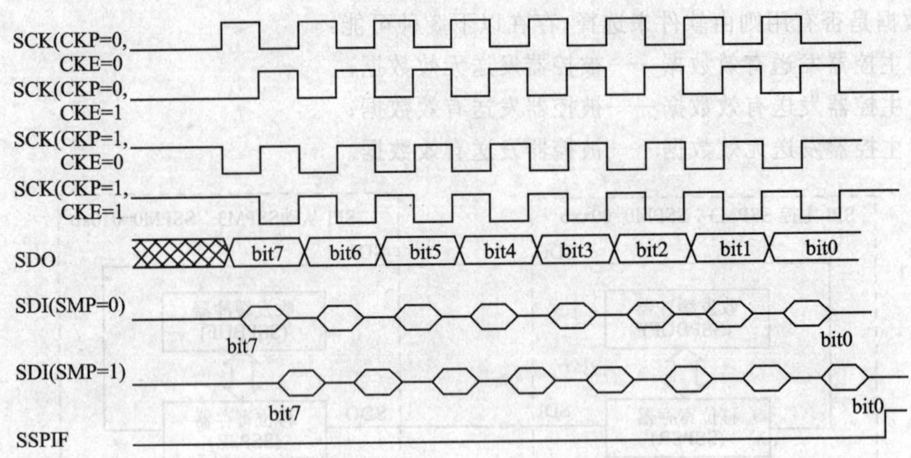

图7.13 主控方式下SPI工作时序图

7.2.4 SPI接口的从动方式

在从动方式下，外部时钟是由SCK引脚上送来的外部时钟源提供的，该外部时钟源必须满足电气特性说明书中所规定的最短高电平时间和最短低电平时间的要求（PIC16F87X技术手册的特性参数表中规定的，SCK输入的高电平时间和低电平时间的最小值均为T_{CY}+20 ns，其中T_{CY}为指令周期）。

在从动方式下，数据的发送和接收是利用SCK引脚上送入的外部同步时钟脉冲进行定时的，所以数据的传输速率取决于外来同步时钟的频率。当被接收数据的最后一位被锁定，或者被发送数据的最后一位被移出之后，中断标志位SSPIF被置1，发出中断请求。时钟的极性可由CKP设定。从动方式下SPI工作时序图如图7.14和图7.15所示。

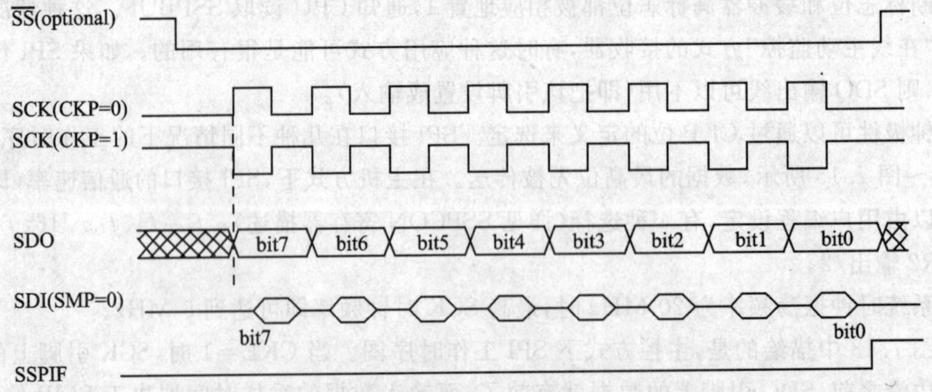

图7.14 从动方式下SPI工作时序图(CKE=0)

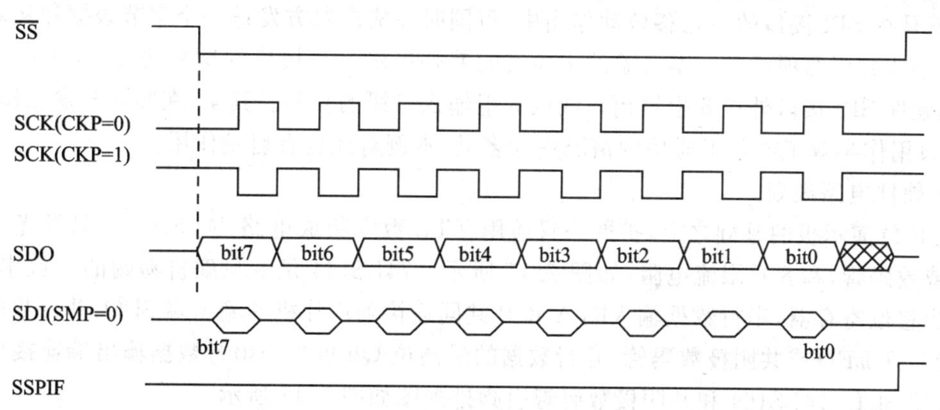

图7.15 从动方式下SPI工作时序图(CKE=1)

在单片机进入睡眠状态时,处于从动方式工作的SPI接口,亦可发送和接收数据,并通过中断请求将CPU唤醒。例如,当接收到一个字节的数据时,就会将CPU从睡眠状态唤醒。

通过$\overline{SS}$引脚还可以把单片机设定为一种同步从属工作方式(尤其适合多机通信的从动方式),这时SPI接口必须被定义为从动方式,即SSPCON<3:0>=0100;同时RA5/$\overline{SS}$引脚必须设定为普通数字I/O引脚,例如ADCON1<3:0>=0110等;同时RA5/$\overline{SS}$引脚也必须设定为输入脚,即TRISA5=1。此后,当$\overline{SS}$引脚送入低电平时,就可以进行发送和接收,SDO输出引脚依据输出数据被驱动成高电平或低电平;当$\overline{SS}$引脚送入高电平时,即使是在发送数据的过程中,SDO输出引脚也会变为高阻浮空状态。另外,可以根据需要外接上拉电阻或下拉电阻。

如果要仿真二线式半双工通信方式,可以把引脚SDO和SDI直接相连,作为一条通信线路引出,如图7.16所示。当单片机要通过SPI接口进行接收时,将应该把其SDO引脚设定为输入状态,这样就不会从该引脚送出任何干扰信号;而引脚SDI总是设置为输入状态,因为输入态是高阻态,不会对通信信号造成任何冲突和干扰。

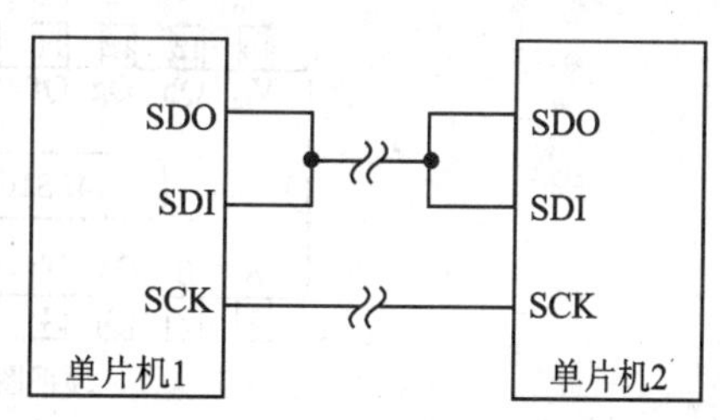

图7.16 仿真二线式半双工通信方式

7.3 SPI接口应用举例

【实验范例7.1】SPI接口全双工通信能力演示

★ 项目实现功能

PIC16F877单片机内部的硬件SPI接口具有全双工通信能力。在一条操作指令的控制之下,也就是在 SPI 接口的一轮移位动作当中,可同时完成向对方发送一个字节数据和从对方接收一个字节数据两项任务。本实验的主要目的就是展示 SPI 接口的这种功能,其次也可以达到利用硬件 SPI 接口外扩 8 根输出口线或 8 根输入口线的目的。其实,在实际开发工作中,将 SPI 接口用作半双工或单工通信的情况更为多见,本例对此也有启发作用。

★ 硬件电路规划

在 ICD 演示板的基础之上,扩展一只通用 TTL 数字集成电路 74LS164、8 只发光二极管 LED(或数码管)和 8 只限流电阻,如图 7.17 所示。74LS164 是一只廉价易购的 8 位串入/并出/串出移位寄存器,串行数据输入端 A 和 B 共同连接到单片机的输出端 SDO,并行数据输出端外接 8 只 LED 或共阴极数码管,并行数据的最高位 Qh 可当作串行数据输出端连接单片机的输入端 SDI。74LS164 和共阴极数码管引脚排列图如图 7.17 所示。

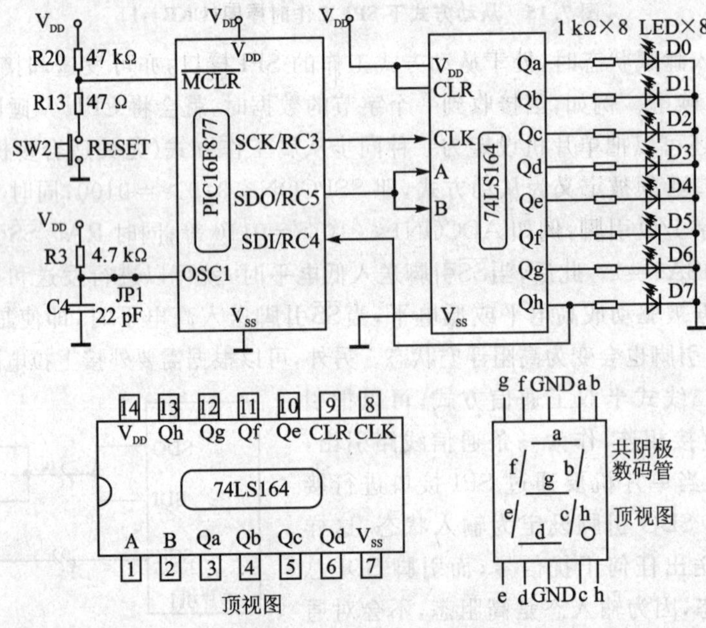

图 7.17 实验电路和实验器件

★ 软件设计思路

为了实现以上实验目的,选用一个 8 位移位寄存器,与单片机内部 8 位的 SSPSR 一起组成一个首尾相连的闭合环路,这样以来,每一次串行通信就可以在内部寄存器和外部寄存器之间交换一次数据,而外部寄存器的内容又恰好可以利用 8 只 LED 进行观察。在通信过程中单片机处于主动地位,在程序的初始化部分进行两次数据发送,在第 2 次发送的同时,第 1 次发送的数据就又循环回到 SSPSR 寄存器中。两次发送的数据字节分别是 55H=01010101B 和 AAH=10101010B,此后就让这两个字节数据在寄存器闭环之内轮流交换,因此,就可以看到

8 只 LED 的 D6、D4、D2、D0 与 D7、D5、D3、D1 交替发光。

★ 汇编程序流程

主程序流程图和收发子程序流程图分别如图 7.18 和图 7.19 所示。延时子程序流程图可以参考以前的实验范例。

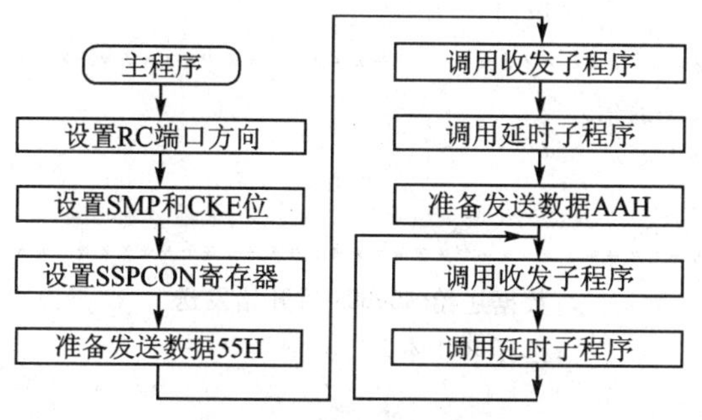

图 7.18　主程序流程图

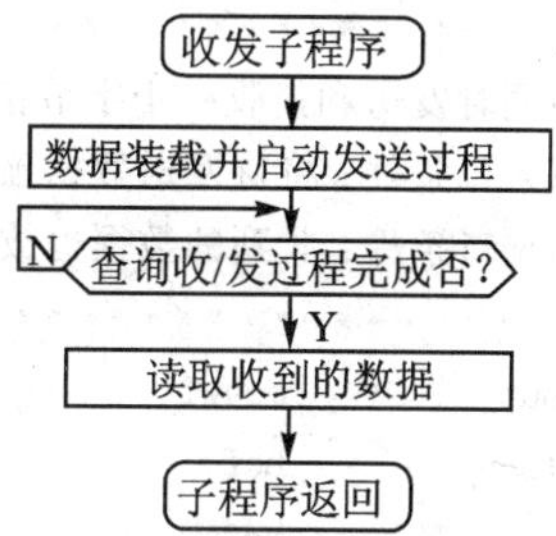

图 7.19　收发子程序流程图

★ 汇编程序清单

```
;******************************************************************
;《SPI 接口全双工通信能力演示》2006/9/25
; 源程序文件名称：SPI－EXP2.ASM
;******************************************************************
            list        p = 16f877          ;列表伪指令
            include     "p16f877.inc"       ;把包含文件含入源程序
w_temp      equ         79h                 ;定义一个 W 备份寄存器
            org         0                   ;复位地址
;******************************************************************
;主程序
;******************************************************************
start:      bsf         status,rp0          ;选 RAM 体 1
            movlw       b'11010111'         ;设置 RC 口状态
            movwf       trisc               ;只要 SDI 引脚为输入
            clrf        sspstat             ;主要清除 SMP 和 CKE 比特
            bcf         status,rp0          ;选 RAM 体 0
            movlw       b'00110010'         ;设置控制寄存器：设置 fosc/64
            movwf       sspcon              ;SPI 主控方式,CKP = 1
            movlw       55h                 ;点亮 LED6、LED4、LED2、LED0 四只
            call        out_in              ;发送数据给 74LS164
            call        d521                ;延时 521 ms
```

```
        movlw   0aah            ;点亮 LED7、LED5、LED3、LED1 四只
loop:   call    out_in          ;发送数据给 74LS164
        movwf   w_temp          ;保护 W 的值
        call    d521            ;延时
        movf    w_temp,w        ;恢复 W 的值
        goto    loop            ;返回
;****************************************************************
;同时发送和接收一个字节信息子程序(全双工通信)
;入口条件:将待发送数据预先放入 W 中
;出口条件:收到的数据也放在 W 中
;****************************************************************
out_in: movwf   sspbuf          ;数据送给 SSPBUF 后开始发送
loop1   bcf     status,rp1      ;选择 RAM 体 1
        bsf     status,rp0
        btfss   sspstat,bf      ;查询发送/接收完否?
        goto    loop1           ;否,继续查询
        bcf     status,rp0      ;是,选择 RAM 体 0
        movf    sspbuf,w        ;从 SSPBUF 中取出接到的数据
                                ;即使数据无用也应腾空缓冲器
        return                  ;子程序返回
;****************************************************************
;延时子程序(在系统时钟频率为 4 MHz 时延时 521 ms)
;****************************************************************
d521:   movlw   0xff            ;将外层循环参数值经过 W
        movwf   77h             ;送入用作外循环变量的
lp0     movlw   0xff            ;将内层循环参数值经过 W
        movwf   78h             ;送入用作内循环变量的
lp1     nop                     ;加 NOP 以便增加循环程序的延时
        nop
        nop
        nop
        nop
        decfsz  78h,1           ;变量内容递减,若为 0 跳跃
        goto    lp1             ;跳转到 lp1 处
        decfsz  77h,1           ;变量内容递减,若为 0 跳跃
        goto    lp0             ;跳转到 lp0 处
        return                  ;返回主程序
;****************************************************************
        end                     ;源程序结束
```

★ 几点补充说明

(1) 在本例的基础上,稍微修改程序就可以当作一个通过串口扩展8位并行输出端口的应用实例。这种情况下可以省去单片机SDI引脚上的连线。

(2) 如果8只独立的LED换成一只LED数码管,与74LS164组合在一起,就可以构成以串口通信的LED驱动显示模块。这种模块可以根据实际需要,进行级连任意多个,以便组成多位数码管显示电路。

(3) 如果手头具备共阳极数码管则更好,因为74LS164吸入电流比流出电流的负载能力大得多。前者为8 mA,而后者仅有0.4 mA。

(4) 如果利用74LS165或74LS166等并入/串出移位寄存器,还可以实现以串口扩展8位并行输入端口。并且也可以级连多片。这种情况下可以省去单片机SDO引脚上的连线。

(5) 如果为了降低能耗,串入/并出移位寄存器也可以选用通用CMOS数字电路CD4015或CD4094等;并入/串出移位寄存器也可以选用通用CMOS数字电路CD4014或CD4021等。

【实验范例7.2】SPI接口多点通信系统演示

★ 项目实现功能

在一个稍微复杂的产品电路系统中有时需要用到多片单片机以及单片机之间的通信,这种通信可以根据不同的具体状况,选择不同的通信方式或协议。例如,对于PIC16F877的现有资源可以选用的通信方式有PSP、UART、USRT、I^2C和SPI。

本例中将利用SPI方式实现一个单主、双机、三点通信系统实验。三点分别由一个主机、一个从机和一个从器件组成。在通信过程中,主机负责选通从机或从器件、发送同步时钟、启动通信过程以及向从机发送控制命令(即软件协议);从机在主机的控制下负责采集模拟信号,并且将数模转换结果经过处理后上报给主机;从器件在主机的控制下将数模转换结果显示在一位七段LED数码管上。

★ 硬件电路规划

在ICD演示板的基础之上,通过5根连线扩展一个显示模块,该模块上焊装1只74LS164、1只LED数码管、8只限流电阻和一个逻辑“或门”,如图7.20下部的虚线框内所示。逻辑“或门”等效电路由1只二极管和1只电阻搭成,对于74LS164的通信起到选通控制作用。也就是时钟信号SCK是否能够进入74LS164取决于RC1选通信号,只有RC1引脚送出低电平时,SCK才能同步控制串行数据进入74LS164。

主机利用RC0引脚送出的低电平选通与从机之间的通信,二者之间的通信是双向的并且采用半双工方式;而主机与从器件之间的通信是单向的并且只进行发送,如图7.20所示。

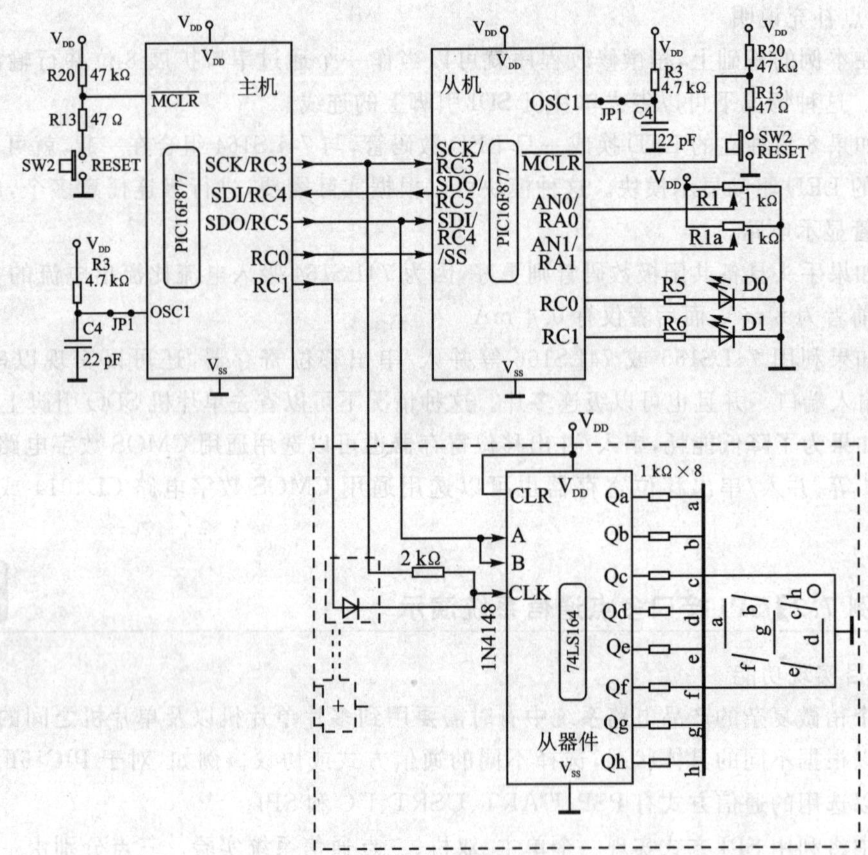

图 7.20 实验电路和实验器件

★ 软件设计思路

由于SPI接口在主机和从机之间的通信是自动按双工进行的，且不管用户是否需要双工方式，这时双工传送能力就变成了一个负担。原因是，无论是一次主机发送还是接收，从机的SPI接口都要产生一次中断标志，且从机都会收到一个新的字节信息，该信息究竟是主机发来的有用信息，还是伴随主机的接收过程产生的“副产品”，仅仅从硬件上无法区分。因此，还得需要利用软件协议(或控制命令)的方法来克服该情况带来的麻烦。

具体办法是，预先在用户软件中约定：① 主机利用一个“非 FFH”字节信息作为控制命令，以控制从机何时采集模拟信息以及采集哪个模拟通道上的信息。例如，利用 00H 作为控制命令，通知从机采集通道 AN0 上的模拟信号(为了教学演示目的，本例软件中只设计了一个模拟通道)；② 主机自从机接收信息时，伴随发送一个字节“FFH”，从机收到后不做任何处理。

★ 汇编程序流程

主机程序中包含一个主程序(流程图如图 7.21 所示)和 5 个子程序，子程序的流程图可以参考以前的实例，在此不再给出。从机的程序只由一个主程序组成，其流程图如图7.22所示。

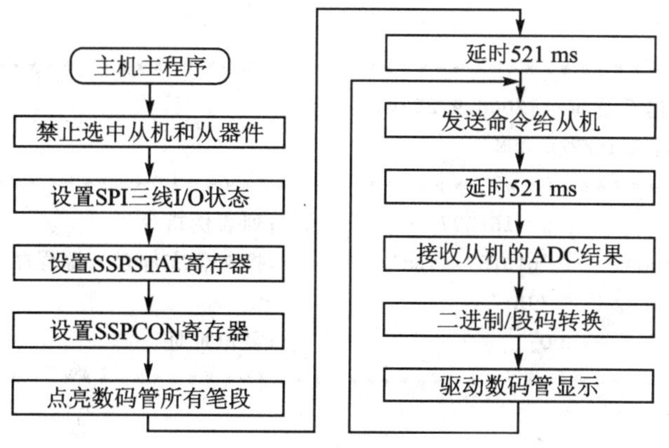

图7.21　主机主程序流程图

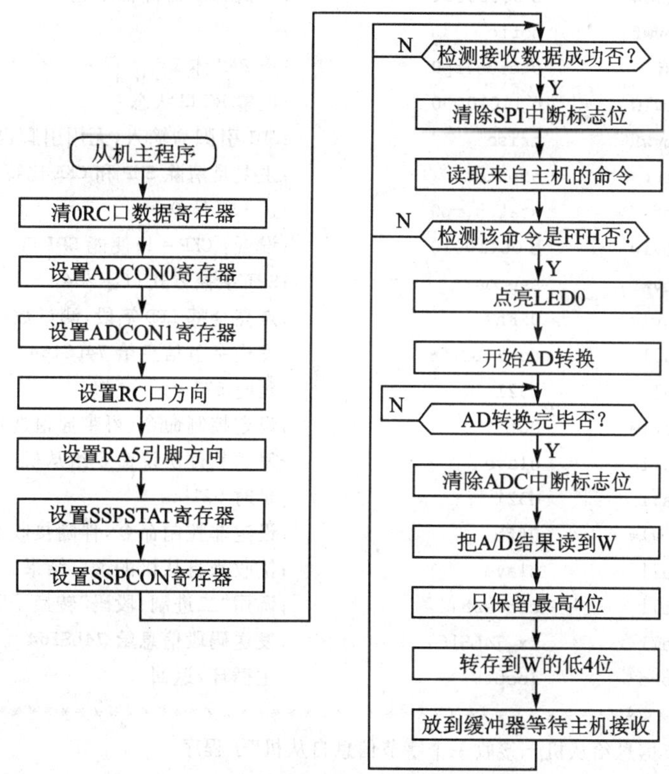

图7.22　从机主程序流程图

★汇编程序清单

(1) 主机程序

```
;*************************************************************
;《SPI 接口多点通信系统演示》2006/9/25
; 源程序文件名称：SPIEXP2a.ASM
;*************************************************************
            list        p = 16f877              ;列表伪指令
            include     "p16f877.inc"           ;把包含文件含入源程序
adc_an      equ         79h
            org         0                       ;复位地址
;*************************************************************
;主机主程序
;*************************************************************
start:      nop                                 ;仅 ICD 调试所需
            movlw       b'00000011'             ;从机和从器件都不选中
            movwf       portc                   ;
            bsf         status,rp0              ;选 RAM 体 1
            movlw       b'11010100'             ;设置 RC 口状态
            movwf       trisc                   ;SDI 引脚为输入,无用引脚也为输入
            clrf        sspstat                 ;主要是清除 SMP 和 CKE 比特
            bcf         status,rp0              ;选 RAM 体 0
            movlw       b'00110010'             ;设置：CKP = 1;使能 SPI 口
            movwf       sspcon                  ;SPI 主控方式;fosc/64
            movlw       0FFh                    ;点亮全部 LED 笔段,测试数码管
            call        tx_74LS164              ;发送字节信息给 74LS164
            call        d521                    ;延时 521 ms
loop1:      movlw       00h                     ;设定控制命令(可带通道选择信息)
            call        slave                   ;发送软件协议命令给从机
            call        d521                    ;延时 521 ms
            movlw       0ffh                    ;设定非控制命令,伴随接收而发送
            call        slave                   ;接收来自从机的 ADC 结果
            call        convert                 ;调用"二进制/段码"转换子程序
            call        tx_74LS164              ;发送码段信息给 74LS164
            goto        loop1                   ;主循环,返回
;*************************************************************
;"发送一个字节信息给从机 + 接收一个字节信息自从机"子程序
;入口条件：待发送给从机的协议命令预先放入 W 寄存器中
;出口条件：将自从机收到的数模转换结果也放在 W 中
;*************************************************************
```

```
slave     bcf       portc,0        ;选中从机
          call      out_in         ;发送软件协议命令
          bsf       portc,0        ;不再选中从机
          return                   ;子程序返回
;*****************************************************
;发送一个码段字节信息给 74LS164 子程序
;入口条件：将待发送数据预先放入 W 中
;*****************************************************
tx_74LS164
          bcf       portc,1        ;选中 74LS164
          call      out_in         ;发送码段数据给 74LS164
          bsf       portc,1        ;不再选中 74LS164
          return                   ;子程序返回
;*****************************************************
;同时发送和接收一个字节信息子程序(全双工通信)
;入口条件：待发送数据预先放入 W 中
;出口条件：收到的数据事后也放在 W 中
;*****************************************************
out_in:   movwf     sspbuf         ;数据送给 SSPBUF 后开始发送
          bcf       status,rp1     ;选择 RAM 体 1
          bsf       status,rp0
loop2     btfss     sspstat,bf     ;查询发送/接收完否?
          goto      loop2          ;否，继续查询
          bcf       status,rp0     ;是，选择 RAM 体 0
          movf      sspbuf,w       ;从 SSPBUF 中取出接到的数据
                                   ;即使数据无用也应腾空缓冲器
          return                   ;子程序返回
;*****************************************************
;延时子程序(在系统时钟频率为 4 MHz 时延时 521 ms)
;*****************************************************
d521:     movlw     0xff           ;将外层循环参数值经过 W
          movwf     77h            ;送入用作外循环变量的
lp0       movlw     0xff           ;将内层循环参数值经过 W
          movwf     78h            ;送入用作内循环变量的
lp1       nop                      ;加 NOP 以便增加循环程序的延时
          nop
          nop
          nop
          nop
```

```
        decfsz      78h,1           ;变量内容递减,若为 0 跳跃
        goto        lp1             ;跳转到 lp1 处
        decfsz      77h,1           ;变量内容递减,若为 0 跳跃
        goto        lp0             ;跳转到 lp0 处
        return                      ;子程序返回
;**************************************************************
;"二进制/段码"转换(即查表)子程序
;**************************************************************
convert                             ;子程序名称
        addwf       pcl,1           ;把 W 内容叠加到 PC 的低 8 位上
table   retlw       3fh             ;返回字符"0"的笔段码
        retlw       06h             ;"1"的笔段码
        retlw       5bh             ;"2"的笔段码
        retlw       4fh             ;"3"的笔段码
        retlw       66h             ;"4"的笔段码
        retlw       6dh             ;"5"的笔段码
        retlw       7dh             ;"6"的笔段码
        retlw       07h             ;"7"的笔段码
        retlw       7fh             ;"8"的笔段码
        retlw       6fh             ;"9"的笔段码
        retlw       77h             ;"A"的笔段码
        retlw       7ch             ;"b"的笔段码
        retlw       39h             ;"C"的笔段码
        retlw       5eh             ;"d"的笔段码
        retlw       79h             ;"E"的笔段码
        retlw       71h             ;"F"的笔段码
;**************************************************************
        end                         ;源程序结束
```

(2) 从机程序

```
;**************************************************************
;《SPI 接口多点通信系统演示》2006/9/25
;源程序文件名称:SPI-EXP2b.ASM
;**************************************************************
        list        p=16f877        ;列表伪指令
        include     "p16f877.inc"   ;把包含文件含入源程序
Result  equ         7fh             ;AD 结果寄存器
w_temp  equ         7eh             ;W 临时备份寄存器
        org         0               ;复位地址
```

```
;*****************************************************************
;从机程序
;*****************************************************************
start:    clrf      portc         ;清 0RC 端口状态
          movlw     b'01000001'   ;选择：时钟源为 fosc/8,允许 ADC 工作
          movwf     adcon0        ;通道 AN0,暂时不启动转换过程
          bsf       status,rp0    ;选 RAM 体 1
          movlw     b'00001110'   ;转换结果左对齐,选择 1 个 A/D 通道
          movwf     adcon1        ;选择 VDD 和 VSS 作参考源
          movlw     b'11011100'   ;设置 RC 口状态
          movwf     trisc         ;
          bsf       trisa,5       ;定义SS(RA5)为输入
          clrf      sspstat       ;主要清除 SMP 和 CKE 位
          bcf       status,rp0    ;选 RAM 体 0
          movlw     b'00110100'   ;设置：允许工作,CKP = 1,时钟为 SCK 引脚
          movwf     sspcon        ;SPI 从动方式;SS引脚有效
loop0:    btfss     pir1,sspif    ;检测成功地接收到数据否
          Goto      loop0         ;否！循环检测
          bcf       pir1,sspif    ;是！清除 SPI 中断标志位
          Movf      sspbuf,w      ;读取来自主机的命令
          movwf     w_temp        ;保留备份
          incfsz    w_temp,f      ;检测是否为非控制命令"FFH"
          goto      disp          ;否！跳过下一条指令
          goto      loop0         ;是！返回等待
disp      bsf       portc,0       ;点亮 RC0 引脚上的 LED,表明开始转换
          bsf       ADCON0,GO     ;开始 A/D 转换过程
Wait      btfss     PIR1,ADIF     ;检测 ADC 中断标志,等待 A/D 转换结束
          goto      Wait          ;如果没有转换完毕,则环回继续检测
          bcf       PIR1,ADIF     ;如果转换完毕,清除 ADC 中断标志位
          movf      ADRESH,W      ;则把 A/D 结果读到 W
          andlw     0f0h          ;只保留最高 4 位以便供一位数码管显示
          movwf     result        ;转存 AD 结果
          swapf     result,w      ;读取该结果到 W 且保留在低半字节
          movwf     sspbuf        ;放到缓冲器等待主机来主动接收
          goto      loop0         ;返回
;*****************************************************************
          end                     ;源程序结束
```

★ 程序调试方法

在用户程序烧录到主机和从机 PIC16F877 之后，进行程序的独立运行与检验，简单的方

法是用螺丝刀旋转从机演示板上的电位器，来改变 ADC 通道 AN0 送入的模拟电压。如果软件和硬件都正常，即可在 74LS164 驱动的数码管上看到变化的数字显示。

【实验范例 7.3】利用 SPI 接口连接串行 EEPROM 存储器 93LCXX

★ 项目实现功能

将数据 AAH(＝10101010B)写入到 93LC66 存储器内，地址为 10H～1FH 的 16 个单元中，然后再从 10H～1FH 这 16 个单元中读回数据，放到单片机 RAM 数据存储器的 30H～3FH 这 16 个单元中。

利用该实验可以学习到：单片机 SPI 接口的编程方法；MicroWire/Plus 串行接口 EEPROM 存储器 93LCXX 的使用方法；检测 93LCXX 的存储器单元是否完好。

虽然本实验中，选用的是 93LC66，但是稍加变通，也适用于该系列产品的其他型号。关于 93LCXX 存储器的详细资料，请参考附录。

★ 硬件电路规划

PIC16F87X 带有硬件 SPI 接口。把单片机 SPI 接口的专用引脚 SDO、SDI 和 SCL，必须固定连接 93LCXX 的 DI、DO 和 CLK 引脚。另外，93LCXX 的 CS 引脚可以灵活连接任何一根口线，在此连接的是 RC0 引脚。把 93LCXX 的 ORG 引脚接地，以使其工作于 8 位宽结构模式。

单片机的系统时钟选用的是 10 MHz，这关系到利用 RC0 引脚模拟 93LCXX 所需的 CS 信号时序。连接电路如图 7.23 所示。

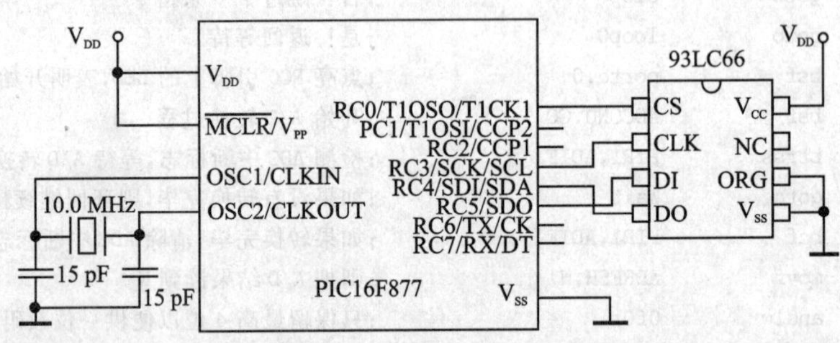

图 7.23 PIC16F877 和 93LC66 的连接电路图

★ 软件设计思路

虽然 93 系列存储器不是为 SPI 接口而设计的，但经过软件编程，很容易通过 SPI 接口与单片机通信。SPI 接口每次都传输 8 位(1 字节)，第 1 次发送起始位、读/写命令和地址最高位 A8，第 2 次发送低 8 位地址，如下所示：

第一次发送：	0	0	0	0	SB	OP1	OP0	A8
第二次发送：	A7	A6	A5	A4	A3	A2	A1	A0

☞ **注意**：发送状态时 CKP 要置 1，接收状态时 CKP 要清 0。

★ 汇编程序流程

(1) 主程序流程图，如图 7.24 所示。

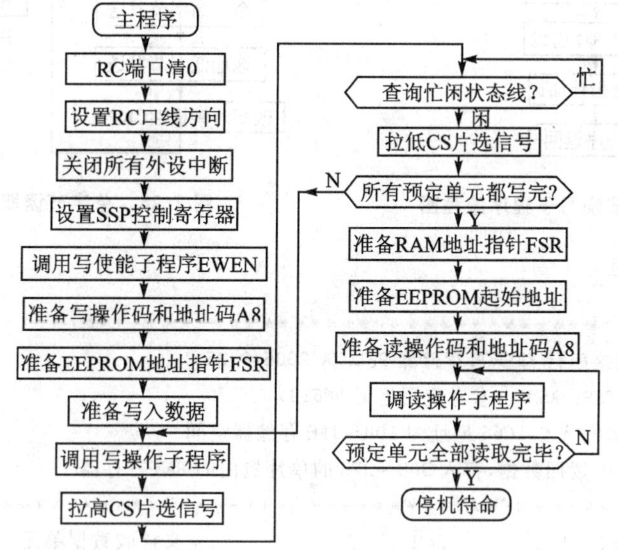

图 7.24 主程序流程图

(2) 单字节发送/接收子程序流程图，如图 7.25 所示。

(3) 写使能子程序流程图，如图 7.26 所示。

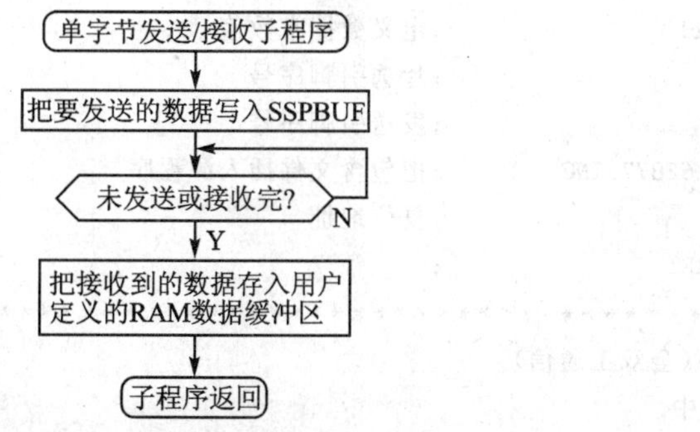

图 7.25 单字节发送/接收子程序流程图

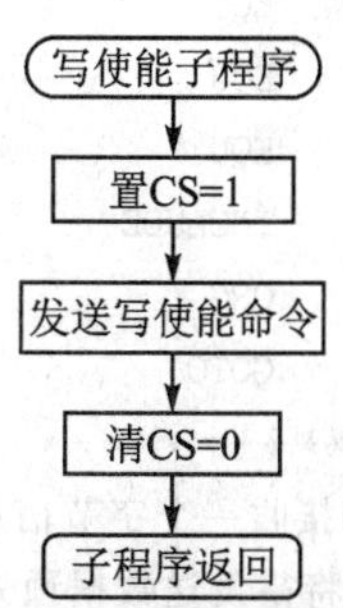

图 7.26 写使能子程序流程图

(4) 93LC66单字节烧写子程序流程图,如图7.27所示。

(5) 93LC66单字节读取子程序流程图,如图7.28所示。

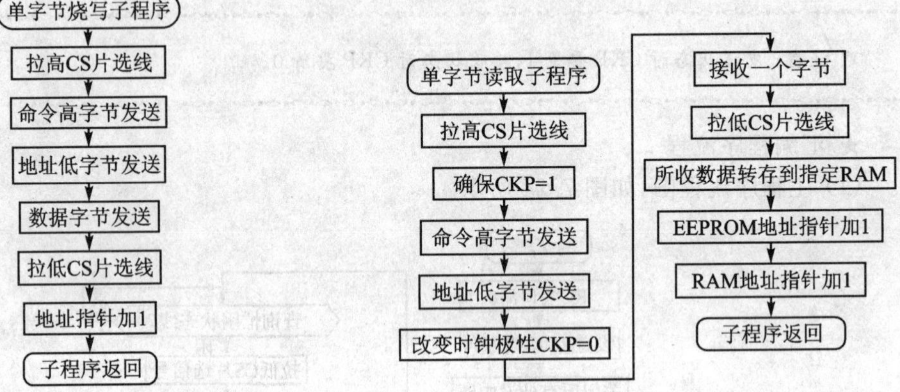

图7.27 单字节烧写子程序流程图

图7.28 单字节读取子程序流程图

★ 汇编程序清单

```
;*****************************************************************
;《利用SPI接口连接串行EEPROM存储器93LCXX》2006/9/25
;程序名称: SPI-EXP1.ASM  (参考应用笔记AN613)
;本程序把数据AAH写入93LC66地址为10H~1FH存储器空间
;然后再从10H~1FH读回数据,存入30H~3FH的单片机内的RAM寄存器
;*****************************************************************
RXDATA      EQU         24H             ;定义接收数据单元
TXDATA      EQU         25H             ;定义发送数据单元
HIBYTE      EQU         29H             ;命令高字节暂存单元
LOBYTE      EQU         2AH             ;地址低字节暂存单元
DATBYT      EQU         2BH             ;数据暂存单元
DATAVAL     EQU         0AAH            ;定义数据常数值
CS          EQU         0               ;片选引脚序号
SDI         EQU         4               ;发送引脚序号
            INCLUDE     "P16F877.INC"   ;把包含文件插入源程序
            ORG         0               ;复位地址
            GOTO        START           ;
;*****************************************************************
;同时发送和接收一个字节信息子程序(全双工通信)
;入口条件: 将待发送数据预先放入W中
;出口条件;收到的数据放在RXDATA单元中
```

```
;*************************************************************
OUTPUT      MOVWF       SSPBUF          ;数据送给 SSPBUF 后开始发送
LOOP1       BCF         STATUS,RP1      ;选择 RAM 体 1
            BSF         STATUS,RP0
            BTFSS       SSPSTAT,BF      ;查询发送/接收完否?
            GOTO        LOOP1           ;否,继续查询
            BCF         STATUS,RP0      ;是,选择 RAM 体 0
            MOVF        SSPBUF,0        ;从 SSPBUF 中取出接到的数据
                                        ;即使数据无用也应腾空缓冲器
            MOVWF       RXDATA          ;所收数据存储到接收寄存器
            RETURN                      ;子程序返回
;*************************************************************
;写使能子程序,发送一条命令给 93LC66,设置为可擦写状态
;*************************************************************
EWEN        BCF         STATUS,RP0      ;选择 RAM 体 0
            BSF         PORTC,CS        ;置 CS = 1
            MOVLW       B´00001001´     ;BIT3 = 1 为起始位
            CALL        OUTPUT          ;后 3 位为命令码,调发送
            MOVLW       D´10000000´     ;接下去"0011"为使能命令
            CALL        OUTPUT          ;发送给 93LC66
            BCF         PORTC,CS        ;置 CS = 0,启动 E2PROM
                                        ;内部写定时时钟
                                        ;至少要拉低 CS 250 ns
            RETURN                      ;子程序返回
;*************************************************************
;写 1 个数据字节到 93LC66 子程序
;入口条件:"写命令码"在 HIBYTE 中,EEPROM 地址指针在 FSR 中
;           待写数据字节在 DATBYT 中
;出口条件:EEPROM 地址指针 FSR 指向下一个相邻单元
;*************************************************************
WRITE       BCF         STATUS,RP0      ;选择 RAM 体 0
            BSF         PORTC,CS        ;置 CS = 1
            MOVF        HIBYTE,0        ;先发送写命令
            CALL        OUTPUT
            MOVF        FSR,0           ;接着发送地址指针
            CALL        OUTPUT
            MOVF        DATBYT,0        ;然后发送数据字节
            CALL        OUTPUT
            BCF         PORTC,CS        ;清 CS = 0,启动 EEPROM
```

```
                                                  ;内部写操作
          INCF         FSR                        ;地址码加1以备下次写
          RETURN                                  ;子程序返回
;****************************************************************
;从93LCXX读取个字节子程序
;入口条件:读取命令在HIBYTE中;读出EEPROM的地址指针放在LOBYTE中
;         单片机内部RAM存放数据的地址指针在FSR中
;出口条件:在30H~3FH的RAM单元中放入一个读出数据,地址指针LOBYTE加1
;         指向下一个EEPROM单元,地址指针FSR加1指向下一个RAM单元
;注:发送状态时CKP要置1,接收状态时CKP要清0,以便符合93的I/O时序要求
;****************************************************************
READ      BCF          STATUS,RP0                 ;选择RAM体0
          BSF          PORTC,CS                   ;置CS=1
          BSF          SSPCON,CKP                 ;置CKP=1
          MOVF         HIBYTE,0                   ;先发送读命令
          CALL         OUTPUT
          MOVF         LOBYTE,0                   ;接着发送地址
          CALL         OUTPUT
          BCF          SSPCON,CKP                 ;清CKP,转到接收数据
          MOVLW        0                          ;此时送什么数无关紧要,
          CALL         OUTPUT                     ;目的是实现读取
          BCF          PORTC,CS                   ;清CS,终止写命令
          MOVF         RXDATA,0                   ;取出接收数据
          MOVWF        INDF                       ;存入数据缓冲区
          INCF         FSR                        ;下一次存放数据的寄存器
          INCF         LOBYTE                     ;下一次被读93LC66地址
          RETURN                                  ;子程序返回
;****************************************************************
;主程序
;****************************************************************
START     BCF          STATUS,RP0
          BCF          STATUS,RP1                 ;选择RAM体0
          CLRF         PORTC                      ;将RC口清0
          BSF          STATUS,RP0                 ;选RAM体1
          MOVLW        10H                        ;设置RC口状态
          MOVWF        TRISC                      ;只要SDI引脚为输入
          CLRF         PIE1                       ;禁止所有外设中断
          CLRF         INTCON                     ;禁止所有中断
          BCF          STATUS,RP0                 ;选RAM体0
```

```
            MOVLW       31H             ;SPI 主控方式,设置 fosc/16
            MOVWF       SSPCON          ;CKP = 1,设置控制寄存器
            CALL        EWEN            ;写使能 93LC66
            MOVLW       B′00001010′     ;准备"写"命令码
            MOVWF       HIBYTE
            MOVLW       10H             ;欲写入的首地址为 10H
            MOVWF       FSR             ;预先置入 FSR 中
            MOVLW       DATAVAL         ;将要写入的数据 DATAVAL
            MOVWF       DATBYT          ;预先置入 DATBYT 中
WRNEXT      CALL        WRITE           ;写 1 个字节到 93LC66
            NOP                         ;清 CS 至少 250 ns 后
            BSF         PORTC,CS        ;置 CS = 1
RBUSY       BTFSS       PORTC,SDI       ;检测写数据是否完成
            GOTO        RBUSY           ;未完,总线非空,继续等待
            BCF         PORTC,CS        ;完成,清 CS
            BTFSS       FSR,4           ;16 个字节都写完了吗
            GOTO        WRNEXT          ;否,继续写下一个数据字节
;读回数据,查看缓冲区内容就可知道读写是否成功
            MOVLW       30H             ;数据 RAM 单元首址为 30H
            MOVWF       FSR
            MOVLW       10H             ;EEPROM 从 10H 地址开始读
            MOVWF       LOBYTE
            MOVLW       B′00001100′     ;准备"读"命令吗
            MOVWF       HIBYTE
RDNEXT      CALL        READ
            BTFSS       FSR,4           ;读完 16 个字节了吗
            GOTO        RDNEXT          ;否,继续下一次读取
LIMBO       NOP
            GOTO        LIMBO           ;停机
;*****************************************************************
            END                         ;源程序结束
```

思考题与练习题

1. 主控同步串行通信端口 MSSP 模块的主要用途是什么？它可以工作于哪两种模式？

2. SPI 接口规范首先是由哪家公司提出的？其主要用途是什么？

3. SPI 接口规范中使用了几根信号线？分别是如何命名的？

4. SPI 接口规范中，串行传输的数据字节是高位在先还是低位在先？这一点是否同于 USART 串行通信？

5. SPI 接口串行传输方式是单工、半双工,还是全双工的?

6. 能否自行分析 SPI 接口的工作原理?

7. MicroWire 接口规范是由哪家公司提出的?使用了几根信号线?分别是如何定义的?

8. MicroWire 接口规范与 SPI 接口规范之间存在哪些异同?

9. SPI 接口在主控和从动两种工作方式下的主要差异是什么?

10. $\overline{\text{SS}}$信号线在什么情况下才被应用?

11. 为何说 SPI 接口与 ADC 控制寄存器 ADCON1 之间还存在着联系?

12. 如何利用 SPI 接口功能和两根连线实现半双工通信?

13. 想一想,两只单片机之间利用 SPI 接口进行的双向通信,为何有时需要"软件协议"的协助?

14. 参照实验范例 7.1,读者自行利用 74LS165 设计串行扩展 8 位按键输入的硬件和软件。

第 8 章

I²C 总线原理、I²C 总线接口和 I²C 总线应用

PIC16F87X 系列单片机内部配置的主控同步串行端口 MSSP 模块，可以工作于以下两种工作模式：串行外围接口 SPI（Serial Peripheral Interface，简称 SPI 接口）和芯片间总线 I²C（Inter Integrated Circuit Bus，简称 I²C 总线）。

美国微芯公司按 I²C 总线规程开发的内部配置了 I²C 总线接口的 PIC16F87X 系列单片机，其 I²C 总线接口的主要技术性能有：

- 工作速率可以兼容 100 kb/s 和 400 kb/s 两种标准；
- 既支持主控器工作模式，也支持被控器工作模式；
- 支持多机通信方式以及时钟仲裁和总线仲裁功能；
- 既可以用 7 位寻址方式，也可以用 10 位寻址方式；
- 支持广播式寻址（或叫通用呼叫地址寻址）方式；
- 信号线电平可以兼容 I²C 和 SMBus 两种总线规范；
- 硬件上可以自动检测总线冲突、启动信号和停止信号，并且产生中断标志；
- 支持 CPU 的睡眠工作方式。在 CPU 睡眠方式下，I²C 端口电路可以接收地址和数据，并且只要 MSSP 中断允许，当地址匹配或一个字节传输完毕，都将会唤醒 CPU。

本章只介绍工作于 I²C 总线模式之下的 MSSP 模块。在正式讲解 PIC16F87X 系列单片机的 I²C 总线接口功能之前，有必要简单介绍一些关于 I²C 总线规程的背景知识。

8.1 关于 I²C 总线的背景知识和基本概念

I²C 总线是由 Philips 公司发明的一种高性能芯片间串行同步传输总线，与 SPI、MicroWire 接口不同，它仅仅需要两根信号线（串行数据线 SDA 和串行时钟线 SCL），就实现了完善的双工同步数据传送，能够极其方便地构成多机系统和外围器件扩展系统。I²C 总线采用了器件地址的硬件设置方法，通过软件寻址完全避免了器件的片选线寻址的弊端，从而使硬件系统具有更简单、也更灵活的扩展方法。

鉴于I^{2}C总线的众多优越性,目前,以Philips公司为主的许多著名半导体制造公司,纷纷研制出了大量的种类繁多的(已经多达数百种型号)带有I^{2}C总线硬件接口的单片机、通用外围器件(例如RAM、EEPROM、NVRAM、I/O口、ADC、DAC、日历时钟RTC、LED驱动器、LCD驱动器、温度传感器等)。另外,还开发了面向一些特殊应用系统中专用的成龙配套的I^{2}C总线芯片,如无线电、无绳电话机、移动手机、电视机、音响系统、家庭影院等系统中的双音多频(DTMF)拨号器、语音合成器、数字调谐、编码、解码、图像处理、频率合成、音调控制、立体声处理等,因此,I^{2}C总线技术被越来越广泛地应用到各个领域。如图8.1所示,其中图(a)是一个高性能高集成度的电视机示意图;图(b)是一个无绳电话机的示意图。

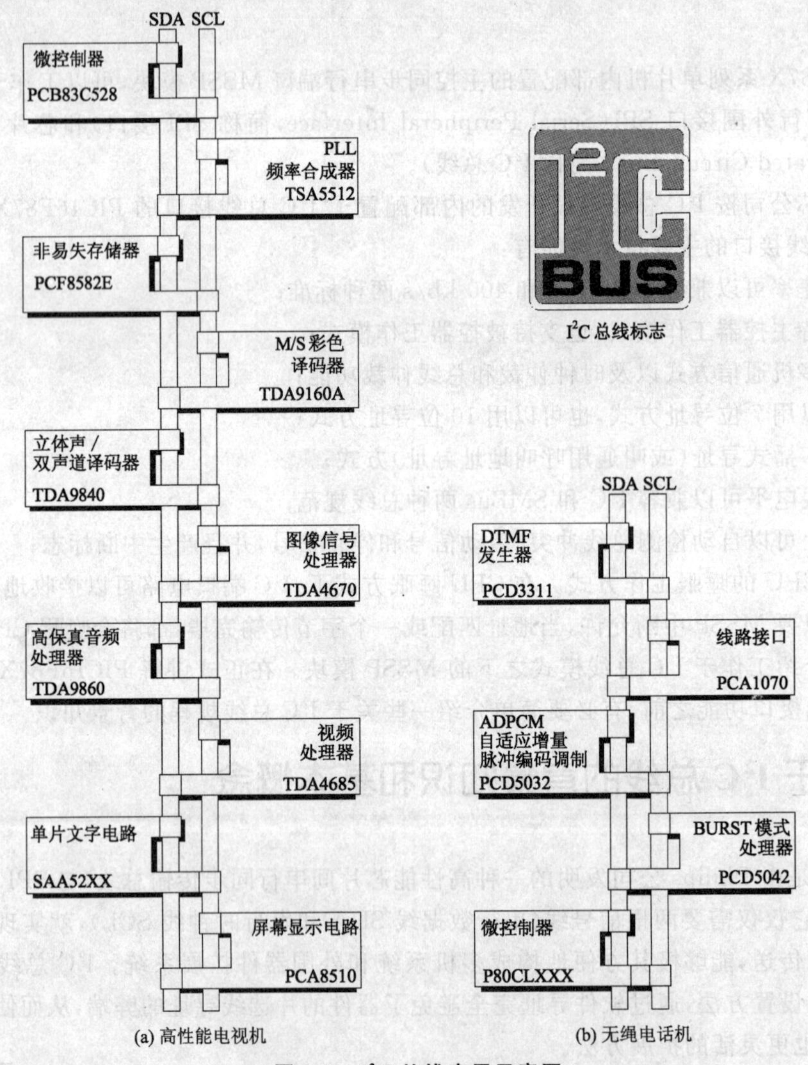

图8.1 I^{2}C总线应用示意图

8.1.1 名词术语

I^2C 总线规范(或称规程、规约、协议)是由 Philips 公司制定的。在该规范的描述文件中使用了一些技术术语、专业名词以及英文缩写。在本节描述中将与 Philips 规范尽量保持一致。

I^2C 总线应用系统的组网方式非常灵活,如图 8.2 所示,是一个具有双微控制器的 I^2C 总线应用系统模型。

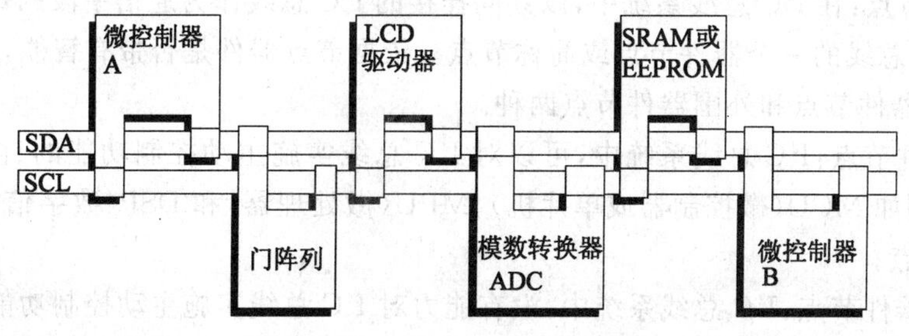

图 8.2 双微控制器 I^2C 总线应用举例

图 8.2 中每一个器件与 I^2C 总线的两条信号线 SDA 和 SCL 的接口电路,结构上是相同的,并且都是由一级输出驱动电路和一级输入缓冲电路复连在一起构成的。其中输出驱动电路是一只漏极开路的 N 沟道场效应管,输入缓冲电路是一只高输入阻抗的同相器。如图 8.3 所示。这样,通过公共的外接上拉电阻 R_p,各个器件之间连接成"线与"逻辑关系,以便于实现时钟同步和总线仲裁机制。

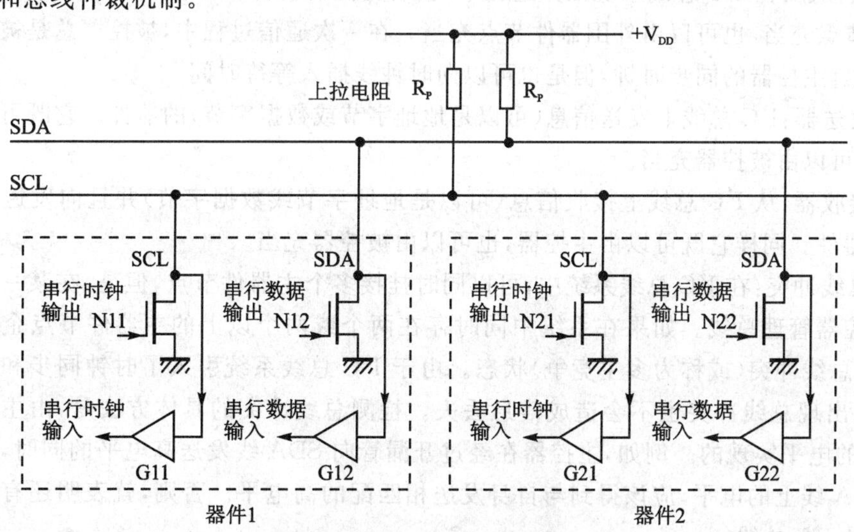

图 8.3 器件与 I^2C 总线的接口电路

"线与"逻辑关系意味着，I^2C 总线上的信号波形不是由哪一个器件所能够独立决定的，而是由挂接其上的所有器件的输出级(开漏管的工作状态)所共同决定的。以一根信号线 SCL 为例，当有任何一个器件输出低电平(即场效应管 N11 或 N21 饱和导通时)，SCL 线都会呈现低电平，只有当所有器件都输出高电平时，SCL 线才能够呈现高电平。

在描述 I^2C 总线系统的构成、操作原理、组网方式等内容时，都要用到许多专用术语和名词概念，在此进行统一说明：

(1) 器件节点：在 I^2C 总线系统中，以共同挂接的 I^2C 总线作为通信手段的每个器件(或组件)均构成 I^2C 总线的一个器件节点或简称节点。依据节点器件是否带有智能，可以将总线上的节点分为主器件节点和外围器件节点两种。

(2) 主器件节点：I^2C 总线系统中，可以对 I^2C 总线实施主动控制功能的、内部带有 CPU 的智能节点，例如 MCU(微控制器或单片机)、MPU(微处理器)和 DSP(数字信号处理器)等，称为主器件节点。

(3) 外围器件节点：I^2C 总线系统中，没有能力对 I^2C 总线实施主动控制功能的、内部不带 CPU 的非智能节点，例如 ADC、DAC、RAM、EEPROM、RTC、LED 或 LCD 驱动器等，称为外围器件节点。

(4) 主控器：在 I^2C 总线系统工作过程中，当某一个主器件节点实施对总线的主动控制时，就把此时的这个主器件称作主控器。主控器只能由主器件节点胜任。在一次通信过程中，由主控器负责向总线上发送启动信号、同步时钟信号、被控器件地址码、重启动信号和停止信号等。

(5) 被控器：在 I^2C 总线系统工作过程中，被动受控的器件就称作被控器。被控器既可以由主器件节点充当，也可以由外围器件节点充当。在一次通信过程中，被控器总是被主控器寻址、接收来自主控器的同步时钟，但是也可以向时钟线插入等待时间。

(6) 发送器：I^2C 总线上发送信息(可以是地址字节或数据字节)的器件。它既可以由主控器充当，也可以由被控器充当。

(7) 接收器：从 I^2C 总线上接收信息(可以是地址字节或数据字节)并且向发送器反馈应答信号的器件。同样它既可以由主控器，也可以由被控器充当。

(8) 总线冲突：在 I^2C 总线系统中，可以同时挂接多个主器件节点，但是，在某一时刻只能有一个主控器管理总线。如果在系统中同时存在两个或两个以上的主器件节点企图控制总线，则形成总线冲突(或称为多主竞争)状态。由于 I^2C 总线系统引入了时钟同步和总线仲裁机制，即使出现总线冲突也不会造成信息丢失。检测总线冲突的具体方法是，由主控器采样 SDA 线上的电平实现的。例如，主控器在经过开漏管向 SDA 线发送高电平的同时，经过同相器采样 SDA 线上的电平，应该得到与自身发送相匹配的高电平。否则，就表明还有其他主器件也在驱动 I^2C 总线。

(9) 总线仲裁：在发生总线冲突时，为了避免信息丢失，就需要对总线的控制权进行裁决。

裁决的结果只能允许其中一个主器件成为主控器，接管总线或者继续占用总线。总线仲裁是通过裁定 SDA 线的控制权来解决的。

(10) 时钟同步：串行时钟信号线 SCL 上的时钟脉冲，虽然是由主控器发送用于驱动被控器的，但是，被控器也并非只有听令的份。当被控器希望降低时钟速率或者插入等待时间时，可以通过将 SCL 线上的电平拉低，并且保持一定的时长来达到这一目的。这样以来，主控器也能够(在个别时候)接受被控器的时钟同步控制。实际上，时钟同步是由连接到 SCL 线上的所有器件进行"线与"实现的，只要有一个器件向 SCL 输出低电平，则 SCL 就是低电平，只有所有器件都向 SCL 输出高电平，SCL 才会呈现高电平。由此可见，SCL 线的低电平时间由时钟低电平期最长的器件决定，而 SCL 线的高电平时间由时钟高电平期最短的器件决定，这就形成了时钟的同步。

8.1.2 I^2C 总线的技术特点

自 1980 年 Philips 公司首创 I^2C 总线规范，该规范从此成为一种串行总线事实上的工业标准，被大量地用作系统内部的电路板级总线，并且有 50 余家公司被授权。该总线已经广泛应用于基于微控制器的消费和通信产品之中。

从发明至今，I^2C 总线的发展过程经历了 V1.0、V2.0 和 V2.1 几个版本。I^2C 总线最初按 100 kb/s 速率设计的，被称作标准模式——S 模式，目的是用于低速通信，例如简单控制和状态信号检测等。到 1992 年推出了升级版本，其速率达到 400 kb/s，被称作快速模式——F 模式。到了 1999 年又推出了高速模式——Hs 模式，其速率高达 3.4 Mb/s，可以用于开发大容量高速度的串行 RAM、EEPROM 或 FLASH 存储器，以及速度不断增加的其他应用，例如图像显示的 LCD 驱动器的串行传输，高速数字 IC 与模拟器件之间的数据传输等。

I^2C 总线的串行通信过程与 SPI 或 USART 相比，无论是从硬件结构，还是从组网方式、软件编制方法，都有很大的不同。了解这些特点，对于学习和应用 I^2C 总线技术是很有必要的。

(1) 二线制(串行数据线 SDA 和串行时钟线 SCL)。I^2C 总线上的所有节点，包含主器件节点和外围器件节点，其同名端都分别挂接到两根信号线 SDA 和 SCL 上。

(2) I^2C 总线上的所有节点，其 SDA 和 SCL 引脚的输出驱动级电路，都是一只集电极开路的三极管或漏极开路的场效应管，以便通过接有上拉电阻的 SDA 和 SCL 线，连接成"线与"逻辑关系。

(3) 采用的是互控通信方式且控制信号种类多。在一次通信过程中，通信双方频繁交换控制信息和状态信息。这些信息种类繁多，不仅包括常规的时钟、数据、地址，还包括启动信号、停止信号、重启动信号、方向信号、应答信号等。

(4) I^2C 总线具备时钟同步机制。通过这一机制，很容易对挂接到同一 I^2C 总线上的、工作速度不同的各个器件进行同步控制。

(5) 系统中所挂接的所有外围器件，一般均拥有一个专用的 7 位从器件地址码，以供主控器来寻址识别。

(6) 系统中主控制器对于其他任何节点的寻址，不再像 SPI 那样需要连接专用片选线的方法，而是采用“纯软件”的寻址方法，从而减少了连线数目，并且固定为 2 根。

(7) 所有具备 I²C 总线接口的外围器件，都具有自动应答功能，即产生应答信号的能力。

(8) 所有具备 I²C 总线接口的外围器件，在片内有多个单元地址时(例如串行 EEPROM 存储器)，在对于若干个相邻单元的数据(亦称为数据串或数据块)进行连续访问时，具有地址自动加 1 逻辑。这样在通过 I²C 总线对于某一器件读/写多个字节时，很容易实现自动操作。

(9) 在 I²C 总线系统中，由于采用了时钟同步和总线仲裁机制，可以方便地构成多主机系统。各个主机之间没有优先次序之分，也无中心主机，任何一个主器件节点都可以整个系统的主控制器。多机竞争总线时，时钟同步和总线仲裁都由硬件自动完成。

(10) 挂接到 I²C 总线上的各个节点，可以使用各自独立的、电压值不同的电源供电，但是必须共地。I²C 总线上的各个节点可以热插拔，即可以在系统带电的状况下自由接入和拆除。

(11) 兼容 7 位寻址和 10 位寻址两种寻址模式。

(12) 具有广播式寻址能力。利用一个通用地址码同时呼叫挂接到 I²C 总线上的所有被控器件。

(13) I²C 总线上允许同时挂接不同工作速率的具有 I²C 总线接口的器件。

(14) I²C 总线系统中除了可以挂接带有 I²C 总线硬件接口的单片机、外围器件外，还可以通过 I²C 总线并行扩展器(PCF8574)、I²C 总线/并行总线协议转换器(PCD8584)或者软件模拟方式，挂接不带 I²C 总线接口的单片机、微处理器或数字信号处理器。

(15) I²C 总线不仅可以广泛地用作电路板级总线，还可以通过 I²C 总线双向驱动器(82B715)进行不同系统之间的远程通信。

8.1.3　I²C 总线的基本工作原理

在 I²C 总线上进行的数据传输过程中，主控器和被控器总是扮演着两个相反的角色(或工作在两个相反的状态)，并且在一次通信过程中一般不发生角色转换。

(1) 主控器为发送器(称主控发送器)——被控器为接收器(称被控接收器)。

(2) 主控器为接收器(称主控接收器)——被控器为发送器(称被控发送器)。

如图 8.4 所示的是一次完整的通信过程的信号时序。在 I²C 总线上进行的每一次通信过程，都存在着这样一些规律：

(1) 都是由主控器主动发起的，并且是以发送启动信号 S 和停止信号 P 分别来掌管总线和释放总线。

(2) 一次通信过程都是以启动信号 S 开始，以停止信号 P 结束的。

(3) 传送的数据字节数是没有限制的。

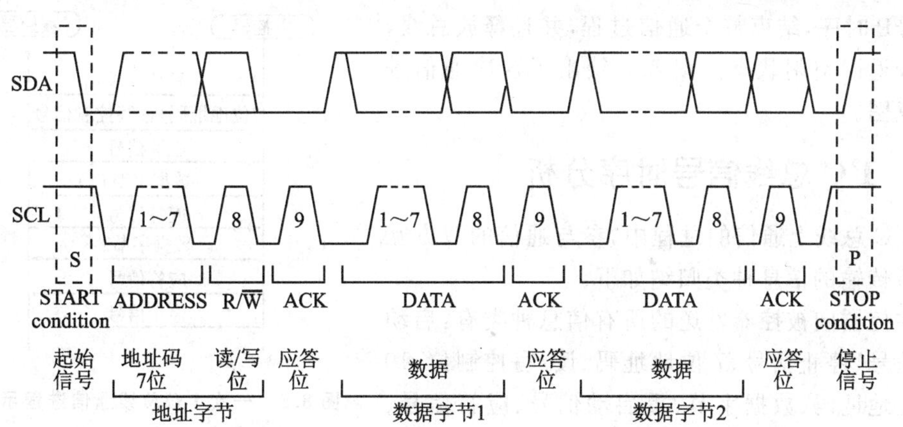

图 8.4　一次完整通信过程的 I^2C 总线信号时序

(4) 都是主控器在启动信号后面紧接着发送一个地址字节(其中包含 7 位被控器地址码和一位读写控制位 $R/\overline{W}$)的。

(5) 读写控制位 $R/\overline{W}$(或称作方向位)用于通知被控器数据传送的方向,“0”表示这次通信是由主控器向被控器“写”数据;“1”表示这次通信是主控器从被控器“读”数据。

(6) 每传送一个地址字节或数据字节,共需要 9 个时钟脉冲,其中第 1~第 8 个时钟脉冲对应的是由发送器向接收器发送的信息,而第 9 个脉冲对应的是由接收器向发送器反馈的一个应答位 ACK。

(7) 所有挂接到 I^2C 总线上的被控器件都接收启动信号后的地址字节,并且把接收到的 7 位地址码与自己的地址进行比较,如果相符即为主控器寻址的被控器,在第 9 个时钟脉冲期间反馈应答信号。

(8) 每个数据字节在传送时都是高位(MSB)在前。

假如,将图 8.4 看作是一次“主控器发送数据——被控器接收数据”的通信过程,那么从该图中可以看出,其操作步骤如下:

(1) 主控器在检测到总线空闲的状况下,首先发送一个启动S 信号时序。

(2) 接着发送一个地址字节(包含着 7 位地址码和一位读写位$R/\overline{W}$,假设 $R/\overline{W}=0$)。

(3) 在被控器收到地址字节后反送一个应答位ACK =0。

(4) 在主控器收到该应答位后开始发送第一个数据字节。

(5) 被控器收到第一个数据字节后又反送一个应答位ACK=0。

(6) 在主控器收到应答位后开始发送第二个数据字节。

(7) 被控器收到第二个数据字节后,再反送一个应答位ACK =0 或一个非应答位NACK =1。

(8) 在主控器将所需发送的全部数据(在此假设是两个字节)发送完毕之后,就发送一个停止信号P时序，结束整个通信过程，并且释放总线，使得总线返回空闲状态。图8.5绘出了这次通信进程的示意图。

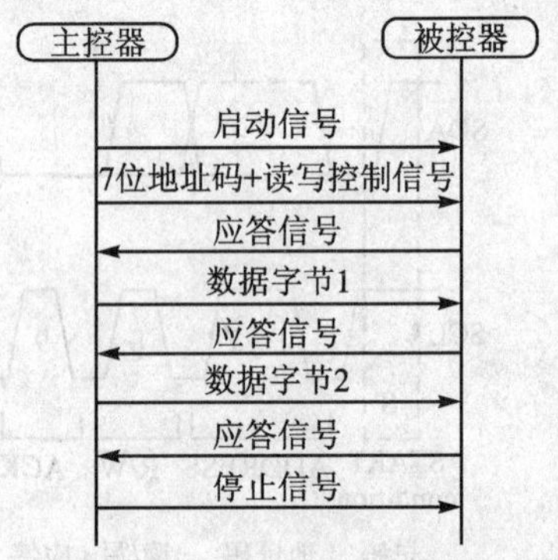

图8.5　一次I²C总线通信进程示意图

8.1.4　I²C总线信号时序分析

在I²C总线上通信的过程中，参与通信的双方互相之间所传输的信息种类归纳如下：

- 主控器向被控器发送的所有信息种类有：启动信号、停止信号、7位地址码、读/写控制位、10位地址码、数据字节、重启动信号、应答信号、时钟脉冲。
- 被控器向主控器发送的所有信息种类有：应答信号、数据字节、时钟低电平（展宽时钟脉冲低电平宽度，以插入等待时间）。

下面对于在I²C总线上进行的通信过程中所出现的几种信号状态和时序进行分析：

1. 总线空闲状态

I²C总线的SDA和SCL两根信号线同时处于高电平时，规定为总线的空闲状态。此时各个器件的输出级场效应管均处在截止状态，也就是释放总线，由两根信号线各自的上拉电阻把电平拉高。

2. 启动信号

在时钟线SCL保持高电平期间，数据线SDA上的电平被拉低（即负跳变），定义为I²C总线的启动信号。它标志着一次数据传输的开始。启动信号是一种电平跳变时序信号，而不是一个电平信号。启动信号是由主控器主动建立的，在建立该信号之前，I²C总线必须处于空闲状态，如图8.6所示。

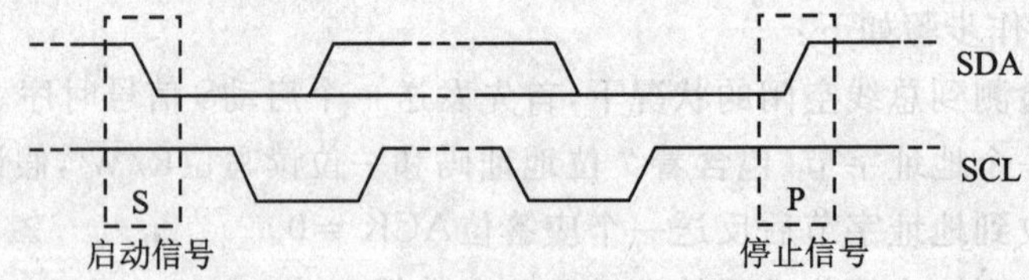

图8.6　I²C总线上的启动信号和停止信号

3. 停止信号

在时钟线SCL保持高电平期间，数据线SDA被释放，使得SDA返回高电平（即正跳变），称为I²C总线的停止信号。它标志着一次数据传输的终止。停止信号也是一种电平跳变时序信号，而不是一个电平信号。停止信号也是由主控器主动建立的，该信号过后，I²C总线将返回空闲状态，请参考图 8.6。

4. 数据位传送

在 I²C 总线上传送的每一位数据都有一个时钟脉冲相对应(或同步控制)，即在 SCL 线串行时钟的配合下，在 SDA 线上一位一位地串行传送每一位数据。进行数据传送时，在 SCL 线呈现高电平期间，SDA 线上的电平必须保持稳定，低电平为数据 0，高电平为数据 1。只有在 SCL 线为低电平期间，才允许 SDA 线上的电平改变状态，如图 8.7 所示。

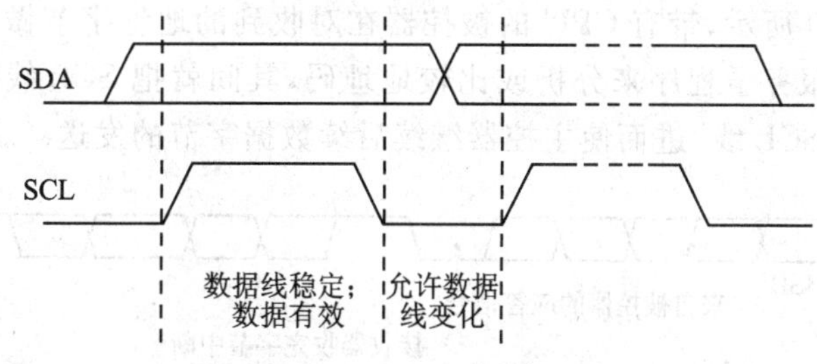

图 8.7　I²C 总线上的数据位传送

逻辑 0 的电平为地电压，而逻辑 1 的电平取决于器件本身的正电源电压 V_{DD}(当使用独立电源时)。

5. 应答信号

在 I²C 总线上所有数据都是以(8 位)字节传送的，发送器每发送一个字节(是在时钟脉冲 1～8 期间发送到数据线上的)之后就在时钟脉冲 9 期间释放数据线，由接收器反馈一个应答信号。应答信号为低电平时，规定为有效应答位(ACK，或简称应答位)，表示接收器已经成功地接收了该字节；应答信号为高电平时，规定为非应答位(NACK)，一般表示接收器接收该字节没有成功。对于反馈有效应答位 ACK 的要求是，接收器在第 9 个时钟脉冲之前的低电平期间将 SDA 线拉低，并且确保在该时钟的高电平期间为稳定的低电平。信号时序如图 8.8 所示。

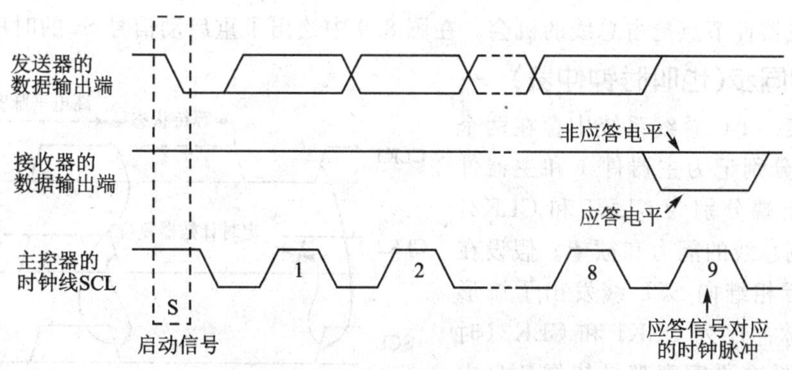

图 8.8　I²C 总线上的应答位时序

如果接收器是主控器时，则在它收到最后一个字节后，应发送一个 NACK 信号，以通知被控发送器结束数据发送，并释放 SDA 线，以便主控接收器发送一个停止信号 P。

6. 插入等待时间

如果被控器需要延迟下一个数据字节开始传送的时间，则可以通过把时钟线 SCL 电平拉低并且保持，来强行迫使主控器进入等待状态。一旦被控器释放时钟线，数据传输得以继续下去。这样就使得被控器有能力得到足够时间转移已经收到的数据字节，或者准备好即将发送的数据字节。如图 8.9 所示，带有 CPU 的被控器在对收到的地址字节做出应答之后，需要一定的时间去执行中断服务子程序来分析或比较地址码，其间就把 SCL 线钳位在低电平上，直到处理妥当后才释放 SCL 线，进而使主控器继续后续数据字节的发送。

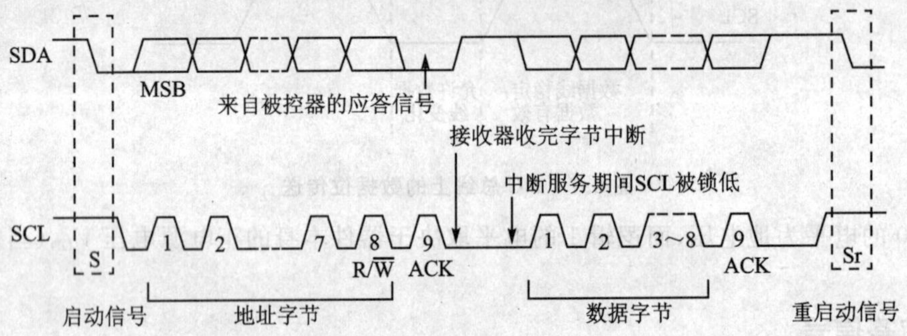

图 8.9 I²C 总线上的插入等待时间

7. 重启动信号(Repeated START Condition)

在主控器控制总线期间完成了一次数据通信之后(发送或接收)，如果想继续占用总线再进行一次数据通信(发送或接收)，而又不释放总线，这时就需要利用重启动Sr 信号时序。重启动信号 Sr 既作为前一次数据传输的结束，又作为后一次数据传输的开始。利用重启动信号的好处是，在前后两次通信之间主控器不需要释放总线，这样就不会丢失总线的控制权，也就是不给其他主器件节点抢占总线的机会。在图 8.9 中绘出了重启动信号 Sr 的时序。

8. 时钟同步(也叫时钟仲裁)

如果在某一 I²C 总线系统中存在两个主器件节点，分别记为主器件 1 和主器件 2，其时钟输出端分别为 CLK1 和 CLK2，它们都有控制总线的能力和欲望。假设在某一期间两者相继向 SCL 线发出了波形不同的时钟脉冲序列 CLK1 和 CLK2(时钟脉冲的高、低电平宽度都是依靠各自内部专用计数器定时产生的)，如图 8.10 所

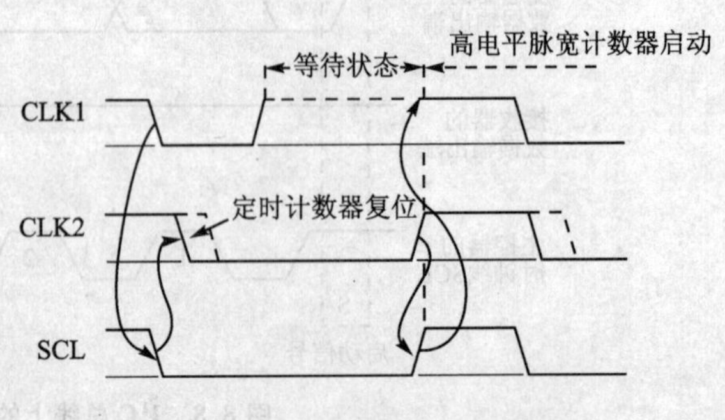

图 8.10 I²C 总线上的时钟同步

示。在总线控制权还没有裁定之前这种现象是可能出现的。鉴于 I²C 总线的"线与"特性，使得在时钟线 SCL 上得到的时钟信号波形，既不像主器件 1 所期望的 CLK1 那样，也不像主器件 2 所期望的 CLK2 那样，而是两者进行逻辑"与"的结果(即 SCL = CLK1 & CKL2)。CLK1 和 CLK2 的"合成"波形作为共同的同步时钟信号。一旦总线控制权裁定给某一主器件，则总线时钟信号将会只有该主器件产生。

9. 总线冲突和总线仲裁(Arbitration)

假如在某一 I²C 总线系统中存在两个主器件节点，分别记为主器件 1 和主器件 2，其数据输出端分别为 DATA1 和 DATA2，它们都有控制总线的能力和欲望，这就存在着发生总线冲突(即写冲突)的可能性。假设在某一瞬间两者相继向总线发出了启动信号，如图 8.11 所示，鉴于 I²C 总线的"线与"特性，使得在数据线 SDA 上得到的信号波形，是 DATA1 和 DATA2 两者相"与"的结果，结果使略微超前送出低电平的主器件 1，其 DATA1 下降沿被当作了 SDA 线的下降沿。

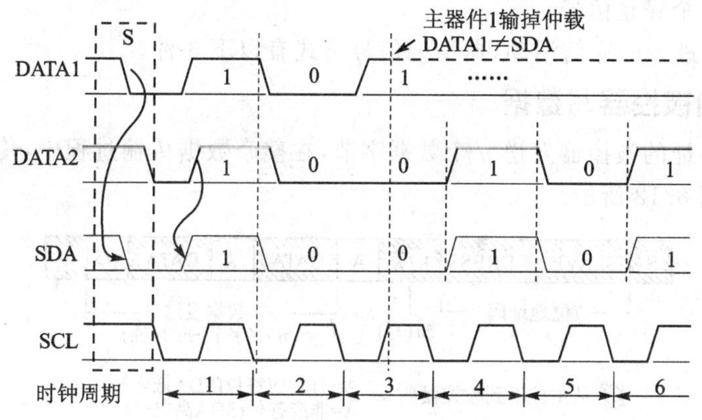

图 8.11 I²C 总线上的总线仲裁

在总线被启动后，主器件 1 企图发送数据"101…"，主器件 2 企图发送数据"100101…"。两个主器件在每次发出一个数据位的同时，都要对自己输出端的信号电平进行抽检，只要抽检的结果与它们自己预期的电平相符，就都会继续占用总线，总线控制权也就得不到裁定结果。在图 8.11 中，直到主器件 1 的第 3 位期望发送"1"，也就是在第 3 个时钟周期内送出高电平，在该时钟周期的"高电平"期间主器件 1 进行例行抽检时，结果检测到一个不相匹配的电平"0"，这时主器件 1 只好决定放弃总线控制权，因此，主器件 2 就成了总线的惟一主宰者，总线控制权也就最终得出了裁定结果，从而实现了总线仲裁的功能。

从以上总线仲裁的完成过程可以看出：一是仲裁过程对于主器件 1 和主器件 2 都不会丢失数据；二是各个主器件没有优先级别之分，总线控制权是随机裁定的，即使是抢先发送启动信号的主器件 1 最终也并没有得到控制权。实际上遵循的是一条"低电平优先"的仲裁原则，将总线判给在数据线上先发送低电平的主器件，而其他发送高电平的主器件将失去总线控制权。

10. 总线封锁状态

在特殊情况下，如果需要禁止所有发生在I²C总线上的通信活动，封锁或关闭总线是一种可行途径，只要挂接于该总线上的任何一个器件将时钟线SCL锁定在低电平上即可。

8.1.5 信号传送格式

主控器与被控器之间在总线上进行的一次数据传输，可以称为"一帧"，按I²C总线规范的约定，一帧之内由启动信号、寻址字节、若干个数据字节、停止信号以及重启动信号组成。启动信号表示一帧信号的开端；紧随其后的寻址字节，包含着7位地址码和一位读写控制位R/$\overline{W}$(或称方向位)，R/$\overline{W}$=0表示主控器对被控器的写操作，R/$\overline{W}$=1表示主控器对被控器的读操作；在寻址字节之后是按R/$\overline{W}$约定的读或写操作的数据字节和应答位；在一帧结束时，主控器必须发送一个停止信号。

在I²C总线上进行的通信活动，典型的信号格式有以下3种。

1. 主控器向被控器写数据

主控器向被寻址的被控器发送 *n* 个数据字节，在整个数据传输过程中，传输方向不变。其信号传输格式如图8.12所示。

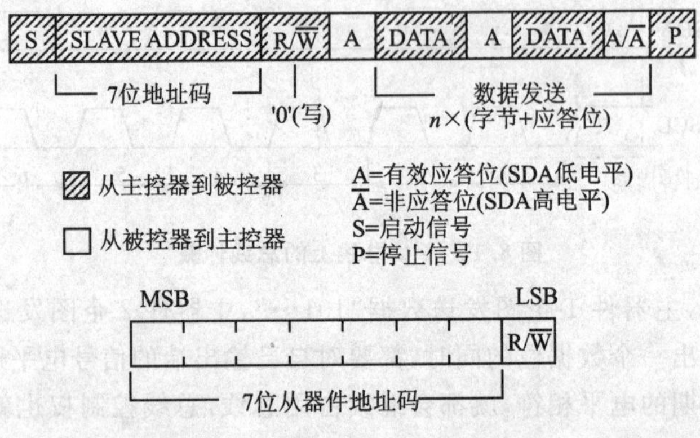

图8.12 主控器向被控器写数据

2. 主控器从被控器读数据

主控器从被寻址的被控器读取 *n* 个数据字节，在整个数据传输过程中，除了寻址字节外都是被控器发送的。其信号传输格式如图8.13所示。

3. 主控器连续发动两次数据传输

主控器在一次占用总线期间进行连续的数据传输过程中，需要改变数据传送方向。这时

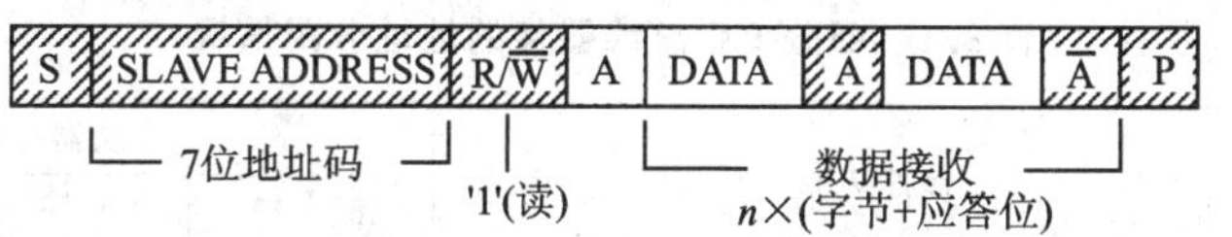

图 8.13 主控器从被控器读数据

不仅要发送重启动信号，寻址字节也需要重发一次，但是两次的读写方向相反。从而使得两个数据帧被连续地传送。其信号传输格式如图 8.14 所示。

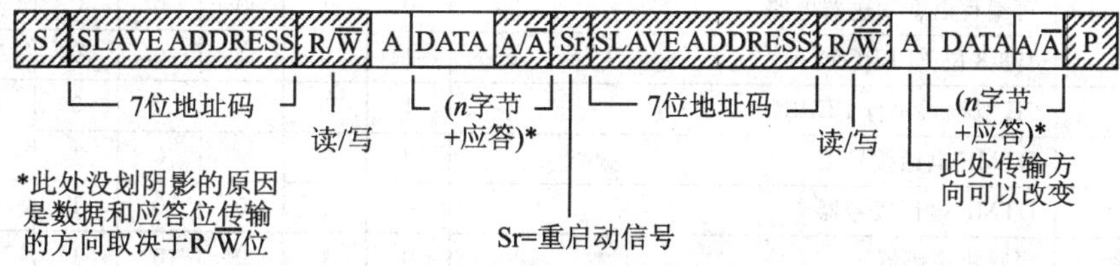

图 8.14 两帧连续的数据传输

8.1.6 寻址约定

为了尽可能精简总线所需连线数目，I²C 总线规范中采用了别具特色的寻址约定方式，来解决主控器识别挂接于总线之上的种类繁多或数目众多的被控器。具体实现方法是：被控器如果是内含 CPU 的智能器件，则地址码由其初始化程序软件定义；被控器如果是非智能型外围器件，则由生产厂家在器件内部固化一个专用的从器件地址码，该地址码根据器件的类型不同，由“I²C 总线委员会”实行统一分配。

因此，I²C 总线系统中挂接的所有外围器件，一般均拥有一个专用的 7 位“从器件地址码”(记为 A7～A0)，并且这 7 位地址码又分为两部分(如图 8.15 所示)：①“器件类型地址”，占据高 4 位，属于固定地址，不可更改；②“引脚设定地址”，占据低 3 位，有时可以通过器件的引脚接线状态来改变。

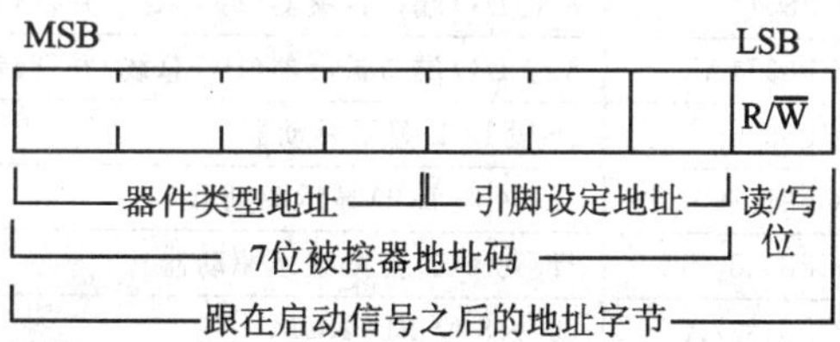

图 8.15 地址字节的定义

例如 8 脚封装的串行 EEPROM 存储器 AT24C02 的从器件地址码为 1010A2A1A0，其中，器件类型地址为 1010 固定不变；引脚设定地址 A2A1A0 可由 3 条存储器引脚连接 V_{DD} 或 V_{SS} 来自由设定，因此在同一 I²C 总线系统中可以最多同时挂接 8 只类型地址相同的器件。

目前，世界上 50 余家经过 Philips 公司授权的半导体制造公司，共开发了数百种型号的 I²C 总线器件。“I²C 总线委员会”将这些器件都分别分配了不同的从器件地址码，表 8.1 中列出了部分 I²C 总线器件的地址分配情况，以供参考。

表 8.1 部分 I²C 总线器件的地址分配情况

器件型号	器件功能	从器件地址码						
		A6	A5	A4	A3	A2	A1	A0
—	通用呼叫地址	0	0	0	0	0	0	0
—	保留地址	0	0	0	0	X	X	X
—	保留地址	1	1	1	1	X	X	X
NE5751	用于射频通信的音频处理器	1	0	0	0	0	0	A
PCA1070	可编程语音发送器电路	0	1	0	0	0	0	A
PCA8581/C	128 8位 EEPROM	1	0	1	0	A2	A1	A0
PCB2421	1K 双模式串行 EEPROM	1	0	1	0	0	0	0
PCD3311C	DTMF 电话拨号器	0	1	0	0	1	0	A0
PCD3312C	DTMF 电话拨号器	0	1	0	0	1	0	A0
PCD5002	寻呼机译码器	0	1	0	0	1	1	1
PCD5096	通用编码译码器	0	0	1	1	0	A1	A0
PCE84C886	8位监视器用单片机	0	1	1	0	0	1	1
PCF2116	LCD 控制器/驱动器	0	1	1	1	0	1	A0
PCF8522/4	512 8位 CMOS EEPROM	1	0	1	0	A2	A1	A0
PCF8566	96段 LCD 驱动器	0	1	1	1	1	1	A0
PCF8568	LCD 点阵显示行驱动器	0	1	1	1	1	0	A0
PCF8569	LCD 点阵显示列驱动器	0	1	1	1	1	0	A0
PCF8570	256 8位静态 RAM	1	0	1	0	A2	A1	A0
PCF8573	日历/时钟	1	1	0	1	0	A1	A0
PCF8574	8位 I/O 端口扩展器(I²C 总线/并行转换器)	0	1	0	0	A2	A1	A0
PCF8574A	8位 I/O 端口扩展器(I²C 总线/并行转换器)	0	1	1	1	A2	A1	A0
PCF8576C	16段 LCD 显示驱动器	0	1	1	1	0	0	A
PCF8577C	32/64段 LCD 显示驱动器	0	1	1	1	0	1	0
PCF8578/9	行/列 LCD 点阵显示驱动器	0	1	1	1	1	0	A0
PCF8582/A	256×8位 EEPROM	1	0	1	0	A2	A1	A0
PCF8583	256×8位 RAM/时钟/日历	1	0	1	0	0	0	A0
PCF8591	8位4路 ADC 和1路 DAC	1	0	0	1	A2	A1	A0
PCF8593	低功耗日历时钟	1	0	1	0	0	0	1
PCX8594	512×8位 CMOS EEPROM	1	0	1	0	A2	A1	P0
PCX8598	1 024×8位 CMOS EEPROM	1	0	1	0	A2	P1	P0
PDIUSB11	通用串行总线	0	0	1	1	0	1	1
SAA1064	4位 LED 驱动器	0	1	1	1	0	A1	A0

说明：A 为可编程地址码；P 为可编程页码。

根据高4位的器件类型地址(A6A5A4A3)的不同,又可以将所有 I^2C 器件划分到最多不超过14个的分组中,如表8.2所列。这里在每个组中仅仅列出了一个或几个器件型号作示例。其中分组号(即器件类型地址)A6～A3为全0和全1的编码,另有特殊安排,如表8.3所列。下面对于表8.3中关系到PIC16F87X单片机的几行做一简介。

表8.2 按组列出的部分 I^2C 总线器件

分组(A6A5A4A3)	A2A1A0			型号	说明
分组0 (0000)	0	0	0	—	通用呼叫地址
	X	X	X	—	保留地址
分组1 (0001)	1	A1	A0	TDA8045	QAM-64解调器
分组2 (0010)	0	0	1	SAA5243	计算机控制报文电路
分组3 (0011)	0	0	A0	SAA7370	CD译码器+数字立体声处理器
	0	A1	A0	PCD5096	通用译码器
	0	1	A0	SAA2510	VCD MPEG音频视频译码器
	0	1	1	PDIUSB11	通用串行总线
分组4 (0100)	0	A1	A0	SAA1300	调谐开关电路
	A2	A1	A0	PCF8574	8位I/O口扩展电路
	1	0	A0	PCD3311C	DTMF电话拨号器
	1	0	A0	PCD3312C	DTMF电话拨号器
分组6 (0110)	0	1	1	PCE84C882	用于监视器的8位单片机
	0	1	1	PCE84C886	用于监视器的8位单片机
分组7 (0111)	0	0	A0	PCF8576C	16段LCD驱动器
	0	A1	A0	SAA1064	4位LED驱动器
	A2	A1	A0	PCF8574A	8位I/O口扩展电路
	0	1	0	PCF8577C	32/64段LCD驱动器
	1	0	A0	PCF8578/9	行/列LCD点阵驱动器
	1	1	A0	PCF8566	96段LCD驱动器
分组8 (1000)	0	0	A0	TDA9860	高保真音频处理器
	1	0	0	TDA4680/5/7/8	视频处理器
	1	0	1	TDA8373	NTSC制式单片视频处理器
	1	A1	1	SAA9056	数字SCAM彩色译码器
分组9 (1001)	A2	A1	A0	PCF8591	8位4路ADC+1路DAC
	A2	A1	A0	TDA8440	视频/音频开关
	A2	A1	A0	TDA8540	4×4视频/开关矩阵

续表 8.2

分组(A6A5A4A3)	A2A1A0			型 号	说 明
分组 A (1010)	0	0	0	PCB2421	1K 双模式串行 EEPROM
	0	0	A0	PCF8583	256×8 位 RAM/时钟/日历
	0	0	1	PCF8593	低功耗时钟/日历
	A2	A1	A0	PCF8570	256×8 位静态 RAM
	A2	A1	A0	PCF8522/4	512×8 位 CMOS EEPROM
	A2	A1	A0	PCA8581/C	128×8 位 EEPROM
	A2	A1	A0	PCF8582/A	256×8 位 EEPROM
	A2	A1	P0	PCX8594	512×8 位 CMOS EEPROM
	A2	P1	P0	PCX8598	1024×8 位 CMOS EEPROM
分组 B (1011)	0	0	A0	SAA7199B	数字多标准译码器
	1	1	1	SAA9065	视频增强和 D/A 处理器
分组 C (1100)	0	1	A0	UMA1014	移动电话频率合成器
分组 D (1101)	0	0	A0	TDA8043	QPSK 解调器和解码器
	0	A1	A0	PCF8573	时钟/日历
分组 E (1110)	0	0	A0	SAA7192	数字彩色转换器
分组 F (1111)	X	X	X	—	保留地址

表 8.3 特殊寻址字节的安排

地址字节			用途说明
A6A5A4A3	A2A1A0	$R/\overline{W}$	
0000	000	0	通用呼叫地址
0000	000	1	启动字节
0000	001	X	CBUS 地址
0000	010	X	保留用于不同总线格式
0000	011	X	留给未来备用
0000	1XX	X	高速 Hs 模式主控器编码
1111	1XX	X	留给未来备用
1111	0XX	X	10 位从器件寻址

1. 通用呼叫地址

通用呼叫地址实际上就是一种一呼百应的广播地址或者群呼地址，用于同时访问 I^2C 总线上的所有器件。但是，如果其中某一个器件不需要主控器发送的广播数据，则它可以不对广播地址应答，并且对于该地址置之不理。对于需要该广播地址的后随数据的器件，则必须对该地址做出应答，并且成为一个被控接收器，接收广播寻址的后续数据。被控器有能力处理这些数据时应该进行应答，否则忽略该字节并且不作应答。

2. 启动字节

对于不具备硬件 I^2C 总线接口的单片机，可以采用软件模拟 I^2C 总线时序的方法，也可以接入 I^2C 总线系统。当该单片机作为接收器时，它必须通过软件周期性地检测总线，以便捕捉总线上的启动信号，进而响应总线对于它的寻址。这就遇到一个问题，如果单片机检测总线的周期越小，占用它的机时就越多，对于自身功能的影响就越大；如果单片机检测总线的周期越大，对于总线上启动信号的反应就越迟钝甚至错过对于启动信号的识别。为了解决这一矛盾，可以让单片机平时采用慢扫描方式检测总线，只有当总线上出现启动信号后，才转换到快扫描方式。具体方法是，I^2C 总线上的数据传输可以由一个较长的启动过程来加以引导（如图 8.16）。因此，启动字节就是提供给不具备硬件 I^2C 总线接口的单片机检测时使用的特殊字节。

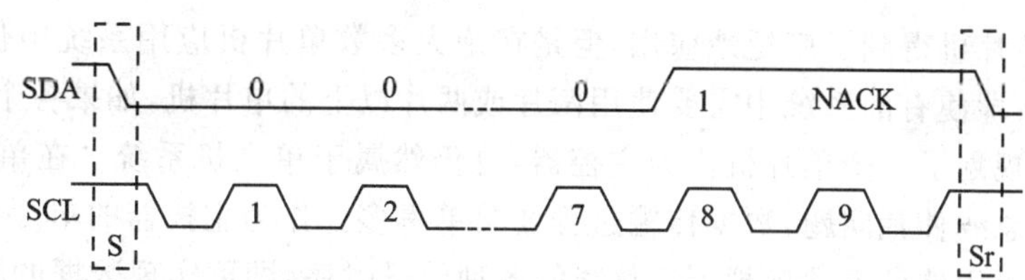

图 8.16 启动字节引导过程

引导过程由启动信号 S、启动字节、应答信号（是一个非应答位 NACK）、重启动信号 Sr 组成。请求占用总线的主控器向总线发送一个启动信号后，接着发送一个启动字节(00000001)，被控器单片机可以用较低的检测速率对 SDA 线扫描，直到启动字节中的 7 个“0”中至少一个被检测到为止，它随即就转而快速检测 SDA 线，以便发现用于同步的第 2 个启动信号 Sr。

对于其他外围器件，在收到重复启动信号 Sr 后，电路复位并且忽略整个启动字节。从图 8.16 中可以看出，启动字节之后也产生一个与应答位对应的时钟脉冲，但是这仅仅是为了使总线格式保持一致，其实不允许任何从器件对启动字节反馈一个有效应答位 ACK。

3. 10 位寻址格式

7 位从器件地址码，其编码空间最多只有 $2^7=128$ 个，况且还要除掉表 8.1.3 中所列出的 16 个特殊地址，就只剩下 112 个可利用地址。对于型号数以百计的 I^2C 器件来说，显然 7 位地址码不够充分。为了能够在 I^2C 总线上同时挂接更多的器件，在原有的 7 位地址码格式基础上，又发展出了 10 位地址码格式。10 位地址格式仍然符合原有的总线协议。

主控器在寻址 10 位地址格式的器件时，在启动信号之后要发送两个字节的地址信息。格式为

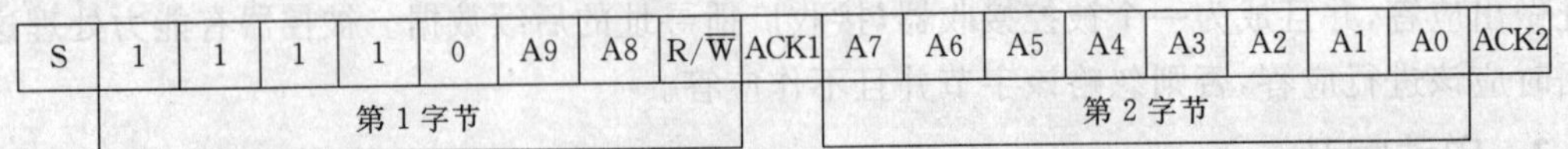

S	1	1	1	1	0	A9	A8	R/$\overline{W}$	ACK1	A7	A6	A5	A4	A3	A2	A1	A0	ACK2
	第 1 字节									第 2 字节								

第 1 字节的高 5 位固定为 11110，随后就是 10 位地址码的最高 2 位 A9A8，再接着就是读写控制位 R/$\overline{W}$。在此以一次主控发送器向被控接收器发送数据为例，则应为 R/$\overline{W}$=0。10 位地址的从器件在接收到第 1 个字节后，取出 A9A8 与本身地址码的高两位进行比较，相同者做出应答 ACK1，并且记下 R/$\overline{W}$ 位(高两位地址相符的器件可能不止一个)；然后，接收第 2 字节，也就是 10 位地址码的低 8 位，再与自身地址码的低 8 位进行比较，结果会最多只有一个器件与之相符，它做出应答 ACK2，并且根据读写位 R/$\overline{W}$ 设置为对应的发送/接收方式。紧接着就开始传输数据序列，直到主控器发出停止信号，或发出后跟不同地址码的重复启动信号为止。

8.1.7　技术参数

目前，虽然单片机得到了广泛地应用，但是在绝大多数单片机应用系统中仍然保持为"单主机"配置形式。即使有的系统中需要使用两片或两片以上的单片机，如果各个单片机内部固化的用户程序仅规划了一个单片机作为主控器，也仍然属于单主机系统。在单主机系统中不存在总线冲突和总线仲裁问题，数据传输过程要简单得多。作为主控器的单片机(或作为被控器的单片机)，只要用软件方法模拟 I²C 总线的各种信号时序，即可实现数据的收/发操作。因此，I²C 总线系统中的一些器件节点可以采用不带 I²C 总线硬件接口的单片机，例如 PIC16C5X、8051、EM78447 等。

对于 I²C 总线时序进行软件模拟具有重要的实用价值，得到了广泛的采纳。其积极意义是：大大地扩展了 I²C 总线的适用范围，不再受必须具备 I²C 总线接口的限制；即使对于具备一个 I²C 总线接口的单片机，有时为了增加另一个 I²C 总线接口，也可以采用软件模拟的方法；对于一些单片机厂家既不想购买 Philips 公司的知识产权，又不妨碍其单片机开发者使用 I²C 总线技术外扩丰富廉价的 I²C 外围器件，那么，以软件模拟 I²C 总线是一种可行的解决方案。

在利用单片机的普通 I/O 口线模拟 I²C 总线的通信时序时，单片机的时钟频率必须满足 SDA 和 SCL 信号线的上升沿和下降沿的时间要求。因此，在时序模拟时最重要的是确保典型信号的时序要求，例如启动信号、停止信号、比特传送、应答位等。这时就需要分析和研究 I²C 总线的时间参数的定义和限制范围，请分别参见图 8.17 和表 8.4。其中"S/F 模式"表示标准模式和快速模式。

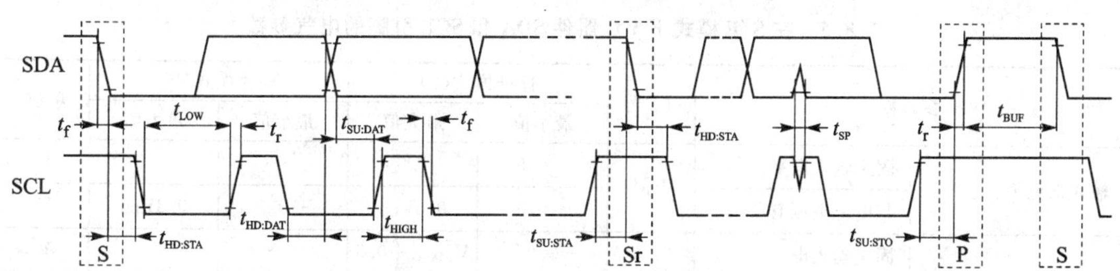

图 8.17 I²C 总线 S/F 模式下时间参数的定义

表 8.4 在 S/F 模式下 I²C 总线线路的时间参数要求

参数	符号	标准模式(S)		快速模式(F)		单位
		最小值	最大值	最小值	最大值	
SCL 时钟频率	f_{SCL}	0	100	0	400	kHz
(重)启动信号保持时间	$t_{HD:STA}$	4.0	—	0.6	—	μs
SCL 低电平时间	t_{LOW}	4.7	—	1.3	—	μs
SCL 高电平时间	t_{HIGH}	4.0	—	0.6	—	μs
重启动信号建立时间	$t_{SU:STA}$	4.7	—	0.6	—	μs
数据保持时间	$t_{HD:DAT}$	0	3.45	0	0.9	μs
数据建立时间	$t_{SU:DAT}$	250	—	100	—	ns
SDA,SCL 线信号上升时间	t_r	—	1 000	$20+0.1C_b$	300	ns
SDA,SCL 线信号下降时间	t_f	—	300	$20+0.1C_b$	300	ns
停止信号建立时间	$t_{SU:STO}$	4.0	—	0.6	—	μs
P 和 S 信号间总线空闲时间	t_{BUF}	4.7	—	1.3	—	μs
SDA,SCL 线的负载电容	C_b	—	400	—	400	pF
低电平噪声容限	V_{nL}	$0.1V_{DD}$	—	$0.1V_{DD}$	—	V
高电平噪声容限	V_{nH}	$0.2V_{DD}$	—	$0.2V_{DD}$	—	V

注:C_b 为一条信号线上的总电容量,单位 pF。

能够在同一 I²C 总线上同时挂接的器件数量,将受到信号线上的总负载电容量的最大值不超过 400 pF 的限制,如表 8.4 所列。

另外,为了使得利用不同制造工艺生产的器件之间,以及使用不同电源电压的器件之间,都能借助于 I²C 总线进行通信,就需要在研制 I²C 总线器件时,对器件接口电路的输入电平有两种设计,一种是输入电平固定,另一种是输入电平随电源电压而定。关于 I²C 总线器件,对其 SDA 和 SCL 引脚的电气参数的要求,如表 8.5 所列。

表 8.5　在 S/F 模式下 I²C 器件 SDA 和 SCL 引脚的电气参数

参数		符号	标准模式(S)		快速模式(F)		单位
			最小值	最大值	最小值	最大值	
输入低电平	固定输入电平	V_{IL}	−0.5	1.5	—	—	V
	与电源电压有关		−0.5	0.3V_{DD}	−0.5	0.3V_{DD}	V
输入高电平	固定输入电平	V_{IH}	3.0	V_{DDmax}+0.5	—	—	V
	与电源电压有关		0.7V_{DD}	V_{DDmax}+0.5	0.7V_{DD}	V_{DDmax}+0.5	V
施密特触发器输入回滞电压	V_{DD}>2 V	V_{hys}	—	—	0.05V_{DD}	—	V
	V_{DD}<2 V		—	—	0.1V_{DD}	—	V
输出低电平(开路输出,吸入电流 3 mA)	V_{DD}>2 V	V_{OL1}	0	0.4	0	0.4	V
	V_{DD}<2 V	V_{OL3}	—	—	0	0.2V_{DD}	V
输出下降时间(从 V_{IHmin} 到 V_{ILmax},总线电容在 10～400 pF 范围的条件下)		t_{of}	—	250	20+0.1C_b	250	ns
瞬态干扰尖脉冲宽度		t_{SP}	—	—	0	50	ns
引脚输入电流(输入电压 0.1V_{DD}～0.9V_{DDmax})		I_i	−10	10	−10	10	μA
引脚电容		C_i	—	10	—	10	pF

8.1.8　I²C 器件与 I²C 总线的接线方式

I²C 总线允许利用不同制造工艺生产的器件之间,以及使用不同电源电压的器件之间进行通信。对于电源电压固定为 5×(1±10%) V(以及不足 5 V)的器件,其逻辑电平规定如下:

- V_{ILmax}=1.5 V(最大输入低电平);
- V_{IHmax}=3 V(最大输入高电平)。

对于能够适应电源电压范围较宽的器件(例如 CMOS 类),其逻辑电平规定如下:

- V_{ILmax}=0.3 V_{DD}(最大输入低电平);
- V_{IHmax}=0.7 V_{DD}(最大输入高电平)。

具有固定输入电平的 I²C 总线器件,可以分别单独连接适合自己的电源电压,但是公共的 I²C 总线上拉电阻必须连接到一个电压为 5×(1±10%) V 的电源上,如图 8.18 所示。其中 V_{DD2}～V_{DD4} 是由器件决定的,例如,可以是 12 V。

输入电平与电源电压相关联的 I²C 总线器件,往往也是工作电压范围较宽的一类器件,必须采用一个公共电源,I²C 总线上拉电阻也连接到该电源上,如图 8.19 所示。

当以上两种器件混合使用时,其中输入电平与电源电压相关联的一类 I²C 总线器件,必须采用一个公共电源,I²C 总线上拉电阻也连接到该电源上。其他 I²C 总线器件,可以分别单独

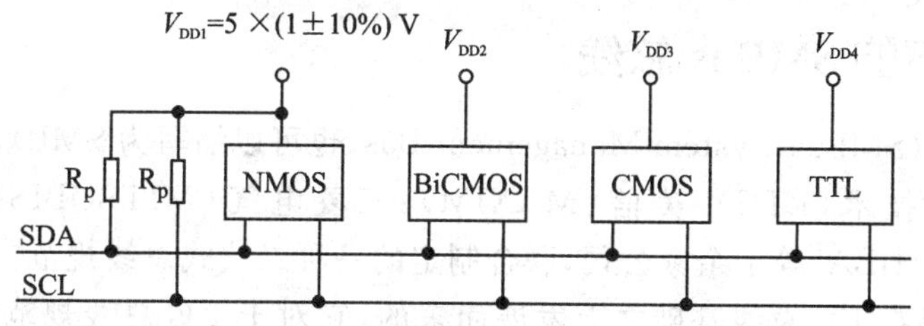

图 8.18　固定输入电平器件与 I²C 总线的连接

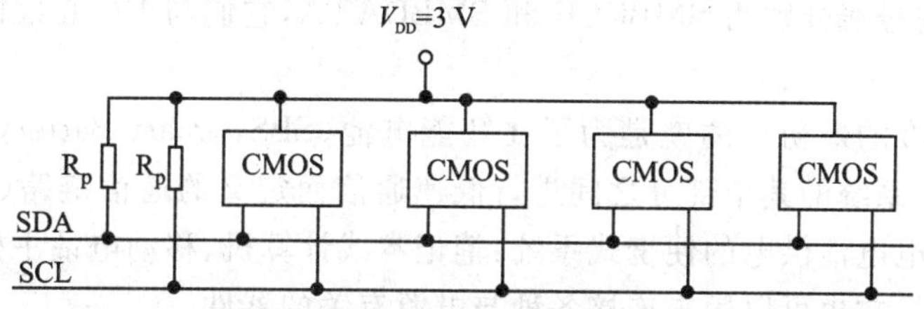

图 8.19　输入电平随电源而变的器件与 I²C 总线的连接

使用适合自己的电源电压，如图 8.20 所示。其中 V_{DD2} 和 V_{DD3} 是由器件决定的，例如，可以是 12 V 等。

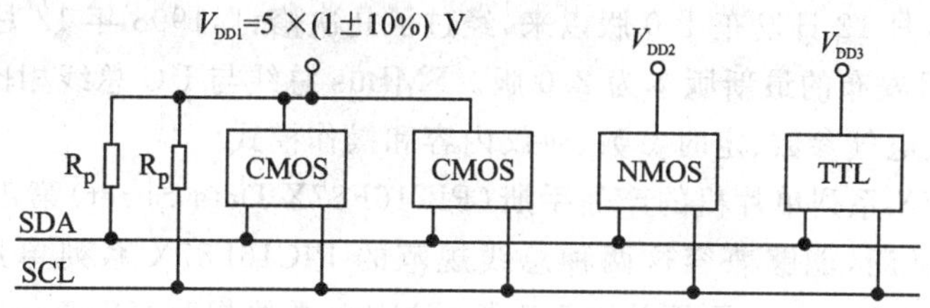

图 8.20　两类器件混合与 I²C 总线的连接

另外，对于器件输入级的噪声容限还应该作以下要求：低电平噪声容限为 $0.1V_{DD}$；高电平容限为 $0.2V_{DD}$。为了抑制由于环境电磁干扰在 SDA 和 SCL 线上引起的过高的尖脉冲，有必要在器件引脚上串接电阻 R_S，例如 300 Ω，如图 8.21 所示。

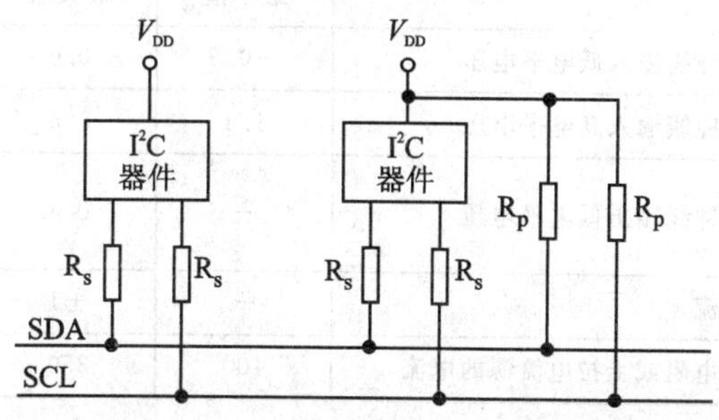

图 8.21　接入电阻来抑制高电压尖脉冲

8.1.9 相兼容的 SMBus 总线

系统管理总线(SMBus,System Management Bus,也可以缩写为 SMB),是在 1995 年由英特尔(Intel)、线性技术(LTC)、美信(MAXIM)、三菱电气(MITSUBISHI)、国家半导体(NSC)、东芝(TOSHIBA)等十余家公司,联合制定的一种二线式总线规范。

SMBus 总线是在 I^2C 总线基础之上发展而来的,它对于 I^2C 总线规范的改动不大,所以是一种与 I^2C 总线高度兼容的总线标准,其设计目标和主要用途也很专一。在 SMBus 总线规范中,定义的两根信号线分别为 SMBCLK 和 SMBDATA,它们与 I^2C 总线的 SCL 和 SDA 相对应。

制定该总线标准的最初目的就是为了在智能电池(SBS,Smart Battery System)、电池充电器和微控制器,与系统的其余部分之间进行低速通信而定义的通信链路(例如,应用于电池供电的尤其是可充电电池供电的便携式系统:笔记本式计算机、移动电话手机、掌上计算机、个人数字助理等),但是它也可以用来连接各种与电源有关的器件。

在一个系统中,借助于 SMBus 总线,一个器件(组件或模块)可以提供制造商信息、可以告诉系统它是什么型号、可以记录下不明事件的状态、可以报告故障类型、可以接收控制参数和返回其状况等。

自从 1995 年 2 月 12 日发布 1.0 版以来,经过了几次修订,1998 年 12 月 11 日发布了 1.1 版,2000 年 8 月 3 日发布的最新版本为 2.0 版。SMBus 总线与 I^2C 总线相比存在的主要差别包含这样几个方面:电气参数、定时参数、协议内容和操作模式。

因为 PIC16F87X 系列单片机的产品手册(PIC16F87X Data Sheet)第 1 版的发布时间为 1998 年,所以可以推断,能够兼容这两种总线规范的 PIC16F87X 系列单片机,是在 1.0 版 SMBus 总线基础之上开发的。下面就以 1.0 版《SMBus 总线规范》(System Management Bus Specification)为例,来简介 SMBus 总线的电气参数,如表 8.6 所列。

表 8.6 SMBus 总线的电气参数

符 号	参 数	范围限制		单 位	注 释
		最小值	最大值		
V_{IL}	数据和时钟线输入低电平电压	−0.5	0.6	V	
V_{IH}	数据和时钟线输入高电平电压	1.4	5.5	V	
V_{OL}	数据和时钟线输出低电平电压	—	0.4	V	在 I_{PULLUP} 为最小值时
I_{LEAK}	输入漏电流	—	±1	μA	
I_{PULLUP}	流经上拉电阻或上拉电流源的电流	100	350	μA	

SMBus 总线是以固定电源电压为基础的，其输入电平不能随电源电压变化而变化，所以其逻辑电平很容易满足标准 5 V 器件的应用。其工作速度要求也较低，规定为 10 kHz 到 100 kHz。SMBus 总线信号时序图和定时参数分别见图 8.22 和表 8.7。

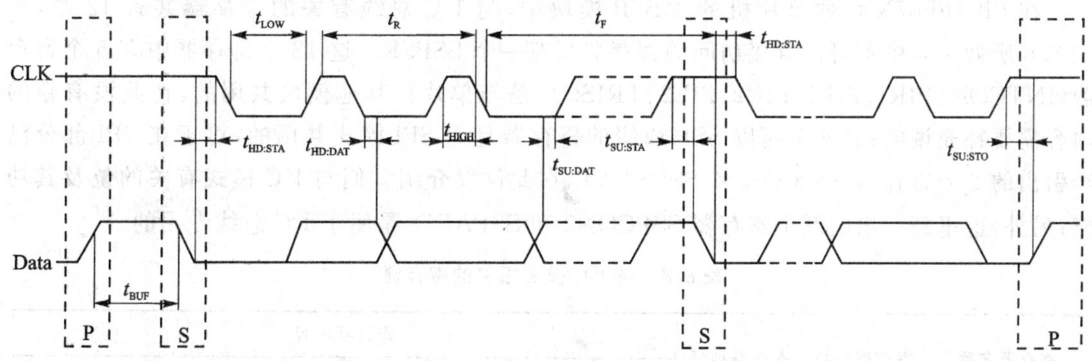

图 8.22　SMBus 总线定时参数的定义

表 8.7　SMBus 总线的定时参数

符　号	参　数	范围限制		单　位
		最小值	最大值	
f_{SMB}	SMB 操作频率	10	100	kHz
t_{BUF}	S 和 P 信号之间的总线释放时间	4.7	—	μs
$t_{HD:STA}$	(重)启动信号后的占线时间，此后送出首个时钟脉冲	4.0	—	μs
$t_{SU:STA}$	重启动信号建立时间	4.7	—	μs
$t_{SU:STO}$	停止信号建立时间	4.0	—	μs
$t_{HD:DAT}$	数据保持时间	300	—	ns
$t_{SU:DAT}$	数据建立时间	250	—	ns
t_{LOW}	时钟低电平时间	4.7	—	μs
t_{HIGH}	时钟高电平时间	4.0	50	μs
$t_{LOW:SEXT}$	插入等待时间(从器件)	—	25	ms
$t_{LOW:MEXT}$	插入等待时间(主器件)	—	10	ms
t_F	时钟/数据线下降沿时间	—	300	ns
t_R	时钟/数据线上升沿时间	—	1000	ns

8.2 I²C 总线相关的寄存器

在 PIC16F87X 系列单片机的 MSSP 模块中,与 I²C 总线有关的寄存器共有 12 个,如表 8.8 所列。其中不可以直接访问的寄存器只有一个 SSPSR。这 12 个寄存器中有 6 个寄存器(INTCON、PIR1、PIE1、PIR2、PIE2、TRISC),是与单片机其他模块共用的,在此没有新的内容需要补充说明;有 6 个冠以 SSP 前缀的寄存器是与 SPI 模式共用的,对于在 SPI 部分已经引出的 2 个寄存器 SSPCON 和 SSPSTAT,在此仅仅介绍它们与 I²C 模式有关的位及其功能;另外,这里新引出的两个寄存器 SSPCON2 和 SSPADD,是属于 I²C 总线专用的。

表 8.8 与 I²C 模式相关的寄存器

寄存器名称	寄存器符号	寄存器地址	寄存器内容							
			bit7	bit6	bit5	bit4	bit3	bit2	bit1	bit0
中断控制寄存器	INTCON	0BH/8BH/10BH/18BH	GIE	PEIE	T0IE	INTE	RBIE	T0IF	INTF	RBIF
第一外设中断标志寄存器	PIR1	0CH	PSPIF	ADIF	RCIF	TXIF	SSPIF	CCP1IF	TMR2IF	TMR1IF
第一外设中断屏蔽寄存器	PIE1	8CH	PSPIE	ADIE	RCIE	TXIE	SSPIE	CCP1IE	TMR2IE	TMR1IE
第二外设中断标志寄存器	PIR2	0DH	—	—	—	EEIF	BCLIF	—	—	CCP2IF
第二外设中断屏蔽寄存器	PIE2	8DH	—	—	—	EEIE	BCLIE	—	—	CCP2IE
RC 端口方向寄存器	TRISC	87H	TRISC7	TRISC6	TRISC5	TRISC4	TRISC3	TRISC2	TRISC1	TRISC0
收发缓冲器	SSPBUF	13H	SSP 接收/发送数据缓冲器							
同步串口控制寄存器	SSPCON	14H	WCOL	SSPOV	SSPEN	CKP	SSPM3	SSPM2	SSPM1	SSPM0
同步串口控制寄存器 2	SSPCON2	91H	GCEN	ACKSTAT	ACKDT	ACKEN	RCEN	PEN	RSEN	SEN
从地址/波特率寄存器	SSPADD	93H	I²C 被控方式存放从器件地址/I²C 主控方式存放波特率值							
同步串口状态寄存器	SSPSTAT	94H	SMP	CKE	D/$\overline{A}$	P	S	R/$\overline{W}$	UA	BF
移位寄存器	SSPSR	无地址	MSSP 接收/发送数据移位寄存器							

在早期推出的PIC16C6X和PIC16C7X系列单片机的同步串行端口SSP模块的基础之上进行了一些硬件扩展和功能改进，形成了在PIC16F87X系列单片机中配置的功能加强型主同步串行端口MSSP模块。为了与之相适应，不仅增加了总线冲突中断标志位BCLIF、总线冲突中断使能位BCLIE，以及SPI时钟沿选择位兼 I^2C 总线输入电平规范选择位CKE，和SPI采样控制位兼 I^2C 总线转换率控制位SMP，而且还在原来只有一个控制寄存器SSPCON的基础上，又增加了一个新的控制寄存器，记为SSPCON2。为了软件上的兼容，并没有把原来的控制寄存器改记为SSPCON1，所以不存在一个记为SSPCON1的寄存器，这一点应予以注意。

8.2.1 同步串口状态寄存器SSPSTAT

bit7	bit6	bit5	bit4	bit3	bit2	bit1	bit0
SMP	CKE	$D/\overline{A}$	P	S	$R/\overline{W}$	UA	BF

SSPSTAT用来记录MSSP模块的各种工作状态。最高两位可读写，低6位只能读出。在此仅仅介绍与 I^2C 相关的位和功能。

➢ SMP：SPI采样控制位兼 I^2C 总线转换率控制位。在 I^2C 主控和被控方式下：
- 1＝转换率(Slew rate)控制被关闭以便适应标准速度模式(100 kHz)；
- 0＝转换率控制被打开以便适应快速速度模式(400 kHz)。

➢ CKE：SPI时钟沿选择兼 I^2C 总线输入电平规范选择位。在 I^2C 主控和被控方式下：
- 1＝输入电平遵循SMBus总线规范；
- 0＝输入电平遵循 I^2C 总线规范。

➢ $D/\overline{A}$：数据/地址标志位(仅用于 I^2C 总线方式)。
- 1＝表示最近一次接收或发送的字节是数据；
- 0＝表示最近一次接收或发送的字节是地址。

➢ P：停止位(仅用于 I^2C 总线方式，当SSPEN＝0、MSSP被关闭时，该位被自动清0)。
- 1＝表示最近检测到了停止位(单片机复位时该位为“0”)；
- 0＝表示最近没有检测到停止位。

➢ S：启动位(仅用于 I^2C 总线方式，当SSPEN＝0、MSSP被关闭时，该位被自动清0)。
- 1＝表示最近检测到了启动位(单片机复位时该位为“0”)；
- 0＝表示最近没有检测到启动位。

➢ $R/\overline{W}$：读/写信息位(仅用于 I^2C 总线方式)。该位记录着最近一次地址匹配后，从地址字节中获取的读/写状态信息，该位仅仅从地址匹配到下一个启动位或停止位或非应答位被检测到的期间之内有效。它与SEN、RSEN、PEN、RCEN或ACKEN位一起，将用于显示MSSP是否处于空闲状态。

在 I²C 被控方式下：

- 1=表示读操作；
- 0=表示写操作。

在 I²C 主控方式下：

- 1=表示正在进行发送；
- 0=表示不在进行发送。

➢ UA：地址更新标志位(仅用于 I²C 总线的 10 位地址寻址方式)。

- 1=表示需要用户更新 SSPADD 寄存器中的地址(该位是由硬件自动置 1 的)；
- 0=表示不需要用户更新 SSPADD 寄存器中的地址。

➢ BF：缓冲器已满标志位。

在 I²C 总线方式下接收时：

- 1=表示接收成功，缓冲器 SSPBUF 已经满；
- 0=表示接收未完成，缓冲器 SSPBUF 还为空。

在 I²C 总线方式下发送时：

- 1=表示数据发送正在进行之中(不包含应答位和停止位)，缓冲器 SSPBUF 还是满的；
- 0=表示数据发送已经完成(不包含应答位和停止位)，缓冲器 SSPBUF 已空。

8.2.2 同步串口控制寄存器 SSPCON

bit7	bit6	bit5	bit4	bit3	bit2	bit1	bit0
WCOL	SSPOV	SSPEN	CKP	SSPM3	SSPM2	SSPM1	SSPM0

SSPCON 用来对 MSSP 模块的多种功能和指标进行控制。是一个可读写的寄存器，在此仅仅介绍与 I²C 总线相关的位和功能。

➢ WCOL：写操作冲突检测位。

- 1=表示在 I²C 总线的状态还没有准备好时，试图向 SSPBUF 缓冲器写入数据(必须用软件清 0)；
- 0=未发生冲突。

➢ SSPOV：接收溢出标志位。

- 1=表示 SSPBUF 中的前一个数据还没有被取走时，又收到了新数据。在发送方式下此位无效(必须用软件清 0)。
- 0=表示未发生接收溢出。

➢ SSPEN：同步串口 MSSP 使能位。

- 1=允许串行端口工作，并且设定 SDA 和 SCL 为 I²C 总线专用引脚；
- 0=关闭串行端口功能，并且设定 SDA 和 SCL 为普通数字 I/O 脚。

➢ CPK：时钟极性选择位(对于 SPI 模式而言)。

在 I^2C 被控方式下：SCL 时钟使能位。

- 1＝时钟正常工作；
- 0＝将时钟线拉低并保持，以延长时钟周期，来确保数据建立时间。

在 I^2C 主控方式下：没有用。

➢ SSPM3～SSPM0：同步串口 MSSP 方式选择位。

- 0110＝I^2C 被控器方式，7 位寻址；
- 0111＝I^2C 被控器方式，10 位寻址；
- 1000＝I^2C 主控器方式，时钟＝$f_{OSC}/[4\times(SSPADD+1)]$；
- 1011＝I^2C 由软件控制的主控器方式(被控器方式空闲)；
- 1110＝I^2C 由软件控制的主控器方式，启动位和停止位被允许中断的 7 位寻址；
- 1111＝I^2C 由软件控制的主控器方式，启动位和停止位被允许中断的 10 位寻址；
- 1001、1010、1100 和 1101＝保留未用。

8.2.3　从地址/波特率寄存器 SSPADD

bit7	bit6	bit5	bit4	bit3	bit2	bit1	bit0
I^2C 被控方式地址寄存器/主控方式波特率寄存器							

在 I^2C 主控器工作方式下该寄存器被用作波特率发生器的定时参数装载寄存器。在 I^2C 被控器工作方式下该寄存器用作为地址寄存器，来存放从器件地址：在 10 位寻址方式下，用户程序需要写入高字节($11110A_9A_80$)；一旦该高字节与所收到的地址字节匹配，再装入地址的低字节(A_7～A_0)。

8.2.4　同步串口控制寄存器 2——SSPCON2

bit7	bit6	bit5	bit4	bit3	bit2	bit1	bit0
GCEN	ACKSTAT	ACKDT	ACKEN	RCEN	PEN	RSEN	SEN

该寄存器主要是为了增强 MSSP 模块 I^2C 总线模式的主控器功能而新增加的。也是一个可以读写的寄存器。其中 1 位 GCEN 仅用于 I^2C 被控器方式，其余 7 位仅用于 I^2C 主控器方式。

➢ GCEN：通用呼叫地址寻址使能位。

- 1＝当 SSPSR 中收到通用呼叫地址(00H)时允许中断；
- 0＝禁止以通用呼叫地址寻址。

➢ ACKSTAT：应答状态位。在 I^2C 主控发送方式下：硬件自动接收来自被控接收器的应答信号。

- 1=表示没有收到来自被控接收器的有效应答位(或表示为 NACK);
- 0=表示收到来自被控接收器的有效应答位(或表示为$\overline{\text{ACK}}$)。

➤ ACKDT:应答信息位。在 I²C 主控接收方式下:在一个字节收完之后,主控器软件应反送一个应答信号,该位就是用户软件写入的将被反送的值。

- 1=表示将发送非应答位(NACK);
- 0=表示将发送有效应答位($\overline{\text{ACK}}$)。

➤ ACKEN:应答信号时序发送使能位。在 I²C 主控接收方式下:

- 1=在 SDA 和 SCL 引脚上建立并发送一个携带着应答信息位 ACKDT 的应答信号时序(被硬件自动清 0);
- 0=不在 SDA 和 SCL 引脚上建立和发送应答信号时序。

➤ RCEN:接收使能位。

- 1=使能接收模式,以接收来自 I²C 上的信息;
- 0=禁止接收模式工作。

➤ PEN:停止信号时序发送使能位。

- 1=在 SDA 和 SCL 引脚上建立并发送一个停止信号时序(被硬件自动清 0);
- 0=不在 SDA 和 SCL 引脚上建立和发送停止信号时序。

➤ RSEN:重启动信号时序发送使能位。

- 1=在 SDA 和 SCL 引脚上建立并发送一个重启动信号时序(被硬件自动清 0);
- 0=不在 SDA 和 SCL 引脚上建立和发送重启动信号时序。

➤ SEN:启动信号时序发送使能位。

- 1=在 SDA 和 SCL 引脚上建立并发送一个启动信号时序(被硬件自动清 0);
- 0=不在 SDA 和 SCL 引脚上建立和发送启动信号时序。

☞ **注意:** 对于 ACKEN、RCEN、PEN、RSEN 和 SEN 位(即 SSPCON2 寄存器的低 5 位),如果 I²C 模块没有进入空闲模式(即空闲状态),它们不可能被置 1,并且 SSPBUF 不可能被写入(或者说对 SSPBUF 的写操作被禁止)。

8.3 典型信号时序的产生方法

通过 I²C 总线进行通信的过程,就是双方不断互传握手信号的过程,而握手信号就是这些基本的信号时序:启动信号、重启动信号、应答信号、停止信号等。在 PIC16F87X 系列单片机中,是如何实现这些信号时序的呢?下面将分别介绍“MSSP 模块工作于 I²C 主控器方式下”产生这些信号的方法。不过,事先需要对波特率发生器的工作原理有所了解。

8.3.1 波特率发生器

对于信号时序的产生离不开定时器件。MSSP模块内部配置了一个专用的波特率发生器BRG，用来设置I²C工作方式的串行时钟SCL的频率(例如可以设置为100 kHz或400 kHz的I²C总线速度模式)。电路结构如图8.23所示。

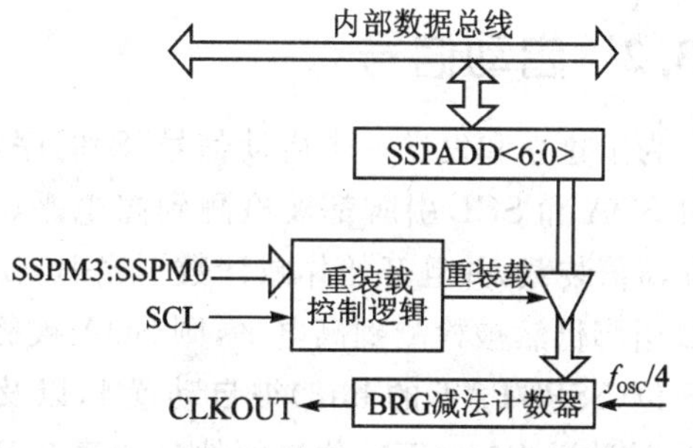

图8.23 波特率发生器方框图

设置SCL频率的具体方法是，用户程序向SSPADD寄存器中的低7位中写入一个定时参数，该定时参数在"重装载控制逻辑"的控制下，一旦装载到"BRG减计数器"中，它就自动开始进行减法计数，减到0时自动停止，直到再次被装载。BRG中计数值在一个指令周期T_{CY}之内进行两次减1操作，即在第2个时钟周期(Q2)和第4个时钟周期(Q4)各减一次。在SCL引脚上输出的时钟频率计算公式为：

$$\text{SCL 时钟频率} = f_{OSC}/[4\times(\text{SSPADD}+1)]$$

BRG的每个计数周期都会在SCL引脚上产生一个定时参数规定宽度的高电平或低电平。一旦给定的操作完成(例如，跟随在数据字节之后的应答位被发送完毕)之后，BRG计数器自动停止计数，且SCL引脚保持在原有电平上。

在I²C主控器工作方式，波特率发生器自动装载，如果发生时钟仲裁现象，即SCL线由被控器一时锁定在了低电平上，就只能等到SCL被恢复为高电平并且被主控器检测到时，BRG才能被重新装载。BRG工作时序如图8.24所示。从该图中可以看出，一旦BRG被装入初始值(在此假设为03H)，就自动开始减计数(图中所描绘的是BRG的一个减计数周期对应着SCL的一个低电平脉宽的情况)。当BRG减到00H时，主控器释放SCL线，企图由I²C总线

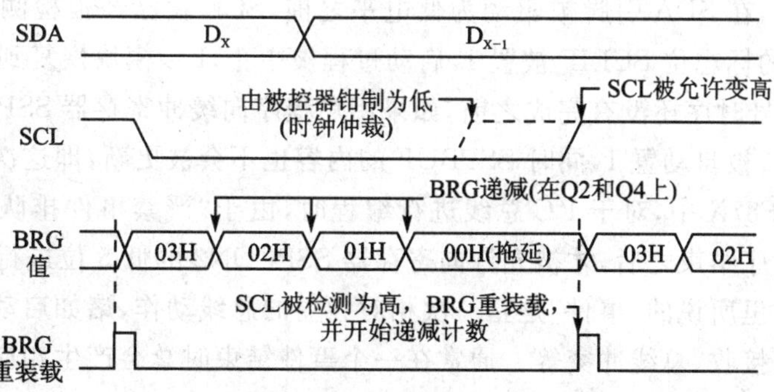

图8.24 BRG工作时序图

公共上拉电阻 R_p 拉高 SCL 线，可是，此时被控器钳制了 SCL 线，结果被主控器检测到后，就只好向后拖延 BRG 被重新装载的时间。

8.3.2　启动信号

为了建立和发送一个启动信号(S)时序，需要用户程序首先将启动使能位 SEN 置位，如果此时 SDA 和 SCL 引脚都被检测到高电平(表明总线处于空闲状态)，则 BRG 便用 SSPADD 寄存器值装载，并且开始作减计数。当 BRG 计数发生溢出时(也就是计时时间到)，且 SDA 和 SCL 引脚仍然被检测到高电平，则 SDA 被驱动为低电平，这就形成了一个启动信号时序。随后 S 位(SSPSTAT 的 bit3)被自动置 1，以及 BRG 又重新装载和开始一个新的计数周期。当 BRG 计数溢出时，SEN 位被硬件自动清 0，BRG 暂停工作，SDA 引脚保持低电平，SCL 引脚被驱动为低电平，启动信号时序结束。启动信号时序图如图 8.25 所示，图中 T_{BRG} 表示为一个 BRG 计数周期(或叫计时周期)。建立启动信号的操作流程如图 8.26 所示。

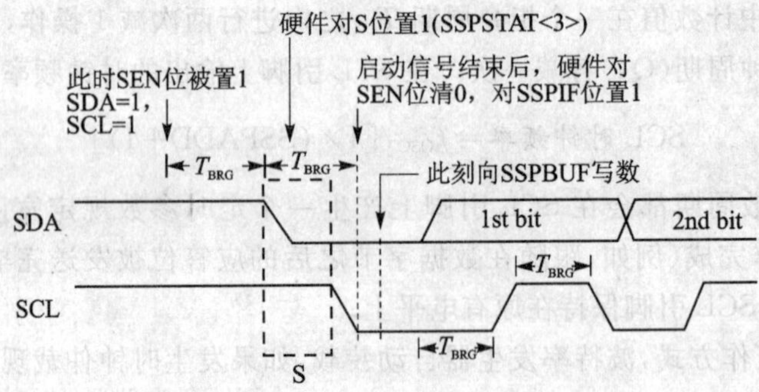

图 8.25　启动信号时序图

注意几点：

(1) 如果在启动信号时序开始时 SDA 和 SCL 引脚已经被检测到低电平，或者在启动信号时序建立过程中，在 SDA 引脚被驱动为低电平之前，SCL 就已经被检测到低电平，都会发生总线冲突，相应的标志位 BCLIF 被置 1，启动过程被中止，I^2C 模块恢复到空闲状态。

(2) 在启动信号时序还没有完成之前，如果用户程序向缓冲寄存器 SSPBUF 写数据，则写冲突标志位 WCOL 被自动置 1，同时 SSPBUF 的内容也不会被更新，即这次写操作无效。

(3) 在 PIC16F87X 中，对于 I^2C 总线进行编程时，由于“严禁事件排队”现象出现，因此，只有在启动信号时序结束之后，才被允许向寄存器 SSPCON2 的低 5 位进行写 1 操作，以开始一个新的事件。这里所说的“事件”是指一次相对独立的总线动作，诸如启动、重启动、停止、应答、字节发送、字节接收、总线冲突等。通常在一个事件结束时总会产生相应的中断标志位，因此，对于 I^2C 总线的编程方法采用的是“中断机制”，以中断服务程序的处理方法，在每一个事件结束之后及时做出相应的后续处理。

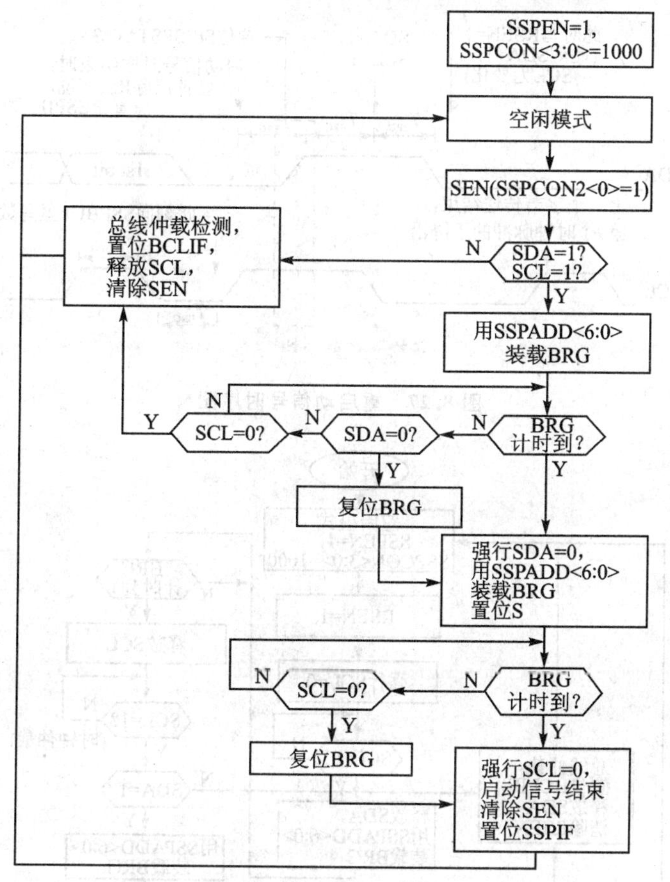

图 8.26　操作流程图

8.3.3　重启动信号

当用户程序将 RSEN 位置 1 时，如果同时 I²C 总线处于空闲状态，则产生一个重新启动信号(Sr)时序。具体地讲，在 RSEN 位被置 1 后，SCL 引脚(假若不为低)将被强制为低电平；当 SCL 引脚被检测到低电平时，SDA 引脚被释放，其电平变高，BRG 装载并开始第一个计时周期；计时时间一到，如果检测到 SDA 引脚电平确实为高，则释放 SCL 引脚使其被拉高；一旦 SCL 引脚被采样到确实为高电平(表明没有发生时钟仲裁)，BRG 就开始第二个计时周期，SDA 和 SCL 引脚至少同时保持一个计时周期的高电平；计时时间一到，在 SCL 引脚还保持高电平的情况下把 SDA 引脚拉低；随即 BRG 开始第三个计时周期，在该周期内，启动标志位 S 因在 SDA 和 SCL 引脚上检测到启动信号而被置 1；计时时间一到，把 SCL 引脚拉低，重启动信号时序到此结束(SCL 串行时钟脉冲的第一个周期开始)，自动将 RSEN 位清 0，自动把中断标志位 SSPIF 置 1。重启动信号时序如图 8.27 所示。建立重启动信号的操作流程如图 8.28 所示。

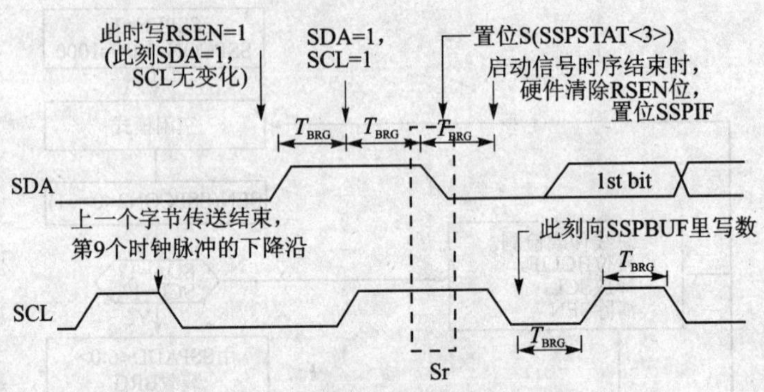

图 8.27 重启动信号时序图

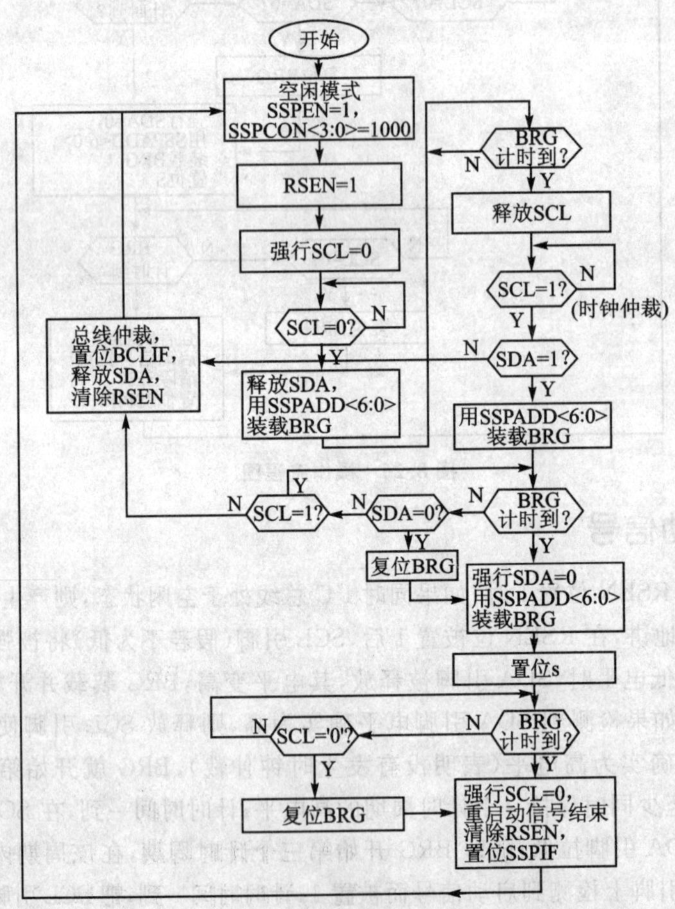

图 8.28 重启动信号的操作流程图

在 SSPIF 被置 1 后，用户程序可以立即向缓冲器 SSPBUF 内写入 7 位寻址方式的地址字节，或者 10 位寻址方式中规定的第一个地址字节($11110A_9A_80$)。在第一个字节发送出去且收到有效应答位后，用户程序可以发送数据字节(对 7 位寻址方式)，或者另外 8 位地址(对 10 位寻址方式)。

注意几点：

(1) 在其他事件尚未完成之前，如果对 RSEN 位进行编程，则是无效的。

(2) 在重启动信号建立过程中，如果出现以下情况，则会发生总线仲裁：

- 在 SCL 从低变高时，SDA 被检测到低电平；
- 在 SDA 变低之前，SCL 被锁定为低电平(这表明另一个主器件试图传送数据“1”)。

(3) 由于“严禁事件排队”现象出现，如果在重启动信号时序还没有结束之前，用户程序向 SSPBUF 写数据，则 WCOL 被自动置 1，同时 SSPBUF 的内容也不会被更新，即这次写操作无效。

8.3.4 应答信号

当用户程序将应答使能位 ACKEN 置 1 时，就产生一个应答信号时序。具体地讲，在 ACKEN 位被置 1 后，SCL 引脚(假若不为低)将被强制为低电平，随后应答位 ACKDT 的内容被送到 SDA 引脚上(如果用户希望向对方发送一个有效应答位，则事先应把 ACKDT 写入 0，否则，应把 ACKDT 写入 1)；当 SCL 引脚被采样到确实为低电平时，BRG 装载并且开始一个计时周期，计时时间一到，SCL 被释放变高；当 SCL 被采样到确实为高时(否则就出现了时钟仲裁)，BRG 再次装载和计时一个计时周期，计时时间一到，驱动 SCL 引脚电平为低，BRG 被关闭，ACKEN 位被自动清 0，MSSP 模块进入空闲状态，到此一个应答信号时序结束。应答信号时序如图 8.29 所示。建立应答信号的操作流程如图 8.30 所示。

☞ **注意**：由于“严禁事件排队”现象出现，如果在应答信号时序还没有结束之前，用户程序向 SSPBUF 写数据，则 WCOL 被自动置 1，同时 SSPBUF 的内容也不会被更新，即这次写操作无效。

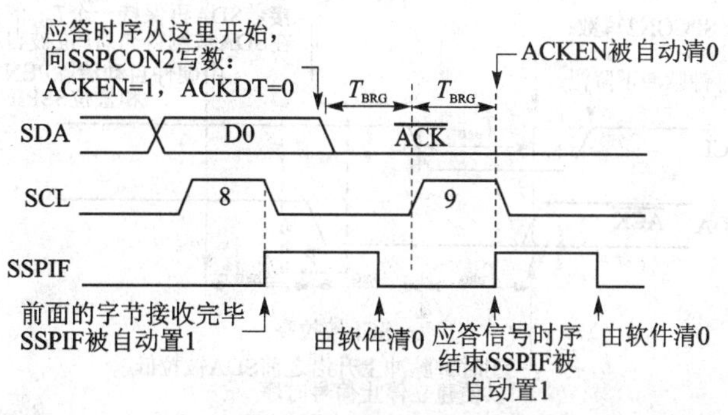

图 8.29 应答信号时序图

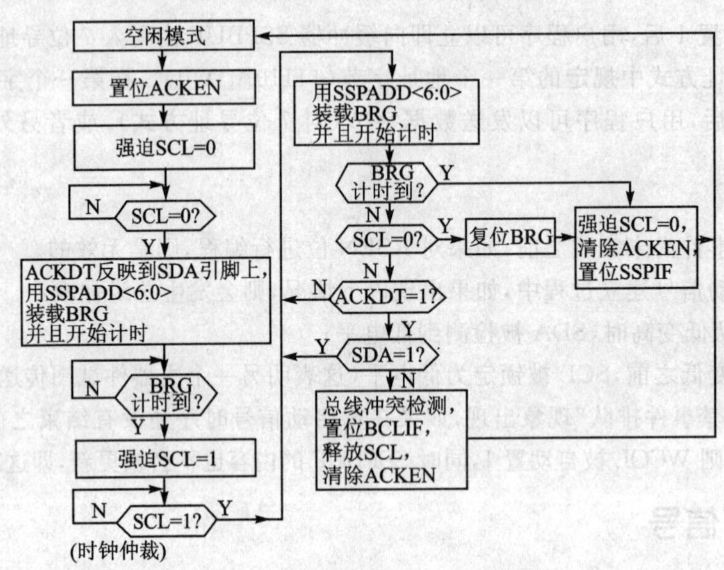

图 8.30 应答信号的操作流程图

8.3.5 停止信号

当用户程序将停止信号使能位 PEN 置 1 时，在数据字节发送或接收完毕之后，总线上产生一个停止信号时序。具体地讲，发送或接收操作的末尾，在第 9 个时钟脉冲下降沿之后，SCL 引脚继续保持低电平。此时如果 PEN 被置 1，主控器将 SDA 引脚电平拉低；当 SDA 引脚被检测到确实为低时，BRG 装载并开始计时；计时时间一到，SCL 引脚被释放使其电平被拉高；当 SCL 引脚电平被检测到确实为高时，BRG 重新装载和计时；计时时间一到，SDA 引脚被释放；当 SDA 引脚电平被检测到确实为高了，则 BRG 再次装载和计时，同时 P 位被置 1；计时时间一到，停止信号时序就算结束了，PEN 位被硬件自动清 0，同时 SSPIF 位被自动置 1。停止信号时序如图 8.31 所示。建立停止信号的操作流程如图 8.32 所示。

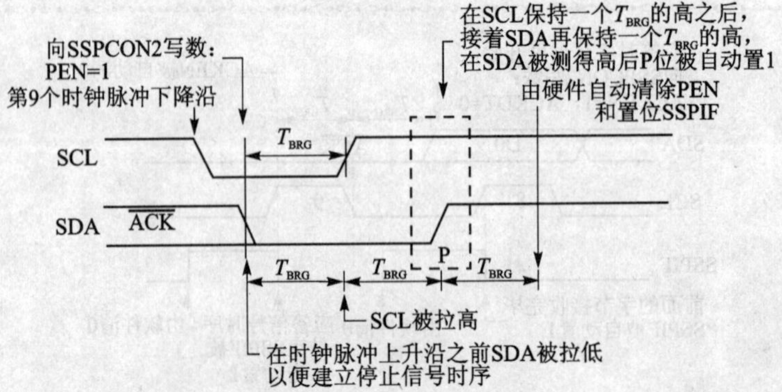

图 8.31 停止信号时序图

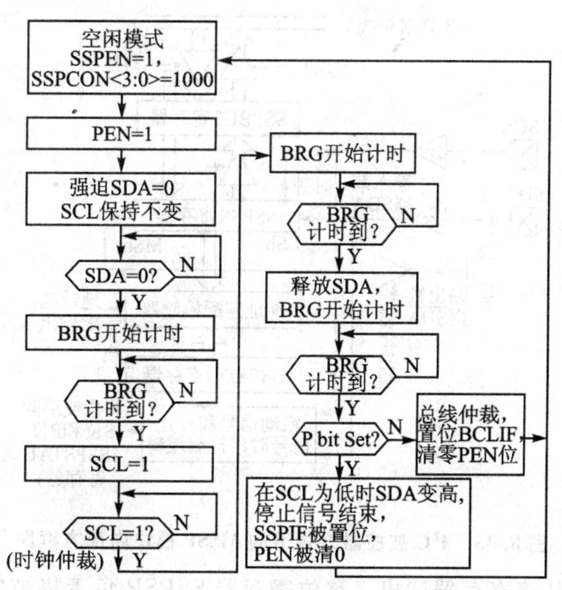

图 8.32 停止信号的操作流程图

☞ **注意**:由于"严禁事件排队"现象出现,如果在停止信号时序还没有结束之前,用户程序向 SSPBUF 写数据,则 WCOL 被自动置 1,同时 SSPBUF 的内容也不会被更新,即这次写操作无效。

8.4 被控器通信方式

MSSP 模块作为 I²C 总线接口使用时,在选择任何一种 I²C 工作方式之前(主控器或被控器),都必须设置相应的方向控制寄存器 TRISC,通过该寄存器的 TRISC＜4:3＞把 SDA 和 SCL 引脚设置为输入,以避免 RC 端口模块对于 I²C 总线构成的影响。假如 I²C 总线接口电路需要从这两条引脚送出信息时,例如当工作于被控发送器方式下,MSSP 模块会自动强行将处于输入状态的 SDA 引脚,改变成输出状态。通过将控制寄存器 SSPCON 中的 MSSP 模块使能控制位 SSPEN 置 1,就可以启用 I²C 工作方式,一旦进入 I²C 工作方式后,SCL 和 SDA 引脚就自动地被分配给 I²C 总线,分别作为串行时钟线和串行数据线。

8.4.1 硬件结构

MSSP 模块工作在 I²C 总线的"被控器"方式下,其电路结构如图 8.33 所示。

缓冲寄存器 SSPBUF 是一个可供用户程序读写的寄存器,将要发送的数据写入该寄存

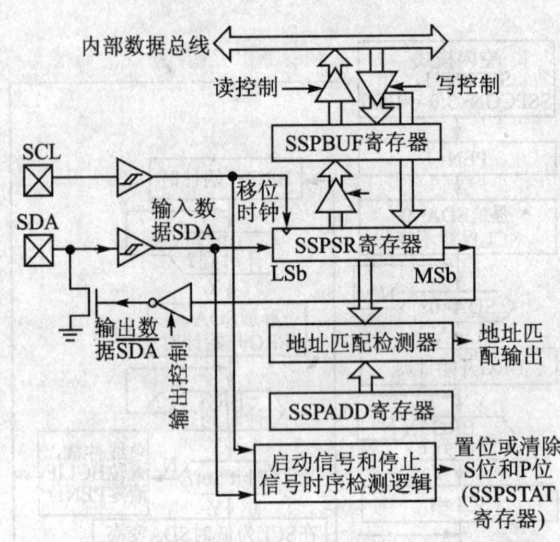

图 8.33 I²C 被控器方式下的 MSSP 模块内部方框图

器，或将接收到的数据从该寄存器读出。移位寄存器 SSPSR 负责将被传输的数据从单片机引脚移出或移入。接收时，两个寄存器一起形成一个双缓冲接收器，这就允许在前一个收到的数据被取出之前，可以接收下一个数据。每当收到一个数据字节时，它就转移给 SSPBUF，同时中断请求标志位 SSPIF 被自动置 1。如果 SSPBUF 中的数据被用户读取之前，又收到了下一个数据字节，则会发生溢出现象，溢出标志位 SSPOV 就被自动置 1，同时 SSPSR 里的数据将被丢失。

每当收到的地址字节与预先由用户程序写到 SSPADD 寄存器中的地址码匹配时，或在地址匹配后传输的数据字节被接收到时，硬件都会自动产生有效应答脉冲 $\overline{\text{ACK}}$(低电平)，并且把数据装载到 SSPBUF 中。不过，在下面两种情况下，MSSP 不产生 $\overline{\text{ACK}}$ 脉冲：

(1) 在传送的新数据被接收之前，缓冲器满标志位 BF 已经被置 1。

(2) 在传送的新数据被接收之前，溢出标志位 SSPOV 已经被置 1。

在表 8.9 中列出了在 BF 和 SSPOV 给定不同状态值时，数据传输字节被接收之后的几种不同的处理情况和结果。从该表中可以看出：只要 BF 位被置 1，SSPSR 中的数据就不会被装载到 SSPBUF 中；只要 BF 和 SSPOV 不同时为 0，就不会产生有效应答位 $\overline{\text{ACK}}$；但是无论 BF 和 SSPOV 为何值，都会将中断标志位 SSPIF 置 1。

其中，BF 标志位是通过读取 SSPBUF 缓冲器来清 0 的；而 SSPOV 标志位则必须通过用户软件来清 0。在表 8.9 中给出的最后一行(即阴影标出的部分)表示的是，用户程序没有及时对溢出标志位 SSPOV 进行清 0 的情况。这很可能是用户软件出现了异常。

表 8.9 传输数据被接收的情况

数据接收时的状态值		SSPSR→SSPBUF装载	产生应答位 $\overline{ACK}$	置 SSPIF=1
BF	SSPOV			
0	0	是	是	是
1	0	否	否	是
1	1	否	否	是
0	1	是	否	是

8.4.2 被主控器寻址

当工作于 I²C 被控器模式的 MSSP 模块一旦被使能(或叫激活),它就一直在等待启动信号的出现。它一旦检测到启动信号时序,就立即开始把主控器发来的地址字节移入 SSPSR 寄存器。经过 SDA 引脚移入的每一位信息,都是在 SCL 时钟脉冲的上升沿被采样的。接着在 SCL 时钟的第 8 个脉冲的下降沿,把 SSPSR<7:1>的地址与寄存器 SSPADD 的内容进行比较。如果地址匹配,并且 BF 位和 SSPOV 位都等于零时,将自动发生下面的硬件操作:

(1) 在第 8 个时钟脉冲的下降沿,把 SSPSR 值装入 SSPBUF。

(2) 在第 8 个时钟脉冲的下降沿,置缓冲器满标志位 BF=1。

(3) 产生一个有效应答信号$\overline{ACK}$。

(4) 在第 9 个时钟脉冲的下降沿,置中断标志位 SSPIF=1(如果中断开放,则导致 CPU 响应该中断)。

如果工作在 10 位地址方式下,被控器还需要接收第二个地址字节。第一地址字节的高 5 位(11110)标志出是 10 位地址方式,并且必须是 R/$\overline{W}$=0 以表示是写状态,这样被控器就会接收第二个地址字节。在 10 位地址方式下,高字节地址总是"11110$A_9A_8$0",其中 A_9A_8 是 10 位地址的最高两位。工作于 10 位地址方式下的 MSSP 模块,其操作顺序如下(其中第⑦~⑨步是针对被控发送器而言的):

① 接收地址高位字节(SSPIF、BF 和 UA 被自动置为 1)。

② 用户软件用本机地址的低字节更新 SSPADD 寄存器内容(将使 UA 被自动清 0,且释放 SCL 线)。

③ 用户软件读取 SSBUF 缓冲器(以便 BF 被间接清 0),并用软件将 SSPIF 标志位清 0。

④ 接收地址低字节(SSPIF、BF 和 UA 被自动置为 1)。

⑤ 用户软件用地址高字节更新 SSPADD 寄存器的内容(以便准备下一次接收和比较地址字节),这将使 UA 被自动清 0,并且释放 SCL 线。

⑥ 用户软件读取 SSPBUF 缓冲器(以便 BF 被间接清 0),并用软件将 SSPIF 标志位清 0。

⑦ 接收重启动信号。

⑧ 接收地址高字节(SSPIF 和 BF 位被自动置 1)。

⑨ 用户软件读取 SSPBUF 缓冲器(以使 BF 被间接清 0),并用软件将 SSPIF 标志位清 0。

需要提示的一点是:在 10 位地址方式下,在重启动信号到来之后(即第⑦步之后),用户只需要匹配地址高字节即可,而不需要用地址低字节去更新 SSPADD 寄存器。

8.4.3 被控器接收——被控接收器

当接收到的地址字节中的读写位 $R/\overline{W}$ 为 0,并且 7 位地址码与本机地址码匹配时,寄存器 SSPSTAT 中的读写位 $R/\overline{W}$ 就自动被清 0,以记录地址字节中的读写位信息,同时把移位寄存器 SSPSR 中接收到的地址字节装载到缓冲器 SSPBUF 里。

如果寄存器满标志位 BF 被置 1 或接收溢出标志位 SSPOV 被置 1,都将导致被控接收器在第 9 个时钟脉冲期间不会发出有效应答位 $\overline{ACK}$,或者说会在第 9 个时钟脉冲期间发送一个非应答位 NACK(即 SDA=1)。MSSP 模块在每一个字节传输之后,都会将 SSPIF 置 1 以发出中断请求,在用户程序中必须安排指令把 SSPIF 清 0。用户程序可以利用寄存器 SSPSTAT 中的几个状态位来确定字节接收的状态。

被控器接收数据的时序图(7 位寻址方式)如图 8.34 所示。该图中描绘的情况是,被控器自动检测总线上送来的启动信号,并且自动接收紧随其后的地址字节;在地址字节匹配时,自动回复一个应答位 $\overline{ACK}$(即 SDA=0),并同时自动将 SSPIF 置 1 发出中断请求;CPU 响应中断后,用软件清除 SSPIF 位、读取 SSPBUF 缓冲器;在主控发送器收到应答位后又发送数据字节,被控接收器收完数据字节后又自动回复一个应答位,并置位 SSPIF 标志位;用户程序可能忙于处理其他事物没有及时响应中断;在主控发送器收到应答位后继续发送数据字节;被控器的 SSPSR 寄存器收完数据字节之后,由于此时仍然 BF=1,即 SSPBUF 尚未被取空,则溢出标志位 SSPOV 就被自动置 1;在 SSPOV 位被置 1 后,被控器不能回复应答位 $\overline{ACK}$,其实是回

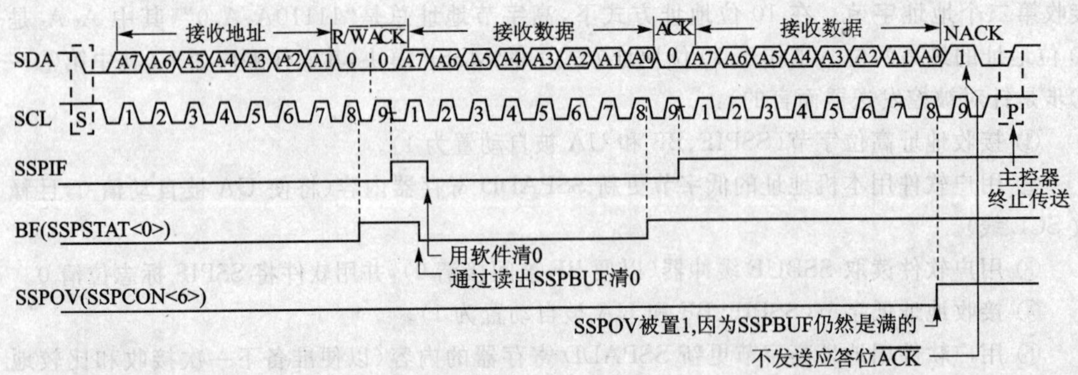

图 8.34 被控器接收数据的时序图(7 位寻址方式)

复一个非应答位 NACK(即 SDA=1);主控器在第 9 个时钟脉冲期间没有收到应答位$\overline{\text{ACK}}$(也就是收到的为一个非应答位 NACK),接着就发送一个停止信号时序,以终止本次数据传输过程。在被控接收过程中 BF 标志位都是在第 8 个时钟脉冲的下降沿被置 1 的。

☞ **注意**:如果对 SSPBUF 寄存器进行了读出操作(BF 就被自动清 0),而在下一个数据接收之前,没有用软件及时把 SSPOV 位清 0,即在 SSPOV=1 和 BF=0 的情况之下,被控接收器不会发出应答位$\overline{\text{ACK}}$,但是 SSPBUF 缓冲器仍然可以被装载数据(见表 8.9)。

8.4.4 被控器发送——被控发送器

当接收到的地址字节中的读写位 $R/\overline{W}=1$,并且 7 位地址码与本机地址码匹配时,就将寄存器 SSPSTAT 中的读写位 $R/\overline{W}$ 也自动置"1",以记录地址字节中的读写位信息,同时把移位寄存器 SSPSR 中接收到的地址字节装载到缓冲器 SSPBUF 里。在第 9 个时钟期间主控器回复一个有效应答位$\overline{\text{ACK}}$,此后被控器自动把 SCL 线锁定在低电平上(同时时钟使能位 CKP 被自动清 0),以插入等待时间。

用户程序必须把即将发送的数据字节写入 SSPBUF 缓冲器以及 SSPSR 移位寄存器里,同时寄存器满标志位 BF 被自动置 1。然后(用软件方式)通过将时钟使能位 CKP 置 1,来释放对于 SCL 线的锁定,使其恢复工作。被控器通过这种强行拉长 SCL 低电平时间的手段来迫使主控器与之同步。主控器在发送下一个(或下一串)时钟脉冲之前,必须检测 SCL 线的逻辑电平,只有 SCL 恢复为高电平方可继续发送。在 SCL 的每个下降沿,被控器依次移位串行输出 8 位数据,以便确保在 SCL 线的高电平期间 SDA 线上的电平稳定有效。被控器发送数据的时序图如图 8.35 所示。

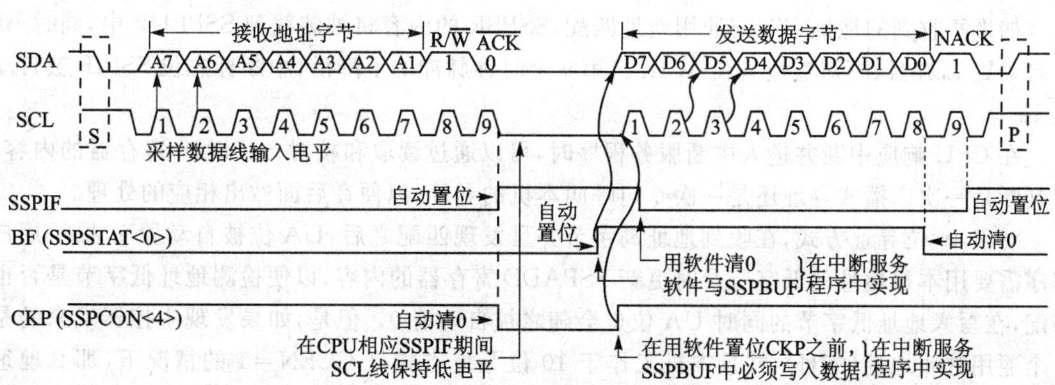

图 8.35 被控器发送数据的时序图

在每个传输字节接收或者发送完毕之后,硬件都会自动置位 SSPIF 标志位,产生中断请求。SSPIF 是在第 9 个时钟脉冲的下降沿被置 1 的，它必须在进入中断服务程序后被软件清 0。用户程序可以利用寄存器 SSPSTAT 中的几个状态位来确定字节传送的状态。

本机作为被控发送器，在 SCL 输入时钟的第 9 个脉冲上升沿，锁存由主控接收器发来的应答信号。根据被锁存的内容不同会有以下两种情况：

(1) 如果锁存的信号为逻辑 1，即为非应答位 NACK，表明主控器所需要的数据已经全部传输完毕。当一个非应答位 NACK 被从器件锁定时，从器件的控制逻辑将被复位，并且开始监视下一个启动信号时序的出现。

(2) 如果锁存的信号为逻辑 0，即为有效应答位，可以继续把即将发送的、主控接收器所需要的数据，写入缓冲器 SSPBUF 以及移位寄存器 SSPSR 中，然后把时钟使能位 CKP 用软件置 1，自动释放时钟线 SCL，使其恢复工作，在时钟脉冲的同步控制下又开始数据字节的发送。

8.4.5 广播式寻址

通常，对于 I²C 总线寻址所需的地址信息是紧跟在启动信号之后的第一个字节，寻址的目的是确定哪一个被控器(或从器件)，将是被主控器访问的对象。有一种例外的情况是用通用呼叫地址来寻址，它可以对所有的其他总线器件寻址。理论上，一旦主控器使用这种寻址方式，所有的从器件都应该做出应答。广播式寻址是 I²C 总线规范中保留的一种作为特殊用途的 8 位寻址方式，其中包含 7 位地址码 0 和 1 位 $R/\overline{W}$ 也等于 0。

对于工作于 I²C 被控器方式的 MSSP 模块，通过用户软件将通用地址寻址使能位 GCEN 置 1，就可以令被控器具备通用呼叫地址识别功能。在被控器接收到启动信号之后，地址字节被移入 SSPSR 寄存器，对这个字节既和 SSPADD 寄存器中的专用地址码进行比较，又和硬件固化设定的通用呼叫地址(00H)进行比较。

如果所收到的地址字节与通用地址匹配，SSPSR 的内容将被装载到 SSPBUF 中，同时 BF 被自动置 1，并且在(对应应答位 $\overline{ACK}$ 的)第 9 个时钟脉冲的下降沿，中断标志位 SSPIF 被自动置 1。

在 CPU 响应中断并进入中断服务程序时，可以通过读取和核对 SSPBUF 寄存器的内容，来判断是一次广播式寻址还是一次专门呼叫本机的寻址，以便在后面做出相应的处理。

对于 10 位寻址方式，在收到地址高字节并且发现匹配之后，UA 位被自动置 1，提示用户程序需要用本机地址的低字节及时更新 SSPADD 寄存器的内容，以便检测地址低字节是否也匹配，在写入地址低字节的同时 UA 位也会随之被自动清 0。但是，如果发现主控器发来的是一个通用呼叫地址(00H)，并且本机工作于 10 位寻址方式且 GCEN＝1 的情况下，那么地址低字节就不再需要了，UA 位也不再被自动置 1。在被控器自动送出应答位 $\overline{ACK}$ 之后，即可开始接收广播发送的数据字节。接收通用呼叫地址和数据字节的时序图如图 8.36 所示。

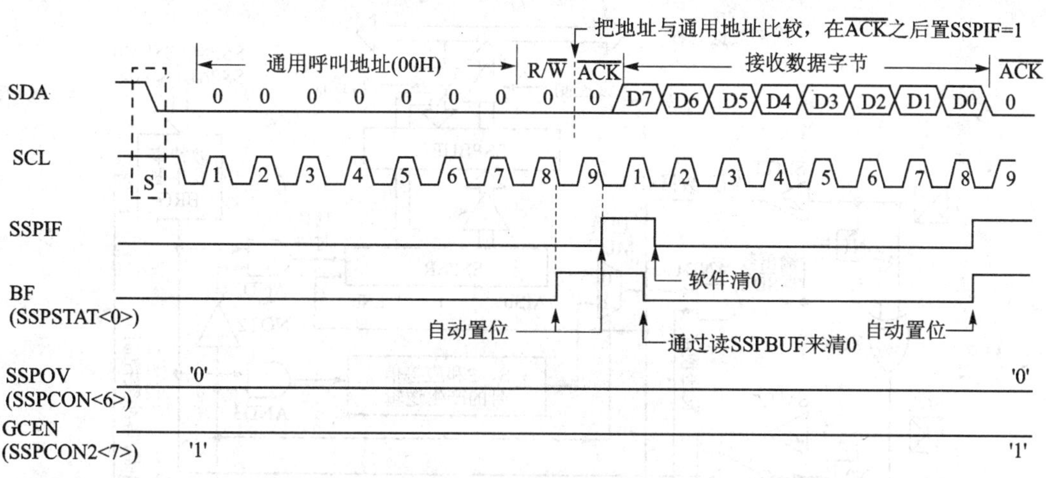

图 8.36 被控器通用地址寻址时序图(7 位或 10 位方式)

8.5 主控器通信方式

在利用 I²C 总线进行数据通信时，单片机更多的情况是被用作 I²C 总线的主控器，负责管理总线和控制总线，以及向总线提供串行时钟信号。

8.5.1 硬件结构

PIC16F87X 系列单片机的 MSSP 模块，当工作于 I²C 主控方式下时，实质上是借助于硬件逻辑，自动检测出现在 SDA 和 SCL 引脚上的各种信号时序，例如，由主控器发出的“启动”信号和“停止”信号时序，由接收器产生的应答信号，多机通信方式下可能出现的时钟仲裁时序和总线冲突时序，在字节传输过程中已经发送或接收的比特数，等等。就是通过这些信号的检测，自动产生相应的中断标志位和一些状态标志位，来为用户软件操纵总线提供必要的依据和硬件支持。

工作在 I²C 总线“主控器”方式下，MSSP 模块的硬件结构框图如图 8.37 所示。

对于图 8.37 所示的方框图，分析各个部分的作用和功能：

(1) 波特率发生器 BRG：产生的同步时钟脉冲，一方面经过反相门 NOT1 和 NMOS 管 N2 及 SCL 引脚发送给被控器，另一方面经过与门 AND2 控制移位寄存器 SSPSR 的移位操作。

(2) 移位寄存器 SSPSR：对于发送数据实现并行/串行变换，并且高位在前从 MSB 端移出；对于接收数据也是高位在前从 LSB 端移入，并且实现串行/并行变换。

(3) 缓冲寄存器 SSPBUF：可以被用户程序读写。写入发送数据和读取接收数据，由它

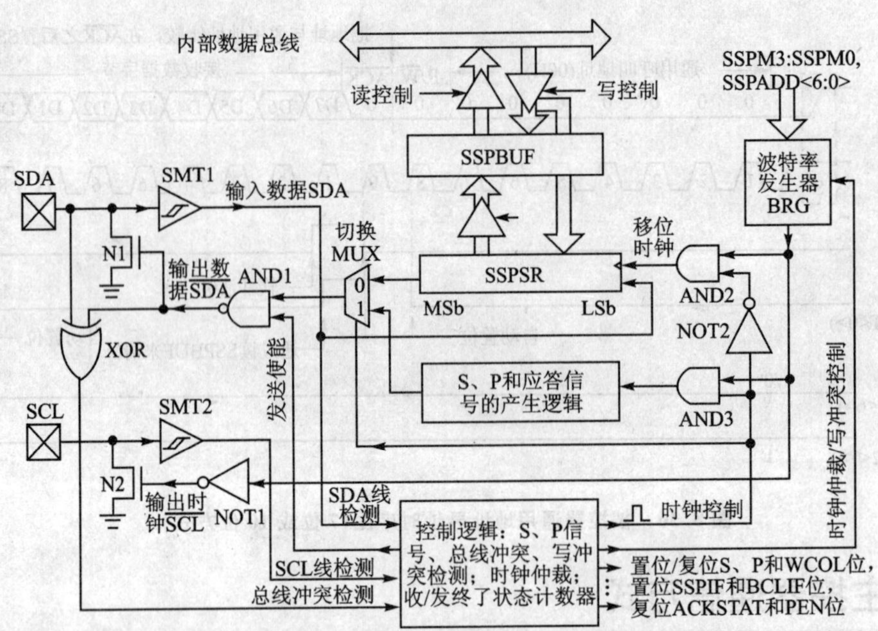

图 8.37 I²C 主控器方式下的 MSSP 模块内部方框图

往 SSPSR 里装载发送数据或从 SSPSR 中卸载接收数据。

(4) 数据接收路径：对方发来的数据经过 SDA 脚和施密特触发器 SMT1 送入 SSPSR 寄存器的 LSB 端。

(5) 数据发送路径：数据从 SSPSR 寄存器的 MSB 端出发，经过 2 选 1 切换器 MUX、与非门 AND1、NMOS 管 N1 和 SDA 引脚发送出去。

(6) S、P 和应答信号产生逻辑：当"时钟控制"信号为高时，与门 AND3 被打开，AND2 被封锁(因反相门 NOT2 的存在)，在经过 AND3 送来的时钟信号的控制下，本电路产生数据传输过程所需的 S、P、$\overline{\text{ACK}}$等信号，并且在 MUX 的切换下，合成到数据帧中去。

(7) 硬件控制逻辑：通过 SMT1 和 SMT2 整形后的 SDA 和 SCL 引脚电平，可以检测出 S 和 P 信号时序；通过异或门 XOR 来比较 SDA 线上的信号电平与本机希望发送的内容是否相符，以检测总线冲突(不同于写冲突)；通过 SMT2 检测 SCL 线电平在 N2 截止时是否为高，来识别时钟仲裁是否出现；通过 SMT2 检测 SCL 出现的脉冲个数，以判断一个字节是否传输完毕。根据以上这些检测结果来送出控制信号，例如，控制与非门 AND1 是否发送信息(含地址、数据、S、P 和应答位等)；控制 AND3、AND2 和 MUX 协调动作，以便让 SSPSR 和 S 等信号产生逻辑轮流输出；控制 BRG 何时装载和开始计时；置位或复位 SSPSTAT 寄存器中的 S 和 P 位以及 SSPCON 寄存器中的写冲突标志位 WCOL 等；置位中断标志位 SSPIF 和总线冲突标志位 BCLIF；复位 SSPCON2 寄存器中的控制位 PEN、SEN、RSEN、ACKEN、ACKSTAT 等。

通过给控制寄存器SSPCON的SSPM3～SSPM0设置一个适当的值，再将SSPEN置位，就可以使能MSSP模块的I²C总线主控器方式。一旦进入主控器工作状态，用户软件可以进行的操作有以下6种可供选择：

(1) 把控制位SEN置1，发送一个启动信号时序到总线上；

(2) 把控制位RSEN置1，发送一个重启动信号时序到总线上；

(3) 对SSPBUF进行写操作以开启一次数据或地址字节的发送过程；

(4) 把控制位PEN置1，发送一个停止信号时序到总线上；

(5) 把控制位RCEN置1，以开启一次数据字节的接收过程；

(6) 把控制位ACKEN置1，在接收数据字节的末尾发送一个应答信号。

值得注意的是：在PIC16F87X系列单片机中，对于I²C总线进行编程时，由于"严禁事件排队"现象出现。例如，在启动信号时序还没有完成之前，如果用户程序向缓冲寄存器SSPBUF写数据，则写冲突标志位WCOL被自动置1，同时SSPBUF的内容也不会被更新，即这次写操作无效。

当单片机复位或者MSSP模块被关闭，启动标志位S和停止标志位P都将被自动清0。当P标志位为1，或者总线空闲时(此时的P和S标志位会均为0)，可以接管总线的控制权。在发生以下事件时均会导致中断标志位SSPIF被置1，如果中断开放，则会使CPU响应该中断：

(1) 检测到一个启动信号时序；

(2) 检测到一个停止信号时序；

(3) 一个传输字节被接收或发送完毕；

(4) 一个应答信号被接收或发送完毕；

(5) 检测到一个重启动信号时序。

在一次数据传输过程中，由主控器负责提供时钟脉冲序列、启动信号和停止信号。在一个停止信号或重启动信号发送完毕之后，一次数据传输也就结束了。不过在一个重启动信号发送完毕之后并不释放总线，原因是重启动信号也标志着下一次数据传输的开始。

在主控"发送"方式下，串行数据经过SDA引脚送出，同时经过SCL引脚送出同步时钟脉冲序列。发出的第一个字节携带着被访问的从器件地址(7位)和读写位($R/\overline{W}$)，并且该字节中的读写位必须为"0"。发送数据以8个字节为单位，每个字节发送完毕之后，都要接收一个应答信号(0为有效应答位，1为非应答位)。

在主控"接收"方式下，发出的第一个字节携带着被访问的从器件地址(7位)和读写位($R/\overline{W}$)，该字节中的读写位必须为"1"。串行数据经过SDA引脚送入，同时经过SCL引脚送出同步时钟脉冲序列。接收数据以8个字节为单位，每个字节接收完毕之后，都要发送一个应答信号(0为有效应答位，1为非应答位)。

一次典型的数据发送过程如下：

(1) 用户软件将寄存器SSPCON2的启动使能位SEN置1,建立一个启动信号S时序;

(2) 在S信号发送完之后,SSPIF位被自动置1,在进行后续操作之前,模块将需要等待一定的时间;

(3) 用户软件把即将发送的地址字节写入SSPBUF缓冲器;

(4) 地址字节被SSPSR寄存器一位一位地移送到SDA引脚,直到8位发送完毕;

(5) MSSP模块自动将来自从器件的应答信号移位进来,将其值写入SSPCON2寄存器的ACKSTAT位;

(6) 在第9个时钟周期结束时,MSSP模块通过置位SSPIF向CPU发出中断请求;

(7) 接着用户软件将8位数据字节写入SSPBUF缓冲器,起动发送过程;

(8) 数据字节被SSPSR寄存器一位一位地移送到SDA引脚,直到8位发送完毕;

(9) MSSP模块自动将来自从器件的应答信号移位进来,将其值写入SSPCON2寄存器的ACKSTAT位;

(10) 在第9个时钟周期结束时,MSSP模块通过置位SSPIF向CPU发出中断请求;

(11) 用户软件将寄存器SSPCON2的停止使能位PEN置1,建立一个停止信号P时序;

(12) 一旦P信号被发送完毕,就自动置SSPIF=1产生中断请求,并且宣告本次数据发送全过程结束。

8.5.2 主控器发送——主控发送器

一旦用户软件将SEN控制位置1,并且此前总线处于空闲状态,则MSSP模块就会自动在SDA和SCL信号线上,产生一个启动信号时序(见8.3节),并且掌握了总线控制权。

在进入了I²C总线通信的过程中,一旦用户软件向缓冲器SSPBUF写入地址或数据字节(同时BF标志位被自动置1),就可以起动MSSP模块的自动发送过程。在SCL时钟下降沿时,地址或数据字节被依次移位输出到SDA引脚上。每一位数据必须在SCL上升沿到来之前确定下来,在SCL的高电平期间,SDA引脚上的数据必须保持稳定有效。在时钟脉冲序列的第8个脉冲的下降沿后,8位数据全部被移出。在第9个时钟脉冲周期内,BF标志位被自动清0,同时主控器释放SDA线,以便被控器在地址匹配或接收数据成功时,能够反馈一个有效应答位$\overline{ACK}$,或者在数据接收不成功时反馈一个非应答位NACK,供主控器检测接收。在第9个时钟脉冲的下降沿,主控器采样SDA引脚电平,并且把收到的应答信号($\overline{ACK}$或NACK)读入ACKSTAT位中。如果主控器收到的是$\overline{ACK}$,则ACKSTAT位被写入"0";如果主控器收到的是NACK,则ACKSTAT位被写入"1"。第9个时钟脉冲之后,SSPIF标志位被置1,波特率发生器停止装载和计时,SCL时钟也就暂停工作,此间SCL引脚保持低电平,SDA引脚电平保持不变,直到下一个数据字节被装入SSPBUF为止。主控器发送数据的时序图如图8.38所示。主控器发送一个字节的操作流程如图8.39所示。

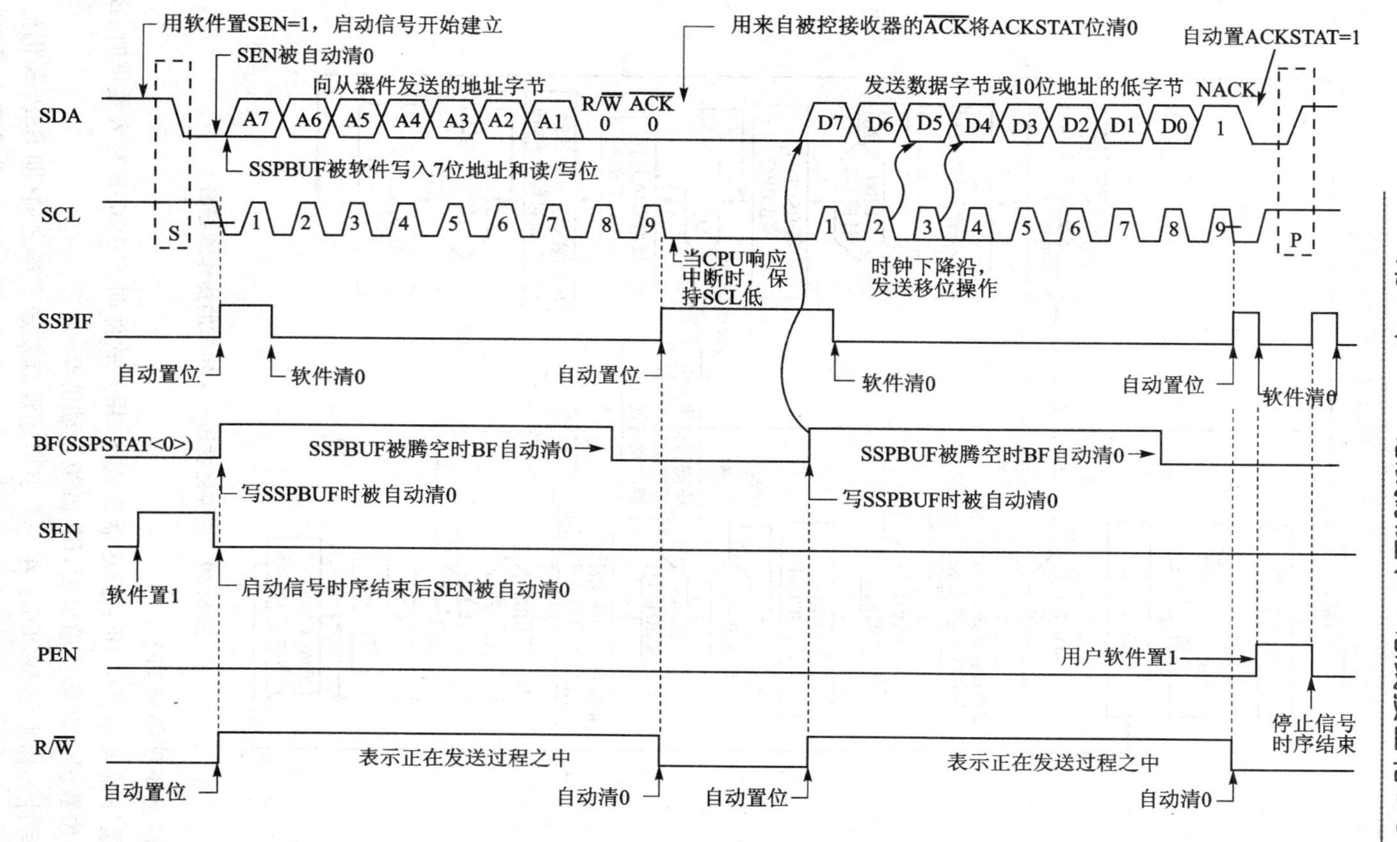

图 8.38 主控器发送时序图

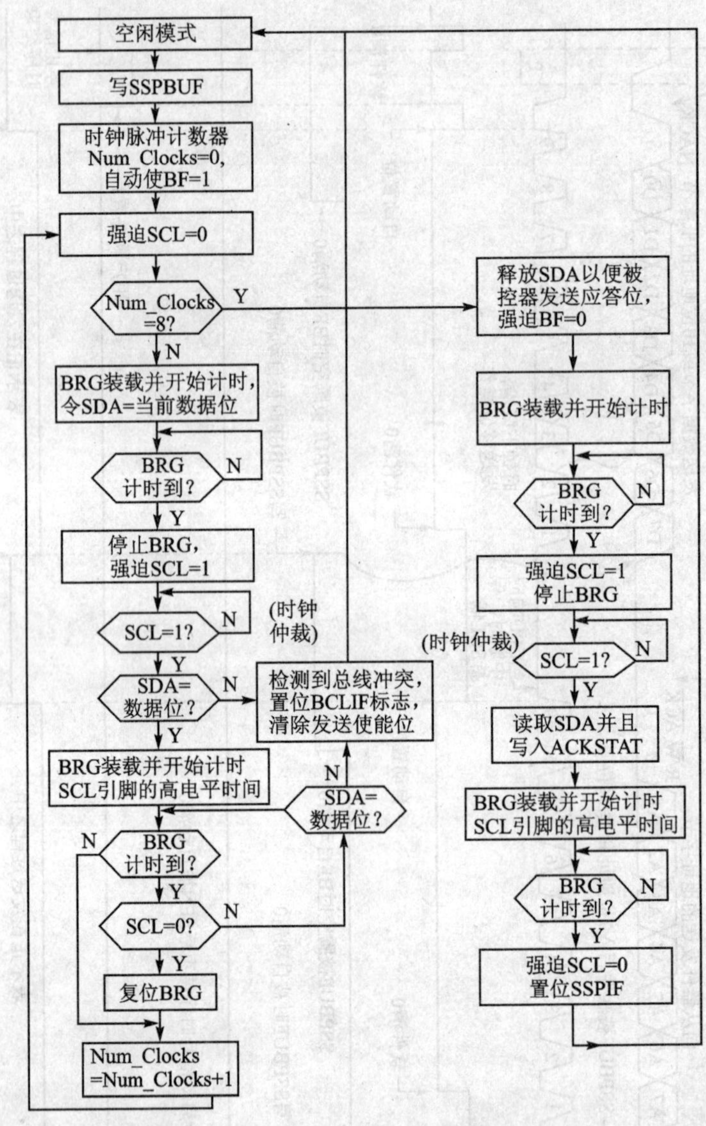

图 8.39　主控器发送一个字节的操作流程图

几点注意事项归纳如下：

(1) 缓冲器满标志位 BF：发送器方式下，用户软件向 SSPBUF 写入数据时，BF 就被自动置 1；在 8 位数据全部移位输出后，BF 就被自动清 0。

(2) 写冲突标志位 WCOL：在一个字节还没有发送完毕之前(即 SSPSR 仍然还在移位过程中)，如果用户程序向缓冲寄存器 SSPBUF 写数据，则 WCOL 被自动置 1，同时 SSPBUF 的内容也不会被更新，即这次写操作无效。WCOL 必须用软件清 0。

(3) 应答状态位 ACKSTAT：发送器方式下，当被控接收器反送一个有效应答位$\overline{\text{ACK}}$时，ACKSTAT 位被自动写入 0；当被控接收器反送一个非应答位 NACK 时，ACKSTAT 位被自动写入 1。

8.5.3 主控器接收——主控接收器

在进入了 I²C 总线通信的过程中，只要用户程序把接收使能位 RCEN 置 1，即可进入主控接收工作方式(但是请注意，在 RCEN 被置 1 之前，MSSP 模块必须确保处于空闲状态)，波特率发生器 BRG 便开始周而复始地装载和计时。在 BRG 的每个计时周期结束，SCL 引脚的逻辑电平都要反转一次。在每个时钟脉冲高电平期间，采样 SDA 引脚上到来的数据，并且在时钟脉冲下降沿移入寄存器 SSPSR。在第 8 个时钟脉冲下降沿过后，RCEN 位被自动清 0，SSPSR 寄存器的内容被自动装载到 SSPBUF 缓冲器中，同时，BF 标志位被自动置 1。在第 9 个时钟脉冲下降沿过后，SSPIF 被自动置 1，BRG 暂停计时，SCL 引脚保持低电平，MSSP 模块处于“空闲”状态，等待下一次控制命令(RCEN 被置 1)的到来。当用户程序读取 SSPBUF 时，BF 标志位被自动清 0。用户程序通过把应答允许位 ACKEN 置 1，即可在数据接收结束自动反送一个应答信号。该应答信号就是把用户程序预先写入 ACKDT 位的值，放到 SDA 线上，“0”为有效应答位，“1”为非应答位(应答信号时序参见 8.3 节)。主控器接收一个字节的操作流程如图 8.40 所示。主控器接收数据的时序图如图 8.41 所示。

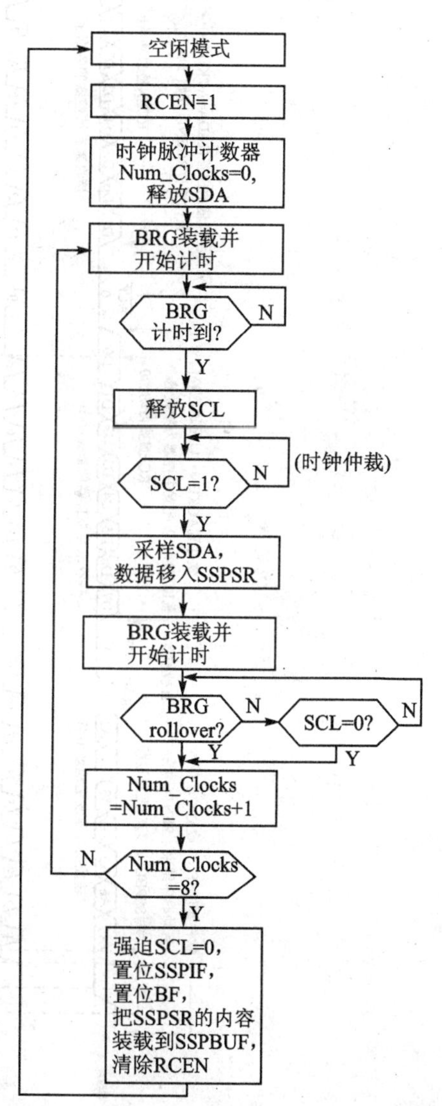

图 8.40 主控器接收一个字节的操作流程图

几点注意事项归纳如下：

(1) 缓冲器满标志位 BF：接收器方式下，当从移位寄存器 SSPSR 向缓冲器 SSPBUF 卸载数据字节时，BF 就被自动置 1；在用户软件读取缓冲器 SSPBUF 时，BF 就被自动清 0。

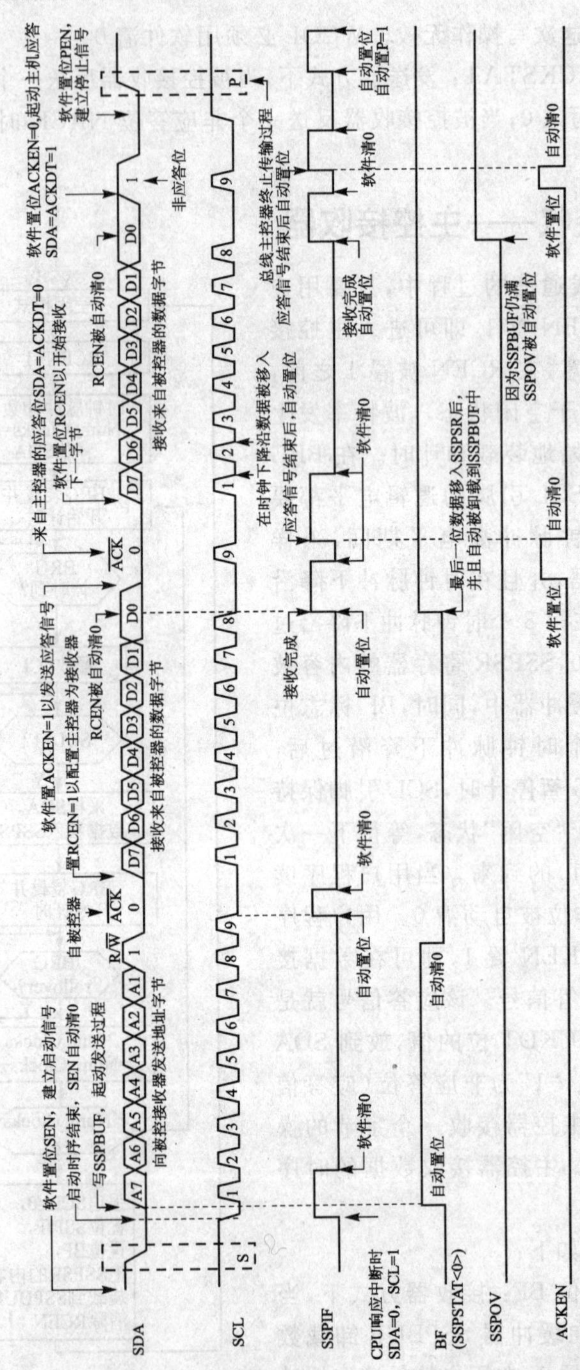

图 8.41 主控器接收时序图

(2) 写冲突标志位 WCOL：在一个字节还没有接收完毕之前(即 SSPSR 仍然还在移位过程中)，如果用户程序向缓冲寄存器 SSPBUF 写数据，则写冲突标志位 WCOL 被自动置 1，同时 SSPBUF 的内容也不会被更新，即这次写操作无效。WCOL 必须用软件清 0。

(3) MSSP 溢出标志位 SSPOV：接收器方式下，数据字节的第 8 位数据被 SSPSR 移位接收之后，如果此时 BF 还没有被清 0，即 SSPBUF 还没有被取空，则 SSPOV 就会被自动置 1。

8.6 多主通信方式下的总线冲突和总线仲裁

多主通信方式是通过总线仲裁机制来支撑的。在多主通信方式下，利用对引脚上启动信号和停止信号时序的检测而产生中断的功能，以及利用对状态寄存器 SSPSTAT 中的启动位 S 和停止位 P 状态的检测，可以来判断何时总线是空闲的。当停止位 P 被置 1，或者当启动位 S 和停止位 P 都被清 0，则总线是空闲的，这时就可以对于总线进行控制操作。

当单片机复位和 MSSP 模块被关闭时，状态寄存器 SSPSTAT 中的 S 和 P 位都会被自动清 0。当某一主器件预想占用总线，而总线又处于繁忙状态时，它可以把 MSSP 中断屏蔽放开后进入等待状态。一旦其他主器件结束总线占用而发送的一个停止信号时序，被该主器件的 MSSP 模块检测到时，就会立即产生中断请求(SSPIF 被自动置 1)。

在多主通信方式下，SDA 引脚必须时刻被监视，以检查其信号电平是否与本身主动输出的电平相符，目的是用于发现总线冲突和实现总线仲裁。这项监视工作由硬件逻辑自动完成，如果发现了总线冲突，则把检测结果自动记录到 BCLIF 标志位中，并且将自己的 I²C 总线接口引脚恢复到空闲状态。以下几种情况如果发生总线仲裁，有可能失去总线的控制权：

① 地址发送过程中；

② 数据发送过程中；

③ 启动信号建立过程中；

④ 重启动信号建立过程中；

⑤ 应答信号发送过程中。

对于挂接在同一总线上的两个或两个以上的主器件，只要其固化程序中设计了操控总线的功能，那么，它们抢占总线的事件随时都有可能发生。因此，在总线的各种活动期间都可能发生总线冲突。后面将根据总线信号的时序类型不同，分别对四种不同背景下产生的总线冲突进行介绍。只要发现总线冲突，就应该立即进行总线仲裁。对于总线仲裁的处理方法和处理结果如下：

(1) 如果在地址或数据字节发送过程中发现总线冲突，则立即停止字节发送，BF 位被自动清 0，BCLIF 位被自动置 1，SDA 和 SCL 引脚被释放。可以响应总线冲突中断，进入和执行用户中断服务程序。在该程序被执行完毕后，再检测总线状态，如果空闲下来，则用户可以发送一个启动信号时序以重新进行通信。

(2) 如果在建立启动、重启动、停止或者应答信号时序的过程中发现了总线冲突，则立即终止信号建立过程，BCLIF 标志位被自动置 1，SDA 和 SCL 引脚被释放，同时控制寄存器 SSPCON2 中相应的控制位被自动清 0。可以响应总线冲突中断，进入和执行用户中断服务程序。在该程序被执行完毕后，再检测总线状态，如果空闲下来，则用户可以发送一个启动信号时序以重新进行通信。

8.6.1 发送和应答过程中的总线冲突

在主控器通过数据信号线 SDA 发送地址或数据信息的过程中，如果一个主器件试图悬空 SDA 线，使其被上拉电阻拉高而发送一个逻辑“1”，同时另一个主器件拉低 SDA 线电平来发送一个逻辑“0”，这种情况之下就发生了总线冲突，并且需要总线仲裁。当 SCL 时钟线被悬空为高电平时，SDA 线上的数据电平应该保持稳定。如果某一主控器希望向 SDA 线发送数据“1”时，而在 SDA 引脚上检测到的电平为“0”，则认定发生了总线冲突，处理方法是该主控器将本身的总线冲突标志位 BCLIF 置 1，并且把自身的 I²C 端口复位到空闲状态，从而放弃对于总线的控制。这时的总线全由另一个主控器使用，因此实现了总线仲裁的目的。时序图如图 8.42 所示。

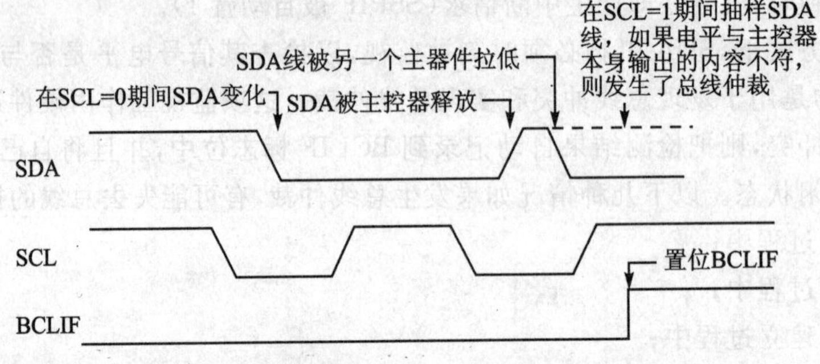

图 8.42 发送和应答过程产生总线冲突的时序图

8.6.2 启动过程中的总线冲突

实际上，只有在 SDA 和 SCL 同时为高电平时，启动信号时序才能开始建立。在建立启动信号时序时，如果出现以下情况之一，则会发生总线冲突：

(1) 在启动信号开始之前，检测到 SDA 或 SCL 线出现低电平，时序图如图 8.43 所示。

(2) 在 SDA 线被拉低之前，检测到 SCL 线出现低电平，时序图如图 8.44 所示。

在启动信号时序建立过程中，SDA 和 SCL 信号线被采样，如果发现 SDA 或者 SCL 线电平已经为低，则启动过程被中止，同时 BCLIF 位被自动置 1，以及 MSSP 模块被复位到空闲状态。这就是图 8.43 中所描述的情况。

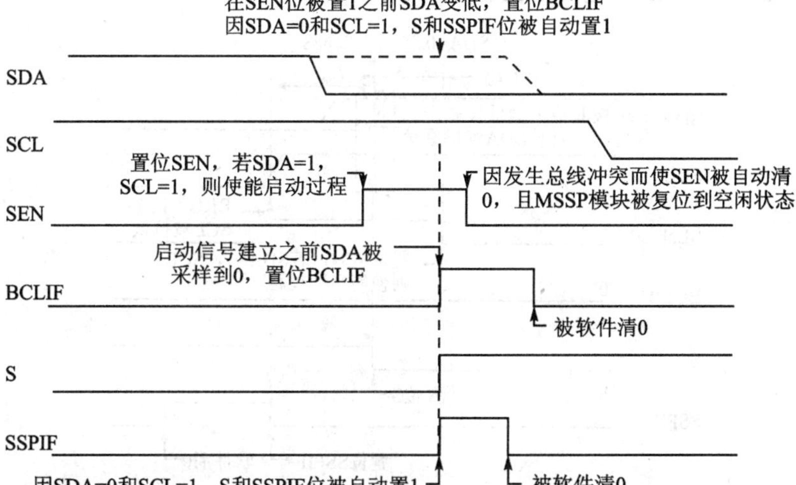

图 8.43 准备启动时产生总线冲突的时序图(仅 SDA)

当 SEN 位被用户程序置 1,并且 SDA 引脚被检测到高电平时,波特率发生器 BRG 被装载并开始计时,直到计时时间到。当 SDA=1 时,如果 SCL 被采样到低电平,则发生了总线冲突,其原因可能是在本机建立启动信号时序过程中,有另一个主器件正试图向总线发送一位数据“1”。这就是图 8.44 中所描述的情况。

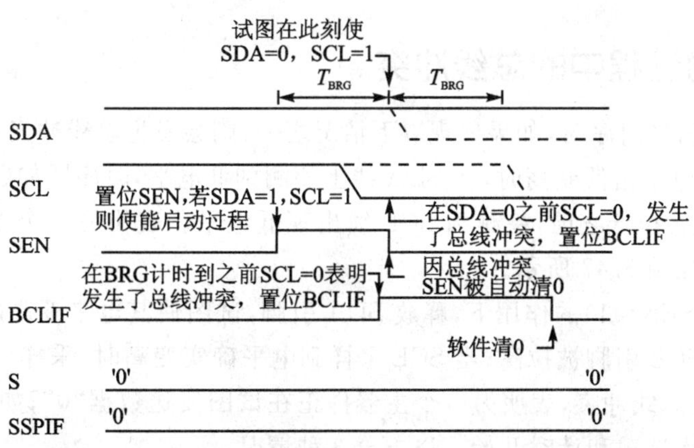

图 8.44 启动过程产生总线冲突的时序图(SCL=0)

在 SEN 被软件置 1 时,BRG 就开始了装载和计时。如果在 BRG 计时过程中,SDA 引脚被采样到低电平,则 BRG 就立刻被复位,同时使 SDA 的低电平维持下去(然而如果 SDA 被采样到高电平,则 SDA 就会在 BRG 计时周期完成后才被拉低)。接着 BRG 重新装载和计时,计时一到 SCL 就被拉低。在该计时周期之内,如果 SCL 被采样到低电平,则不算是发生了总线冲突。这就是图 8.45 中所描述的情况。

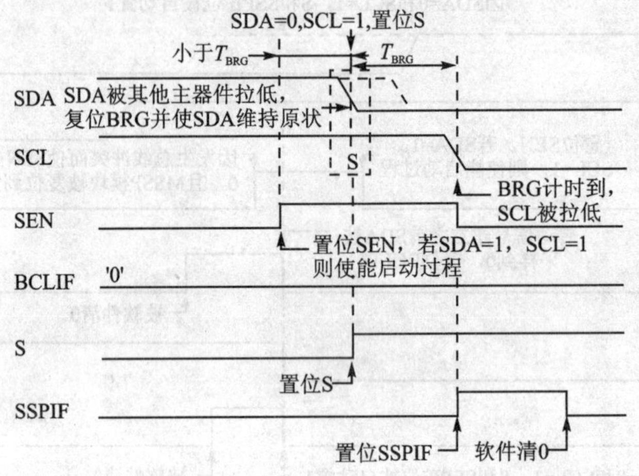

图 8.45 启动过程产生 SDA 冲突导致 BRG 复位的时序图

值得提示的是：在启动信号时序建立过程中发生总线冲突不是一个重要因素，理由是两个主器件不可能在很精确的同一时刻发送启动信号，因此总是一个主器件先于另一个主器件将 SDA 线拉低。这种情况之下不会引起总线冲突，因为两个主器件必须对启动信号后紧跟的第一个地址字节进行仲裁，而如果地址相同，则会继续对数据部分、重启动信号或停止信号时序进行仲裁。

8.6.3 重启动过程中的总线冲突

在建立重启动信号时序时，如果出现以下情况之一，则会发生总线冲突：

(1) 在 SCL 线电平由低变高时，在 SDA 线上检测到低电平，时序图如图 8.46 所示。

(2) 在 SDA 线被拉低之前，检测到 SCL 线出现低电平。表明另一个主器件正在试图发送数据“1”，时序图如图 8.47 所示。

在用户命令(RSEN＝1)的作用下，释放 SDA 引脚，试图使其电平变高时，BRG 装载并开始计时；计时一到，SCL 引脚被拉高；当 SCL 采样到电平确实变高时，采样 SDA 线，如果 SDA 是低电平，则发生了总线冲突，表明另一个主器件正在试图发送数据“0”；如果 SDA 被采样到高电平，则 BRG 再次装载和计时开始。以下分 3 种情况：

① 如果在该计时周期结束之前，SDA 线电平由高变低，则没有发生总线冲突，原因是两个主器件不太可能在精确的同一时刻把 SDA 线拉低。

② 如果在 BRG 计时周期结束之前 SCL 就由高变低，而且此前 SDA 线已经被拉高，就会发生总线冲突。这种现象表明，有另一个主器件正在试图发送一位数据“1”。这就是图 8.47 所描述的情形。

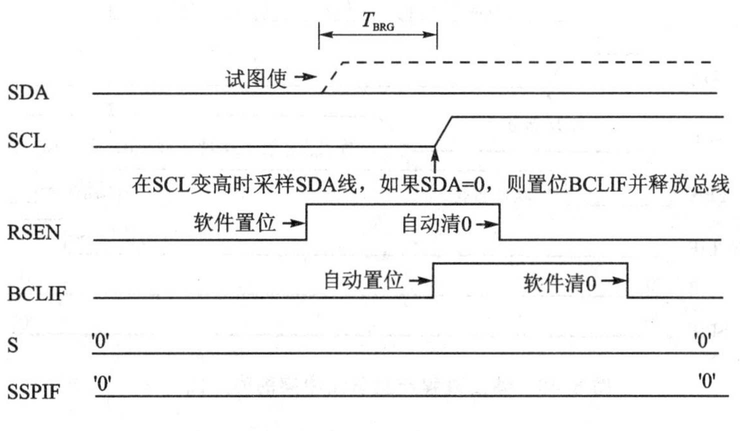

图 8.46 重启动过程产生总线冲突的时序图之一

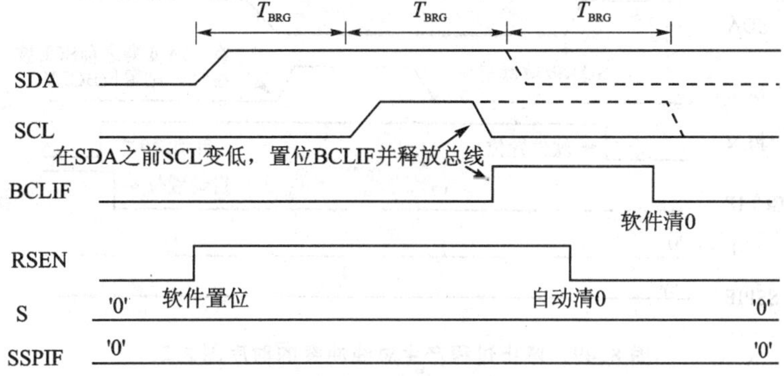

图 8.47 重启动过程产生总线冲突的时序图之二

③ 如果在 BRG 计时周期结束时，SDA 和 SCL 都仍然保持高电平，则 SDA 引脚被拉低，BRG 重新装载和开始计时；计时一到，SCL 引脚被拉低，重启动信号时序建立完毕。这就是正常的重启动信号时序建立过程。关于正常的重启动信号时序图和描述，请参考 8.3 节。

8.6.4 停止过程中的总线冲突

在建立停止信号时序时，如果出现以下情况之一，则会发生总线冲突：

(1) 在 SDA 引脚被释放以及试图悬空为高之后，再经过一个 BRG 计时周期，SDA 引脚被采样到低电平。时序图如图 8.48 所示。

(2) 在 SCL 被释放悬空为高之后，SCL 在 SDA 变高之前被采样到低电平。时序图如图 8.49 所示。

在 SDA 线被拉低时，停止信号时序的建立过程开始。一个 BRG 计时周期之后，在 SDA 被采样到低电平时，SCL 引脚允许悬空为高。当 SCL 被采样到确实为高时，BRG 又装载和开

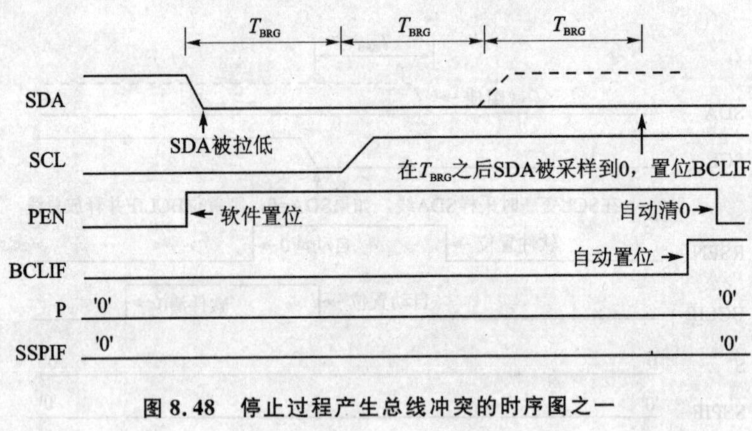

图 8.48　停止过程产生总线冲突的时序图之一

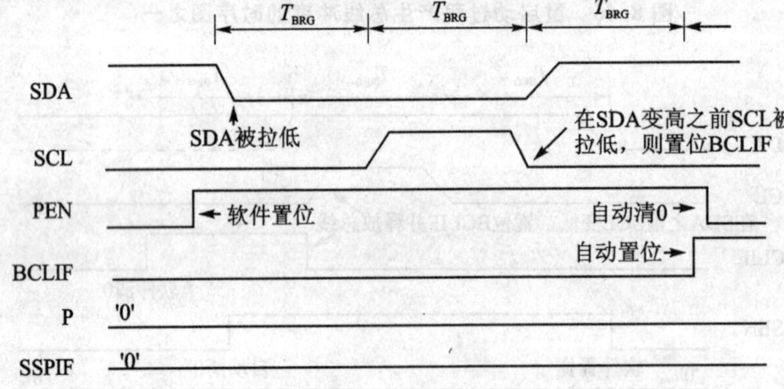

图 8.49　停止过程产生总线冲突的时序图之二

始计时。以下分 2 种情况：

① 计时一到，采样 SDA 引脚，如果得到低电平，则判断为发生了总线冲突，这是因为另一个主器件正在试图发送一个数据“0”，如图 8.48 所示。

② 计时一到，采样 SDA 引脚，在得到低电平时，将其悬空为高。如果在 SDA 被悬空为高之前，SCL 引脚被检测到电平变低，则也判断为发生了总线冲突，这是另一个主器件正在试图发送一个数据“0”的另一种情况，如图 8.49 所示。

8.7　I²C 总线接口的应用举例

【实验范例 8.1】I²C 串行接口 EEPROM 存储器的读/写操作演示

★ 项目实现功能

利用单片机 PIC16F877 内部的工作于 I²C 总线模式的硬件接口模块 MSSP，建立与一片

具有 I^2C 总线接口的、8 脚封装的、廉价的 EEPROM 之间的通信(市场零售价仅 2 元左右一片)。先将一个字节数据 55H 写入 EEPROM 存储器 02H 单元内,然后再从该存储单元中读取出来,并且存放到 RAM 的 76H 单元中。

★ 硬件电路规划

将 PIC16F877 的 RC3/SCK/SCL 引脚与 24LC01B 的 SCL 引脚相连,作为时钟线,并且接一只 4.7 kΩ 上拉电阻;再将 PIC16F877 的 RC4/SDI/SDA 引脚与 24LC01B 的 SDA 引脚相连,作为数据线,并且也接一只 4.7 kΩ 上拉电阻;以上这两根线的接法是固定的,另外,24LC01B 的 WP 引脚的接法可以是灵活的,在此连接的是 PIC16F877 的 RE2 引脚。24LC01B 的 A0A1A2 引脚即可以接高电平,也可以接低电平,依此来编程部分器件地址码的值,以便让主器件可以识别多达 8 只同时挂接于 I^2C 总线上的 EEPROM 器件。在此,由于 I^2C 总线上挂接的只有一只 EEPROM 存储器,所以为了接线方便,就将它们统统接地了。接线图如图 8.50 所示。

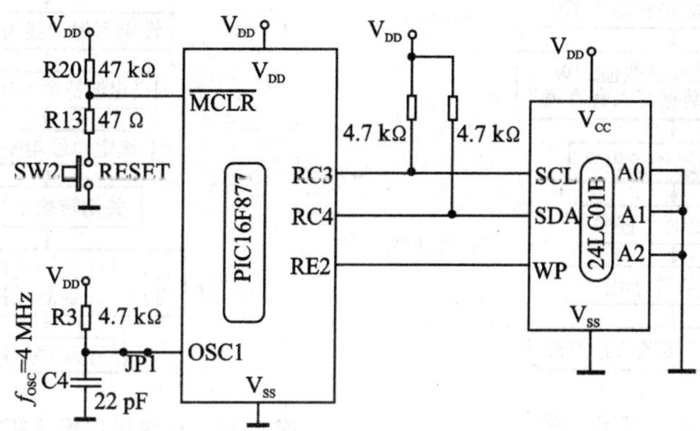

图 8.50　电路图

★ 软件设计思路

在单片机 PIC16F877 利用 I^2C 总线模式的接口模块 MSSP,建立与一片具有 I^2C 总线接口的 EEPROM 之间的通信过程中,只需要让模块 MSSP 工作于主控模式即可。

程序运行过程中所用到的 RAM 单元尽量定义在 70H～7FH 之间,理由是,对于 PIC16F877 而言,这 16 个单元是在 4 个体上是互相影射的,即无论当前体是哪一个,都能够方便地访问到这 16 个单元。

将总线初始化、总线的读操作、总线的写操作、10 ms 延时、总线的空闲状态检测、从器件的应答信号检测,都分别设计成了独立的子程序。

★ 汇编程序流程

各个程序之间的调用关系以及各个程序的流程图分别如图 8.51～图 8.58 所示。

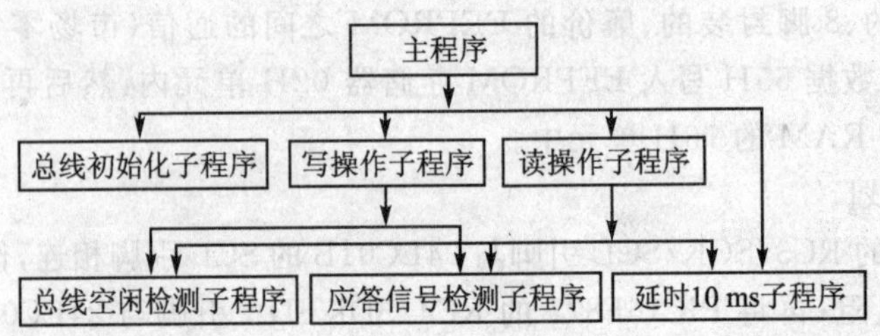

图 8.51　程序之间的调用关系

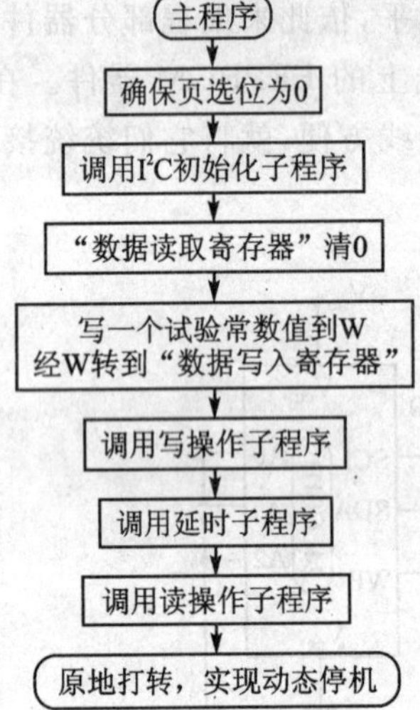

图 8.52　主程序流程图

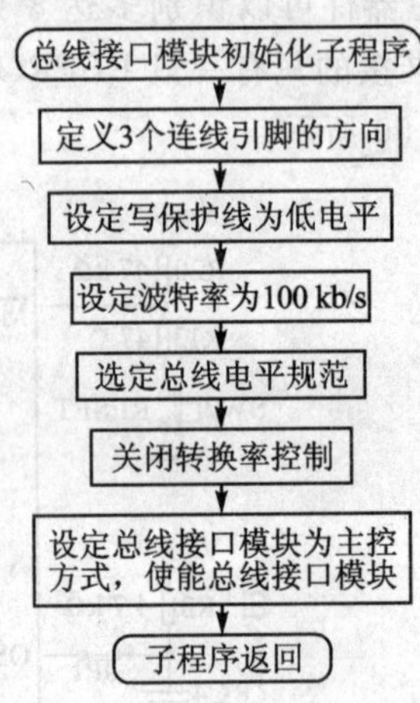

图 8.53　总线接口模块初始化子程序流程图

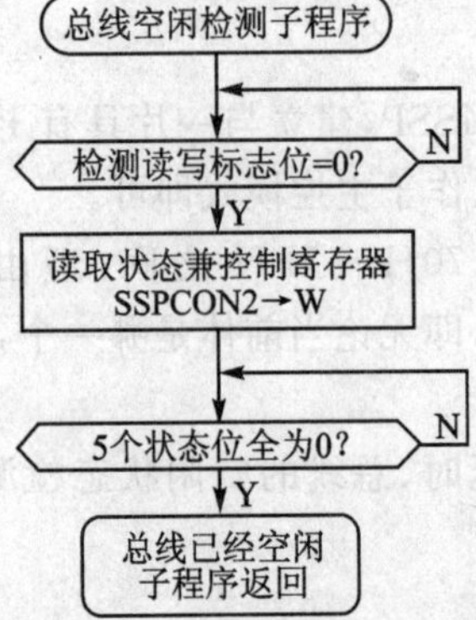

图 8.54　总线空闲状态检测子程序流程图

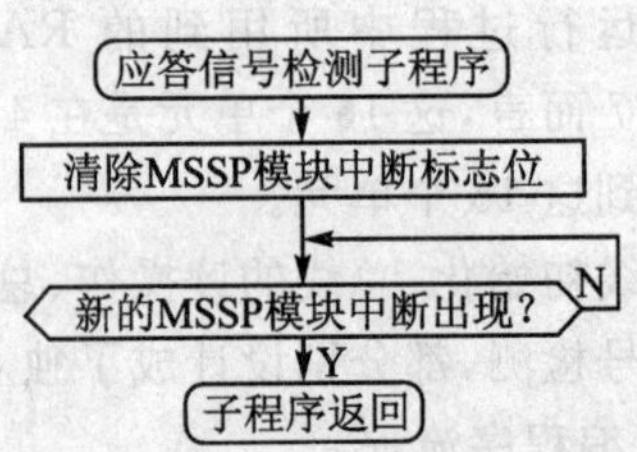

图 8.55　从器件应答信号检测子程序流程图

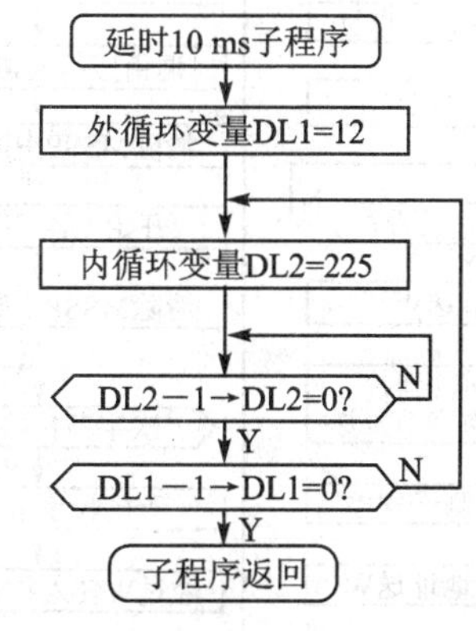

图 8.56　延时 10 ms 子程序流程图

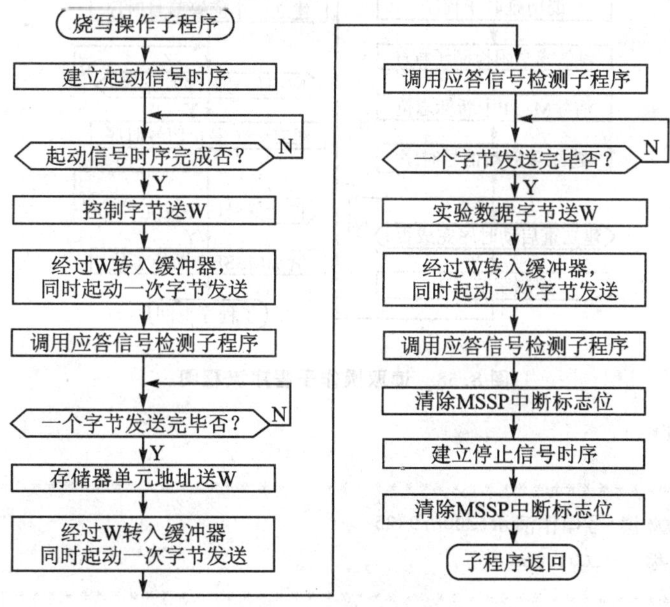

图 8.57　烧写操作子程序流程图

图 8.58 读取操作子程序流程图

★ 汇编程序清单

```
;****************************************************************
;《I²C 接口 EEPROM 读/写操作演示》2006/9/25
; 源程序文件名称：24LC01.asm
;****************************************************************
;注意：fosc = 4 MHz
;说明：与 16F877 通信的 EEPROM 器件：MICROCHIP 公司生产的 24LC01B
;连接：PORTC 的 RC4,RC3 与 SDA,SCL 相连，上拉电阻：4.7 kΩ,
;      PORTE 的 RE2 与 WP 相连
```

```
;************************************************************
    list          p = 16f877              ;列表伪指令,定义单片机型号
    #include      <p16f877.inc>           ;引入包含文件伪指令
    __CONFIG _CP_OFF & _WDT_OFF & _BODEN_OFF & _PWRTE_OFF & _RC_OSC & _WRT_ENABLE_ON & _LVP_OFF &
_DEBUG_OFF & _CPD_OFF                     ;单片机结构配置伪指令
;**********    变量定义    ****************************************
w_temp          equu    0x70              ;定义一个临时 W 备份寄存器
status_temp     equ     0x71              ;定义一个状态寄存器备份寄存器
DATA_W          equ     0X75              ;定义一个数据写入寄存器
DATA_R          equ     0X76              ;定义一个数据读出寄存器
DL1             equ     0X77              ;定义一个延时计数器
DL2             equ     0X78              ;定义另一个延时计数器
;**********    常数定义    ****************************************
SCL             equ     3                 ;定义时钟线对应的位地址
SDA             equ     4                 ;定义数据线对应的位地址
WP              equ     2                 ;定义写保护线对应的位地址
ADDRESS         equ     0X02              ;定义一个地址常数
VALUE           equ     0X55              ;定义一个计划写入 EEPROM 的值
;------------------------------------------------------------------
;************    主程序    ********************
;------------------------------------------------------------------
                org     0x000             ;复位矢量
                nop                       ;使用 ICD 所需的一条 NOP
                clrf    PCLATH            ;确保页选位为 0
                call    init_i2c          ;调用 I²C 初始化子程序
                clrf    DATA_R            ;清 0"数据读取寄存器"
                movlw   VALUE             ;写一个试验常数值到 W
                movwf   DATA_W            ;经过 W 转移到"数据写入寄存器"
                call    WRITE             ;调用写操作子程序
                call    DELAY10MS         ;调用延时子程序
                call    READ              ;调用读操作子程序
                goto    $                 ;原地打转,实现动态停机
                                          ;"$"就等于 PC 的当前值
;------------------------------------------------------------------
;********************    烧写数据到 EEPROM 从器件子程序    ************
;------------------------------------------------------------------
WRITE
WrtStart                                  ;一个 ROM 地址允许定义两个标号
                call    I2C_IDLE          ;调用检测总线空闲子程序
                banksel SSPCON2           ;选择 SSPCON2 所在的体
```

```
            bsf       SSPCON2,SEN      ;建立一个 I²C 总线启动信号时序
            banksel   PIR1             ;恢复 RAM 的体 0 为当前体
            btfss     PIR1,SSPIF       ;检测是否发生了 MSSP 中断
            goto      $ -1             ;否！循环检测，等待 MSSP 中断
                                       ;是！发送一个地址字节
SendWrtcomm                            ;发送器件地址字节
            movlw     B'10100000'      ;7 位地址码 + 1 位写控制位
            banksel   SSPBUF           ;选择寄存器体
            movwf     SSPBUF           ;开始一次字节写操作
            call      WrtAckTest       ;调用应答信号检测子程序
sendaddress                            ;发送单元地址字节
            banksel   SSPSTAT          ;选择寄存器体
            btfsc     SSPSTAT,BF       ;检测寄存器满标志位
            goto      $ -1             ;循环检测，检测到为止
            movlw     ADDRESS          ;写一个单元地址字节
            banksel   SSPBUF           ;选择寄存器体
            movwf     SSPBUF           ;开始一次字节写操作
            call      WrtAckTest       ;调用应答信号检测子程序
senddata                               ;发送数据字节
            banksel   SSPSTAT          ;选择寄存器体
            btfsc     SSPSTAT,BF       ;检测寄存器满标志位
            goto      $ -1             ;循环检测，检测到为止
            movf      DATA_W,W         ;写一个数据字节
            banksel   SSPBUF           ;选择寄存器体
            movwf     SSPBUF           ;开始一次字节写操作
            call      WrtAckTest       ;调用应答信号检测子程序
            banksel   PIR1             ;选择寄存器体
            bcf       PIR1,SSPIF       ;清除 MSSP 中断标志位
WrtStop
            banksel   SSPCON2          ;选择寄存器体
            bsf       SSPCON2,PEN      ;建立一个停止信号时序
            banksel   PIR1             ;选择寄存器体
            bcf       PIR1,SSPIF       ;清除 MSSP 中断标志位
            return                     ;子程序返回
;---------------------------------------------------------------------------
;*********************** 自 EEPROM 从器件读取数据子程序 ****************
;---------------------------------------------------------------------------
READ
ReadStart   call      I2C_IDLE         ;调用总线空闲检测子程序
            banksel   PIR1             ;选择寄存器体
```

```
            bcf         PIR1,SSPIF          ;清除 MSSP 模块中断标志位
            banksel     SSPCON2             ;选择寄存器体
            bsf         SSPCON2,SEN         ;建立 I²C 总线启动信号时序
;           bsf         SSPCON2,RSEN        ;(备选语句)
            banksel     PIR1                ;选择寄存器体
            btfss       PIR1,SSPIF          ;检测启动信号时序结束了吗
            goto        $ - 1               ;循环检测,等待
Wrtwrite
            movlw       B'10100000'         ;EEPROM 器件地址 + 写控制位送 W
            banksel     SSPBUF              ;选择寄存器体
            movwf       SSPBUF              ; W 装载到发送缓冲器,同时
                                            ;并开启一次字节发送操作过程
            call        WrtAckTest          ;调用检测应答信号子程序
wrtaddress
            movlw       ADDRESS             ; EEPROM 单元地址送 W
            banksel     SSPBUF              ;选择寄存器体
            movwf       SSPBUF              ; W 装载到发送缓冲器,同时
                                            ;并开启一次字节发送操作过程
            call        WrtAckTest          ;调用检测应答信号子程序
            call        DELAY10MS           ;调用 10 ms 延时子程序
REStart
            call        I2C_IDLE            ;调用总线空闲检测子程序
            banksel     PIR1                ;选择寄存器体
            bcf         PIR1,SSPIF          ;清除 MSSP 模块中断标志位
            banksel     SSPCON2             ;选择寄存器体
;           bsf         SSPCON2,SEN         ;(备选语句)
            bsf         SSPCON2,RSEN        ;建立 I²C 总线重启动信号时序
            banksel     PIR1                ;选择寄存器体
            btfss       PIR1,SSPIF          ;检测启动信号时序结束了吗
            goto        $ - 1               ;循环检测,等待
Wrtread
            movlw       B'10100001'         ;EEPROM 器件地址 + 读控制位送 W
            banksel     SSPBUF              ;选择寄存器体
            movwf       SSPBUF              ; W 装载到发送缓冲器,同时
                                            ;并开启一次字节发送操作过程
            call        WrtAckTest          ;调用检测应答信号子程序
            banksel     PIR1                ;选择寄存器体
            bcf         PIR1,SSPIF          ;清除 MSSP 模块中断标志位
StartRead
            banksel     SSPCON2             ;选择寄存器体
```

```
                bsf       SSPCON2,RCEN    ;开启一次字节接收操作过程
ReadData
                banksel   PIR1            ;选择寄存器体
                bcf       PIR1,SSPIF      ;清除 MSSP 模块中断标志位
                btfss     PIR1,SSPIF      ;检测接收过程结束了吗
                goto      $ - 1           ;循环检测,等待
                banksel   SSPBUF          ;选择寄存器体
                movf      SSPBUF,w        ;接收缓冲器卸载给 W
                movwf     DATA_R          ;W 再转储到用户自备寄存器
                banksel   PIR1            ;选择寄存器体
                bcf       PIR1,SSPIF      ;清除 MSSP 模块中断标志位
SendReadNack
                banksel   SSPCON2         ;选择寄存器体
                bsf       SSPCON2,ACKDT   ;把应答位预置为 0(即非应答位 NACK)
                bsf       SSPCON2,ACKEN   ;建立一个应答信号时序
                banksel   PIR1            ; 恢复 RAM 的体 0 为当前体
                btfss     PIR1,SSPIF      ; 检测是否应答时序发送完毕
                goto      $ - 1           ; 否! 循环检测,等待
ReadStop
                banksel   SSPCON2         ;选择寄存器体
                bsf       SSPCON2,PEN     ;建立一个停止信号时序
                banksel   PIR1            ; 恢复 RAM 的体 0 为当前体
                btfss     PIR1,SSPIF      ; 检测是否是否停止时序发送完毕
                goto      $ -1            ; 否! 循环检测,等待
                bcf       PIR1,SSPIF      ;清除 MSSP 模块中断标志位
                return                    ;子程序返回
;------------------------------------------------------------------------
;  ********************初始化 MSSP-I2C 模块子程序 ********************
;------------------------------------------------------------------------
init_i2c        banksel   TRISC           ;选择寄存器体
                bsf       TRISC,SDA       ;定义数据线为输入
                bsf       TRISC,SCL       ;定义时钟线为输入
                bcf       TRISE,WP        ;设定写保护线为输出
                banksel   PORTE           ;选择寄存器体
                bcf       PORTE,WP        ;设定写保护线电平为低
                banksel   SSPADD          ;选择寄存器体
                movlw     9               ;波特率设定为 100×10^3
                movwf     SSPADD          ;初始化 I2C 波特率寄存器
                bcf       SSPSTAT,6       ;选定输入电平遵从 I2C 规范
                bsf       SSPSTAT,7       ;关闭转换率控制
```

```
            banksel   SSPCON            ;选择寄存器体
            movlw     b'00111000'       ;设定控制寄存器初始值
            movwf     SSPCON            ;设定为主控方式,使能 MSSP 口
            return                      ;子程序返回
;-----------------------------------------------------------------------
;   ********************** 检测应答信号子程序 **********************
;该子程序只检查应答信号时序是否到来而并不关心送来的应答位内容(0 或 1)
;-----------------------------------------------------------------------
WrtAckTest  banksel   PIR1              ;选择寄存器体
            bcf       PIR1,SSPIF        ;清除 MSSP 中断标志位
            btfss     PIR1,SSPIF        ;检测一次新的 MSSP 中断
            goto      $ - 1             ;循环检测
            return                      ;子程序返回
;-----------------------------------------------------------------------
;   ********************  检测总线空闲子程序  ********************
;-----------------------------------------------------------------------
I2C_IDLE:   banksel   SSPSTAT           ;选择寄存器体
            btfsc     SSPSTAT,R_W       ; 检测发送正在进行之中吗
            goto      $ - 1             ;模块忙,等待
            banksel   SSPCON2           ;选择寄存器体
            movf      SSPCON2,W         ;取一份 SSPCON2 的复制
            andlw     0X1F              ;屏蔽掉 3 个非状态位
            btfss     STATUS,Z          ;5 个状态位是全 0 吗
            goto      $ - 3             ;否! 总线忙,循环检测
            return                      ;子程序返回
;-----------------------------------------------------------------------
;   ******************** 10 ms 延时子程序 ********************
;-----------------------------------------------------------------------
DELAY10MS   movlw     D'12'             ;12 is OK
            movwf     DL1               ;
DELAY2      movlw     0XFF              ;
            movwf     DL2               ;
DELAY1      decfsz    DL2,F             ;255 × 3
            goto      DELAY1            ;
            decfsz    DL1,F             ;
            goto      DELAY2            ;(255 × 3 + 2 + 2) × 12 + 1 + 1 + 2 + 2 = 10 ms
            return                      ;2 个指令周期占用
;-----------------------------------------------------------------------
            end                         ;源程序全部结束
```

★ 几点补充说明

I²C 总线接口的 EEPROM 在业界已经形成了工业标准，目前由多家半导体公司都在生产 24 系列存储器，例如 Microchip 公司、ATMEL 公司、ST 公司、XICOR 公司、SEIKO 公司、HOTEK 公司、CATALYST 公司、RAMTRON 公司等。不同厂家生产的产品以及型号中带有不同后缀的产品，其内部结构和操作方法都可能存在着微小的差别，在具体应用时还需引起注意。本次实验中所采用的 24LC01B 是 Microchip 公司的产品。

思考题与练习题

1. PIC16F87X 单片机的 MSSP 模块是否能够兼容 I²C 和 SMBus 总线的信号电平？
2. I²C 总线规范中专用的名词和术语大致有哪些？它们的含义分别是什么？
3. I²C 总线的技术特点有哪些？其主要用途是什么？
4. 按速率的高低不同，Philips 公司为 I²C 总线开发了几种模式？其数据传输速率分别为多少？
5. 试描述一次 I²C 总线通信的全过程，以分析其工作原理。
6. I²C 总线上的信号时序类型大致有哪几种？其特征分别是什么？
7. 在 I²C 总线上传输的典型信号格式有哪几种？其特征分别是什么？
8. 在 I²C 总线规范中寻址约定是如何规划的？地址字节是如何分配的？
9. 通用呼叫寻址方式可以应用于什么情况之下？
10. I²C 总线规范中预留的“启动字节”，其主要用途是什么？
11. 10 位寻址格式是如何定义的？有何必要性？
12. 了解 I²C 总线的技术参数有何必要性和实际意义？
13. I²C 器件与 I²C 总线的接线方式有哪些种类？
14. I²C 总线和 SMBus 总线之间存在哪些异同？
15. 与 I²C 总线相关的寄存器及其比特中，有哪些也与 SPI 接口有关？
16. 对于 I²C 总线规范中的几种典型信号时序，PIC 单片机是如何实现的？
17. 在 PIC16F87X 单片机的 I²C 总线操作过程中，“严禁事件排队”是什么意思？
18. 试分析被控器方式下 I²C 总线接口电路的工作原理。
19. I²C 总线规范中，是如何解决多主机时钟冲突和时钟仲裁的？
20. 在 I²C 总线通信过程中，什么情况下用到重启动信号时序 Sr？
21. 试分析主控器方式下 I²C 总线接口电路的工作原理。
22. 什么情况下会发生 I²C 总线冲突？是如何实现总线仲裁的？仲裁的原则是什么？
23. I²C 总线规范中对于总线空闲状态是如何规定的？又是如何对总线实现封锁的？
24. 在 I²C 总线通信过程中，低速的从器件是如何实现在 I²C 总线上插入等待时间的？
25. I²C 总线有哪些优越性？试列举出应用 I²C 总线技术的家用电器。

第 9 章

EEPROM 和 Flash 存储器及其 IAP 技术

9.1 背景知识

存储器是任何计算机系统都不可缺少的一类重要的外围器件或部件。在计算机系统中应用的存储器有外部存储器(又叫辅助存储器)和内部存储器(又叫主存储器)之分。外部存储器有：磁带存储器(多用于大型计算机)、软磁盘存储器、硬磁盘存储器、只读光盘存储器、可读写光盘存储器、卡式存储器(例如 IC 卡)等;内部存储器目前都用半导体存储器。在木章中将主要介绍半导体存储器。

9.1.1 通用型半导体存储器的种类和特点

半导体存储器是目前应用非常广泛、应用数量非常巨大的一类半导体器件,因此,世界各主要半导体制造公司中绝大多数都有半导体存储器的生产线。

常见的半导体存储器器件分为 RAM、ROM 和 NVRAM,而它们往下又细分为多个分支。

(1) RAM(Random Access Memory)：随机存取存储器。主要特点是存储的内容需要电源维持,断电后内容自动丢失(或称挥发)。主要用途是适合存储临时性的程序、随机数据或变量。

(2) ROM(Read Only Memory)只读存储器。主要特点是存储的内容不需要电源维持,断电后内容也不会丢失,内容存入时需要烧写固化。主要用途是适合烧写存储那些定型的程序和相对固定的数据。ROM 家族中又可以分为以下几种。

① 掩膜 ROM：其存储内容由用户预先提交给芯片制造厂,由厂家在芯片生产线上完成烧写。显著优点是成本低廉,适合大批量定型生产;缺点是开模制版费高,初次投资多,存在最小起订数量,批量投片风险大,灵活性差,不适合开发研制阶段采用。

② PROM(Programmable ROM)：可(烧写)编程 ROM。存储的内容断电后能够维持。内容存储的过程称为固化或烧写,烧写过程需要外加高电压,一般需要在专用设备上进行。存

储每一个位的最小电路单元是熔丝,熔断后代表“0”,反之代表“1”。特点是:只能由用户烧写一次,适合小批量产品试制阶段,可缩短产品上市时间。

③ EPROM(Erasable PROM):可(紫外线)擦除可(烧写)编程 ROM。存储的内容断电后不丢失。烧写过程也需要外加高电压(25 V、21 V 或 12.5 V)。顶部都开有一个玻璃窗口,用专用的紫外光源照射该窗口可以擦除。特点:可以反复烧写或擦除多次,但是擦除过程用时较长,适合在软件定型之前产品的研制阶段或小批量试生产阶段使用。常见的型号有2716、2732、2764、27128、27256 等。

④ OTP EPROM(One Time Programmable EPROM):一次可(烧写)编程的 EPROM。其实就是不开顶部窗口的 EPROM,所以只能由用户烧写一次。特点与 PROM 基本相同,但是存储单元结构不是熔丝。另外,这种产品出厂合格率比 PROM 高,原因是厂家在芯片封装之前,可以进行反复擦写检验。

⑤ EEPROM(Electrical EPROM,也常记作 E^2PROM):电可擦除可(烧写)编程 ROM。存储的内容断电后不丢失,可以反复擦写多次,并且有的可以“在线”擦写。不仅适合在软件定型之前产品的研制阶段,还可用于数据经常更改而掉电后数据又不丢失的电器设备中(例如遥控式电视机中用来存储频道、音量、亮度等可调参数的器件)。常见的型号有并行 2816、2864 等;I^2C 串行 24CL01、24CL02、24CL04 等;MicroWire 串行 93CL46、93CL56 等;SPI 串行 25C040、25C080 等。

⑥ Flash EEPROM:闪速电可擦可编程 ROM(又称 Flash 存储器)。内容断电后也不丢失,可反复擦写多次,并且容易实现在线擦写,其擦写速度基本同于 EEPROM,但是其制造成本更低、芯片面积更小。适应于不仅要求内容可以修改而掉电后又不丢失,而又要求成本更低、存储容量更大的电器设备中。EEPROM 和 Flash 存储器虽然都可以多次电擦和电写,但 EEPROM 擅长的是读写次数要高得多。

(3) NVRAM(Nonvolatile RAM)非易失性 RAM。特点是内容断电后不丢失,兼备 RAM 和 ROM 两者的优点,既能够像 RAM 那样高速操作,又能够像 ROM 那样掉电内容不挥发,也不需要外接烧写电压。主要用途是适合存储临时性的程序、随机数据或变量。根据技术上实现的途径不同,NVRAM 家族中又大致分为 3 种,即内部埋藏有锂电池的 NVRAM、双体结构的 NVRAM 和铁电存储器 FRAM。

9.1.2 PIC 单片机内部的程序存储器

微芯(Microchip)公司为其 PIC 系列单片机片内配置的程序存储器版本比较齐全。

(1) ROM 掩模型 PIC 单片机,适合大企业大批量定型产品的规模化生产,由厂家在芯片生产线上完成用户程序的烧写。例如 PIC16CR83/84 等。

(2) 一次编程(OTP)型 EPROM 的 PIC 单片机,适合于小批量试生产和快速上市的需要。例如 PIC16C54、PIC16C55、PIC16C56、PIC16C57、PIC16C58A 等。

(3) 带窗口的EPROM型PIC单片机,适合程序反复修改的开发阶段(这类单片机售价很高)。例如PIC16C54/JW、PIC16C55/JW等。

(4) 具有EEPROM的PIC单片机,特别适合初学者反复擦写练习编程。例如PIC16C83/84等。此类单片机型号较少,原因是完全可以用Flash型单片机取代。

(5) 带Flash型EEPROM的PIC单片机,特别适合初学者和程序开发者"在线"反复擦写和调试程序。例如PIC16F83/84、PIC16F87X、PIC18F010、PIC18F020等。

对于本书重点讲解的PIC16F87X系列单片机,不仅是程序存储器的制造工艺改进为Flash工艺,而且还同时采用了在线串行编程(ICSP,In Circuit Serial Programmable,这是微芯公司的注册商标,其他公司一般记作ISP)技术、低电压编程技术(即免用外加烧写高电压,而由片内电荷泵产生)、在应用中编程(IAP,In Application re-Programmable)技术、在线调试(In Circuit Debugger)技术。

具备IAP功能的单片机,其程序存储器必须是可以重复烧写编程的版本。PIC16F87X系列单片机就是这样一类单片机品种。它可以用于具备远程遥控软件版本升级或者参数修改的产品之中(例如远程抄表、用户端电话计费系统的远程费率和算法修改)。

该公司后期推出的PIC18C601和PIC18C801两款为无片载程序存储器的单片机型号。对于PIC大家族,这是绝无仅有的。

9.1.3 PIC单片机内部的EEPROM数据存储器

在单片机应用产品系统中,常常需要这样的功能,要求在系统工作期间设定或者调整的一些现场工作参数,在系统断电之后也不能丢失(或挥发),在下次加电工作时系统自动恢复原先设定的参数。例如:遥控电视机、电子密码锁、电话计费器、机动车电子里程表、出租车计价器、电子电度表、电子煤气表、电子水量表、寻呼机、移动电话手机,等等。

为了实现以上功能,单片机系统开发者通常给那些片内不具备内部EEPROM数据存储器的单片机(例如传统的MCS-51、PIC单片机家族中的大部分型号、MC68HC05和MC68HC08系列单片机中的大部分型号),外扩EEPROM,以串行方式外扩居多。在串行方式中又有I^2C、SPI和MicroWire几种串行通信协议可选。目前,市场上带I^2C、SPI和MicroWire串行端口的8脚封装的EEPROM,非常廉价易购,零售价仅2元左右。

采用外扩EEPROM存储器的方法,优点是廉价、灵活,缺点是占用单片机有限的引脚资源、电路结构增加复杂程度、更重要的一条是保密性差。原因是,独立的EEPROM器件可以被单独拆下,并且很容易地读取其内容。

在PIC16F87X单片机内部,作为一个片内外设模块配置的EEPROM,只能由用户程序或者烧写器对其实施读写操作。一般从单片机芯片外部不能非法地读取加了密的EEPROM。由此可见,利用PIC16F87X片内EEPROM数据存储器模块,可以实现的以上功能,显然克服了外扩EEPROM数据存储器的缺点,从而可以使保密性得到极大地提高。因此,特别适合用于要求保密性极强的产品之中,例如电子密码锁、出租车计价器、电子抄表系统等。

可能有人会产生这样的疑问,既然EEPROM存储器和Flash存储器都可以反复电擦和电写,那么又何必在一个单片机芯片之内同时集成这两种工艺的存储器呢?原因分析如下:EEPROM存储器和Flash存储器虽然都可以多次电擦和电写,但是,EEPROM存储器比Flash存储器性能更优越的是读写次数多得多、寿命长;而Flash存储器比EEPROM存储器性能优越的是存储单元结构简单、占用硅片面积小、造价低廉。

因此,Flash存储器适合用来烧写那些改动不太频繁的用户程序或参数,有利于降低单片机成本;而EEPROM存储器适合用来存储那些经常变动而掉电又不能丢失的数据,有利于延长单片机的使用寿命。读写次数也叫擦写周期,对于单片机片内Flash存储器,目前见到的单片机一般可以做到,能够擦写几百次到上万次不等,随着各家半导体制造公司的技术水平的不同而差距较大;对于EEPROM存储器,其读写次数可以做到高达一万次到百万次。

9.1.4 PIC16F87X内部EEPROM和Flash操作方法

PIC16F87X单片机内部同时具备两种电擦/电写存储器,分别是用于存储数据的EEPROM和用于固化用户程序的Flash。对于这些片内存储器的读写操作方式有两种,也就是烧写和读出的途径有两种:

第一种是经过单片机的专用引脚或端口(PIC单片机的串行编程专用引脚为RB6和RB7),借助于外部主控设备(例如程序烧写器、微机控制的下载器等)操控单片机内部EEPROM和Flash存储器的读和写操作。在读写过程中不使用目标单片机中的CPU,也就是说,读写内部存储器时,目标单片机中的CPU处于静止状态,不执行任何程序。采用这种读写方式时,操作方法有两种:一是需要把单片机芯片插入专用烧写器上的插座中,烧写完成核对无误之后再插入目标板中去(这种方法最原始);二是在单片机装入目标板之后直接采用下载电缆进行烧写,这种方法称为在线编程,这种技术可以使得产品在出厂之前付运时固化最新版本的程序。

第二种是单片机自身作为主控器件,通过执行预先固化其内的“读写专用程序”,操控对自身内部EEPROM和Flash存储器部分空间的读写操作过程。其读写过程需要目标单片机中CPU的支持,所以与目标单片机中的CPU是有关的。这种方式属于在应用中编程技术,借助于这种新兴技术可以实现,在产品出厂之后投入运行的过程中,随时对单片机软件进行遥控修改或版本升级。

上述中的第一种读写方式对于所有不同厂牌的单片机都必须具备,只是有的采用串行方式,有的采用并行方式,有的串行和并行两种方式兼备;而第二种读写方式只有近期市场出现的少数单片机品种才具备,这类单片机中一定采用了IAP技术。第一种读写途径很简单,对于单片机的应用者不了解也不影响对于单片机的使用,只要会用单片机烧写器即可,至于串行或是并行编程的时序和详细步骤,应该是单片机开发工具的制造商所关心的内容。在此将把第二种读写方式作为本章介绍的“主要内容”。

PIC16F87X单片机内部的EEPROM和Flash存储器，都能够在适合PIC单片机正常工作的V_{DD}电压范围内实现读写操作。也就是说，单片机内部自带电荷泵升压电路，即使是烧写操作也不需要外加高电压。对于EEPROM数据存储器的读写操作是以8位单字节为单位进行的；而对于Flash程序存储器的读写操作是以14位的单指令字节为单位进行的。对于这两者的写操作，实际是对某一指单元进行的“先擦除，后写入”的操作。

对于程序存储器的读写操作允许进行“校验和”的计算，以便提高可靠性。烧写到Flash程序存储器中的内容，不一定都是有效的指令代码，也可以利用这个14位宽的存储器，存放一些固定参数等。当CPU执行到存放着这些无效指令代码的区域时，产生与执行空操作指令NOP同样的结果。

对于EEPROM数据存储器进行单个字节的写入操作时，不会影响到CPU对于其他指令的执行。但是，对于Flash程序存储器进行单个指令字节的写入操作，将会暂停其他指令的执行，直到写操作完成，并且在写操作进行期间，不能对程序存储器的任何单元进行取指操作，即此间不能执行任何指令。原因是，片内Flash是一个整体，当对其任何一个单元进行烧写操作时，升压电荷泵启动工作，对Flash整体施加了高电压，在这个不适合Flash正常读取操作的高电压存续期间，Flash暂时失去了程序存储器的角色。总之，Flash不能同时扮演“被烧写存储器”和“取指令存储器”的双重角色。为了解决这个矛盾，在PIC16F87X系列单片机中采用的解决方案是，作为一个整体的Flash程序存储器，在对一个单元进行烧写并且电源自动切换到电荷泵供电时，CPU自动停顿而进入等待状态。在一次烧写操作完毕，Flash工作电压再自动切换到正常值时，CPU才继续执行Flash中的程序。

对于PIC16F87X，在烧写Flash时，虽然不能执行Flash中的指令，但是系统时钟仍然振荡，片内各个外围模块仍然正常工作，可以检测到中断事件的发生，并进行排队等待，直到写操作完成之后才会得到响应。具体处理过程是，一旦写操作完成，如果中断源对应的各个中断屏蔽位都是开放的，并且该中断源的中断请求发生在写操作期间，那么，在执行完预先抓取到指令寄存器中的指令之后，将立刻转向中断矢量地址去执行中断服务子程序。

EEPROM和Flash不是直接影射到RAM存储器地址空间的，也就是说，它们并不与RAM统一编址。因此，EEPROM和Flash两者都不能被用户程序直接访问，而只能通过专用寄存器进行间接的访问。为了达到间接访问它们的目的，额外增加了6个特殊功能寄存器，即EEADR、EEADRH、EEDATA、EEDATH、EECON1、EECON2。

EEPROM允许字节读写操作而不影响CPU的正常工作。当CPU访问EEPROM时，EEADR存放指向某一单元的8位地址，EEDATA存放即将被写入的或者已经被读出的8位数据。依据内部配置EEPROM的容量不同(如图9.1所示)，又可以分为3种不同情况：

(1) 对于PIC16F876/877而言，配置的EEPROM容量为256×8，为最大配置。所以，用足了EEADR内可以容纳的8位地址码，$2^8=256$。

(2) 对于PIC16F873/874而言，配置的EEPROM容量为128×8，是PIC16F876/877的一半。所以，仅用到了EEADR内部的低7位地址码，$2^7=128$。最高一位虽然没有用到，但是也不能不关心，要求必须将该位清0，理由是，当EEADR中的地址超出127时，寻址范围并不会绕回到EEPROM的低地址单元上。例如，当EEADR内部的地址为80H时，寻址到的单元并不是00H号单元。这样做的好处是，便于用户程序在PIC16F87X不同型号之间的移植和兼容。

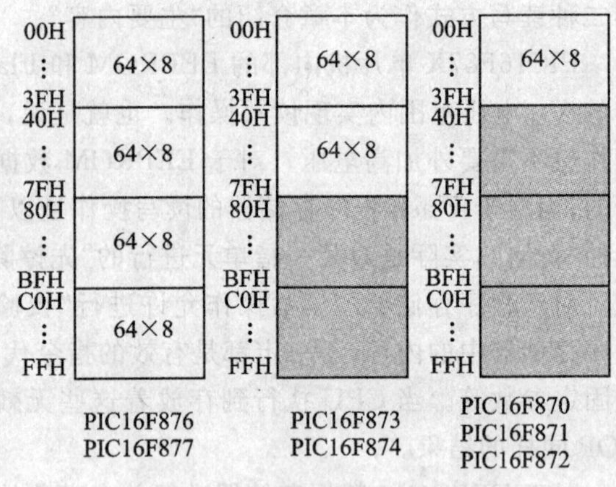

图9.1 内部EEPROM配置图

(3) 对于PIC16F870/871/872而言，配置的EEPROM容量仅为64×8，为PIC16F876/877的四分之一。所以，仅用到了EEADR内部的低6位地址码，$2^6=64$。最高2位虽然没有用到，同样也不能忽视，要求必须将这2位清0，理由同上。

Flash程序存储器允许以指令字节(14位)进行读写操作，但是写操作会暂停CPU对Flash区中指令的执行，直到写操作完成。当CPU间接访问Flash程序存储器时，EEADR和EEADRH一起用来存放指向某一单元的13位(或12位或11位)地址码，EEDATA和EEDATH一起用来存放即将被写入或已被读出的14位数据(实际是用户程序的指令代码)。依据内部配置Flash的容量不同(参见图2.6)，又可以分为以下3种不同情况：

(1) 对于PIC16F876/877而言，配置的Flash容量为8K×14。用到了EEADR和EEADRH寄存器对的低13位，$2^{13}=8K$。最高3位虽然没有用到，但是也不能不关心，要求必须将这几位清0，原因是，当EEADR和EEADRH内部16位地址码超出8K时，寻址范围并不会绕回到Flash的低地址单元上。例如，当EEADR和EEADRH内部16位地址码为2000H时，寻址到的单元并不是0000H号单元。这样作的好处也是，便于用户程序在PIC16F87X不同型号之间的移植和兼容。

(2) 对于PIC16F873/874而言，配置的Flash容量为4K×14，为PIC16F876/877的一半。所以，仅用到了EEADR和EEADRH内部16位地址码的低12位，$2^{12}=4K$。最高4位虽然没有用到，但是也不能忽略，要求必须将这4位清0，理由同上。

(3) 对于PIC16F870/871/872而言，配置的Flash容量仅为2K×14，为PIC16F876/877的四分之一。所以，仅用到了EEADR和EEADRH内部16位地址码的低11位，$2^{11}=2K$。最高5位虽然没有用到，同样也不能置之不理，要求必须将这5位清0，理由同上。

9.2　EEPROM 读/写相关的寄存器

与 EEPROM 数据存储器进行读/写操作有关的特殊功能寄存器共有 7 个和一个系统配置字，现归纳在一起，如表 9.1 所列。这 7 个寄存器都具有在 RAM 地址空间中统一编码的地址，也就是说，PIC 单片机可以把这 7 个特殊寄存器当作普通寄存器单元来访问，这样有利于减少指令系统的指令类型和数量。

表 9.1　与 EEPROM 数据存储器有关的特殊功能寄存器

寄存器名称	寄存器符号	寄存器地址	寄存器内容							
			Bit7	Bit6	Bit5	Bit4	Bit3	Bit2	Bit1	Bit0
中断控制寄存器	INTCON	0BH/8BH/10BH/18BH	GIE	PEIE	T0IE	INTE	RBIE	T0IF	INTF	RBIF
EEPROM 地址寄存器	EEADR	10DH	A7	A6	A5	A4	A3	A2	A1	A0
EEPROM 数据寄存器	EEDATA	10CH	D7	D6	D5	D4	D3	D2	D1	D0
EEPROM 读/写控制第一寄存器	EECON1	18CH	EEPGD	—	—	—	WRERR	WREN	WR	RD
EEPROM 控制第二寄存器	EECON2	18DH	（不是物理上实际存在的寄存器）							
第二外设中断标志寄存器	PIR2	0DH	—	—	—	EEIF	BCLIF	—	—	CCP2IF
第二外设中断屏蔽寄存器	PIE2	8DH	—	—	—	EEIE	BCLIE	—	—	CCP2IE
系统配置字	Config. Word	20007H	WRT (bit9)	CPD (bit8)	LVP (bit7)	CP1 (bit5)	CP0 (bit4)	…	FOSC1	FOSC0

9.2.1　EEPROM 地址寄存器 EEADR

bit7	bit6	bit5	bit4	bit3	bit2	bit1	bit0
A7	A6	A5	A4	A3	A2	A1	A0

EEPROM 地址寄存器 EEADR 是一个可读可写寄存器。它作为访问 EEPROM 某一指定单元的地址寄存器，也就是，将欲访问的单元地址预先传入该寄存器中。

9.2.2 EEPROM 数据寄存器 EEDATA

bit7	bit6	bit5	bit4	bit3	bit2	bit1	bit0
D7	D6	D5	D4	D3	D2	D1	D0

EEPROM 数据寄存器 EEDATA 是一个可读可写的寄存器。它暂存即将烧写到 EEPROM 某一指定单元的数据,或者暂存已经从 EEPROM 某一指定单元读出的数据。

9.2.3 EEPROM 读写控制第一寄存器 EECON1

bit7	bit6	bit5	bit4	bit3	bit2	bit1	bit0
EEPGD	—	—	—	WRERR	WREN	WR	RD

EECON1 寄存器是一个用于设置读写操作和启动读写操作的控制寄存器。对于 EEPROM 和 Flash 的读、写操作的控制需由多个状态位和控制位来实现。

对于“读”操作仅使用一个控制位 RD 即可,原因是读操作对于系统安全性的影响不大。一旦用户程序将该位置 1,那么地址寄存器所指定的某一单元的内容,就被自动复制到数据寄存器里。该控制位只能由软件置位,不能由软件清 0,而由硬件在一次读操作完成之后自动清 0,所以说,RD 位又兼作读操作完成状态位。对于 EEPROM 进行读操作时,RD 被置 1 之后,数据就立刻传送到 EEDATA 中;而对于 Flash 进行读操作时,RD 被置 1 之后的第 2 个指令周期,数据才被传送到 EEDATA 和 EEDATH“寄存器对”中。

对于“写”操作而言,将会用到两个控制位 WR 和 WREN,以及两个状态位 WRERR 和 EEIF。WREN 用于控制写操作是否被允许。在执行一次写操作之前,必须先对 WREN 控制位置 1,从而有利于提高系统的安全性。因为写操作会对系统的安全性构成很大的威胁,所以,多设置了几道关卡。此后,一旦用户程序将 WR 置 1,那么,数据寄存器 EEDATA 里的数据就被自动复制到地址寄存器 EEADR 所指定的某一单元中去。该控制位只能由软件置位,不能由软件清 0,而由硬件在一次写操作完成之后自动清 0,所以说,WR 位又兼作写操作完成状态位。

对于 EEPROM 数据存储器进行写操作时,一旦 WREN 和 WR 被置 1,EEADR 寄存器中地址码所指定的单元先被擦除,然后才将 EEDATA 寄存器的内容烧写到该单元。EEPROM 的写操作可以与 CPU 并行工作,即在写操作的同时不影响 CPU 执行用户程序。只是在写操作完成之后,状态位 EEIF 被硬件自动置 1。EEIF 可以用于判断写操作完成与否,但是必须在 WR 置 1 之前由软件清 0。对于 Flash 程序存储器的写操作而言,一旦 WREN 和 WR 控制位被置 1,CPU 将暂停指令的执行,将“地址寄存器对”EEADR:EEADRH 所指定的单元先被擦除,然后再将“数据寄存器对”EEDATH:EEDATA 中的数据烧录其中。当写操作完成之后,EEIF 被硬件自动置 1,CPU 才会继续执行程序。这样作的理由,在前一节中有过描述。

WRERR 状态位用于记录在正常写操作期间，单片机是否发生过复位。在初始上电复位之后，该位将被硬件自动清 0。因此，应当在任何其他方式的复位之后检查该位。在进行正常写操作期间，当发生 $\overline{\text{MCLR}}$复位或 WDT 超时溢出复位，WRERR 位都将被自动置 1，所以，在这些复位操作发生之后，用户程序必须检查该位。如果 WRERR 位为 1，则需要重新烧写。值得庆幸的是，在正常写操作期间发生 $\overline{\text{MCLR}}$复位和 WDT 复位时，数据寄存器、地址寄存器以及 EEPGD 控制位的值保持不变，这就便于恢复原先的写操作。

EECON1 寄存器各位的含义如下述。

- EEPGD：设定数据存储器还是程序存储器作为访问对象的选择位。值得注意的是，在读写操作正在进行时，该位不可改变。
  - 1＝选择 Flash 程序存储器；
  - 0＝选择 EEPROM 数据存储器。
- WRERR：EEPROM 写操作过程出错标志位。
  - 1＝一次写操作没有执行完毕，其间发生了 $\overline{\text{MCLR}}$复位或 WDT 复位；
  - 0＝一次写操作被完成或没有发生差错。
- WREN：EEPROM 写操作使能控制位。
  - 1＝允许写操作；
  - 0＝禁止写操作。
- WR：EEPROM 一次写操作启动控制位兼状态位。用软件只能置 1，不能清 0。
  - 1＝启动一次写操作，在一次写操作完成之后由硬件自动清 0；
  - 0＝一次写操作已经完成或者未启动写操作。
- RD：EEPROM 一次读操作启动控制位兼状态位。用软件只能置 1，不能清 0。
  - 1＝启动一次读操作。在一次读操作完成之后由硬件自动清 0；
  - 0＝还没有启动读操作，或者一次读操作已经完成。

9.2.4 EEPROM 写控制第二寄存器 EECON2

EECON2 寄存器不是一个物理存在的寄存器，它被专门用在写操作的安全控制上，以避免意外写操作。实际上就是将该寄存器单元的地址给专用化了。访问它时，就相当于启动了内部一个写操作硬件口令验证器电路，确保写操作的万无一失。具体应用方法后面再介绍。

9.2.5 第二外设中断标志寄存器 PIR2

bit7	bit6	bit5	bit4	bit3	bit2	bit1	bit0
—	—	—	EEIF	BCLF	—	—	CCP2IF

PIR2 是一个可读可写的寄存器，包含第二批扩展的外围模块的中断标志位，不过在此只

关注与 EEPROM 有关的中断标志位,其含义如下述。

EEIF:EEPROM 写操作中断标志位。

- 1=写操作已经完成(必须用软件清 0);
- 0=写操作未完成或尚未开始进行。

9.2.6 第二外设中断屏蔽寄存器 PIE2

bit7	bit6	bit5	bit4	bit3	bit2	bit1	bit0
—	—	—	EEIE	BCLE	—	—	CCP2IE

PIE2 是一个可读可写的寄存器,包含第二批扩展的外围模块的中断屏蔽位,不过在此只介绍与 EEPROM 有关的中断屏蔽位,其含义如下述。

EEIE:EEPROM 写操作中断屏蔽位。

- 1=开放 EEPROM 写操作产生的中断请求;
- 0=屏蔽 EEPROM 写操作产生的中断请求。

9.2.7 系统配置字 Configuration Word

…	bit9	bit8	bit7	bit6	bit5	bit4	…	bit1	bit0
…	WRT	CPD	LVP	BODEN	CP1	CP0	…	FOSC1	FOSC0

这不是一个由用户程序可读可写的寄存器。它只能在用烧写器给单片机烧写程序时进行定义。在此仅仅牵扯到其中与 EEPROM 数据存储器保护有关的 2 位。

➢ CPD:用于 EEPROM 数据存储器中的数据保护。

- 1=数据保护功能放弃,内容可以从片外被读写;
- 0=EEPROM 数据存储器中的数据被保护,不能从片外被读写。

➢ LVP:用于低电压烧写编程使能。

- 1=RB3/PGM 引脚具有 PGM 功能,低电压编程被使能,V_{DD}接该引脚;
- 0=RB3 为普通的数字 I/O 引脚,烧写编程高电压必须加到$\overline{MCLR}$引脚,用于编程。

9.3 片内 EEPROM 数据存储器结构和操作原理

PIC16F87X 单片机内部,EEPROM 数据存储器模块的结构图如图 9.2 所示。既然 PIC 单片机把 EEPROM 数据存储器当作一种外围模块配置,那么,对于它的操作与操作其他外设模块也基本相同。该模块与单片机内部总线之间,利用地址寄存器 EEADR 和数据寄存器 EEDATA 作为对话窗口。从图中不难看出,以两个寄存器为分界,其左边在工作寄存器 W 和两个寄存器之间经过内部数据总线进行的数据传送,是由 CPU 执行用户程序分两次来完成的，一次传送地址，一次传送数据；而右边在两个寄存器与 EEPROM 之间的数据传递则是靠硬件自动实现的。单片机向 EEPROM 烧写的数据，可以是来自于外部，可以经过端口模块(可以是 USART、SPI、I²C 等)与外界通信并获取数据，然后写入 EEPROM 内。

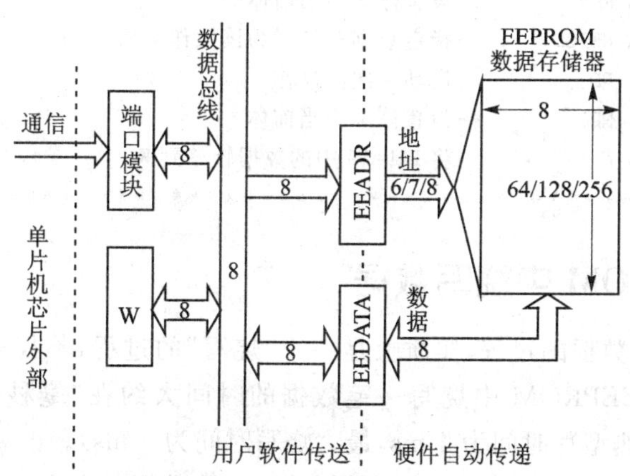

图 9.2 EEPROM 数据存储器结构图

9.3.1 从 EEPROM 中读取数据

为了读取 EEPROM 数据存储器里的内容，用户程序必须事先把指定单元的地址送入 EEADR 寄存器，并将 EEPGD(EECON1<7>)控制位清 0，然后把读操作控制位 RD 置 1。在下一个指令周期里，数据寄存器 EEDATA 里的数据才是有效的，因此，接下来可以安排指令读取数据到 W。EEDATA 中的数据可以被一直保留，直到下一次读操作开始或由软件送入其他数据。

读取 EEPROM 数据存储器的操作步骤归纳如下：

(1) 把地址写入到地址寄存器 EEADR 中。注意该地址不能超过所用 PIC16F87X 型号单片机内部 EEPROM 实际容量。

(2) 把控制位 EEPGD 清 0，以选定读取对象为 EEPROM 数据存储器。

(3) 把控制位 RD 置 1，启动本次读操作。

(4) 读取已经反馈到 EEDATA 寄存器中的数据。

读取 EEPROM 数据存储器的程序片段：

```
;****************************************************************
;入口参数：是把即将读取的单元地址预先放入了 W 中
;出口参数：是把读出的数据保存在 W 中
;****************************************************************
BSF        STATUS, RP1          ;用两条指令，
```

```
BCF      STATUS, RP0        ;选定体2为当前体
MOVF     ADDR, W            ;用W作中转,
MOVWF    EEADR              ;送地址到地址寄存器
BSF      STATUS, RP0        ;设置体3为当前体
BCF      EECON1, EEPGD      ;指定数据存储器为读操作对象
BSF      EECON1, RD         ;启动一次读操作
BCF      STATUS, RP0        ;设置体2为当前体
MOVF     EEDATA, W          ;将EEDATA中的数据转移到W
;*****************************************************************
```

9.3.2 向EEPROM中烧写数据

向EEPROM中写数据的过程,实质上是一个"烧写"的过程,不仅需要高电压,而且需要较长的烧写时间。向EEPROM中烧写一笔数据的时间大约在"毫秒"级(PIC16F87X内部EEPROM和Flash的典型写时间为4 ms,最大烧写时间为8 ms)。

由于安全的需要,向EEPROM中烧写数据远比读取数据复杂和麻烦。一次向EEPROM的写操作过程需要多个步骤才能完成:必须事先把地址和数据分别放入EEADR和EEDATA中,并把EEPGD位清0,再把WREN写允许位置1,最后再把WR写启动位置1。除了正在对EEPROM进行写操作之外,平时WREN位必须保持为0。WREN和WR两位的置1操作,绝对不能在一条指令的执行过程中同时完成,必须安排两条指令,即只有在前一次操作中把控制位WREN置1,后面的操作才能把控制位WR置1。在一次写操作完毕之后,WREN位由软件清0。如果在一次写操作尚未完成之前,用软件清除WREN位,不会停止本次写操作过程。

写EEPROM数据存储器的操作步骤如下:

(1) 确保目前的WR=0。假如WR=1,表明一次写操作正在进行中,需要查询等待。

(2) 把地址送入EEADR中,并且确保地址不会超出目标单片机内部EEPROM的最大地址范围。

(3) 把准备烧写的8位数据送入EEDATA中。

(4) 清除控制位EEPGD,以指定EEPROM作为烧写对象。

(5) 把写使能位WREN置1,允许后面进行写操作。

(6) 清除全局中断控制位GIE,关闭所有中断请求。

(7) 执行专用的"5指令序列",这5条指令是厂家规定的固定搭配,丝毫不能更改:

① 用1条移动指令把55H写入到W。

② 用1条移动指令再把W中的55H转入控制寄存器EECON2中。

③ 用1条移动指令把AAH写入到W。

④ 用1条移动指令再把W中的AAH转入控制寄存器EECON2中。由于EECON2物

理上不存在,(据作者分析)只是利用访问这个专用地址,来启动一种安全机制。对于连续两次送入的口令 55H 和 AAH 进行严格核对,只有口令正确方能继续后面的烧写操作。由此可以看出,55H =01010101B 和 AAH =10101010B 是很有规律的互补的两组数据。

⑤ 把写操作启动控制位 WR 置 1。

(8) 全局中断控制位 GIE 置 1,放开总中断屏蔽位(如果打算利用 EEIF 中断功能)。

(9) 清除写操作允许位 WREN,在本次写操作没有完毕之前禁止重开新的一次写操作。

(10) 当写操作完成时,控制位 WR 被硬件自动清 0,中断标志位 EEIF 被硬件自动置 1。

如果本次写操作还没有完成,那么,可以用软件查询 EEIF 位是否为 1,或者查询 WR 位是否为 0,来判定写操作是否结束。

写 EEPROM 数据存储器的程序片段:

```
;*****************************************************************
;入口参数:把 VALUE 寄存器中的数据写到 ADDR 寄存器指定的单元
;出口参数:是把读出的数据保存在 W 中
;说明:该程序中假设使用了中断功能。当然也可以不使用中断功能
;*****************************************************************
BSF       STATUS, RP1      ;用两条指令,
BSF       STATUS, RP0      ;选定体 3 为当前体
BTFSC     EECON1, WR       ;检测 WR 是否为 1,是! 则跳转
GOTO      $ -1             ;否! 循环检测($ -1 = 上一条指令的地址)
BCF       STATUS, RP0      ;选定体 2 为当前体
MOVF      ADDR, W          ;用 W 作中转,
MOVWF     EEADR            ;送地址到地址寄存器
MOVF      VALUE, W         ;用 W 作中转,
MOVWF     EEDATA           ;送地址到地址寄存器
BSF       STATUS, RP0      ;选定体 3 为当前体
BCF       EECON1, EEPGD    ;指定数据存储器为写操作对象
BSF       EECON1, WREN     ;放开写操作使能位
BCF       INTCON, GIE      ;禁止所有中断
MOVLW     0x55             ;用 W 作中转,
MOVWF     EECON2           ;送 55H 到寄存器 EECON2
MOVLW     0xAA             ;用 W 作中转,
MOVWF     EECON2           ;送 AAH 到寄存器 EECON2
BSF       EECON1, WR       ;启动一次写操作
BSF       INTCON, GIE      ;允许中断请求
BCF       EECON1, WREN     ;禁止写操作
;*****************************************************************
```

9.4　Flash 在线编程相关的寄存器

与 Flash 程序存储器在线编程有关的特殊功能寄存器共有 9 个和一个系统配置字，现归纳在一起以便于读者应用时查阅。如表 9.2 所列，总共这 9 个寄存器都具有在 RAM 数据存储器地址空间中统一编码的地址。

表 9.2　与 Flash 程序存储器有关的特殊功能寄存器

寄存器名称	寄存器符号	寄存器地址	寄存器内容							
			Bit7	Bit6	Bit5	Bit4	Bit3	Bit2	Bit1	Bit0
中断控制寄存器	INTCON	0BH/8BH/10BH/18BH	GIE	PEIE	T0IE	INTE	RBIE	T0IF	INTF	RBIF
EEPROM(低字节)地址寄存器	EEADR	10DH	A7	A6	A5	A4	A3	A2	A1	A0
EEPROM 高字节地址寄存器	EEADRH	10FH	—	—	—	A12	A11	A10	A9	A8
EEPROM(低字节)数据寄存器	EEDATA	10CH	D7	D6	D5	D4	D3	D2	D1	D0
EEPROM 高字节数据寄存器	EEDATH	10EH	—	—	D13	D12	D11	D10	D9	D8
EEPROM 读/写控制第一寄存器	EECON1	18CH	EEPGD	—	—	—	WRERR	WREN	WR	RD
EEPROM 读/写控制第二寄存器	EECON2	18DH	（不是物理上实际存在的寄存器）							
第二外设中断标志寄存器	PIR2	0DH	—	—	—	EEIF	BCLIF	—	—	CCP2IF
第二外设中断屏蔽寄存器	PIE2	8DH	—	—	—	EEIE	BCLIE	—	—	CCP2IE
系统配置字	Config. Word	20007H	WRT (bit9)	LVP (bit7)	CP1	CP0	PWRTE	WDTE	FOSC1	FOSC0

这 9 个特殊功能寄存器当中，有 7 个是与 EEPROM 数据存储器共享的。前面描述的这 7 个寄存器的功能和用法，对于 Flash 程序存储器也基本适用，在此不再重复。下面仅介绍余下的两个寄存器和系统配置字中的相关位。

9.4.1　EEPROM 高字节地址寄存器 EEADRH

bit7	bit6	bit5	bit4	bit3	bit2	bit1	bit0
—	—	—	A4	A3	A2	A1	A0

EEADRH 是一个可读可写的寄存器。它作为访问 Flash 某一指定单元的 13 位地址的高字节地址寄存器，也就是，将欲访问的单元地址的高 5 位（对于具备 8K Flash 的 876/877）、高 4 位（对于具备 4K Flash 的 873/874）或高 3 位（对于具备 2K Flash 的 870/871/872）预先传入该寄存器中。

9.4.2　EEPROM 高字节数据寄存器 EEDATH

bit7	bit6	bit5	bit4	bit3	bit2	bit1	bit0
—	—	D5	D4	D3	D2	D1	D0

EEDATH 也是一个可读可写的寄存器。它暂存即将写入到 Flash 某一指定单元的数据的高 6 位，或者暂存已经从 Flash 某一指定单元读出的数据的高 6 位。

9.4.3　系统配置字 Configuration Word

…	bit9	…	bit7	…	bit5	bit4	bit3	bit2	bit1	bit0
…	WRT	…	LVP	…	CP1	CP0	$\overline{\text{PWRTE}}$	WDTE	FOSC1	FOSC0

在此仅仅牵扯到其中与程序存储器保护有关的 4 位，其中 LVP 位在前面已经解释过了。

➢ CP1 和 CP0：用于 Flash 程序存储器中的代码（指用户程序）保护。依据下面罗列的不同的代码保护区间，写入不同的值。
  - 11＝代码保护功能不起作用；
  - 10＝保护代码范围 1F00H～1FFFH（对于 PIC16F877/876）；
  - 10＝保护代码范围 0F00H～0FFFH（对于 PIC16F874/873）；
  - 10＝保护代码范围 0000H～06FFH（对于 PIC16F872）；
  - 10＝不支持（对于 PIC16F870/871）；
  - 01＝保护代码范围 1000H～1FFFH（对于 PIC16F877/876）；
  - 01＝保护代码范围 0800H～0FFFH（对于 PIC16F874/873）；
  - 01＝保护代码范围 0000H～03FFH（对于 PIC16F872）；
  - 01＝不支持（对于 PIC16F870/871）；
  - 00＝保护全部代码 0000H～1FFFH（对于 PIC16F877/876）；

- 00＝保护全部代码 0000H～0FFFH(对于 PIC16F874/873)；
- 00＝保护全部代码 0000H～07FFH(对于 PIC16F872)；
- 00＝代码保护功能启用(对于 PIC16F870/871)。

➢ WRT：用于 Flash 程序存储器烧写使能。

- 1＝没有设置保护的程序存储器的部分,可以通过 EECON 寄存器控制被烧写；
- 0＝没有设置保护的程序存储器的部分,不能通过 EECON 寄存器控制被烧写。

9.5　片内 Flash 程序存储器结构和操作原理

PIC16F87X 单片机内部,用于固化用户程序的 Flash,其结构图如图 9.3 所示。也把它当作一个外围模块来看待,对于它的操作与操作 EEPROM 数据存储器也基本相同,只是其数据宽度和地址宽度都需要增加,因此地址寄存器和数据寄存器都增加到了一对。Flash 与单片机内部总线之间,利用地址寄存器对 EEADR∶EEADTH 和数据寄存器对 EEDATA∶EEDATH,作为用户程序与 Flash 存储器打交道的对话窗口。从图中可以发现,以上述 4 个寄存器为分界,其左边,在工作寄存器 W 和 4 个寄存器之间经过内部数据总线进行的是数据传送,是由 CPU 执行用户程序分 4 次来完成的；而右边,在 4 个寄存器与 Flash 之间的数据传递则是靠硬件自动实现的。单片机向 Flash 程序存储器烧写的程序代码或数据,常常是最先来自于单片机外部,方法是可以经过端口模块(如 USART、SPI、I²C 等),与外界进行通信并获取程序代码或数据,然后再写入 Flash。

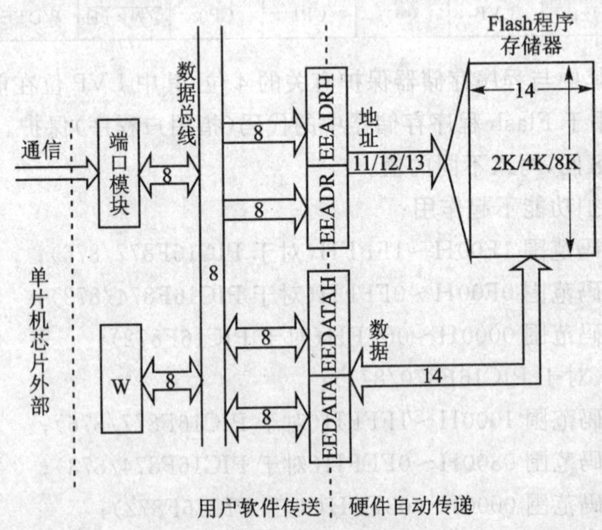

图 9.3　Flash 数据存储器结构图

9.5.1 读取Flash程序存储器

读取Flash与读取EEPROM的操作十分相似,差别是地址宽度和数据宽度不同,并且要求在启动读操作之后插入两个指令周期的等待时间(例如可以执行两条NOP指令)。在这两个指令周期之内单片机将读取Flash中指定单元的内容,并且放入数据寄存器对EEDATH:EEDATA中。在等待时间结束以后,该寄存器对之内的数据方能有效。EEDATH:EEDATA中的数据能够一直维持,直到启动另一次新的读操作为止,或者直到给它们写入了新的数据。这里所讲的"数据"指的是长度为14位的指令代码或者常数。

读取Flash程序存储器的操作步骤如下:

(1) 把地址低8位写入到EEADR,把地址高5位写入EEADRH中。注意该地址不能超过目标单片机内部Flash实际容量。

(2) 把控制位EEPGD置1,以选定读取对象为Flash程序存储器。

(3) 把控制位RD置1,启动本次读操作。

(4) 执行两条NOP指令,以插入等待时间。

(5) 读取已经反馈到EEDATA中的数据(低8位)和EEDATH中的数据(高6位)。

读取Flash程序存储器操作的程序片段:

```
;***************************************************************
;入口参数:单元地址在寄存器对ADDRH:ADDRL中
;出口参数:读取的数据放入寄存器对DATAH:DATAL中
;***************************************************************
BSF         STATUS, RP1         ;用两条指令,
BCF         STATUS, RP0         ;选定体2为当前体
MOVF        ADDRL, W            ;用W作中转,
MOVWF       EEADR               ;送地址低字节到地址寄存器EEADR
MOVF        ADDRH,W             ;用W作中转,
MOVWF       EEADRH              ;送地址高字节到地址寄存器EEADRH
BSF         STATUS, RP0         ;设置体3为当前体
BSF         EECON1, EEPGD       ;指定数据存储器为读操作对象
BSF         EECON1, RD          ;启动一次读操作
NOP                             ;插入两个NOP指令
NOP                             ;
BCF         STATUS, RP0         ;设置体2为当前体
MOVF        EEDATA, W           ;用W作中转,
MOVWF       DATAL               ;将数据低字节转移到DATAL
MOVF        EEDATH,W            ;用W作中转,
MOVWF       DATAH               ;将数据低字节转移到DATAH
;***************************************************************
```

9.5.2　烧写 Flash 程序存储器

烧写 Flash 与向 EEPROM 中烧写数据的操作过程相比,主要的不同之处有 3 点。

(1) 地址码有 13 位、12 位或 11 位(分别对应 876/877、873/874 和 872/871/870),需要两个地址寄存器并行工作;数据有 14 位,也需要两个数据寄存器并行工作。

(2) 对于以 Flash 为对象的烧写操作,与 CPU 以 Flash 为指令来源的程序执行,两种操作行为之间存在着互斥关系。也就是说,这两种操作绝对不能发生在同一时刻,其中的道理前面作过分析。在对于 Flash 写操作期间,系统时钟继续振荡,所有外设模块继续工作,如果中断处于使能状态,发生的中断请求将排队等候。一旦写操作完成,CPU 将继续执行被中止的程序。

(3) 能否烧写 Flash,还与系统配置字的 WRT 位有关。在用“程序烧写器”经过在线串行编程(ICSP)引脚,对单片机进行烧写编程时,如果将 WRT 位清 0,此后就不能再以执行用户程序来操纵控制寄存器 EECON 的方式,烧写 Flash 程序存储器,如表 9.3 所列。在此可以主要关注“内部写操作”与“WRT”的对应关系。

表 9.3　内部 Flash 程序存储器的读写状态表

配置位			Flash 程序存储器区间	内　部		ICSP	
CP1	CP0	WRT		读操作	写操作	读操作	写操作
0	0	X	全部	是	不	不	不
0	1	0	未保护区间	是	不	是	不
			保护区间	是	不	不	不
0	1	1	未保护区间	是	是	是	不
			保护区间	是	不	不	不
1	0	0	未保护区间	是	不	是	不
			保护区间	是	不	不	不
1	0	1	未保护区间	是	是	是	不
			保护区间	是	不	不	不
1	1	0	全部	是	不	是	是
1	1	1	全部	是	是	是	是

说明:① ICSP 读写操作指借助于“程序烧写器”经过在线串行编程(ICSP)引脚对单片机片内存储器进行的读写操作;

② 内部读写操作指以执行用户程序和通过操纵控制寄存器 EECON 的方式对单片机片内存储器进行的读写操作。

烧写 Flash 比烧写 EEPROM 更需要慎重,以防程序失控导致死机。与向 EEPROM 单元中一次烧写数据过程一样,烧写 Flash 也需要多个步骤才能完成:应事先把长地址和长数据分别放入地址寄存器对 EEADRH:EEADR 和数据寄存器对 EEDATH:EEDATA 中,把 EE-PGD 控制位置 1,再将写允许位 WREN 置 1,最后再把写启动位 WR 置 1。除了正在对于 Flash 进行写操作之外,平时 WREN 始终保持为 0。只有在前一次的操作中把控制位 WREN 置 1,后面的操作才能把控制位 WR 置 1,也就是,这两个位位的置 1 操作,绝对不能在一条指令的执行过程中同时完成,必须安排两条指令。在一次写操作完毕之后,WREN 位由软件清 0。在一次写操作尚未完成之前,如果用软件清除 WREN 位,不会停止本次写操作过程。

写 Flash 程序存储器的操作步骤如下:

(1) 把长地址码分两步送入地址寄存器对 EEADRH:EEADR 中,并且保证地址不能超出目标单片机内部 Flash 的最大地址范围(对于 870/871/872 2K×14 的最大地址码是 07FFH;对于 873/874 4K×14 的最大地址码是 0FFFH;对于 876/877 8K×14 的最大地址码是 1FFFH)。

(2) 把准备烧写的 14 位数据分两步送入数据寄存器对 EEDATH:EEDATA 中。

(3) 控制位 EEPGD 置位,以指定 Flash 作为烧写对象。

(4) 把写使能位 WREN 置 1,允许后面进行写操作。

(5) 清除全局中断控制位 GIE,关闭所有中断请求。

(6) 执行专用的"5 指令序列",这 5 条指令是固定搭配,道理同前:

① 用 1 条移动指令把 55H 写入到 W。

② 用 1 条移动指令再把 W 中的 55H 转入控制寄存器 EECON2 中。

③ 用 1 条移动指令把 AAH 写入到 W。

④ 用 1 条移动指令再把 W 中的 AAH 转入控制寄存器 EECON2 中。

⑤ 把写操作启动控制位 WR 置 1。

(7) 执行两条 NOP 指令,给单片机足够的进入写操作的时间。

(8) 放开中断总屏蔽位(如果打算利用 EEIF 中断功能)。

(9) 清除写允许位 WREN,在本次写操作没有完毕之前,禁止重开新的一次写操作。

当写操作完成时,控制位 WR 被硬件自动清 0,中断标志位 EEIF 被硬件置 1(该位必须由软件清 0)。由于在对 Flash 的写操作期间,CPU 不能执行任何指令,因此,就不能使用软件查询方式检验 WR 状态位或 EEIF 标志位,来判定写操作是否完成。

写 Flash 程序存储器的程序片段:

```
;*****************************************************************
;入口参数(即背景条件):单元地址在寄存器对 ADDRH:ADDRL 中
;出口参数(即执行结果):欲写入的数据放在了寄存器对 DATAH:DATAL 中
;说明:该程序中假设使用了中断功能。因为不能用软件查询方式
;*****************************************************************
BSF        STATUS, RP1          ;用两条指令,
```

```
BCF      STATUS, RP0      ;选定体 2 为当前体
MOVF     ADDRL, W         ;用 W 作中转,
MOVWF    EEADR            ;送地址低字节到地址寄存器 EEADR
MOVF     ADDRH,W          ;用 W 作中转,
MOVWF    EEADRH           ;送地址高字节到地址寄存器 EEADRH
MOVF     VALUEL, W        ;用 W 作中转,
MOVWF    EEDATA           ;送数据低字节到地址寄存器 EEDATA
MOVF     VALUEH, W        ;用 W 作中转,
MOVWF    EEDATH           ;送数据高字节到地址寄存器 EEDATH
BSF      STATUS, RP0      ;选定体 3 为当前体
BSF      EECON1, EEPGD    ;指定 Flash 存储器为写读操作对象
BSF      EECON1, WREN     ;放开写操作使能位
BCF      INTCON, GIE      ;禁止所有中断
MOVLW    0x55             ;用 W 作中转,
MOVWF    EECON2           ;送 55H 到寄存器 EECON2
MOVLW    0xAA             ;用 W 作中转,
MOVWF    EECON2           ;送 AAH 到寄存器 EECON2
BSF      EECON1, WR       ;启动一次写操作
NOP                       ;插入两个指令周期等待时间
NOP                       ;
BSF      INTCON, GIE      ;允许中断请求
BCF      EECON1, WREN     ;禁止写操作
;*****************************************************************
```

9.6 写操作的安全保障措施

对于 EEPROM 数据存储器和 Flash 程序存储器的写操作是事关系统安全运行的大问题,需要谨慎对待,并且可以充分利用 PIC16F87X 单片机为解决此类问题而配置的一些片内软硬件资源,来设计一些有效的方法和措施。

本节所说的“安全保护措施”,其主要目的是为了解决以下两类问题。

(1) 人们想写,但是,应该避免写入的数据不正确;

(2) 人们不想写,但是,应该避免单片机自发地乱写。

9.6.1 写入校验方法

在写操作期间,PIC16F87X 单片机不能对写入值自动进行校验,这就需要采取软件的方式来解决校验的问题。例如,可以在一笔数据的写操作完成之后,再读取回来,与原先的数值

进行对比，看看是否相符。如果相符说明本次写操作成功；否则，说明本次写操作失败，需要重写。

以上介绍的软件校验法简便易行，可以用来对 EEPROM 数据存储器和 Flash 程序存储器的写入后果进行检验。例如，对于那些重要数据或代码的写操作，尤其是在接近单片机的极限参数（例如，片内 Flash 的烧写次数接近 1 000 次的寿命终点、电池供电的电源电压下降到工作电压下限值附近……）的工作条件下所进行的写操作，更是有必要进行写入校验。

9.6.2　预防意外写操作的保障措施

所谓"意外写操作"可以认为主要是指，由于某些偶然的原因单片机自发进行的，可能导致不良后果的一类写操作行为。在某些特殊情况之下，单片机是不适合对 EEPROM 数据存储器和 Flash 程序存储器进行写操作的。为了防止这些意外写操作行为的发生，PIC16F87X 单片机内部建立了多种保障机制。

(1) 在上电复位时，写操作使能控制位 WREN 自动被清 0，以防止上电期间可能发生的意外写操作。

(2) 72 ms 的上电延时复位定时器 PWRT（如果被系统配置字定义为使能，即 $\overline{\text{PWRTE}}$＝0），也可以防止上电期间可能发生的意外写操作。

(3) 可以由软件编程的写操作使能控制位 WREN，平时保持为"0"，为写操作的启动设置了一道关卡。

(4) 厂家规定的写操作专用的"5 指令序列"，如果顺序颠倒、密码出错、不连续执行等，都不能启动写操作，从而有效地防止关机、电源跌落、电源受到强烈干扰、软件失控期间，可能发生的意外写操作。

(5) 对于 Flash 程序存储器防止意外写操作，PIC16F87X 单片机内部，额外设置了更加严格的限制。那就是系统配置字中的 CP1、CP0 和 WRT 这 3 位（见表 9.3 或系统配置字的说明部分）。当 CP1CP0＝00 时，无论 WRT 等于何值，都会禁止任何对于 Flash 存储器的写操作；当 WRT＝0 时，无论 CP1CP0 等于何值，也都会禁止任何对于 Flash 存储器的写操作。况且这 3 位不是由软件所能改动的。一旦设置了此种写保护功能，若想把它解除，只能对芯片全部擦除。

9.7　EEPROM 和 Flash 应用举例

单片机内部配备 EEPROM 和 Flash 的目的不同，其应用方法也不同。本节分别针对 EEPROM 和 Flash 编程方法精心设计了几个实验范例，试图让读者从中得到启发和借鉴。

9.7.1 EEPROM 的应用

【实验范例 9.1】EEPROM 数据存储器读/写验证

★ 项目实现功能

对于地址为 00H～3FH 的 64 个 EEPROM 数据存储器单元(PIC16F87X 各款型号中都包含这个部分,如图 9.1 所示),分别将数据 0～63 依次烧写进去,然后再依次循环读出,显示在 8 只 LED 发光二极管上,以达到检验的目的,如图 9.4 所示。

★ 硬件电路规划

针对以上的实验要求,并且以"ICD 在线调试器套件"中提供的演示板及其上面的现有硬件资源为基础,设计了一个利用 I/O 端口 RC 实现数据输出,并且显示 EEPROM 单元所固化内容的应用实例。在该实例中将要用到的演示板上的部分硬件电路如图 9.5 所示。

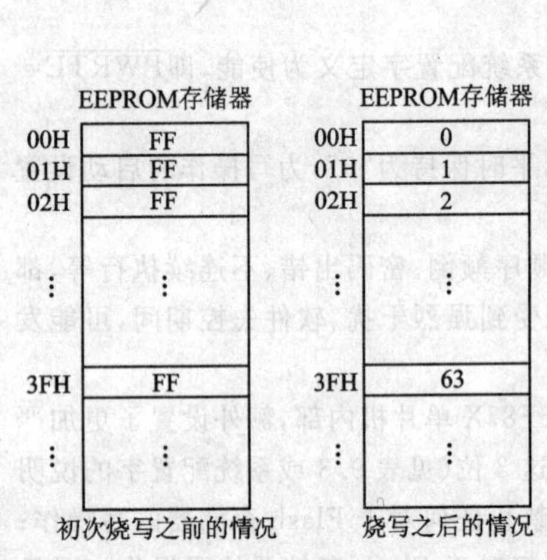

图 9.4 前 64 个 EEPROM 单元的烧写前后

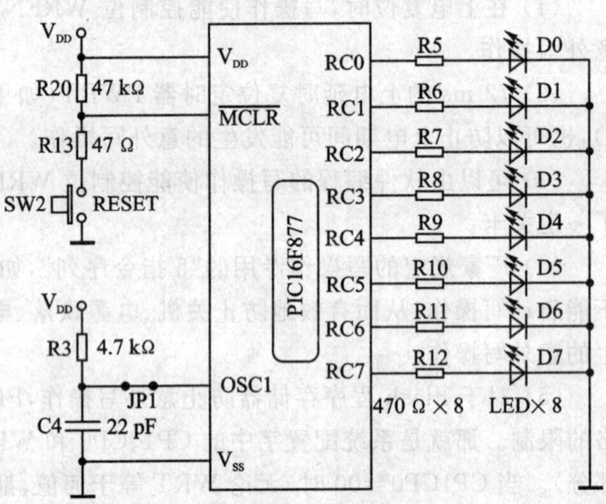

图 9.5 本实验所用硬件电路图

★ 软件设计思路

经过查阅 PIC16F87X 的原版数据手册《PIC16F87X DATA SHEET》(在微芯公司免费提供的光盘,即 CD-ROM 上,或者网站上均可以找到),得知烧写每一个 EEPROM 单元所用时间,典型值为 4 ms,最大值为 8 ms。在烧写每个 EEPROM 单元过程中,需要 CPU 插入等待时间,既可以利用中断功能,也可以利用软件查询方式来解决。在此利用了软件查询方式,循环检测 WR 烧写控制位兼作烧写完成标志位。

在读出 EEPROM 单元内容,并且送 LED 显示时,需要插入一段延迟时间,控制被显数据能够在 LED 上暂留,以便观察。

在编写程序时，是针对那一种型号的 PIC16F87X 单片机，就应该严格分明，否则，可能会导致用户程序不能正常运行。在此实验中，选用 PIC16F877 为调试对象，给程序的设计会带来一些方便。当然，PIC16F870/871/872/876 几款单片机，同样存在着这种方便性。理由是，这几款型号的单片机的 RAM 数据存储器中都设置有一块特殊区域，地址为 70H～7FH 的这 16 个存储器单元，在 4 个体之间是互相影射的，共同影射到只有在体 0 中才实际配置的 16 个单元。可以参看各款单片机 RAM 数据存储器布局图。这样以来，寻址它们时，就不受体选位的限制，也就不必考虑当前体的设置是否相符的问题。我们尽量将程序中常用的一些数据变量和地址变量定义在这个特殊区域，以尽量减少体选设置的麻烦。而对于 PIC16F873/874 来说，RAM 数据存储器只分布在体 0 和体 1 上，不存在上述那样的 16 个单元的特殊存储器区域。

★ 汇编程序流程

主程序流程图如图 9.6 所示，延时子程序的流程图可以参见介绍“汇编语言程序设计基础”的一个章节。

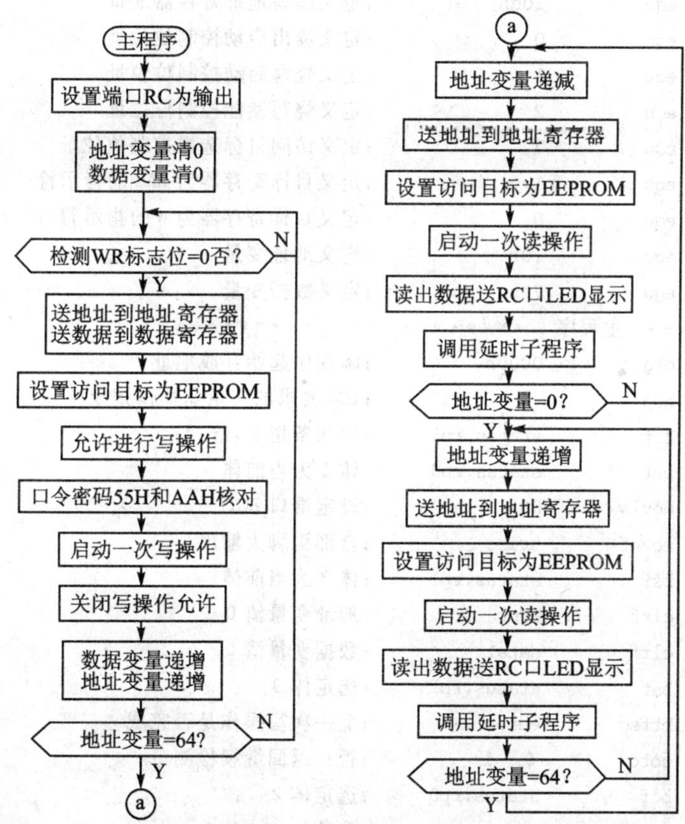

图 9.6　程序流程图

★ 汇编程序清单

```
;********************************************************************
;《EEPROM 数据存储器读写验证》2006/9/25
;源程序文件名称：EEEXP1.ASM
;********************************************************************
status     equu      3h            ;定义状态寄存器地址
rp0        equ       5h            ;定义状态寄存器中的页选位 RP0 位址
rp1        equ       6h            ;定义状态寄存器中的页选位 RP1 位址
z          equ       2h            ;定义状态寄存器中的 0 标志位 Z 位址
portc      equ       7h            ;定义端口 C 的数据寄存器地址
trisc      equ       87h           ;定义端口 C 的方向控制寄存器地址
eecon1     equ       18ch          ;定义烧写控制寄存器 1 的地址
eecon2     equ       18dh          ;定义烧写控制寄存器 2 的地址
eedata     equ       10ch          ;定义读写数据寄存器地址
eeadr      equ       10dh          ;定义读写地址寄存器地址
rd         equ       0             ;定义读出启动控制位位址
wr         equ       1             ;定义烧写启动控制位位址
wren       equ       2             ;定义烧写使能控制位位址
eepgd      equ       7             ;定义访问目标选择控制位位址
f          equ       1             ;定义目标寄存器为 RAM 的指示符
W          equ       0             ;定义目标寄存器为 W 的指示符
addr       equ       70h           ;定义地址变量
data1      equ       71h           ;定义数据变量
;************ 主程序 **************************
           org       0000h         ;源程序起始存放地址
           nop                     ;ICD 要求的一条空操作指令
           bcf       status,rp1    ;用两条指令，选
           bsf       status,rp0    ;体 1 为当前体
           movlw     00h           ;设定端口 RC，
           movwf     trisc         ;全部引脚为输出
           bsf       status,rp1    ;体 3 为当前体
           clrf      addr          ;地址变量清 0
           clrf      data1         ;数据变量清 0
write      bsf       status,rp1    ;选定体 3
           btfsc     eecon1,wr     ;上一次写操作是否完成
           goto      $ - 1         ;否！返回继续检测
           bcf       status,rp0    ;选定体 2
           movf      addr,w        ;取地址
           movwf     eeadr         ;送地址寄存器
```

```
        movf    data1,w         ;取数据
        movwf   eedata          ;送数据寄存器
        bsf     status,rp0      ;选定体 3
        bcf     eecon1,eepgd    ;选定 EEPROM 为访问对象
        bsf     eecon1,wren     ;开放写操作使能控制
        movlw   55h             ;以下是固定的
        movwf   eecon2          ;"5 指令序列"
        movlw   0aah            ;
        movwf   eecon2          ;
        bsf     eecon1,wr       ;启动写操作
        bcf     eecon1,wren     ;禁止写操作发生
        incf    data1,f         ;数据递增
        incf    addr,f          ;地址递增
        movf    addr,w          ;复制当前地址到 W
        xorlw   d'64'           ;与 64 比较
        btfss   status,z        ;检测 = 64 吗
        goto    write           ;否！继续烧写后面单元
read1   decf    addr,f          ;地址递减
        bcf     status,rp0      ;用两条指令,选
        bsf     status,rp1      ;体 2 为当前体
        movf    addr,w          ;取地址
        movwf   eeadr           ;送地址寄存器
        bsf     status,rp0      ;体 3 为当前体
        bcf     eecon1,eepgd    ;选定 EEPROM 为访问对象
        bsf     eecon1,rd       ;启动读操作
        bcf     status,rp0      ;体 2 为当前体
        movf    eedata,w        ;取数据
        bcf     status,rp1      ;体 0 为当前体
        movwf   portc           ;送显 LED
        call    delay           ;调用延时子程序
        movf    addr,f          ;检测当前地址
        btfss   status,z        ;是否为 0? 是！跳一步
        goto    read1           ;否！返回继续读出和显示
read2   incf    addr,f          ;地址递增
        bcf     status,rp0      ;用两条指令,选
        bsf     status,rp1      ;体 2 为当前体
        movf    addr,w          ;取地址
        movwf   eeadr           ;送地址寄存器
        bsf     status,rp0      ;体 3 为当前体
```

```
        bcf      eecon1,eepgd      ;选定 EEPROM 为访问对象
        bsf      eecon1,rd         ;启动读操作
        bcf      status,rp0        ;体 2 为当前体
        movf     eedata,w          ;取数据
        bcf      status,rp1        ;bank0
        movwf    portc             ;送显 LED
        call     delay             ;调用延时子程序
        movf     addr,w            ;复制当前地址到 W
        xorlw    d'64'             ;与 64 比较
        btfss    status,z          ;是否为 0
        goto     read2             ;否！返回继续读出和显示
        goto     read1             ;返回大循环起点
;*************  软件延时子程序  ******************************
delay                              ;子程序名,也是子程序入口地址
        movlw    0                 ;将外层循环参数值 256 经过 W
        movwf    72h               ;送入用作外循环变量的 72h 单元
delay1  movlw    0                 ;将内层循环参数值 256 经过
        movwf    73h               ;送入用作内循环变量的 73h 单元
        decfsz   73h,1             ;变量 73h 内容递减,若为 0 跳跃
        goto     $ - 1             ;跳转到前一条指令
        decfsz   72h,1             ;变量 72h 内容递减,若为 0 跳跃
        goto     delay1            ;跳转到 delay1 处
    return                         ;返回主程序
;*****************************************************************
        end                        ;源程序结束
```

★ 程序调试方法

先用软件模拟器 MPLAB－SIM 开发模式调试和运行程序,在此期间暂时将延时子程序回避掉。然后再利用 MPLAB－ICD 开发模式调试和运行程序,调试窗口和烧写之后的 EEPROM 内容,如图 9.7 所示。

★ 几点补充说明

(1) 在延时子程序中利用了一条“goto ＄－1”指令。其中“＄”符号在汇编器 MPASM 对源程序进行汇编时,被认为是本条指令所在的地址。那么,“＄－1”自然就是代表上一条指令所在的地址。

(2) 该实验中选定的单片机型号为 PIC16F877。

(3) 延时子程序的内循环和外循环控制变量的初始值均设为 0,实际相当于设置为 256,原因是,在进行判断变量等于 0 与否之前,减 1 操作是先进行的。

(4) 利用这种方法还可以在 EEPROM 中建立数据表格;在第 4 章中学习了如何利用

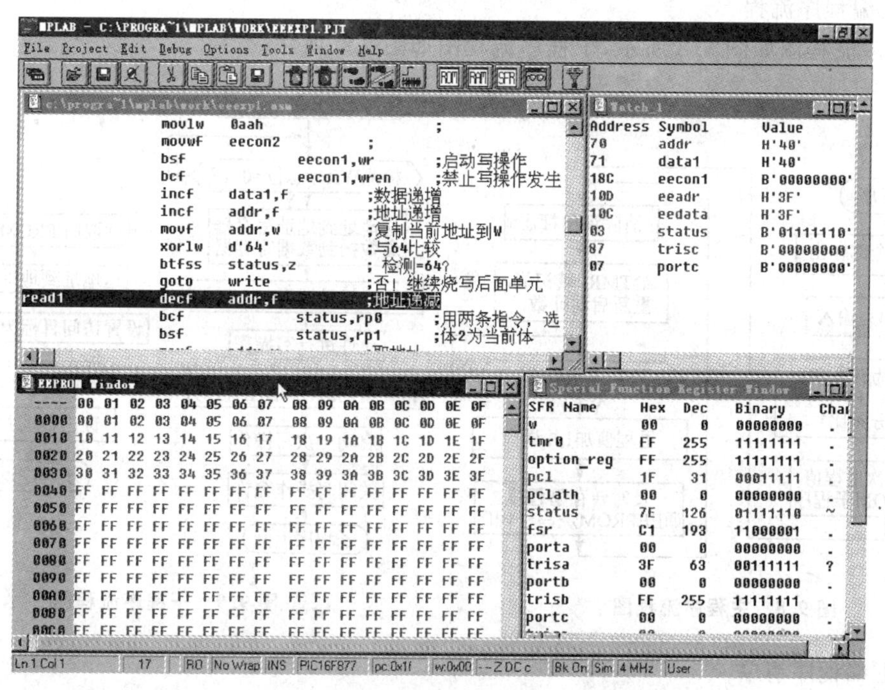

图 9.7　调试窗口和烧写之后的 EEPROM 内容

"RETLW"指令在 Flash 程序存储器中建表的方法，在下一章中还将学习在 RAM 中建表的方法。这里在 EEPROM 中建表所采用的方法，是借助于一段用户程序，在单片机进入工作状态之后，通过操作控制寄存器 EECON 来实现的。在下面的实验范例中，还有另一种在 EEPROM 中建表的方法。

【实验范例 9.2】改进型简易车辆里程表

★ 项目实现功能

与第 8 章中的实验范例 8.3 车辆里程表相同。只是在原来基础之上，增加了每次断电之后里程值不丢失，使里程值能够逐次累加。

★ 硬件电路规划

与实验范例 8.3 车辆里程表电路相同，在此不再重画。

★ 软件设计思路

在原来基础上，改进之处是，将里程值在每次递增之后，及时转存烧写到掉电不挥发的片内 EEPROM 数据存储器之中。在下次里程表上电工作时，将前一次烧写到 EEPROM 存储器中的里程值作为本次开始累计的起始值，这样可以使得每次里程计数值能够得到叠加。

★ 汇编程序流程

主程序流程图如图 9.8 所示，子程序流程图如图 9.9 所示。

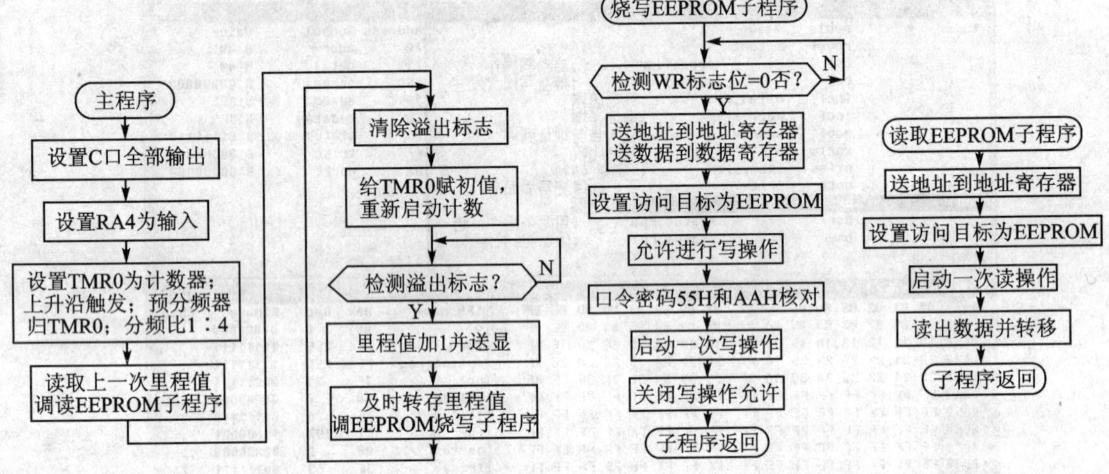

图 9.8 主程序流程图　　**图 9.9 子程序流程图**

★ 汇编程序清单

```
;***********************************************************
;《改进一型车辆里程表》2006/9/25
; 源程序文件名称：EEEXP2.ASM
;***********************************************************
tmr0        equ     01h         ;定义定时器/计数器 0 寄存器地址
status      equ     3h          ;定义状态寄存器地址
option_reg  equ     81h         ;定义选项寄存器地址
intcon      equ     0bh         ;定义中断控制寄存器地址
portc       equ     7h          ;定义端口 C 的数据寄存器地址
trisc       equ     87h         ;定义端口 C 的方向控制寄存器地址
trisa       equ     85h         ;定义端口 A 的方向控制寄存器地址
rp0         equ     5h          ;定义状态寄存器中的页选位 RP0
            rp1     equ 6h      ;定义状态寄存器中的页选位 RP1 位地址
            eecon1  equ 18ch    ;定义烧写控制寄存器 1 地址
            eecon2  equ 18dh    ;定义烧写控制寄存器 2 地址
            eeadr   equ 10dh    ;定义烧写地址寄存器的地址
            eedata  equ 10ch    ;定义烧写数据寄存器的地址
            eepgd   equ 7h      ;定义烧写选择位位地址
            wren    equ 2h      ;定义烧写允许位位地址
```

```
        wr          equ 1h          ;定义烧写启动位位地址
        rd          equ 0h          ;定义读出启动位位地址
t0if    equ         2               ;定义 TMR0 溢出标志位的位地址
f       equ         1               ;定义目标寄存器为 RAM 的指示符
w       equ         0               ;定义目标寄存器为 W 的指示符
tmr0b   equ         d'71'           ;定义 TMR0 寄存器初始值(71 = 256 - 740/4)
addr    equ         70h             ;(在 4 个体都能寻址区)定义地址缓冲器
data1   equ         71h             ;(在 4 个体都能寻址区)定义数据缓冲器
;*********** 主程序 ************************
        org         000h            ;定义程序存放区域的起始地址
main
        nop                         ;设置一条 ICD 必需的空操作指令
        bcf         status, rp1     ;用两条指令,
        bsf         status, rp0     ;设置文件寄存器的体 1
        movlw       00h             ;将端口 C 的方向控制码 00h 先送 W
        movwf       trisc           ;再转到方向寄存器,RC 全部设为输出
        movlw       0ffh            ;将端口 A 的方向控制码 FFH 先送 W
        movwf       trisa           ;再转到方向寄存器,主要设 RA0 为输入
        movlw       31h             ;设置选项寄存器内容:分频器给 TMR0
                                    ;触发信号来自引脚 T0CKI,上升沿触发
        movwf       option_reg      ;分频比值设为 1:4
        clrf        addr            ;读、写地址指定为 EEPROM 的 00H 单元
        call        read            ;调用读取 EEPROM 子程序
        bcf         status,rp1      ;
        bcf         status,rp0      ;选 BANK0
        movwf       portc           ;将读得里程值送里程累加器,并送显
loop
        bcf         intcon,t0if     ;清楚 TMR0 溢出标志位
        movlw       tmr0b           ;给 TMR0 赋初值,
        movwf       tmr0            ;并重新启动 TMR0 开始计数
test
        btfss       intcon, t0if    ;检测 TMR0 溢出标志位?
        goto        test            ;没有溢出,循环检测
        incf        portc,f         ;有溢出,里程值加 1,并送显
        movf        portc,w         ;读取新的里程值到 W
        movwf       data1           ;送子程序入口参数,预备烧写
        call        write           ;调用烧写 EEPROM 子程序
        goto        loop            ;跳回,开始累计下一公里
```

```
;*********  烧写 EEPROM 子程序  *************
write     bsf       status,rp0      ;用两条指令，
          bsf       status,rp1      ;选定体 3 为当前体
          btfsc     eecon1,wr       ;上一次写操作是否完成
          goto      $ -1            ;否！返回继续检测
          bcf       status,rp0      ;选定体 2
          movf      addr,w          ;取地址
          movwf     eeadr           ;送地址寄存器
          movf      data1,w         ;取数据
          movwf     eedata          ;送数据寄存器
          bsf       status,rp0      ;选定体 3
          bcf       eecon1,eepgd    ;选定 EEPROM 为访问对象
          bsf       eecon1,wren     ;开放写操作使能控制
          movlw     55h             ;以下是固定的
          movwf     eecon2          ;"5 指令序列"
          movlw     0aah            ;
          movwf     eecon2          ;
          bsf       eecon1,wr       ;启动写操作
          bcf       eecon1,wren     ;禁止写操作发生
          bcf       status,rp1      ;
          bcf       status,rp0      ;选 BANK0
          return                    ;子程序返回
;*********  读取 EEPROM 子程序  *************
read      bcf       status,rp0      ;用两条指令,选
          bsf       status,rp1      ;体 2 为当前体
          movf      addr,w          ;取地址
          movwf     eeadr           ;送地址寄存器
          bsf       status,rp0      ;体 3 为当前体
          bcf       eecon1,eepgd    ;选定 EEPROM 为访问对象
          bsf       eecon1,rd       ;启动读操作
          bcf       status,rp0      ;体 2 为当前体
          movf      eedata,w        ;取数据
          return                    ;子程序返回
;**********************************************************
          end                       ;通知汇编器源程序结束
```

★ 程序调试方法

(1) 程序中指定 PORTC 寄存器作为临时里程累加器，并且同时兼作显示缓冲区。

(2) 采用与《基础篇》实验范例 7.3 相同的软件模拟调试方法，调试窗口的布局参见图 9.10。让程序以自动单步方式运行，然后用鼠标单击 T0CKI 图标按钮，在“tmr0b equ d’71’”语句的 71 改为 255 的情况下，每点击 4 次，就可以观察到端口数据寄存器 PORTC 内容递增一次，随后，EEPROM 的 00H 号单元的内容也递增一次。表明将里程累加的新值“烧写”成功。

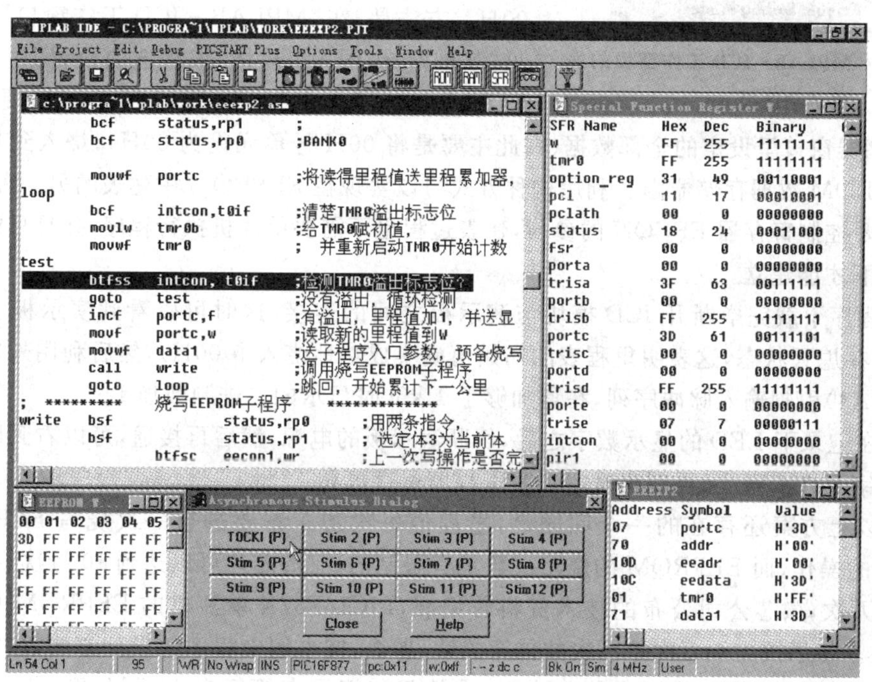

图 9.10 利用软件模拟器方式的调试窗口

(3) 利用数据存储器 EEPROM 作为永久里程值保存区，这种存储器的天性告诉我们，出厂后各个单元的原始状态为 FFH，而我们希望里程表的初始值是 00H。修改的方法是，利用菜单命令 Window→modify(“窗口”→“修改”)，打开如图 9.11 所示的对话框。在其中的 Memory Area(存储区域)内选中 EEPROM 项；在 Address(地址)下拉列表框中输入第 00H 号单元的地址；在 Data/Opcode(数据/操作码)文本框中输入数据 00H；然后单击改写图标按钮 Write，即可在 EEPROM 窗口中看到第 00H 号单元的内容变成了 00H。

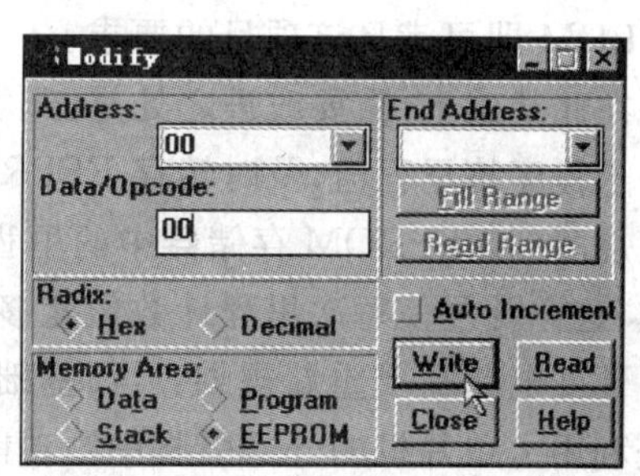

图 9.11 修改各种存储区域对话框

(4) 在利用模拟器调通之后，就需要把用户程序烧写到目标单片机中进行实际运行验证。

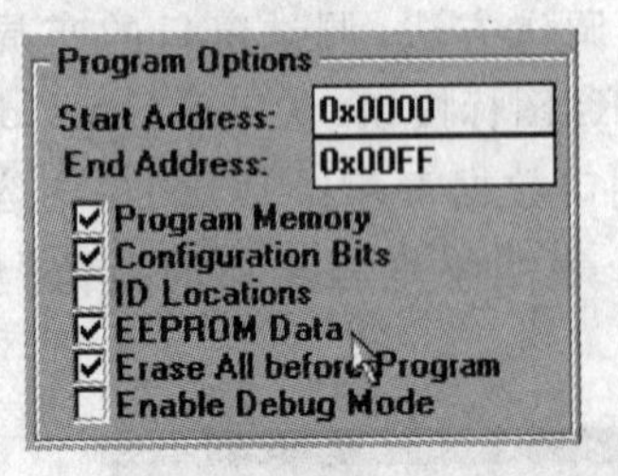

图9.12 MPLAB-ICD工作窗口的编程选项区域

在下载程序的同时,也应该把里程值永久保存单元写入初始值。按上述修改方法改写的是软件模拟器中虚拟的EEPROM单元。在对目标单片机烧写程序时,为了使得里程表初次加电投入工作时的里程初始值为00H,就需要对00H号EEPROM单元用烧写器写入00H。方法是,在"MPLAB-ICD工作窗口"中(可参见《基础篇》中图6.9),将"编程选项设置"里的"EEPROM Data项"选中(如图9.12所示),以便把EEPROM存储器窗口里设定的全部数据(在此主要是将00H号单元设为00H),烧入到目标单片机的EEPROM数据存储器内。利用这种方式可以实现在EEPROM中建表的另一种方法,该方法不需要控制寄存器EECON的参与,建表过程也不需要单片机执行程序,并且只能在烧写器的控制下才能建立。

(5) 程序下载完毕断开ICD模块与演示板之间的连接,这时可以看到演示板上的8只LED均处在熄灭状态,这表明里程表的初始值确实成功地烧入了00H。然后利用外接电路向T0CKI(RA4)引脚输入脉冲序列,在累加够了1 km时显示的二进制数加1。

(6) 在记录下LED的显示数字之后,切断演示板的电源,然后再接通,可以看到断电之前的显示数字又在LED上再现出来。表明里程值保存可靠。

(7) 以上方案还存在的一个问题是,里程值每次加1都要进行一次烧写EEPROM的00H单元的操作,而EEPROM的烧写次数是有限制的(有的芯片可以达到10万次,有的可以达到100万次,微芯公司公布的技术资料曾记载,PIC16F87X单片机的EEPROM可以擦写100万次)。如果按100万次擦写次数估算的话,那么,按本例中程序的设计方法,只能记录车辆行走100万公里,如果设计有一位小数,也就只能记录车辆行走10万公里。频繁地烧写EEPROM,自然会消耗它的使用寿命。其实,在RAM中累计的里程值,只要在断电时烧写到EEPROM即可满足该项目的要求。

在此基础上,需要改进之处是,开发利用单片机的中断功能。在里程表断电时,利用中断服务子程序将里程值,及时转存EEPROM数据存储器之中。在下次里程表上电工作时,将前一次烧写到EEPROM存储器中的里程值作为本次开始累计的起始值,在RAM中完成累加计数,这样既可使每次里程计数值能够得到累计,又能使EEPROM避免频繁烧写。

硬件电路需要重新规划:与《基础篇》实验范例7.3车辆里程表电路大部分相同,所不同的是利用了单片机的外部引脚中断功能,并且增加了相应的外部电路。当12 V电源电压在正常范围内时,单片机INT引脚电平为高电平;而当12 V电源切断,INT引脚上的分压下降到足以触发INT脚内部电路,发生电平反转时,引起中断,由中断服务子程序完成里程值的烧写。烧写的瞬间,单片机的工作电源依靠电源滤波电容维持即可够用。参考电路如图9.13所示。

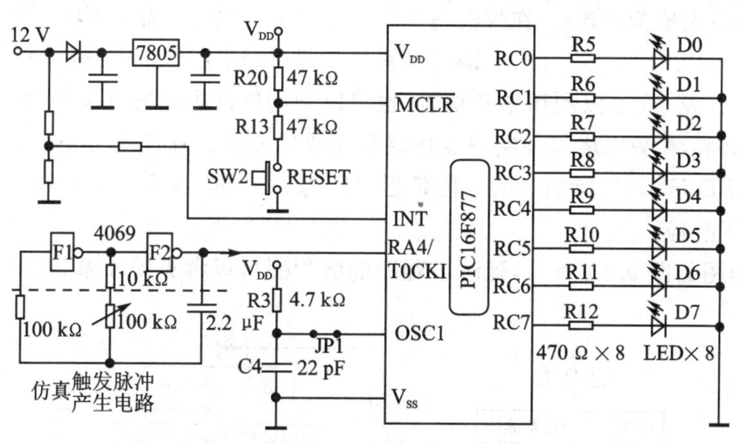

图 9.13　改进的里程表电路

9.7.2　Flash 的应用

【实验范例 9.3】Flash 程序存储器读/写操作验证——IAP 技术应用

★ 项目实现功能

对于地址为 0700H～073FH 的 64 个 Flash 程序存储器单元(PIC16F87X 各款型号单片机的程序存储器中,都包含这个部分),分别将数据 0～63(即 00H～3FH)依次烧写进 Flash 单元的高 6 位,同时也分别将数据 192～255(即 C0H～FFH)依次烧写进 Flash 单元的低8 位,然后再将低 8 位按照递增、高 6 位按照递减规律分别依次循环读出,显示在 8 只 LED 发光二极管上,以达到检验的目的。64 个 Flash 单元的烧写前后的情况如图 9.14 所示。

★ 硬件电路规划

针对以上的实验要求,并且以“ICD 在线调试器套件”中提供的演示板及其上面的现有硬件资源为基础,设计了一个利用 I/O 端口 RC 实现数据输出,并且显示 Flash 单元所固化内容的应用实例。在该实例中将要用到演示板上的部分硬件电路,电路图同于第一个实验实验范例 9.1 中的图 9.5。

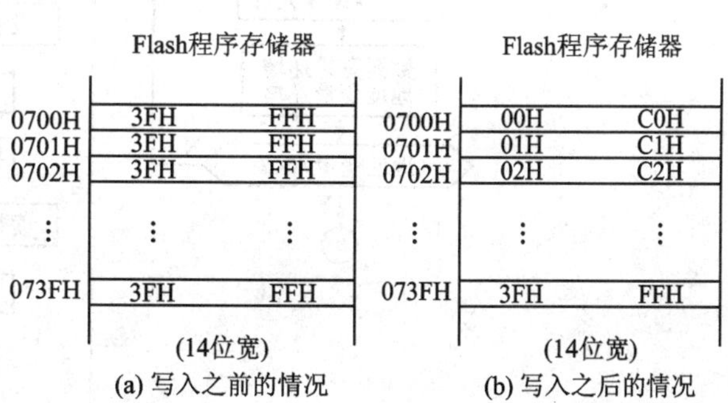

图 9.14　64 个 Flash 单元的烧写前后

★ 软件设计思路

经过查阅 PIC16F87X 的原版数据手册得知烧写每一个 Flash 单元所用时间同于 EEPROM,

典型值为 4 ms,最大值为 8 ms。在烧写每个 Flash 单元过程中,需要 CPU 插入等待时间,这段等待时间是由 CPU 自动插入的,无需用户程序安排(不同于 EEPROM 的烧写)。核定写操作已经完成的方式是,既可以利用中断功能,也可以利用软件查询方式来解决。在此利用了软件查询方式,循环检测 WR 烧写控制位兼作烧写完成标志位。在读出 Flash 单元内容,并且经过端口 RC 送 LED 显示时,所插入的一段延迟时间为 521 ms(当系统时钟频率为 4 MHz 时)。

★ 汇编程序流程

主程序流程图如图 9.15 所示,延时子程序的流程图可以参见第 4 章,在此不再赘述。

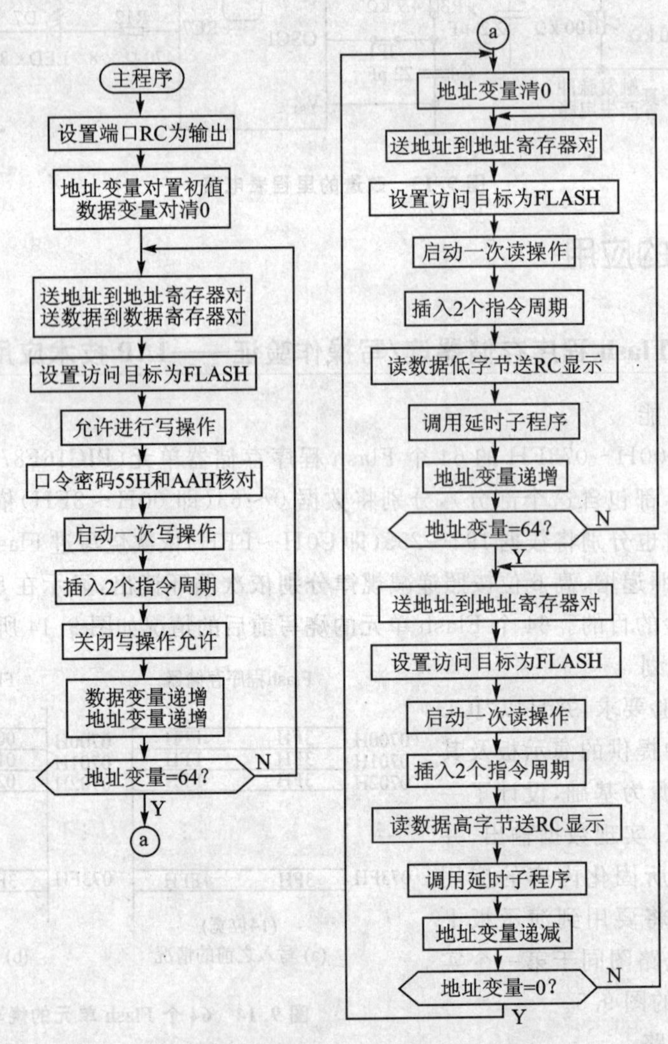

图 9.15 读写 Flash 的程序流程图

★ 汇编程序清单

```
;*****************************************************************
;《Flash程序存储器读写验证》2006/9/25
; 源程序文件名称：EEEXP4.ASM
;*****************************************************************
status      equu   3h          ;定义状态寄存器地址
rp0         equ    5h          ;定义状态寄存器中的页选位RP0位址
rp1         equ    6h          ;定义状态寄存器中的页选位RP1位址
z           equ    2h          ;定义状态寄存器中的0标志位Z位址
portc       equ    7h          ;定义端口C的数据寄存器地址
trisc       equ    87h         ;定义端口C的方向控制寄存器地址
eecon1      equ    18ch        ;定义烧写控制寄存器1的地址
eecon2      equ    18dh        ;定义烧写控制寄存器2的地址
eedata      equ    10ch        ;定义读写数据寄存器地址
eedath      equ    10eh        ;定义读写数据寄存器地址高字节
eeadr       equ    10dh        ;定义读写地址寄存器地址高字节
eeadrh      equ    10fh        ;定义读写地址寄存器地址
rd          equ    0           ;定义读出启动控制位位址
wr          equ    1           ;定义烧写启动控制位位址
wren        equ    2           ;定义烧写使能控制位位址
eepgd       equ    7           ;定义访问目标选择控制位位址
f           equ    1           ;定义目标寄存器为RAM的指示符
W           equ    0           ;定义目标寄存器为W的指示符
addr        equ    70H         ;定义地址变量
addrh       equ    72H         ;定义地址变量高字节
data1       equ    71h         ;定义数据变量
data1h      equ    73h         ;定义数据变量高字节
;***********  主程序  ************************
            org    0000h       ;源程序起始存放地址
            nop                ;ICD要求的一条空操作指令
            bcf    status,rp1  ;用两条指令,选
            bsf    status,rp0  ;体1为当前体
            movlw  00h         ;设定端口RC,
            movwf  trisc       ;全部引脚为输出
            bsf    status,rp1  ;体3为当前体
            clrf   addr        ;地址变量低字节清0
            movlw  07h         ;
            movwf  addrh       ;地址变量高字节置07H
            clrf   data1       ;数据变量低字节清0
```

```
        movlw   0c0h            ;
        movwf   data1h          ;数据变量高字节置 C0H
write
        bsf     status,rp1      ;
        bcf     status,rp0      ;选定体 2
        movf    addr,w          ;取地址
        movwf   eeadr           ;送地址寄存器低 8 位
        movf    addrh,w         ;取地址高字节
        movwf   eeadrh          ;送地址寄存器高 5 位
        movf    data1,w         ;取数据
        movwf   eedata          ;送数据寄存器低字节
        movf    data1h,w        ;取数据高字节
        movwf   eedath          ;送数据寄存器高字节
        bsf     status,rp0      ;选定体 3
        bSf     eecon1,eepgd    ;选定 Flash 为访问对象
        bsf     eecon1,wren     ;开放写操作使能控制
        movlw   55h             ;以下是固定的
        movwf   eecon2          ;"5 指令序列"
        movlw   0aah            ;
        movwf   eecon2          ;
        bsf     eecon1,wr       ;启动写操作
        nop                     ;烧写 Flash 是必需的
        nop                     ;两个指令周期
        bcf     eecon1,wren     ;禁止写操作
        incf    data1,f         ;数据低字节递增
        incf    data1h,f        ;数据高字节递增
        incf    addr,f          ;地址低字节递增
        movf    addr,w          ;复制当前地址到 W
        xorlw   d'64'           ;与 64 比较
        btfss   status,z        ;检测地址已经 = 64 了吗
        goto    write           ;否！继续烧写后面单元
read0
        clrf    addr            ;是！地址低字节清 0
read1
        bcf     status,rp0      ;用两条指令，选
        bsf     status,rp1      ;选体 2 为当前体
        movf    addr,w          ;取地址低字节
        movwf   eeadr           ;送地址寄存器低字节
        movf    addrh,w         ;取地址高字节
```

```
        movwf   eeadrh          ;送地址寄存器高字节
        bsf     status,rp0      ;选体 3 为当前体
        bSf     eecon1,eepgd    ;选定 Flash 为访问对象
        bsf     eecon1,rd       ;启动读操作
        nop                     ;
        nop                     ;
        bcf     status,rp0      ;选体 2 为当前体
        movf    eedata,w        ;取数据"低字节"
        bcf     status,rp1      ;选体 0 为当前体
        movwf   portc           ;送显 LED
        call    delay           ;调用延时子程序
        incf    addr,f          ;地址低字节递增
        movf    addr,w          ;复制当前地址到 W
        xorlw   d′64′           ;与 64 比较
        btfss   status,z        ;是否相等？是！跳一步
        goto    read1           ;否！返回继续读出和显示
read2
        bcf     status,rp0      ;用两条指令,选
        bsf     status,rp1      ;体 2 为当前体
        movf    addr,w          ;取地址低字节
        movwf   eeadr           ;送地址寄存器低字节
        movf    addrh,w         ;取地址高字节
        movwf   eeadrh          ;送地址寄存器高字节
        bsf     status,rp0      ;体 3 为当前体
        bSf     eecon1,eepgd    ;选定 Flash 为访问对象
        bsf     eecon1,rd       ;启动读操作
        nop                     ;
        nop                     ;
        bcf     status,rp0      ;体 2 为当前体
        movf    eedath,w        ;取数据"高 6 位"
        bcf     status,rp1      ;选体 0 为当前体
        movwf   portc           ;送显 LED
        call    delay           ;调用延时子程序
        decf    addr,f          ;地址低字节递减
        movf    addr,f          ;检测地址低字节的内容
        btfss   status,z        ;是否等于 0？是！跳一步
        goto    read2           ;否！返回继续读出和显示
        goto    read0           ;返回大循环起点
;*************  软件延时子程序  ***************************
```

```
;当系统时钟为 4 MHz 时,延时为 521 ms
delay                                   ;子程序名,也是子程序入口地址
            movlw   0xff                ;将外层循环参数值经过 W
            movwf   78h                 ;送入用作外循环变量的寄存器
lp0         movlw   0xff                ;将内层循环参数值经过 W
            movwf   77h                 ;送入用作内循环变量的寄存器
lp1         nop                         ;加 NOP 以便增加循环程序的延时
            nop
            nop
            nop
            nop
            decfsz  77h,1               ;变量内容递减,若为 0 跳跃
            goto    lp1                 ;跳转到 lp1 处
            decfsz  78h,1               ;变量内容递减,若为 0 跳跃
            goto    lp0                 ;跳转到 lp0 处
            return                      ;返回主程序
;*****************************************************************
            end                         ;源程序结束
```

★ 几点补充说明

(1) 应该在"MPLAB - ICD 工作窗口"中,将"配置位和单片机型号选择"区域里的 Code Protect Data EE 选项,选定为 code protection Off(代码保护关闭),以便能够把用户代码或数据烧入到 Flash 程序存储器内。

(2) 还应该在"MPLAB - ICD 工作窗口"中,将"配置位和单片机型号选择"区域里的 Flash Memory Write 选项,选定为 Memory written to by EECON(允许由控制寄存器 EECON 控制烧写,没有设保护的 Flash 程序存储器),以便能够通过控制寄存器 EECON,把用户数据烧入到 Flash 程序存储器内,如图 9.16 所示。

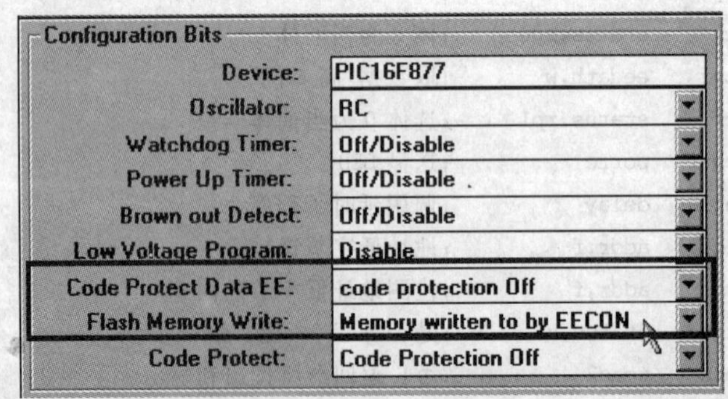

图 9.16 MPLAB - ICD 工作窗口的配置字选项区域

思考题与练习题

1. 通用型半导体存储器的种类有哪些？各有什么特点和用途？

2. Flash 和 EEPROM 存储器有哪些异同？两者各自的擅长是什么？

3. PIC 系列单片机的片载程序存储器有哪几种不同的版本？

4. 什么叫单片机的在线串行编程技术 ICSP(或叫在系统内编程技术 ISP)？它给基于单片机的电子产品的研制和生产带来哪些好处？

5. 什么叫低电压编程技术？它会给开发或生产人员带来哪些方便？

6. 什么叫在应用中编程技术 IAP？它适合用于哪些产品之中？它给基于单片机的电子产品带来哪些好处？

7. PIC 单片机内部的 EEPROM 有什么用途？与外扩独立的 EEPROM 器件相比有哪些好处？

8. 想一想，PIC16F87X 内部既然配置了可电擦写的 Flash 程序存储器，并且也可以存储数据，为何还要配置 EEPROM 数据存储器呢？

9. 对于 PIC16F87X 片载 Flash 和 EEPROM 的操作方法有何异同？

10. 为何对于 PROM、OTP、EPROM、EEPROM、Flash 的写入操作又称为“烧写”？

11. 为何 PIC16F87X 单片机内的 Flash 不能同时扮演“被写存储器”和“取指存储器”两种不同的角色？Flash 又是如何在这两种角色之间切换的呢？

12. 为何片内 Flash 和 EEPROM 存储器不能由用户程序直接访问，而只能通过专用寄存器间接读写？

13. PIC16F87X 系列的 7 款单片机片内配置的 Flash 和 EEPROM，其宽度和长度分别为多少？

14. 为何间接访问片内 Flash 时，需要两个地址寄存器和两个数据寄存器？间接访问片内 EEPROM 时，为何只需要一个地址寄存器和一个数据寄存器？

15. 与 EEPROM 相关的特殊功能寄存器有哪些？各起什么作用？

16. 对于 Flash 和 EEPROM 的一次读取操作所花时间是否相同？

17. 与读取操作相比，Flash 和 EEPROM 的写操作不仅在硬件上多设置了保险措施，还需要用户编程时格外小心，其原因是什么？

18. 控制寄存器 EECON2 不是一个物理上存在的寄存器，如果读它将得到全 0，那么该寄存器的作用是什么？

19. 对于 Flash 和 EEPROM 的写操作为何必须执行固定的“5 指令序列”？

20. 向 EEPROM 中写入的只能是数据，而向 Flash 中写入的既可以是 14 位数据也可以是指令代码，这样说对吗？

21. 利用“程序烧写器”或“程序下载器”经 ICSP 引脚对片内 Flash 编程时，仅受 CP0 和

CP1位的限制,而利用在应用中编程技术IAP经EECON控制寄存器方式对片内Flash编程时,另外还受WRT位的限制,是否如此?(提示:分析表9.3)

22. 对于片内Flash和EEPROM写操作的"安全保护措施"主要解决什么问题?

23. 为了避免通过EECON对于Flash和EEPROM自发进行的意外写操作,PIC16F87X内部设置了哪些保护措施?

24. 烧写片内Flash和EEPROM的一个单元所需时间分别为多少?

25. 在片内EEPROM中建表可以采取哪几种方法?各有何特点?

26. 在片内Flash中建表可以采取哪几种方法?各有何特点?

27. 试着采用两种不同的方法,分别在Flash中或者在EEPROM建立一个驱动LED数码管所需的笔段码表(可参考表10.1)。

第 10 章

常用人机界面、器件及其接口技术

实质上，机器、仪器、电器、计算机等，统统都是为人们服务的工具而已。如果想让它们为我们提供更周到、更准确地服务，就应该把我们的意图或命令传递给它们，在它们完成规定的任务后再把结果反馈给我们。因此，实现人机通信的界面是必不可少的。

所谓人机界面就是人和机器之间对话的窗口、交互的接口、交换信息的途径。实现人机界面的电子元器件有许许多多的种类、形态、方式、机理。其共同追求的目标是，方便、实用、适用、廉价、小巧、轻便。

作为单片机初学者、刚刚起步的电子爱好者、在学校读书的学生，往往非常短缺的是实际动手能力和实践经验。这其中就包含，对于门类繁多、浩如烟海、林林总总的电子元器件的认识、选购和应用经验。本书力求在相关专题章节，在力所能及的范围内，尽可能多地为读者弥补电子器件方面的知识和经验。

本章计划，仅以最常用的、最廉价易购的、也最适合单片机初学者上手实践的几种典型的人机界面器件为例，来讲解的它们的基本结构和工作原理，及其与 PIC 系列单片机的接口方法和设计技巧。

10.1 常用人机界面器件类型

常用的实现人机界面功能的器件，又可以分为输入类器件和输出类器件。

(1) 输入类器件：在单片机应用系统的工作过程中，为了实现由操作人员向机器发布命令，输入逻辑信号的器件——(前向/上行)逻辑信号输入器件。输入类器件又可以细分为静态类输入器件和动态类输入器件。

(2) 输出类器件：在单片机应用系统的工作过程中，为了实现由机器向操作人员反馈信息，输出逻辑信号的器件——(后向/下行)逻辑信号输出器件。输出类器件又可以细分为视觉类输出器件和听觉类输出器件。

10.1.1　静态类输入器件

电子设备中应用的静态类输入器件的类型有：拨码开关、拨动开关、钮子开关、船形开关、按键自锁开关、拨盘开关、琴键式自锁开关、波段开关、跳线开关等。这里仅列举最适合初学者认识和使用的几种器件类型。

1. 拨码开关

如图 10.1 所示，是拨码开关的顶视图和立体照片。有多种组件式的结构形式可供选择，例如，把 4 个、8 个或 10 个开关并列封装在一起。这种开关属于单刀单掷型的静态开关，其引脚为双列直插式，与 DIP 封装集成电路器件兼容。具有体积小、重量轻、电路板(PCB)布局方便等优点。

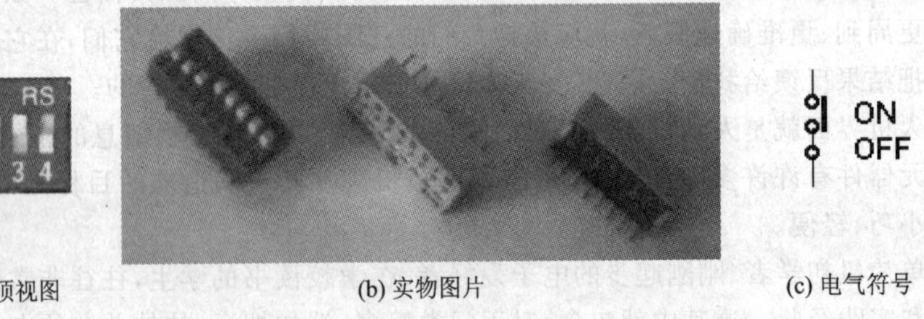

(a) 顶视图　　(b) 实物图片　　(c) 电气符号

图 10.1　拨码开关

2. 跳线开关

如图 10.2 所示，是一些排形连接插针和短路子。PC 微机系统的主板上就可以见到它的应用。排针使用起来比较灵活、实用，既可以用作外接引线的连接端子，又可以设计成不同类型的跳线开关，而且可以按需要任意组合和截取，以便规划为不同类型的跳线开关(属于静态开关)。例如：

(1) 利用一个(或截取一段)2 芯插针配合一个短路子，就可以构成一个单刀单掷开关。短路子拔掉相当于开关断开，短路子插上相当于开关闭合。原理图如图 10.2(b)中的①。

(2) 截取一段 3 芯插针配合一个短路子，就可以构成一个单刀双掷开关。原理图如图 10.2(b)中的②，要比一只实际的单刀双掷开关用起来还灵活。短路子可以跨接于 1—2 针，也可以跨接于 2—3 针，还可以拔掉(相当于 3 针隔离，实际开关做不到)。

(3) 如果利用一个 3×2 插针，配合一个短路子，就可以构成一个单刀单掷开关，原理图如图 10.2(b)中的③。

(4) 利用职工 4×2 插针，如果配合一个短路子，就可以一个构成单刀 4 掷开关；如果配合 4 个短路子就可以替代一个拨盘开关，原理图如图 10.2(b)中的④。

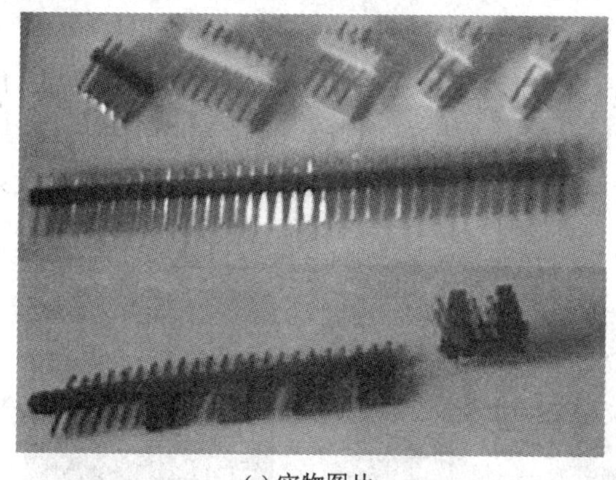

(a) 实物图片

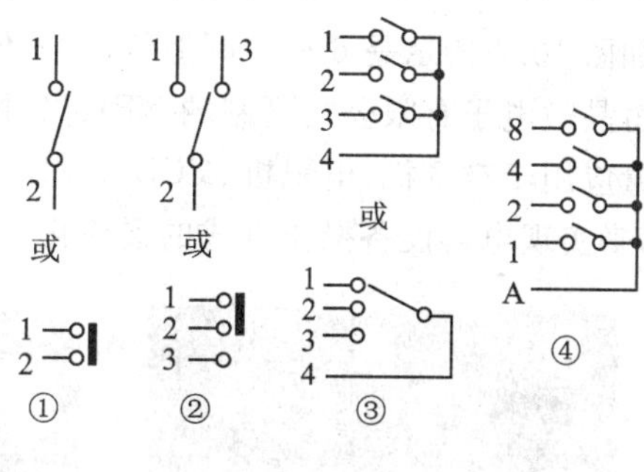

(b) 原理图电气符号

图 10.2　跳线插针和跳线开关

10.1.2　动态类输入器件

电子设备中应用的动态类输入器件的类型有：按钮开关(或轻触开关)、微动开关、键盘开关、薄膜开关、非自锁式按动开关、联动开关、水银开关、振动开关、角度开关、温控开关、光控开关、霍尔开关、触摸感应开关、红外信号接收光电二极管、反射式红外线收/发对管、透射式红外线收/发对管、一体化红外遥控信号接收头等。这里仅列举最适合初学者认识和使用的几种器件类型。

1. 按钮开关(轻触开关)

如图 10.3 所示，是一些不同安装形式的按钮开关(也叫轻触开关)。具有正方形的外观和各种长度的按钮。长宽尺寸 6.5 mm×6.5 mm 的最为常见。目前市场上也有更小尺寸 5 mm×5 mm 的供应。绝大多数为 4 引脚，也有少数采用 2 引脚。4 脚类型的原理图电气符号见图(b)。

(a) 实物图片

1　2　3　4

(b) 原理图电气符号

图 10.3　按钮开关(轻触开关)

2. 一体化红外遥控信号接收头

如图 10.4 所示是 6 种不同型号，4 种不同封装形式的，一体化红外遥控信号接收头，以及宁波甬晶微电子有限公司研制的 NB1838 和 NB0038(外形见图(c))的封装尺寸和内部结构。被大量应用于空调机、电视机、VCD、DVD、音响设备等家用电器中，配合红外遥控信号发射器手柄，来实现电器设备操作方式的遥控化。

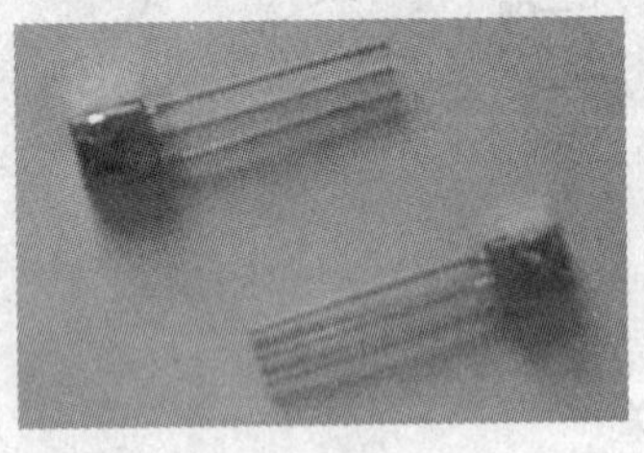

(a) 型号之1

(b) 型号之2~4

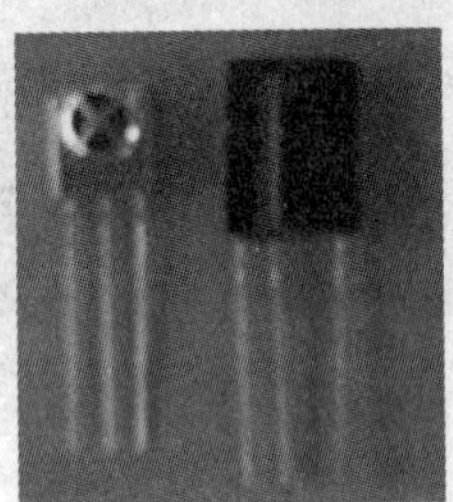

(c) 型号之5~6

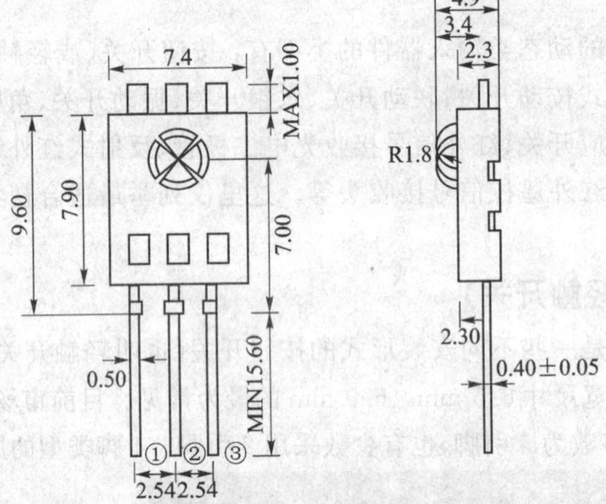

①—输出端；②—地；③—电源

(d) NB1838型号的封装尺寸和引脚功能(单位：mm)

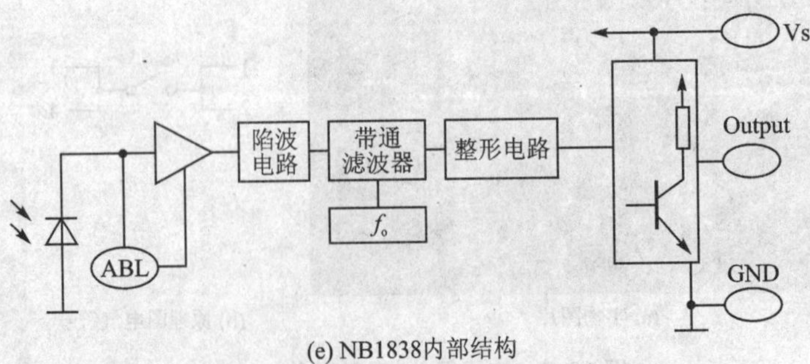

(e) NB1838内部结构

图 10.4　一体化红外接收头

一体化红外遥控信号接收头内部包含了，把 38 kHz(或 37.9 kHz 或 40 kHz)红外遥控器编码信号转换为串行电脉冲信号的全部功能和器件。例如，红外接收管、自动平衡放大器、陷波电路、带通滤波器、整形电路、输出级等。

10.1.3　视觉类输出器件

电子设备中应用的视觉类输出器件有以下一些类型。

(1) 发光二极管 LED 类：分立式 LED(有红色、绿色、黄色、双色、红外等)、七段数码管式 LED、点阵式 LED(5×7、8×8、16×16 等)等；

(2) 液晶显示器 LCD 类：笔段式、字符点阵式、图形点阵式等。

(3) 小钨丝白炽灯泡：信号指示灯。

(4) 荧光显示器(多见于 VCD、音响功率放大器中)。

(5) 微型打印机(多见于售货机、手持计费器中)。

这里仅列举最适合初学者认识和使用的几种器件类型。

1. 分立式发光二极管

发光二极管(LED)在日常生活电器中无处不在，它具有普通二极管的特性却能够发光，有红色、绿色、黄色、白色和蓝色等，有直径 3 mm、5 mm、10 mm 和 2 mm×5 mm 长方形的。与普通二极管一样，发光二极管也是由半导体材料制成的，也具有单向导电的性，即只有接对极性才能发光。发光二极管符号比一般二极管多了两个箭头，表示能够发光。通常发光二极管用来作电路工作状态的指示，它比小灯泡的耗电低得多，而且寿命也长得多。如图 10.5 所示，是几种 LED 的实物图片。

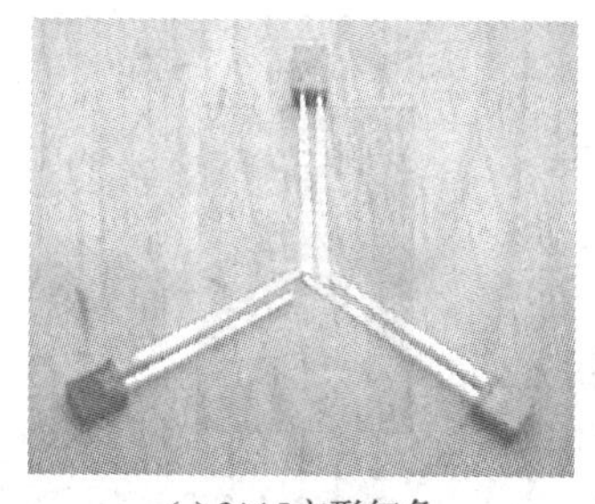
(a) 2×5方形红色

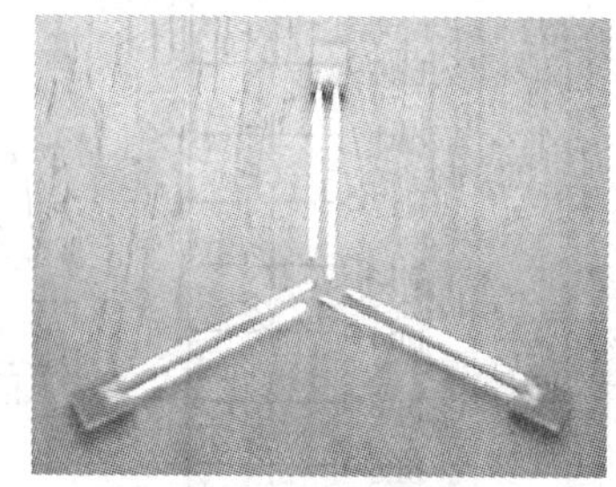
(b) 2×5方形绿色

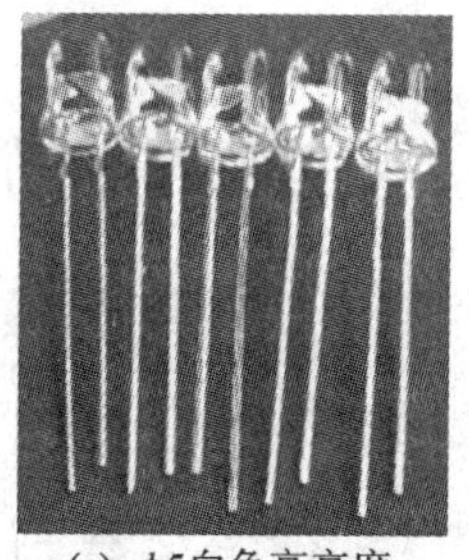
(c) ϕ5白色高亮度

图 10.5　分立式发光二极管

发光二极管的发光颜色一般和它本身的颜色相同，但是近年来大量出现了透明的发光管，它也能发出红、黄、绿等颜色的光，只有通电了才能知道。辨别发光二极管正负极的方法，有实验法和目测法。实验法就是通电看看能不能发光，若不能就是极性接错或是发光管损坏。用眼睛来观察发光二极管，可以发现内部的两个电极一大一小。一般而言，电极较小、个头较矮的一个是发光二极管的正极，电极较大的一个是它的负极。若是没有剪腿的新发光管，一般较长的一个引脚是正极。

发光二极管是一种电流型器件。其芯片制作材料一般是砷化钾（GaAs）、镓铝砷（GaAlAs）、磷砷化镓（GaAsP）或磷化镓（GaP）等。材料不同发光颜色不同，正向工作电压也不同。

虽然在它的两端直接接上 3 V 左右的电压就能够发光，但容易损坏。在实际使用中一定要串接限流电阻，工作电流根据型号不同，一般为 5～30 mA，最大不超过 50 mA，对于高亮度型 1 mA 已经够亮了。另外，由于发光二极管的导通电压一般为 1.7～2.5 V 之间（高于普通二极管的 0.7 V），所以一节 1.5 V 的电池不能点亮发光二极管。同样，一般万用表的 R×1 档到 R×1k 档均不能测试发光二极管，而 R×10k 档由于使用 9 V 或 15 V 的电池，灵敏度较高的发光管能点亮。

2. LED 数码管

利用 8 只 LED 管芯按照一定规则排列起来封装在一起，再按照一定规则引出和布局 10 根外接引脚，这就构成了一个 LED 数码管模块。

LED 数码管内部包含的 8 只发光二极管，其中 7 只发光二极管构成字型笔段（a～g），1 只发光二极管构成小数点（dp）。对于任何一只发光二极管，只要阳极为高电平、阴极为低电平，并且电差高于其阈值（约为 1.7～2.5 V）就会被点亮。根据各二极管公共端连接方式的不同，又有共阴极和共阳极 LED 数码管之分，如图 10.6 所示。驱动 LED 点亮的笔段码和 LED 所显字符之间的关系如表 10.1 所列。

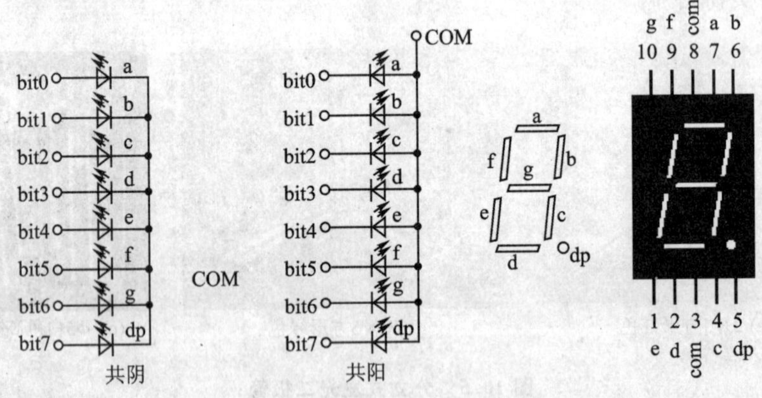

图 10.6　数码管结构示意图

如图 10.7 所示的是几种不同结构类型和封装形式的单位 LED 数码管。如图 10.8 所示的是位数不同的几种多位 LED 数码管。多位封装的 LED 数码管内部一般都采用复连结构，例如把各位的同名段码信号复接在一起来引出以便减少引脚数量。因此对于这种结构的数码管只能采用动态驱动方式。

表 10.1　笔段码列表

显示字符	共阴极笔段码	共阳极笔段码	显示字符	共阴极笔段码	共阳极笔段码
0	3FH	C0H	A	77H	88H
1	06H	F9H	b	7CH	83H
2	5BH	A4H	C	39H	C6H
3	4FH	B0H	d	5EH	A1H
4	66H	99H	E	79H	86H
5	6DH	92H	F	71H	8EH
6	7DH	82H	P	73H	8Ch
7	07H	F8H	U	3EH	C1H
8	7FH	80H	全熄	00H	FFH
9	6FH	90H	全亮	FFH	00H

(a) 普通型

(b) 薄片型

(c) 米字型

(d) 符号型

(e) 实物图片

图 10.7　单位 LED 数码管

(a) 2位共阴型

(b) 2位共阳型

(c) 3位共阴型

(d) 4位共阳型

图 10.8　多位 LED 数码管

3. LED 点阵

常见的 LED 点阵器件，具有多种可选的不同规格、不同尺寸、不同封装、不同结构、不同用途的产品。

- 如果按照封装的管芯数量不同分类，可以分为 7×5（如图 10.9(a)～(c)）、8×8（如图 10.9(d)～(e)）、16×16（如图 10.9(f)）等；
- 如果按照外型尺寸的大小分类，仅 8×8 的点阵就可以分为 20 mm×20 mm、32 mm×32 mm、38 mm×38 mm、60 mm×60 mm 等；
- 如果按照 LED 的显示颜色分类，可以分为红色、绿色型等；
- 如果按照管芯的色彩配置分类，可以分为单色、双色（例如红和绿，双芯配置）、三色（例如红、绿、蓝三基色，每个点内为三芯配置）。当双色型的红、绿管芯同时被点亮时，可以显示橙色；对于三色型的点阵，通过控制三基色的亮度，几乎可以显示自然界中的所有色彩。

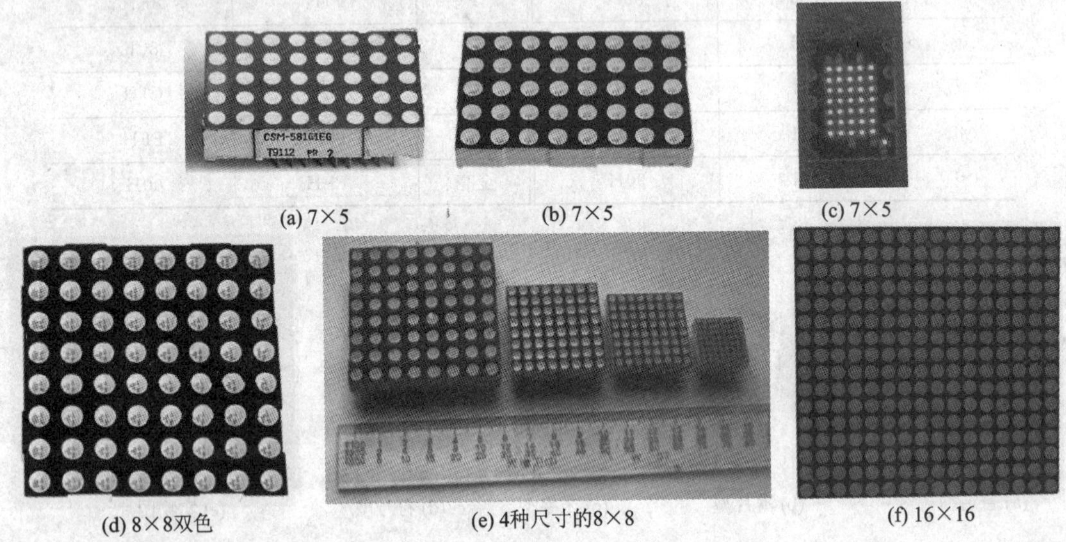

(a) 7×5　(b) 7×5　(c) 7×5

(d) 8×8双色　(e) 4种尺寸的8×8　(f) 16×16

图 10.9　LED 点阵模块

10.1.4　听觉类输出器件

电子设备中应用的听觉类输出器件，有以下一些类型：扬声器（俗称喇叭，）、压电陶瓷发声片、无源蜂鸣器、有源蜂鸣器（自带音源）、讯响器等。

如果把所有发生器件，按内部结构或发声原理来分类，有动圈式、电磁式、压电式、舌簧式、内磁式、外磁式等。另外作为收音机、录音机、电视机中应用的扬声器，还有多种分类方法。例如：

(1) 按频率特性分类，有高音型、中音型、低音型扬声器。

(2) 按功率分类，有微功率、小功率、中功率、大功率。

(3) 按阻抗分类，有 4 Ω、8 Ω、16 Ω、32 Ω、高阻等。

(4) 按形状分类：圆形、扁圆形、椭圆形、平板式等。

(5) 按口径分类：直径 2 in、直径 2.5 in、直径 3 in、直径 5 in、直径 8 in 等。

这里仅列举最适合初学者认识和使用的几种发声器件类型。

1. 压电蜂鸣器

利用压电陶瓷片制作的发声器件，为了改善响度和音质，通常加装一只助音腔，并且兼作塑料外壳。这种发声器件的主要特点是，重量很轻(只有几克重)，厚度很小(陶瓷片本身只有厚 0.7 mm)，直流阻抗非常高，对驱动能力要求不高，呈现为电容性负载，可以施加较高的驱动电压(可以高达 24 V(峰-峰值))而不是较大的驱动电流，可以直接利用单片机端口引脚单极驱动或差分驱动，高频性能远好于低频性能，输出功率较小(只有 0.5 mW 左右)，音量较小并且陶瓷片直径越小音量越小。

为了适应这种负载特性、提高音量和改善音质，美国国家半导体公司还为此研制了驱动压电扬声器专用的升压转换器型音频放大器，系列芯片 LM4960、LM4961 和 LM4802B。

另外，压电蜂鸣器经济实用(仅几角一只)，被广泛应用于电话机、电子表、微波炉等便携设备或家用电器中。市场能够见到的有直径 10 mm、直径 17 mm、直径 25 mm、直径 35 mm、带助音腔和不带助音腔等类型。如图 10.10 所示是几种不同形式的压电蜂鸣器。

图 10.10　压电陶瓷蜂鸣器

2. 电磁蜂鸣器

如图 10.11 所示，是外形和尺寸相同，但是内部结构原理存在很大不同的两种应用很普遍的微型蜂鸣器：无源蜂鸣器和有源蜂鸣器。

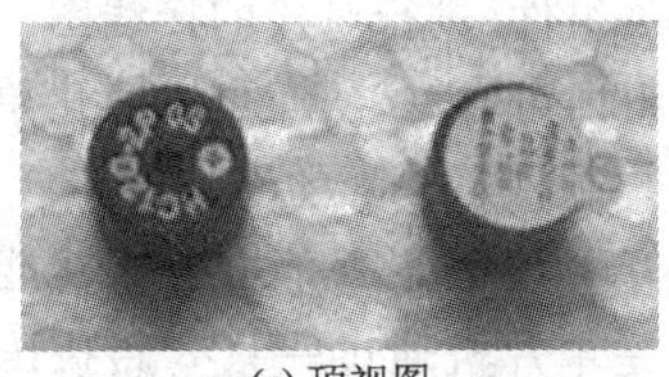

(a) 顶视图

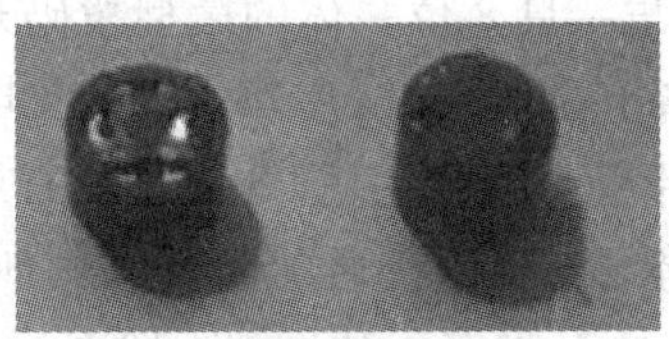

(b) 底视图

(c) 侧视图

图 10.11　电磁式蜂鸣器(右边为有源型)

它们都具有体积小巧、廉价易购、使用灵活、安装方便等突出特点(外形尺寸均为：直径 12 mm，高度 9 mm；售价约 0.6 元)。

无源蜂鸣器相当于一个单纯的小喇叭，既可以利用外部振荡器硬件来驱动，也可以利用单片机软件编程从引脚输出音频信号,来驱动产生不同音调的声音,甚至演奏音乐。

有源蜂鸣器内部相当于配置了 1 个约 1 kHz 的音频振荡器,只要接通 5 V 直流电源即可发出音调固定的声音。因此不能用于演奏音乐,只能用于发出报警音。软件编程相对简单。

10.2 开关输入接口方法和设计技巧

单片机控制中常用开关的分类:

(1) 静态设置开关:拨码开关、跳线开关。

(2) 动态输入开关:单列式(独立式)、阵列式(矩阵式)。

对于静态类开关的接口软件编程相对简单,而对于动态类开关的接口软件编程相对复杂,以下单独说明。

动态输入开关的接口软件应该解决的问题:

(1) 按键动作的发现:判断有否按键被按下。

(2) 消除抖动的处理:软件消抖方法,硬件消抖方法。避免造成重复输入和错误输入。

(3) 按键位置的识别:识别被发现已经压下的按键位置。

动态输入开关的接口软件的编程方法:

(1) 查询方式:间隔固定时间的周期性扫描方式。

(2) 中断方式:利用按键动作产生的信号触发单片机产生中断,以实现信号接收的方式。

10.2.1 拨码开关

拨码开关有 4 个、8 个或 10 个并列封装在一起的组件式的(引脚为双列直插,与 DIP 封装集成电路兼容,单刀单掷型)。拨码开关属于静态类开关,不存在输入时的抖动问题,自然其接口软件也就不需要消抖处理。

拨码开关常常被用来实现静态数字信号的输入。例如,设置机器的工作模式、固定参数等。如图 10.12 所示,是单片机与一只 8 位一体的微型拨码开关组件,进行对接的接线图。

当单片机端口引脚内部具备上拉电路时,片外连接上拉电阻即可省略,从而可以简化单片机应用电路。对于 PIC 系列单片机,其端口引脚内部就具有用户软件可编程的上拉电路。

拨码开关还常被用来实现跨线连接的接通与断开。例如,单片机的某一部分外接功能电路,选择是否连接到单片机的端口引脚等。如图 10.13 所示,是单片机通过一只 8 路拨码开关,连接 8 只 LED 的接线图。可以实现单独选择接通某一个、某几个或全部 LED。

10.2.2 跳线开关

跳线开关利用广泛应用的单排式插针或双排式插针,外加跨接短路子构成,具有经济实用、廉价易行、灵活方便等特点。另外还具有一个突出优点,就是非常适合自制和自由确定规

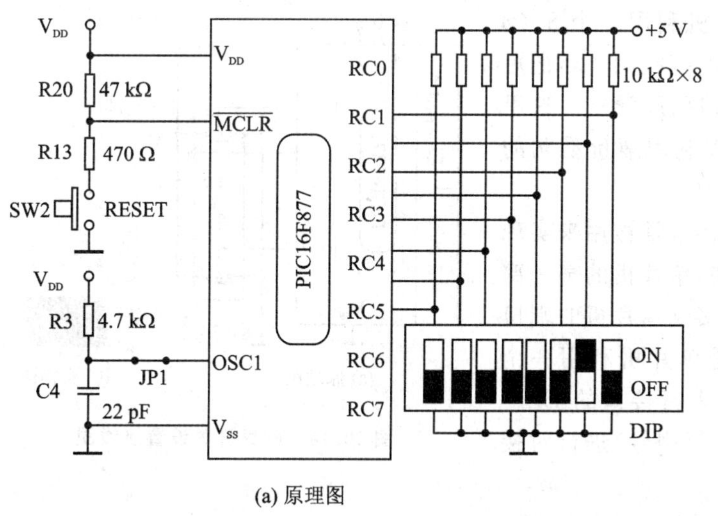

(a) 原理图

(b) 实物图

图 10.12　拨码开关接线图

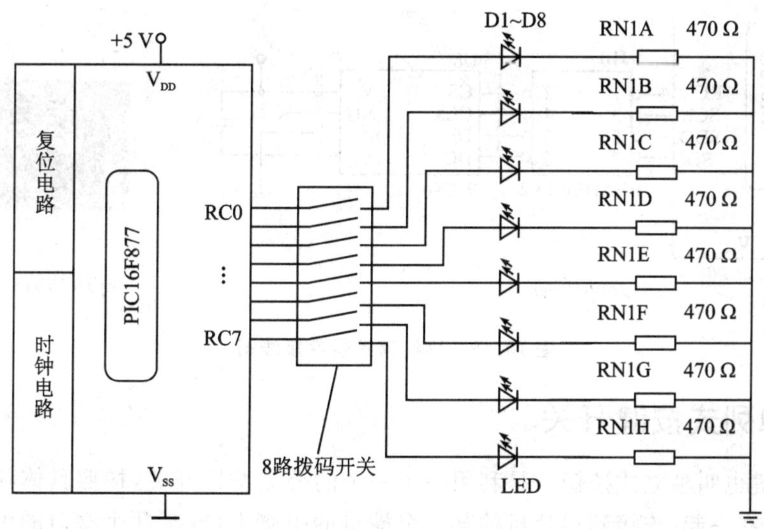

图 10.13　实现跨线连接的接线图

格。既可实现单刀单掷开关的功能，也可以实现单刀双掷、单刀多掷开关的功能，甚至还可以通过拔掉短路子实现浮空处理。

这种开关也属于静态类开关，不存在输入时的抖动问题，自然其接口软件也就不需要消抖处理。

跳线开关也常常被用来实现静态数字信号的输入。例如，设置机器的工作模式、固定参数等。如图 10.14 所示，是单片机利用一个 8×3 排针实现高、低电平选择接入的接线图。当把短路帽拔掉后，还可以将 RC 端口引脚浮空。这里 8×3 排针为 3 排式插针，可以利用廉价易购的单排式插针(3 条 8 针)组合而成。

这种半自制式廉价器件，还常常被用来实现跨线连接的接通与断开。例如，单片机的某一部分外接功能电路，选择是否连接到单片机的端口引脚等。如图 10.15 所示，是单片机利用一个 4×2 排针与一只 8 脚带 SPI 串行接口的 EEPROM 存储器(例如 AT93C46 等型号)进行对接的接线图。

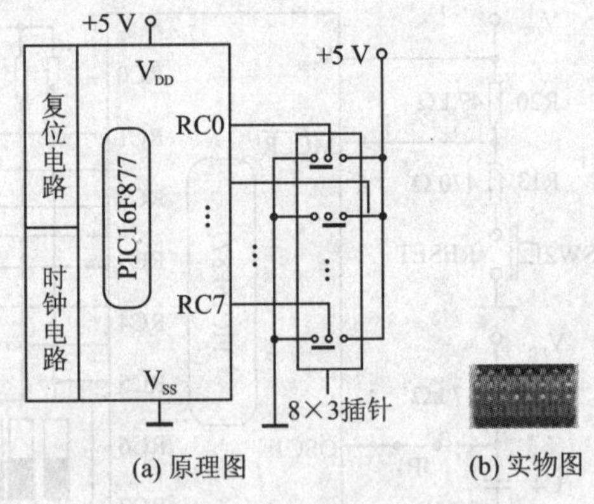

图 10.14 跳线开关设置接线图

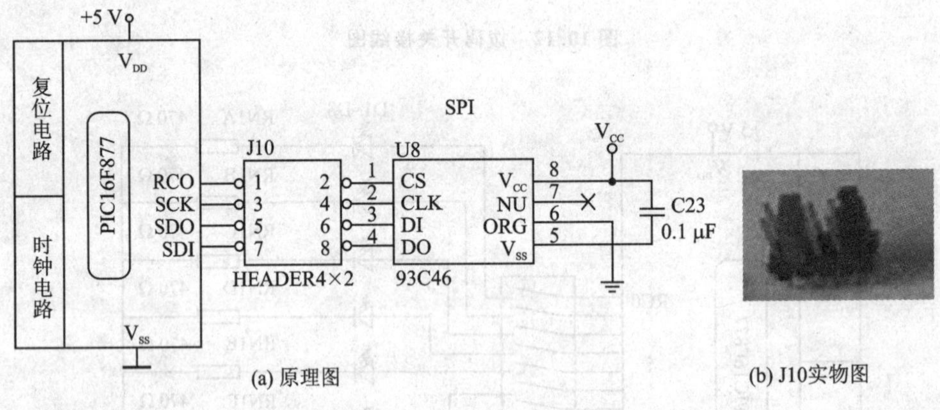

图 10.15 跳线跨接器件接线图

10.2.3 单列式按键开关

单列式按键也叫独立式按键。是利用一个一个的分立按钮开关，按照具体项目所需要的数量，排列组合在一起，连接到单片机的某一个端口的引脚上，或某几个端口的引脚上。如果是开关数量不超过 8 个，并且连接到同属于某一个端口的引脚上时，则软件编程可以得到简化。

如果按键个数在一个以上时，针对按键开关输入的软件设计，应该解决的问题是什么呢？实际上，按键输入的处理分为两个任务：一个是检测是否有键被按下——触键发现；二个是识别被按下的键是哪一只——触键识别。另外，由于按键开关属于动态类开关，因此通常额外需要软件的消抖处理。

1. 周期扫描法

如图 10.16 所示，是利用 PIC 系列单片机端口 RB 的 8 只引脚外接 8 只按钮开关。由于该单片机端口引脚内部具备上拉电路，因此不需要另外连接片外上拉电阻。如果利用不具备内容上拉电路的其他端口，则需要外接上拉电阻。

在设计按钮或者键盘开关输入程序时，有一点特别需要提请注意，就是按钮在按下或者松开时均存在抖动现象。必须采用硬件或者软件措施加以处理，以避免产生误判而造成误动作或者重复输入。将与按钮开关相连的 RB 端口引脚上的信号形式，描绘成如图 10.17 所示的电压波形。

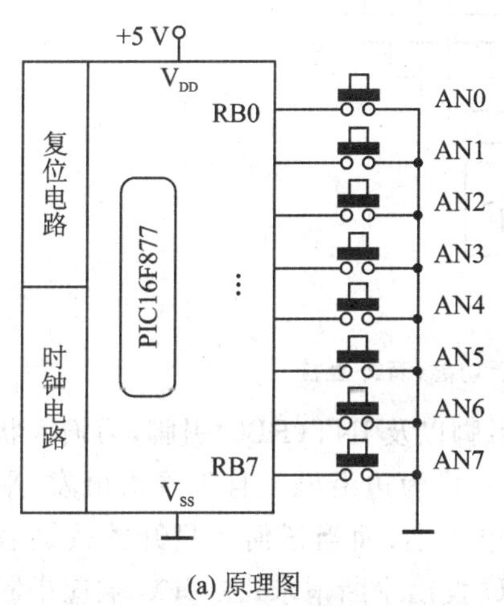

(a) 原理图

(b) 实物图

图 10.16 单列按键接线图(无中断功能、无外上拉)

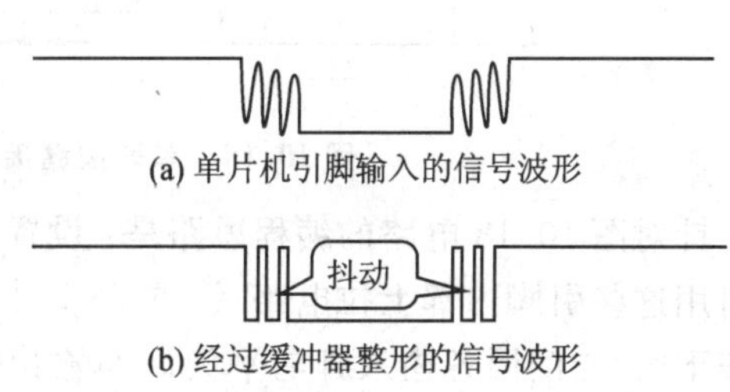

(a) 单片机引脚输入的信号波形

(b) 经过缓冲器整形的信号波形

图 10.17 按钮闭合与断开的瞬间抖动波形图

2. 中断法

如图 10.18 所示电路是在图 10.16 电路的基础上，为相关的端口引脚增加了“触键中断”功能。所谓“触键中断”功能，就是当端口引脚上外接的按键(或按钮)开关被触动，输入引脚的电平发生变化(电平由低变高或者由高变低)时，可以向 CPU 发送中断请求。平时没有 INT 中断源信号，则表明没有按键被触动，自然不需要软件的处理。这种方法显然可以在软件上，省略触键发现的处理过程。

该功能特别适用于那些用干电池或充电电池供电，而追求低能耗的应用场合。可以平时让 CPU 进入并且维持在“睡眠”状态(通过 SLEEP 指令)以降低能耗，需要时以按键的触动来唤醒 CPU，使其进入正常工作状态。例如，手持遥控器、计算器、移动电话机、寻呼机等。采用这种设计方案，是一种理想的选择。

假设不利用 PIC 系列单片机内部配备的“触键中断”功能电路，而需要我们开动脑筋，通过附加外接硬件手段或软件手段，来实现这项实用功能。图 10.18 所示电路，就是借助于一只 8 输入端逻辑与门，给端口引脚 RC0 ～RC7 增设了触键中断功能。

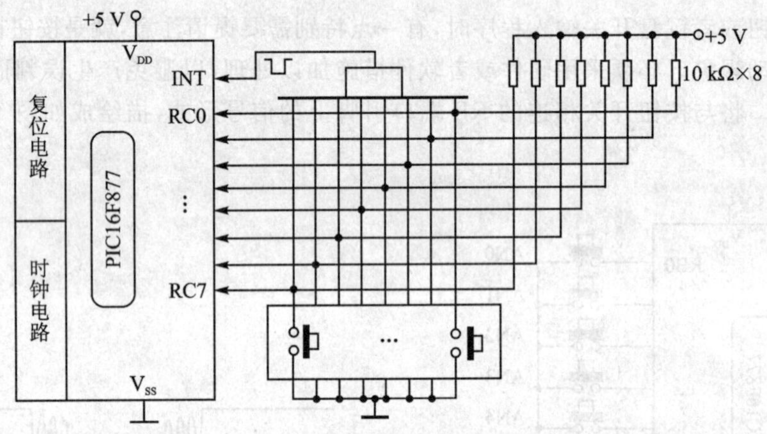

图 10.18　单列按键接线图(有中断功能、有外上拉)

针对图 10.18 电路的编程思路是：设置 RC 端口引脚以及 INT(RB0)引脚，为输入状态并且启用这些引脚内部上拉电路；设置 INT 中断源触发方式为边沿触发且下降沿触发；平时无键按下时，与门因各输入脚电平为高而输出维持在高电平上；而当任何一只开关按键被按下时，外部中断源引脚 INT 电平被闭合开关拉低，向 CPU 发出中断请求；在 CPU 响应中断而进入中断服务程序后，读取 RC 端口引脚的状态，并且判断动作按键的具体序号或位置，以便转向对应的程序分支。

利用中断方式来设计，既可以减轻 CPU 的软件负担、降低能耗，也可以按照这一思路来扩充外部中断源的引脚数量。PIC 系列单片机只具有 1 个外部中断源，在有些情况下也可能不够用，利用这里提示的做法，几乎可以扩充任意数量的外部中断源。

因为图 10.18 电路中采用的 8 输入端与门，不是一种易购常用的标准数字电路芯片，所以需要我们施加一些变通手段，在保障逻辑功能不变的情况下更便于工程实现。如图 10.19 所示电路，利用了 8 只廉价易得的开关二极管 1N4148(总价不过 0.1 元)，搭建了一个等效的 8 输入端与门。既可以降低造价，还可以减少电路板占用空间。

以上图 10.18 和图 10.19 两种电路，都是在硬件方面做文章。那么，能不能在软件方面做文章，既可以简化电路又可以不减少功能呢？答案是肯定的！具体实现电路如图 10.20 所示。把前面一端接地的 8 只按键开关，改变为扫描连接方式，即跨接在外部中断源 INT(RB0)引脚和 RC 端口各个引脚之间。

针对图 10.20 电路的编程思路是：起初设置 RC 端口各个引脚为输出状态、并且都输出

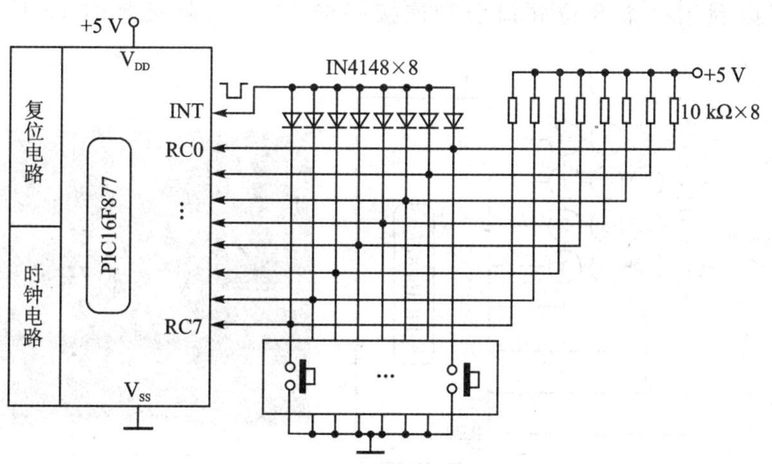

图 10.19　单列按键接线图(有中断功能、有外上拉、简化与门)

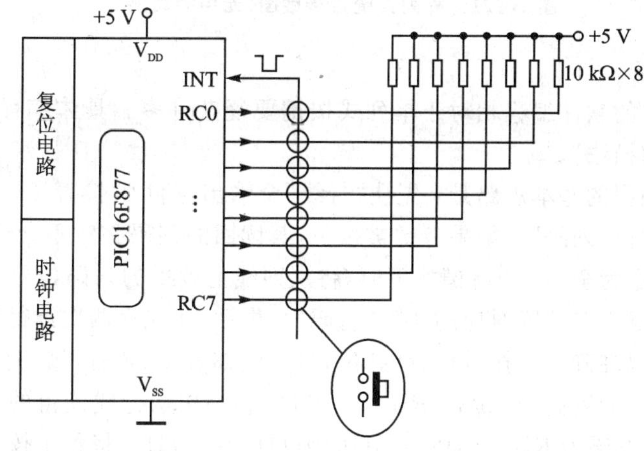

图 10.20　单列按键接线图(有中断功能、有外上拉)

低电平、INT(RB0)引脚为输入状态,并且启用 RB 端口内部的上拉电路;设置 INT 中断源触发方式为下降沿触发;平时无键按下时,外部中断源引脚 INT 因内部上拉而维持在高电平上;而当任何一只按键被按下时,闭合开关把某一 RC 引脚上的低电平传导到 INT 引脚上,出现在 INT 引脚上的下降沿向 CPU 发出中断请求;在 CPU 响应中断而进入中断服务程序后,改设 RC 并口为输入状态、RB0 引脚为输出状态,并且从 RB0 送出低电平;然后读取 RC 端口引脚的状态,判断那只动作按键的具体位置,以便转向对应的程序分支。

10.2.4　阵列式按键开关

阵列式按键开关也叫矩阵式键盘或行列式键盘,是工程实践中经常应用的一种逻辑量输入方式。它可以利用一个 8 位并口引脚连接一个 4×4 矩阵键盘的 16 只按键开关，如图 10.21 所示。

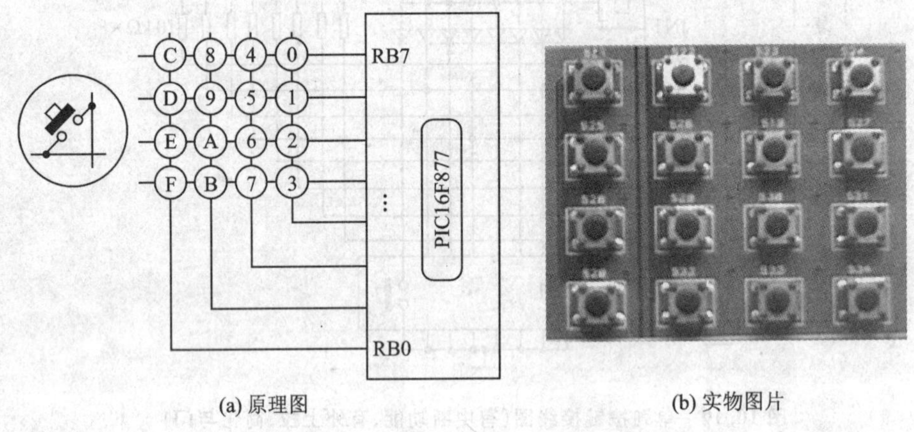

(a) 原理图　　(b) 实物图片

图 10.21　阵列式键盘接线图(无中断功能)

1. 周期扫描法

阵列式按键开关的软件编程相对于单列式按键要复杂许多。具体编程算法可以采用“逐行扫描法”和“反转扫描法”。

“反转扫描法”编程的基本思路是：先让“行线”全输出逻辑 0，接着读取“列线”，得到与按键横向位置对应的 4 位“列码”。如果有键被按下，其读回的列码必然不会全 1；如果无键被按下，则读取的列码必定为全 1。当有键按下时，将从列线上读得的列码，再从列线输出，然后再读取行线，得到与按键纵向位置对应的 4 位“行码”。最后，将先后两次读得的行码和列码组合在一起，就构成了可以准确定位按键位置的“位置码”。如表 10.2 所列。例如，当“2”键被按下时，前一次从列线读得的列码为 RB3～RB0 ＝ 0111，后一次从行线读得的行码为 RB7～RB4 ＝ 1101，合成后的位置码为 RB7～RB0 ＝ 11010111B ＝ D7H。将各个按键的位置码按照键值的顺序，预先在存储器 RAM 区间或 ROM 区间定义成一个数据表格。然后利用查表操作，来实现从位置码到键值的翻译。

“逐行扫描法”编程的基本思路是：先让其中一条“行线”输出逻辑 0，接着读取“列线”；如果读回的是全 1，则表明无键按下；反之，如果有某一键按下，则读回的 4 位列码中会有一个 0；在发现有键按下后，根据出 0 的行线序号和读回列码中 0 的顺序，即可判断被触按键的位置。这种编程思路，行线固定为输出，列线固定为输入，并且 4 条输入引脚需要启用内部上拉功能。“逐行扫描法”也可以改变为“逐行扫描法”，只要把软件中的“行出/列入”倒换为“列出/行入”即可。

另外，为了防止干扰或者误输入，在以上算法的软件中可以设置延时去抖动功能。关于消除抖动的设计方法，另外已有说明，在此不再赘述。

表 10.2 按键位置码与键值对应关系

键值 / 行码 \ 列码		RB3 —— RB0			
		7列	B列	D列	E列
RB7 | RB4	7行	0	4	8	C
	B行	1	5	9	D
	D行	2	6	A	E
	E行	3	7	B	F

2. 中断法

在以上讲解的硬件电路和软件算法中，没有利用中断功能。因此，触键的发现需要 CPU 周期性地执行软件去扫描，这给 CPU 造成很大的一块负担。

其实，如果将前面介绍的、可以附加于任何端口引脚的"触键中断"功能，与引脚外接的弱上拉电阻配合使用，也可以非常方便地构成一个带触键中断功能的键盘矩阵输入端口。如图 10.22 所示电路(8 只外接上拉电阻没有画出)，片外利用了一只 4 输入端逻辑与门。平时没有 INT 中断源信号，则表明没有按键被触动，自然不需要软件的处理。这种方法显然可以在软件上，省略触键发现的处理过程。

具体编程思路是：初始化 RC7～RC4 引脚为输出方式，并且输出低电平；初始化 RC3～RC0 引脚为输入方式，在外部上拉电路的作用下呈现高电平；初始化 INT(RB0)的中断触发方式为下降沿触发；只有当有键触动而引发中断请求，CPU 在进入中断程序后，即可开始消抖和触键识别处理。

如果在图 10.22 电路中，想省略那个外接 4 输入端与门，而仍保持中断功能有效，则可以参考如下做法。如图 10.23 所示，把键盘的 4 条列输入线改换为，复合了电平变化中断(触

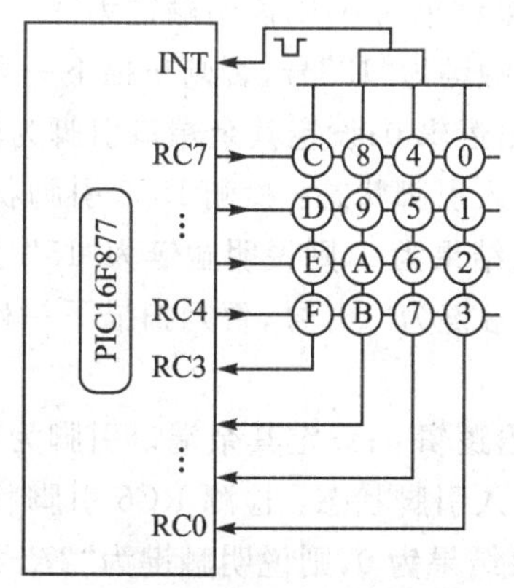

图 10.22 阵列式键盘接线图(有中断功能)

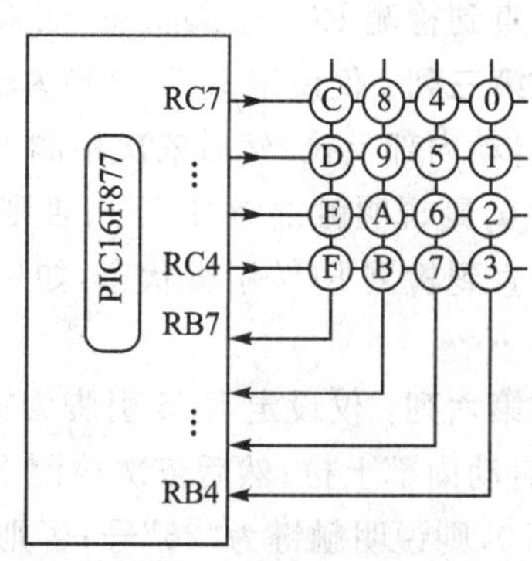

图 10.23 阵列式键盘接线图(有中断功能的简化图)

键中断)功能的 RB7～RB4 引脚。初始化设定为 RC7～RC4 为输出并且输出低电平、RB7～RB4 为输入并且启用上拉功能,从而可以省略 RB7～RB4 引脚上的外接上拉电阻。

3. 键盘扩充法之一:半矩阵键盘构造方案

如图 10.24 所示,采取了一种自行规划的"半矩阵键盘构造方案"。还是利用一个并行端口的 8 根引脚,却能够连接多达 28 只按键开关(这里仅以并口 RC 为例,并且图中没有画出 8 只外接上拉电阻;如果利用并口 RB 还可以省略外接上拉电阻)。要比传统的 4×4 矩阵键盘多出了 28－16＝12 只按键开关。计算公式为

$$按键个数=n(n-1)/2$$

其中,n 为所用端口引脚数。

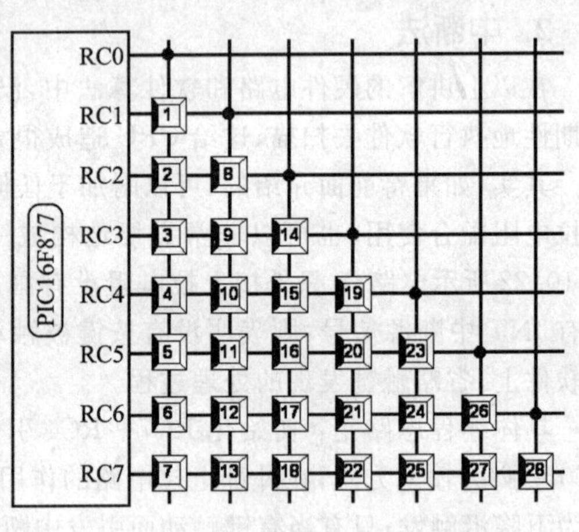

图 10.24　半矩阵键盘构造方法

针对该键盘方案的软件编程思路可以是"逐列扫描法"。具体算法描述如下:

扫描第一列:仅设定 RC0 引脚为输出方式,并且输出逻辑 0;设定其余端口引脚为输入方式,并且启动内部上拉;然后依次检测 RC1～RC7 各条输入引脚状态:检测 RC1 引脚状态,如果结果为 0,则说明触键为"1"号;否则再检测 RC2,如果结果为 0,则说明触键为"2"号,依次类推……直到检测 RC7 引脚状态,如果结果为 0,则说明触键为"7"号,否则扫描下一列。

扫描第二列:仅设定 RC1 引脚为输出方式,并且输出逻辑 0;设定其余端口引脚为输入方式,并且启动内部上拉;然后依次检测 RC2～RC7 各条输入引脚状态:检测 RC2 引脚状态,如果结果为 0,则说明触键为"8"号;否则再检测 RC3,如果结果为 0,则说明触键为"9"号,依次类推……直到检测 RC7 引脚状态,如果结果为 0,则说明触键为"13"号,否则扫描下一列。

扫描第三列:仅设定 RC2 引脚为输出方式,并且输出逻辑 0;设定其余端口引脚为输入方式,并且启动内部上拉;然后依次检测 RC3～RC7 各条输入引脚状态:检测 RC3 引脚状态,如果结果为 0,则说明触键为"14"号;否则再检测 RC4,如果结果为 0,则说明触键为"15"号,依次类推……直到检测 RC7 引脚状态,如果结果为 0,则说明触键为"18"号,否则扫描下一列。

…………

扫描第六列:仅设定 RC5 引脚为输出方式,并且输出逻辑 0;设定其余端口引脚为输入方式,并且启动内部上拉;然后依次检测 RC6～RC7 各条输入引脚状态:检测 RC6 引脚状态,如果结果为 0,则说明触键为"26"号;否则再检测 RC7,如果结果为 0,则说明触键为"27"号。

扫描第七列:仅设定 RC6 引脚为输出方式,并且输出逻辑 0;设定其余端口引脚为输入方式

式，并且启动内部上拉；然后仅仅检测 RC7 输入引脚状态：检测 RC3 引脚状态，如果结果为 0，则说明触键为“28”号；否则，没有扫描到任何触键发生，结束。

4. 键盘扩充法之二：全矩阵键盘构造方案

如图 10.25 所示，采取了“全矩阵键盘构造方案”，这是另一种自行规划的方案。也还是利用一个并行端口的 8 根引脚，却能够连接多达 56 只按键开关(这里仅以并口 RC 为例，并且图中没有画出 8 只外接上拉电阻；如果利用并口 RB 也可以省略外接上拉电阻)。要比传统的 4×4 矩阵键盘多出了 56－16＝40 只按键开关。计算公式为

$$按键个数 = n(n-1)$$

其中，n 为所用端口引脚数。

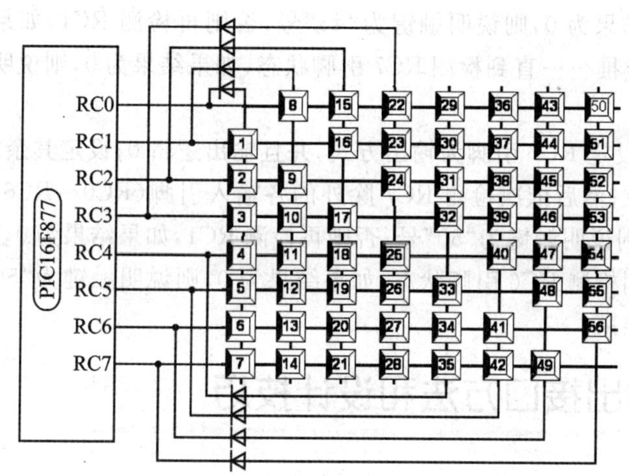

图 10.25　全矩阵键盘构造方法

该构造方案是在上一种构造方案的电路基础上，添加了 8 只二极管(1N4148 即可)，因此也就使得按键数增加了一倍。随之软件算法也需要扩充。

针对该键盘方案的软件编程思路也可以是“逐列扫描法”。具体算法描述如下述。

扫描第一列：仅设定 RC0 引脚为输出方式，并且输出逻辑 0；设定其余端口引脚为输入方式，并且启动内部上拉；然后依次检测 RC0 除外的各输入引脚(RC1～RC7)。检测 RC1 引脚状态，如果结果为 0，则说明触键为“1”号；否则再检测 RC2，如果结果为 0，则说明触键为“2”号，依次类推……直到检测 RC7 引脚状态，如果结果为 0，则说明触键为“7”号，否则扫描下一列。

扫描第二列：仅设定 RC1 引脚为输出方式，并且输出逻辑 0；设定其余端口引脚为输入方式，并且启动内部上拉；然后依次检测 RC1 除外的各输入引脚(RC0 和 RC2～RC7)。检测 RC0 引脚状态，如果结果为 0，则说明触键为“8”号；否则再检测 RC2，如果结果为 0，则说明触

键为“9”号；否则再检测 RC3，如果结果为 0，则说明触键为“10”号，依次类推……直到检测 RC7 引脚状态，如果结果为 0，则说明触键为“14”号，否则扫描下一列。

扫描第三列：仅设定 RC2 引脚为输出方式，并且输出逻辑 0；设定其余端口引脚为输入方式，并且启动内部上拉；然后依次检测 RC2 除外的各输入引脚（RC0～RC1 和 RC3～RC7）。检测 RC0 引脚状态，如果结果为 0，则说明触键为“15”号；否则再检测 RC1，如果结果为 0，则说明触键为“16”号；否则再检测 RC3，如果结果为 0，则说明触键为“17”号，依次类推……直到检测 RC7 引脚状态，如果结果为 0，则说明触键为“21”号，否则扫描下一列。

…………

扫描第七列：仅设定 RC6 引脚为输出方式，并且输出逻辑 0；设定其余端口引脚为输入方式，并且启动内部上拉；然后依次检测 RC6 除外的各输入引脚（RC0～RC5 和 RC7）。检测 RC0 引脚状态，如果结果为 0，则说明触键为“43”号；否则再检测 RC1，如果结果为 0，则说明触键为“44”号；依次类推……直到检测 RC7 引脚状态，如果结果为 0，则说明触键为“49”号；否则扫描下一列。

扫描第八列：仅设定 RC7 引脚为输出方式，并且输出逻辑 0；设定其余端口引脚为输入方式，并且启动内部上拉；然后依次检测 RC7 除外的各输入引脚（RC0～RC6）。检测 RC0 引脚状态，如果结果为 0，则说明触键为“50”号；否则再检测 RC1，如果结果为 0，则说明触键为“51”号；依次类推……直到检测 RC6 引脚状态，如果结果为 0，则说明触键为“56”号；否则，没有扫描到任何触键发生，结束。

10.3　LED 输出接口方法和设计技巧

10.3.1　分立 LED 的驱动

分立的发光二极管(LED)通常被用作单片机运行状态的指示灯或信号灯，也可以被当作简易的数字显示器，用来显示二进制数码、十六进制数码或 BCD 码。对于初学者或工程师，在单片机的学习、实验和应用开发过程中，还可以用来模拟继电器、可控硅等一些执行部件的动作，以便在实验室评估实验项目的功能。

1. 驱动阳极

如图 10.26 所示的一种电路，利用一个并口各条引脚分别连接 8 只分立的 LED，作为单片机的输出显示器。只有当某一引脚输出高电平时，对应的 LED 才被点亮。由于 PIC 单片机的所有并口引脚，“流出电流”的驱动能力为 20 mA，因此与每只 LED 串联的限流电阻选取不低于 170 Ω。估算公式为

$$R=(5\ \text{V}-1.7\ \text{V})/20\ \text{mA}\approx 170\ \Omega$$

其中 1.7 V 为 LED 最小导通电压。

不过,对于目前已经广泛应用的高亮度 LED,只要有 2 mA、3 mA 的驱动电流,就足以满足一般的亮度需要。

2. 驱动阴极

如图 10.27 所示的另一种电路,也是利用一个并口各条引脚分别连接 8 只分立的 LED,作为单片机的输出显示器。只有当某一引脚输出低电平时,对应的 LED 才被点亮。由于 PIC 单片机的所有并口引脚,"流入电流"的驱动能力也可达 20 mA,因此与每只 LED 串联的限流电阻也应该选取不低于 170 Ω。

对比以上 2 个电路,前者利用高电平点亮,原理上更好理解,软件上更方便实现。在以上 2 个电路中,虽然理论上 LED 与限流电阻的位置没有左右之分,但是工程上应该把电阻都安排在靠近公共汇集接点的一边。理由是,这样可以便于选用那种将多只电阻封装在一起的排式电阻。图中虚线框就是一只内含 8 只电阻、9 脚封装的排阻。

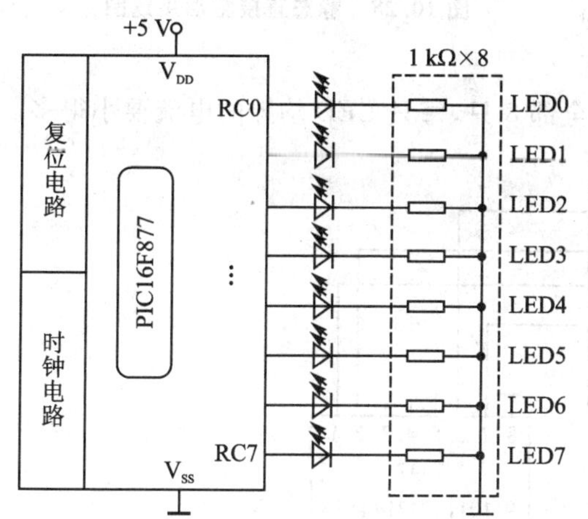

图 10.26　8 只分立式 LED(拉电流负载)

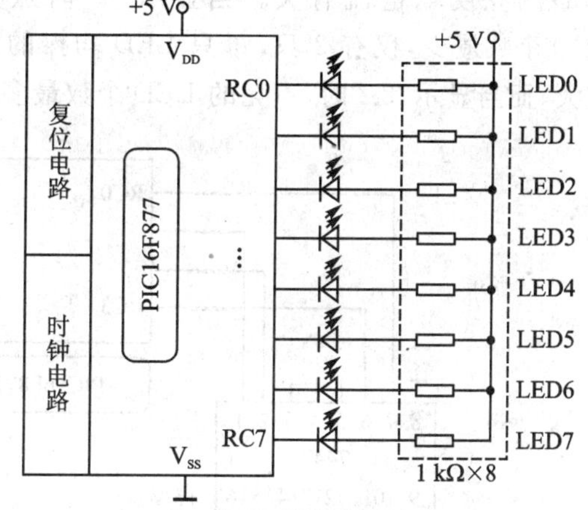

图 10.27　8 只分立式 LED(灌电流负载)

10.3.2　LED 数码管静态驱动方式

所谓 LED 数码管的静态驱动,就是当 LED 数码管的显示内容静止时,其驱动信号也是静止的,不需要动态刷新。静态驱动电路的共同特点是,LED 数码管的公共阳极(或阴极)固定连接到电源正极(或负极)。包括上面介绍的分立 LED 的驱动电路也是如此。

1. 直接驱动

如图 10.28 所示电路,是利用一个并口的 8 根引脚专职于驱动一只带有小数点的七段共阴极 LED 数码管。LED 数码管的内部结构以及驱动码列表,可以参见图 10.6 和表 10.1。

2. 并行驱动

如图 10.29 所示电路，是利用一个并口的 8 个引脚同时驱动两只七段共阳极 LED 数码管。该图比图 10.28 电路多驱动一只数码管，并且软件编程也免去译码的麻烦，只需要把待显的个位数的 4 位二进制码作为低半字节，把待显的十位数的 4 位二进制码作为高半字节，把组合的字节直接从 RC 端口送出即可。换来这些好处的代价是，利用了 2 片标准数字电路芯片 7447(或 74LS47 或 74HC47)实现笔段码的转换。

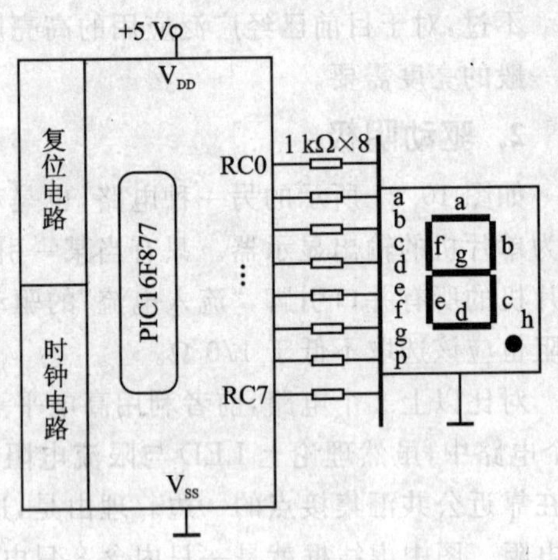

图 10.28　静态直接驱动接线图

另外，电路中仅仅利用了 2 只限流电阻，好处是电路精练，坏处是笔段显示不均匀。原因是，LED 的亮度与电流有关。当显示“1”时点亮的 LED 个数最少，仅有 2 只，每只 LED 均摊的电流较大；而当显示“8.”时，点亮的 LED 个数最多，为全部 8 只，每只 LED 均摊的电流要小得多。

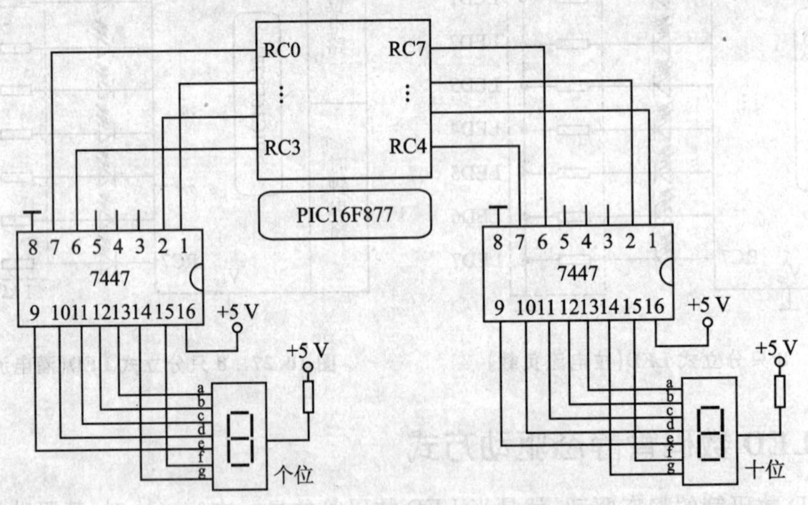

图 10.29　静态并行驱动接线图

3. 串行驱动

如图 10.30 所示电路，是仅仅利用 2 根单片机引脚(例如 RC1 和 RC0)，就能够驱动 4 位 LED 数码管(甚至更多的位)。占用的引脚资源又少，能够驱动的数码管位数又多。换来这种优势的代价是需要额外增加 4 只串/并变换器 74HC164。以级联方式应用的 4 只 74HC164，软件编程相对复杂。当利用任意 2 个单片机端口引脚对接时,需要分析 74HC164 的信号时序,需要利用软件方式模拟 74HC164 的串行时钟和数据信号。如果利用 UART 串行接口引脚代替 RC1 和 RC0 引脚,同时利用内部 UART 串行通信模块来驱动,软件上会相对简化一些。

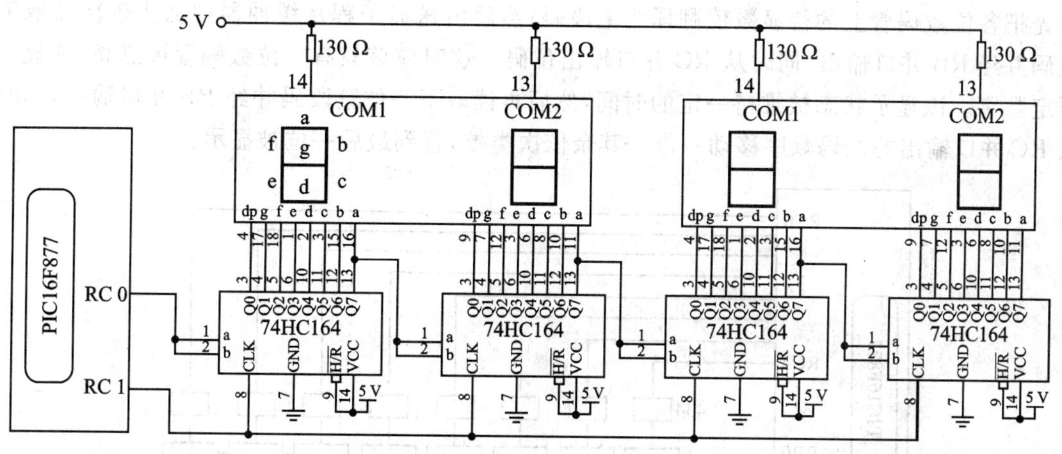

图 10.30 静态串行驱动接线图

其实,除了以上 3 个电路之外,还可以设计出许多样式不同,各具特色的电路来。例如,可以利用通用数字集成电路 4033、4055、4056、4511、4513、4544、4547、4558、C302、C305、C306、74LS46(74HC46)、74LS47(74HC47)、74LS48(74HC48)、74LS246(74HC246)、74LS247(74HC247)、74LS248(74HC248)、74LS49(74HC49)等。

10.3.3 LED 数码管动态驱动方式

所谓 LED 数码管的动态驱动,就是即便 LED 数码管的显示内容是静止的,其驱动信号也不能静止下来,需要进行不间断地动态刷新。其软件编程要比静态驱动复杂一些。

1. 直接驱动

如图 10.9 所示,是利用 2 个 8 位并行端口的 16 个 I/O 引脚,来动态驱动 8 只共阳极 LED 数码管。由于 LED 数码管的公共极电流,通常要比笔段极电流大,并且是 2 ～8 倍的关系。虽然 PIC 单片机端口引脚的流出和流入电流负载能力虽然较大(±20 mA),但是如果直接利用其连接公共极还是不太够大的。如果利用端口引脚直接驱动笔段电流还是够富裕的(选用“共阳型”或者“共阴型”的数码管均可)。由于端口引脚的驱动电流负载能力不能满足需要,如果是直接驱动公共极电流将存在损坏的隐患,所以需要增加一级驱动电路。这里驱动电路利用了 2 片通用数字电路 7434(或 74LS34 或 74HC34)同相驱动器,也可以利用更经济的 8 只三极管(例如 8550)来搭建。一旦计划增设驱动电路,对于单片机端口引脚的驱动能力就基本不需要忧虑了。

针对图10.31电路的软件设计思路可以是：用户程序可以分为相对独立的两个子程序，即译码子程和送显子程。作为两个子程序之间的衔接，预先可以在通用RAM区间，建立一个包含8字节的显示缓冲区，用来存储有待于送显的笔段码(8字节)。译码子程利用查表方式，事先把各位数码管上的待显数值翻译为笔段码；然后由送显子程从缓冲器中从头依次读取笔段码并经RB并口输出，同时从RC并口输出位码。这时应该只有一位数码管被点亮，并显示预定数字。该显示状态被维持一定的时间，然后再读取下一位笔段码并经RB并口输出，同时从RC并口输出的位码顺序移动一位。其余依次类推，直到最后一位被显示。

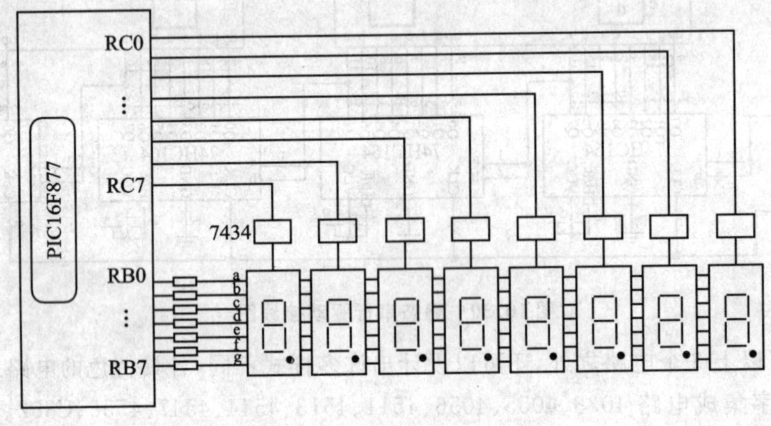

图10.31　动态直接驱动接线图

到此仅仅完成了一个显示轮回，要想在8位数码管上看到稳定的8位数字显示，上面的操作过程就得周而复始地不间断地持续下去。这就是动态驱动的具体实现，其动态刷新的周期还应该选择适当。如果周期太小占用机时太多，如果周期太大显示就会闪烁。实践证明每秒刷新25次左右为好，这也是电视机的成像原理，或电影的播放原理，它们都是利用了人眼的暂留效应。这时每一位数码管所维持的显示时间为5 ms(即1 /(25×8))。

如图10.32所示，是利用2个并口来驱动8位数码管的另一种电路方案，也为读者提供了一种可供借鉴的新颖思路。这种创新性的设计思想是，8只数码管分别选用共阴型和共阳型，并且交叉安排，形成4对。每一对数码管的公共极复连在一起，由一个位信号来驱动。为了扩大端口引脚的驱动能力，这里把并口RC的引脚每2个分为一组，复连在一起当作一个位信号输出端使用。

驱动过程是这样的，当属于共阴管(即每对管中的左管)的笔段码经RB并口送出时，令对管公共极输出低电平即可；当属于共阳管(即每对管中的右管)的笔段码经RB并口送出时，令对管公共极输出高电平即可。对于那些需要维持暗态的其余对管，驱动其公共极的对应引脚设置为输入方式，以便呈现高阻状态。

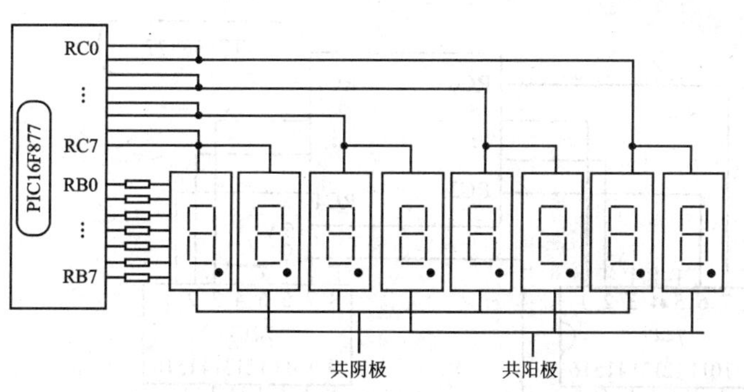

图 10.32　阴阳交替 8 位数码管

如图 10.33 所示，是沿着以上思路设计的仅仅驱动 2 只LED 数码管的电路。它利用 4 根(或更多条)复连在一起的 RC 端口引脚，来驱动阴阳对管的公共极。使得位电流驱动能力比上面电路扩大一倍。

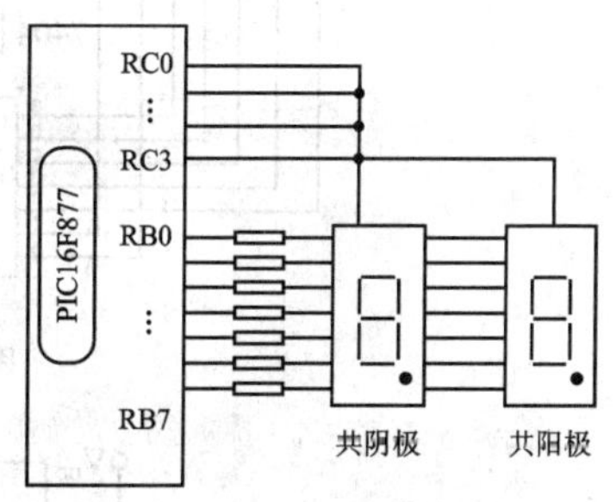

图 10.33　阴阳交替 2 位数码管

2. 并行驱动

以上电路中数码管的笔段码都需要安排用户软件，来实现从被显数值的转换或翻译。给软件设计增加了复杂性，给 CPU 增加了运行负担。不过，笔段码的翻译也可以利用硬件自动实现，但是需要提高造价和增加电路复杂性。

如图 10.34 所示，利用了一片标准数字电路芯片 7447(或 74LS47 或 74HC47)实现笔段码转换；利用一片 3－8 译码器 74138(或 74LS138 或 74HC138)实现位码的扩展。如此一来只占用了 7 个引脚资源。对此电路的软件编程也很简单，只需要把待显 4 位二进制数值作为低半字节，把与第 0 ～7 个数码管的位码所对应的 3 位二进制数值作为高半字节，组合成一个完整的字节，然后经 RC 端口送出即可。

3. 串行驱动

如图 10.35 所示，只利用 2 个单片机引脚(PX1 和 PX2，这里 X 代表 A、B、C 或 D)，就能够驱动 8 只 LED 数码管。优点是明显的，但是缺点也是存在的。例如，以级联方式应用的 2 只 74LS164，软件编程相对复杂得多。按照位码字节在先和段码字节在后组织成一个 16 信息字，每隔一个固定时间间隙(例如 5 ms)，就发送一个信息字，以便依次点亮一位数码管，并且周而复始。

当利用任意 2 个端口引脚对接时，不仅需要软件模拟 74LS164 的串行时钟和数据信号，而且还需要不停地动态刷新。如果利用 UART 串口引脚代替 PX1 和 PX2 普通引脚，同时利用内部 UART 串行通信模块来驱动，软件上会相对简化一些。

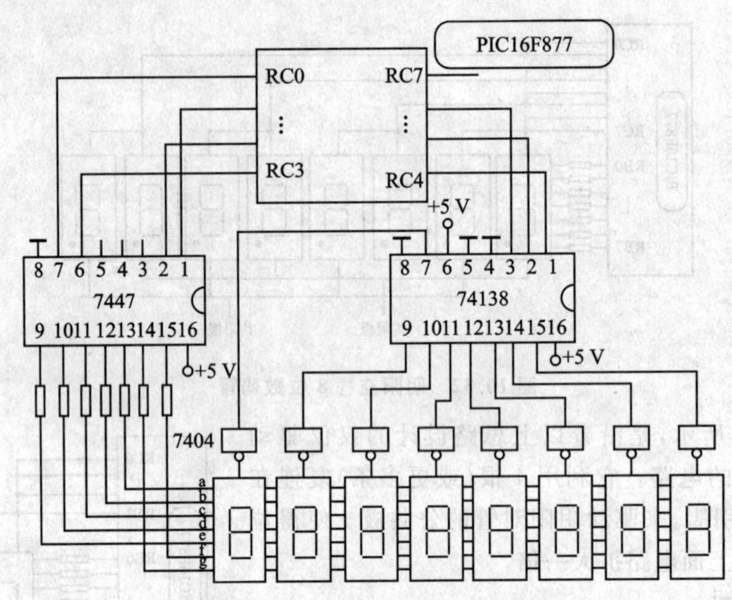

图 10.34 动态并行驱动接线图

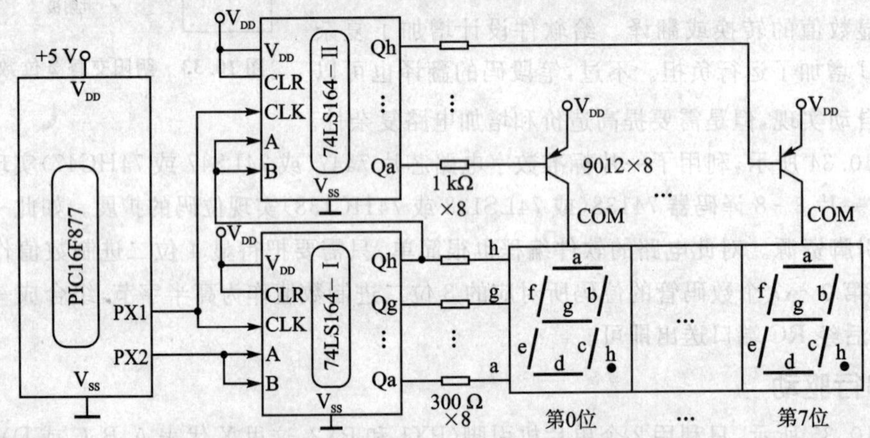

图 10.35 动态串行驱动接线图

关于 74LS164 的引脚布局、内部结构和真值表，可以参见图 10.36 和表 10.3。74LS164 的内部集成了串行连接的 8 级 D 触发器。

74LS164 是一种 74 系列的、TTL 工艺的、应用更广泛的标准数字电路。由于其吞吐电流的输出负载能力不强，并且严重的不对称，低电平吸入电流的负载能力(为 8 mA)比高电平流出电流的负载能力(仅有 0.4 mA)大得多，因此选用共阳极 LED 数码管应该更好些。

如果选用在 74LS164 之后推出的，功能等同于 74 系列的，CMOS 工艺的 74HC164，其吞吐电流驱动能力较强，并且对称，均为 25 mA。那么 LED 数码管选用共阴极或共阳极将不再存在限制。

假如选用再后来新研制的功能类似的，CMOS 工艺的 74HC595，其吞吐电流驱动能力更强且对称，均可高达 35 mA。

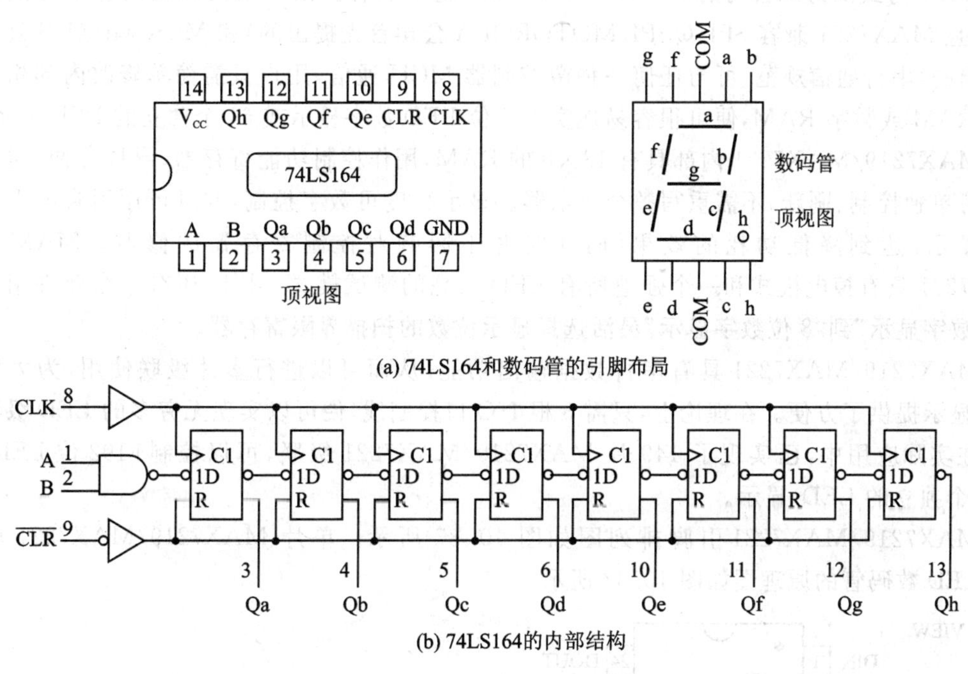

(a) 74LS164和数码管的引脚布局

(b) 74LS164的内部结构

图 10.36　引脚布局和内部结构

表 10.3　74LS164 真值表

输入信号端				输出信号端							
CLR(清除)	CLK(时钟)	A	B	Q_a	Q_b	Q_c	Q_d	Q_e	Q_f	Q_g	Q_h
L	X	X	X	L	L	L	L	L	L	L	L
H	L	X	X	Q_a^0	Q_b^0	Q_c^0	Q_d^0	Q_e^0	Q_f^0	Q_g^0	Q_h^0
H	↑	H	H	H	Q_a^n	Q_b^n	Q_c^n	Q_d^n	Q_e^n	Q_f^n	Q_g^n
H	↑	L	X	L	Q_a^n	Q_b^n	Q_c^n	Q_d^n	Q_e^n	Q_f^n	Q_g^n
H	↑	X	L	L	Q_a^n	Q_b^n	Q_c^n	Q_d^n	Q_e^n	Q_f^n	Q_g^n

以上介绍的一些电路方案，都是选用通用的数字集成电路。其好处是，这些器件已经标准化，有许多家半导体制造商都在生产，廉价易购，几乎不存在断货的可能。

4. 专用驱动芯片

美国美信(MAXIM)公司前不久推出的 MAX7221,是一款新型多功能 8 位七段 LED 显示驱动 IC,是与先期推出的 MAX7219 引脚兼容的升级产品。在性能上 MAX7219/MAX7221 与武汉力源公司的 PS7219/ PS7219A 基本兼容。接口采用三线同步串行接口方式,并且 MAX7221 兼容 SPI、QSPI(MOTOROLA 公司首先提出的)和 Microwire(NS 公司首先提出的)串行通信规范,可与任何一种微控制器 MCU 通信,用户只需简单修改内部相关的控制 RAM 或数字 RAM,便可很容易地实现 8 位 LED 数字显示或 64 个独立的 LED 显示。

MAX7219/MAX7221 内部具有 13×8 的 RAM,用作控制功能寄存器,寻址方便,对每位数字可单独控制、刷新,不需重写整个显示器。显示亮度可数字控制,并且可用引脚电平禁止所有显示,达到降低功耗的效果,而同时并不影响对控制寄存器的修改。MAX7219/MAX7221 具有掉电模式和一个强迫所有 LED 点亮的测试模式;另外,还有一个允许用户从"1 位数字显示"到"8 位数字显示"灵活选择显示位数的扫描界限寄存器。

MAX7219/MAX7221 具有串行数据输出功能,从而可以进行多片级联使用,为大屏幕 LED 显示提供了方便。在理论上,只需 3 根 I/O 口控制线,便可以实现无穷多的 LED 级联显示。在实际应用中,已实现了 149 片 MAX7219/MAX7221 级联,可以控制1192 位 LED(或 9536 个独立的 LED)显示。

MAX7219/MAX7221 引脚排列图如图 10.37 所示。单片 MAX7219/MAX7221 驱动 8 位 LED 数码管的原理图如图 10.38 所示。

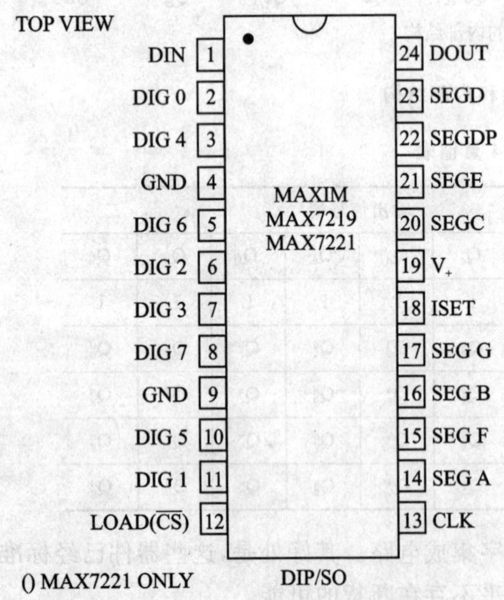

图 10.37 MAX7219/MAX7221 引脚排列

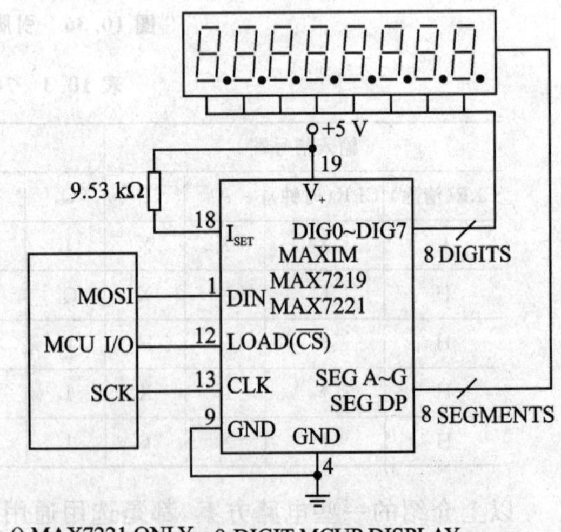

图 10.38 单片驱动 8 位 LED 数码管的原理图

仅利用单片机的 3 个端口引脚，连接两片 MAX7219/MAX7221，就可以驱动 16 位 LED 数码管，其接线原理图如图 10.39 所示。

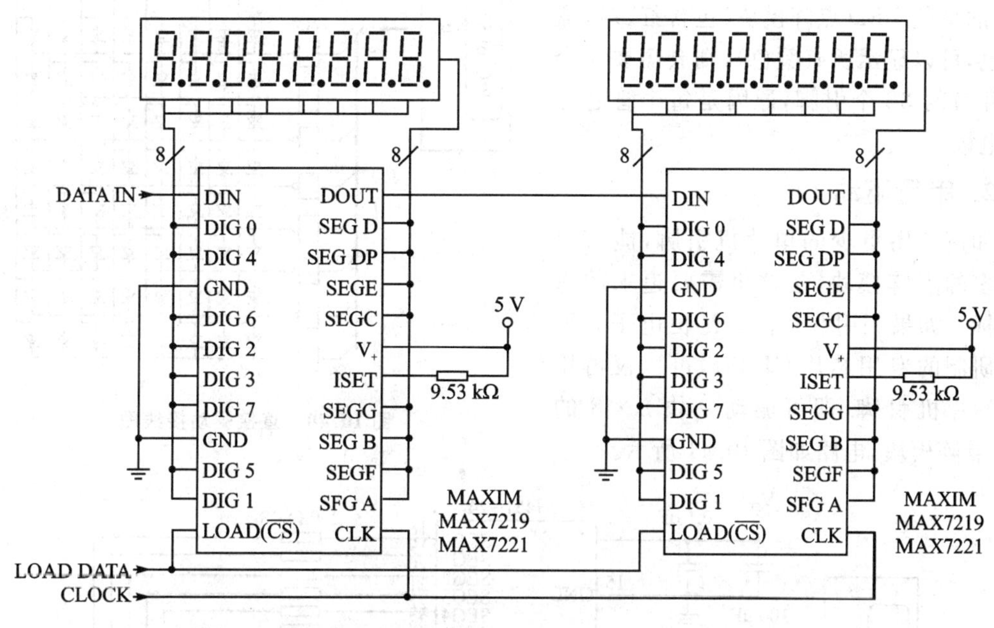

图 10.39　两片级联应用

如果选择 LED 数码管专用驱动芯片，带来的明显好处至少有以下两个：

(1) 占用较少的单片机引脚资源，可以驱动位数较多的 LED 数码管；

(2) 大幅度地减轻 CPU 的负担。原因是，从繁重的周期性的动态扫描任务中脱离了出来，由专用芯片内部的硬件逻辑自动去完成。

10.3.4　LED 点阵模块动态驱动方式

一般 LED 点阵模块只能采用动态驱动方式，并且通常采用专用的 LED 数码管或 LED 点阵模块驱动器芯片来驱动。

1. 直接驱动

如图 10.40 所示，是利用单片机的 2 个并行端口的 16 个引脚，直接驱动一块 8×8 的 LED 点阵模块。一块 8×8 的单色 LED 点阵模块，共有 64 只 LED，这相当于同时驱动 8 只 LED 数码管的等量负载。其中，如果端口引脚的驱动能力足够，同相驱动器 7434 和反相驱动器 7404 都可以省略。

该电路仅仅驱动一块 8×8 的 LED 点阵模块，就占用了 16 个端口引脚，并且还是单色点阵。这里只是为了讲解之需，并没有实用价值。如果是驱动一块 8×8 的双色 LED 点阵模块，则会需要 3 个 8 位并口的 24 个引脚，原因是每个管芯有 3 个电极。如果是驱动一块 8×8 的全色 LED 点阵模块(包含红、绿、蓝 3 基色，可以显示所有颜色)，则会需要 4 个 8 位并口的 32 个引脚，原因是每个管芯有 4 个电极。

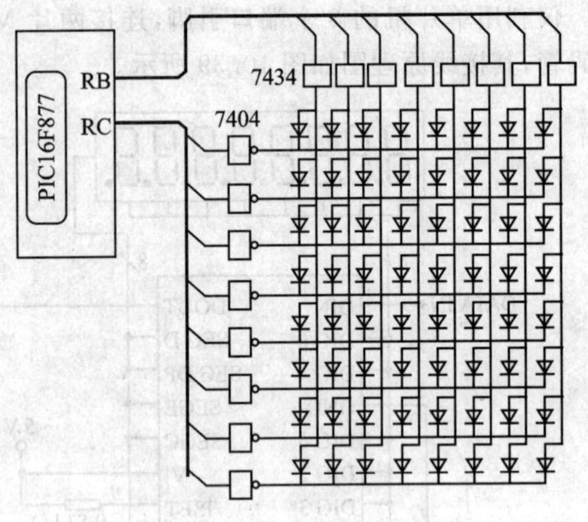

图 10.40　直接驱动接线图

2. 串行驱动

如何利用更少的单片机引脚，能够驱动更多的点阵模块，是这里需要追求的重要目标。如果利用一片南京沁恒电子有限公司研制的专用芯片 CH451，可以仅占用 3 个单片机引脚，即可驱动一块 8×8 的 LED 点阵模块，电路如图 10.41 所示。

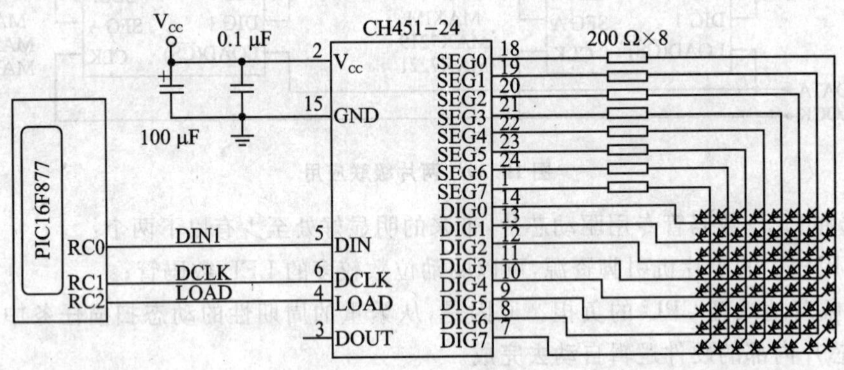

图 10.41　串行驱动接线图

对于英文中的主要字符——英文字母，如果利用 8×8 点(或像素)显示一个字母，已经是绰绰有余，实际上 7×5 点已经足够，因此也可以买到 7×5 的 LED 点阵模块。不过，对于中文中的主要字符——汉字，如果利用 8×8 点显示一个字，也只能显示那些笔画较少的简单汉字(例如，井、年、中字等)。对于笔画较多的复杂汉字，通常都是利用 16×16 点来显示的。由此可见，利用单片机仅仅驱动一两块 8×8 的 LED 点阵模块，并没有多少实用价值。

为了不增加或少增加单片机端口引脚，驱动更多的 LED 点阵，可以采用"级联"接线方式和驱动技术。如图 10.42 所示电路是级联 4 片 CH451，来驱动 4 块 8×8 模块或者一块 16×16 模块。

利用以上电路构成的 16×16 的 LED 点阵，在实际工程中仍然远远满足不了，对于显示屏尺寸的现实需求。如图 10.43 所示，是利用点阵模块拼接的一个 16×64 的 LED 构成的点阵

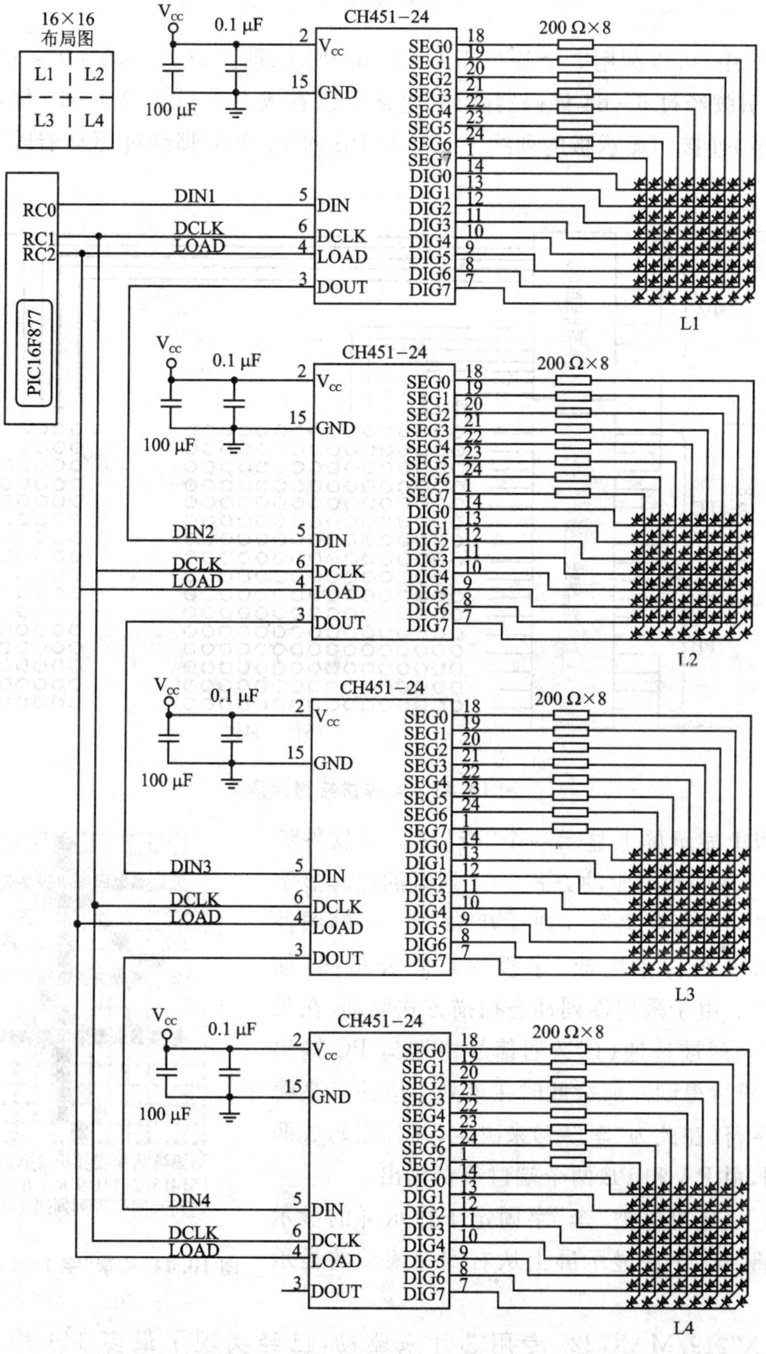

图 10.42　级联驱动接线图

式显示板。

在图 10.43 中,可以利用 3 个端口 PA、PB 和 PC 以动态方式驱动 1 024 点的 LED 显示屏,PA 的 6 个引脚经过 6－64 译码器阵列(电路可以看成由 4 只实现 4－16 译码器的数字电路 CD4067 组成)连接到显示板的列线上,PC 和 PB 的 16 个引脚经过驱动器阵列连接到显示板的行线上。

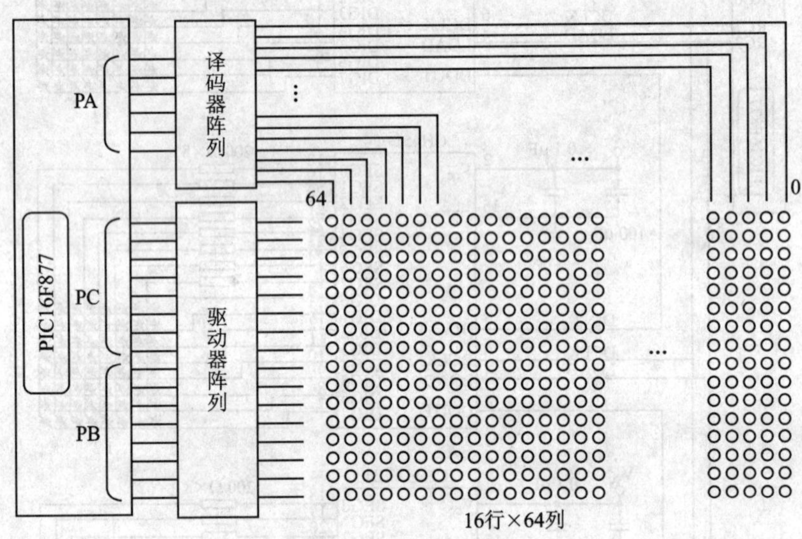

图 10.43　点阵拼接显示屏

例如,在以上显示屏上显示一个"李"字。其软件编程思路是:采用逐列动态驱动方式。64 列宽的点阵显示屏,自右向左排列的顺序为第 0 列～第 63 列。一帧图像由 16×16＝256 个像素组成(字模的点阵分析图,如图 10.44 所示)。由于采用逐列动态扫描方式驱动,在某一时刻只能有一列被选通(该选通信号由端口 PC 输出的数据经过译码后得到),那么此时在该列上应该点亮哪些点,由所显字符(在此为"李"字)来决定,并且编码成两个字节的数据,由 PA 和 PB 两个端口负责输出。

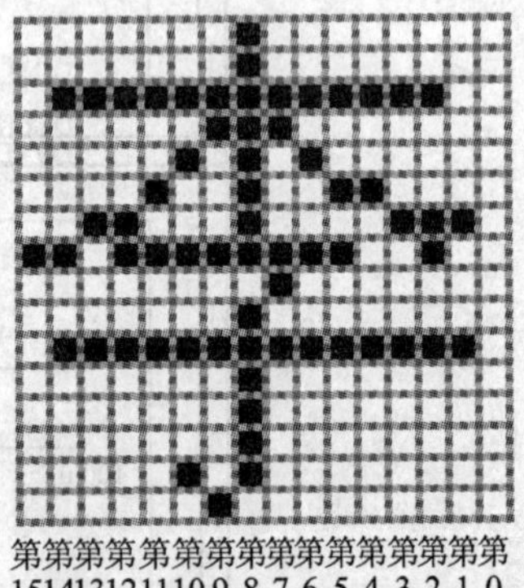

图 10.44　"李"字 16×16 点阵分析图

在此基础上,还可以把"李"字固定于显示屏的显示方式,改变为将"李"字在显示屏上从右到左滚动的显示方式。

利用 MAX7219/MAX7221 专用芯片来驱动,已经实现了最多 149 片的 MAX7219/MAX7221 级联应用,可以控制 1192 位 LED 数码管(或 9536 个分立的 LED 像素)的显示。

10.4 LED 数码管和按键开关组合接口方法和设计技巧

按键开关是常用的人机界面输入设备，而 LED 数码管又是很常用的人机界面输出设备，通常两者总是相伴相随。这很像 PC 机系统中的键盘和显示器那样，几乎是形影不离。需要提示的是，经过分析就会发现，按键开关阵列和 LED 数码管阵列的工作，都需要以动态扫描的方式来实现。

为此，就会想到，把两者放到一起来通盘考虑和规划。以下分别讲解任何利用通用器件和专用器件，来同时实现上述功能——按键输入和数码管输出。

10.4.1 利用通用器件

如图 10.45 所示，利用 2 片通用数字电路 74HC164 来同时驱动 8 只共阳极（或共阴极）LED 数码管和扫描 16 只按键开关，并且还额外设计了触键中断信号输出功能。

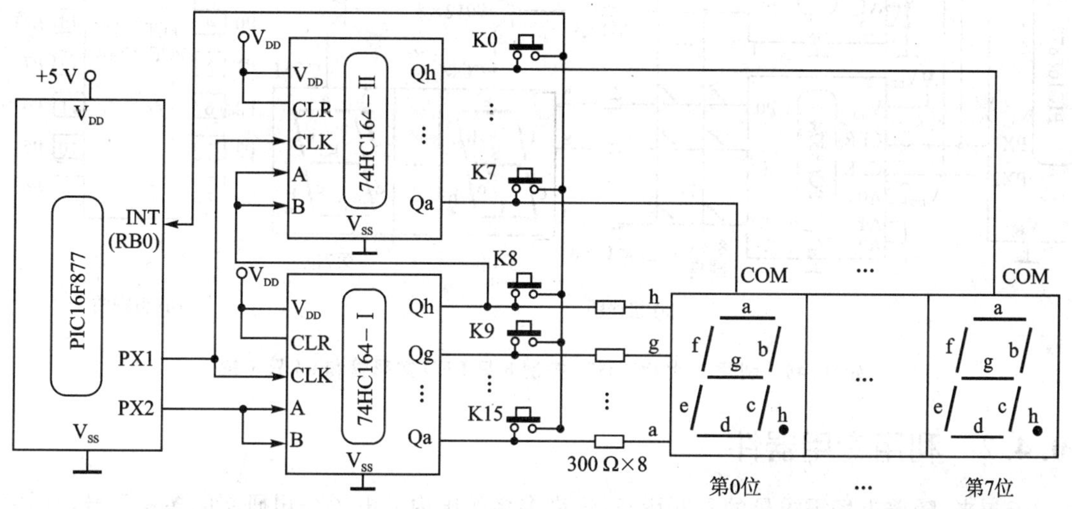

图 10.45 利用 2 片 74HC164 控制 8 只 LED 数码管和 16 只按键

针对该电路的软件编程思路是：

(1) 初始化设定通用端口引脚 PX1 和 PX2 为输出方式，设定 INT(RB0)为带上拉的输入方式，设定 INT 为下降沿触发方式。

(2) 平时每隔一个固定时间间隙，就经 PX1 和 PX2 输出一位数码管显示信息（参考图 10.35 电路的显示方法即可）。

(3) 当有按键被按下导致开关闭合时，INT 端将收到边沿触发信号，随后可以开始扫描按键位置。方法是经 PX1、PX2 发送一个扫描字 0111 1111 1111 1111，仅仅使 74HC164－I 的输出端之一"Qa"呈现低电平，接着检测 PB4 引脚的状态。如果测得 0 则可以判定所触之键为 K15，提前结束扫描过程。否则，扫描下邻按键，依次类推……直到扫描到最后一个按键 K0 为止。

如图 10.46 所示，利用 2 片通用电路 PCF8574/A 来同时驱动 8 只共阳极 LED 数码管和扫描 64 只按键开关，并且还可以额外增加触键中断信号输出功能。PCF8574/A 是 Philips 公司推出的一种 I/O 扩展器。其特点是，具有 2 线式 I^2C 总线接口，CMOS 工艺，具有大电流驱动能力的一个 8 位准双向并口。它能为设计者提供一种新颖的 I/O 端口扩展方法。使用 PCF8574/A 进行 I/O 扩展，不仅非常简便，而且具有强大的功能。例如，具有开漏输出的中断请求信号提供端，还能够随时进行 I/O 双向转换等。

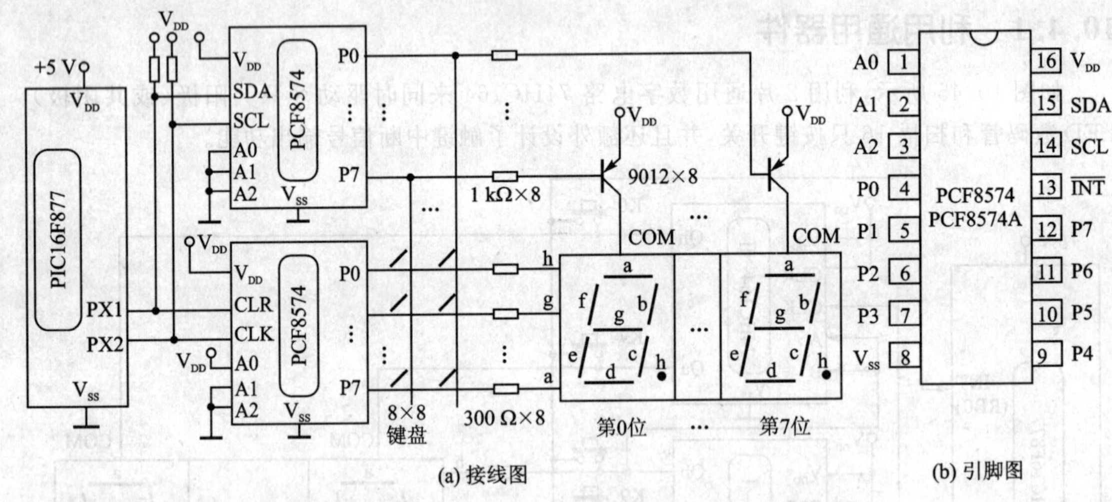

图 10.46　利用 2 片 PCF8574 控制 8 只 LED 数码管和 64 只按键

10.4.2　利用专用器件

近年来，随着市场需求量的不断增长，许许多多的国内外电子公司研制的多种型号形形色色的，带有串行接口的"LED 数码管＋矩阵键盘"智能控制器芯片。以下仅仅列举几家国内厂商及其器件型号，以供读者参考和选用。

(1) 南京沁恒公司的 CH451、CH452；

(2) 北京比高公司经销的 HD7279、BC7280 和 BC7281；

(3) 广州周立功公司的 ZLG7290；

(4) 福州贝能公司的 BN5279 和 BN5279A；

(5) 北京炜煌公司的 WH8280 和 WH8281。

如图 10.47 所示，是 BN5279 和 BN5279A 芯片的典型应用电路的接线图。借助于该类芯片，只占用少量的单片机端口引脚，即可同时驱动 8 位 LED 数码管(或 64 只分立 LED 或 8×8 LED 点阵)和扫描 8×8 矩阵键盘。数码管的动态刷新显示、矩阵键盘的按键去抖、按键识别等多种任务都由该芯片自动完成，大大减轻了 CPU 的负担。

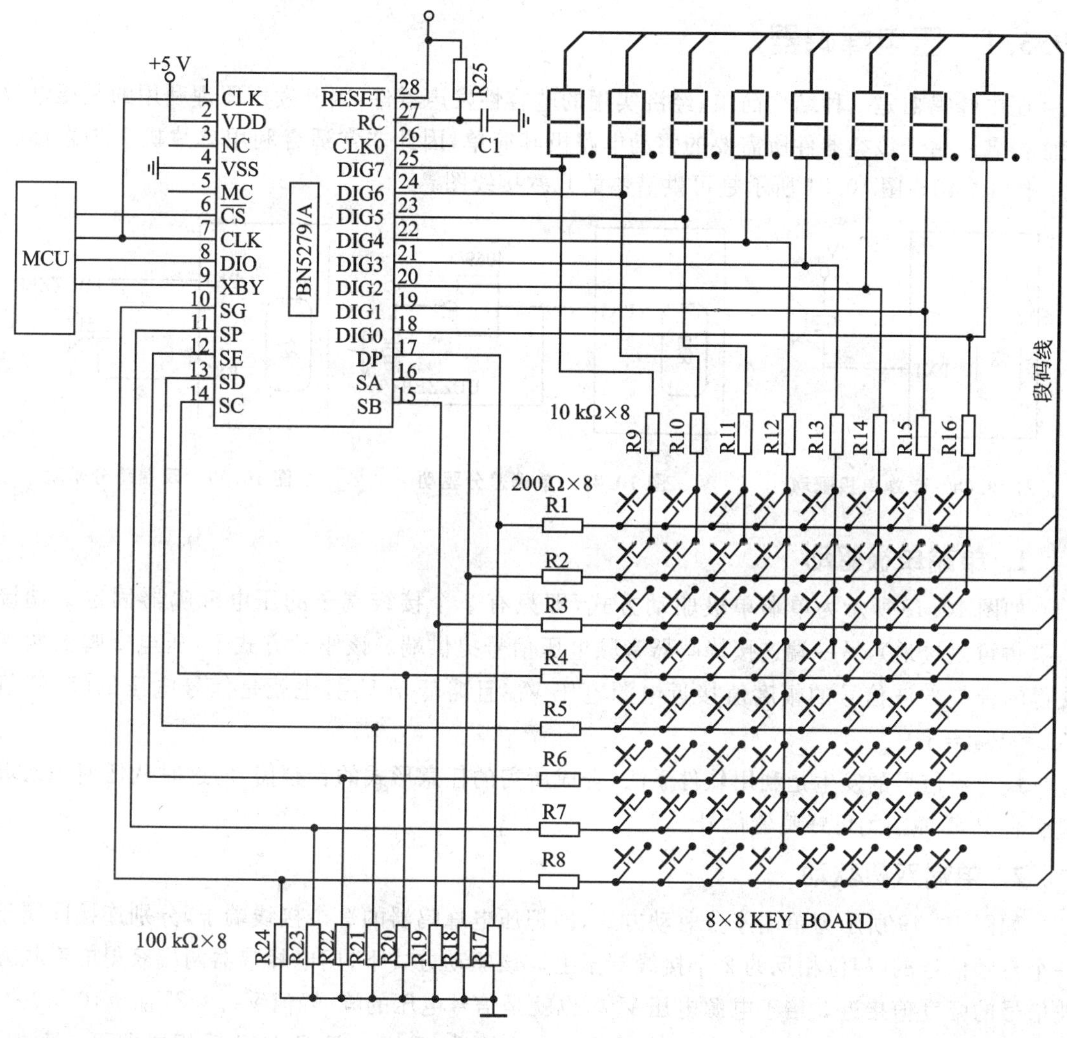

图 10.47　BN5279/A 典型应用电路

10.5　音响输出接口方法和设计技巧

对于专业音响设备，追求的目标是，高保真、高音质、高功率、多声道，频率特性要求非常高，需要十分复杂的高性能功率放大器，来驱动构成二维或三维立体声场的多个高音、中音、低音扬声器。

而对于单片机应用系统中的音响,通常只是为了产生提示音、报键音、报警声等简单功能。其驱动电路也相对简单了许多。

10.5.1 压电蜂鸣器

压电蜂鸣器是一种结构简单、经济实用的电容性发声器件,因其发声原理利用的是压电效应而得名。由于该类器件所需要的驱动电路极其简单,因此非常适合利用单片机引脚直接驱动。图10.48～图10.51所示是可供借鉴的几款接线图。

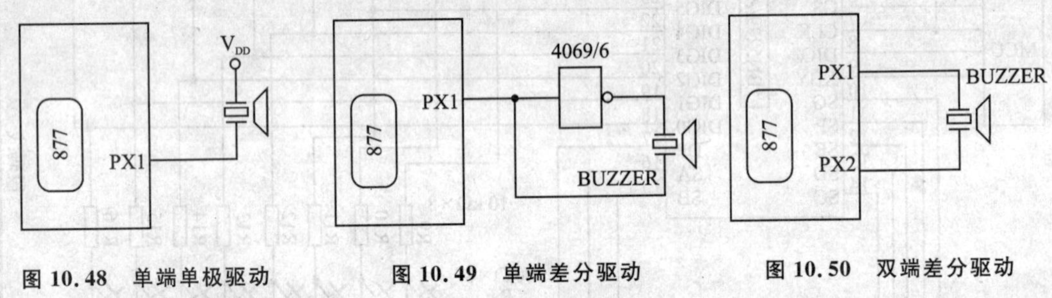

图10.48　单端单极驱动　　图10.49　单端差分驱动　　图10.50　双端差分驱动

1. 单端单极驱动

如图10.48所示为单端单极驱动方式,即只有2个接线端子的压电蜂鸣器固定一端接V_{DD}(也可以接地),另一端连接蜂鸣器音频电压信号提供端。该驱动方式下,压电蜂鸣器两端获得的音频方波信号的幅度值接近电源电压V_{DD}且略低于V_{DD},也就是信号电压的峰-峰值$V_{P-P} \approx V_{DD} = 5$ V。

蜂鸣器信号的发生是利用软件手法,合成所需的任意形式的音频信号,这时从任何一条端口引脚PX1输出均可蜂鸣器信号。

2. 单端双极驱动

如图10.49所示为单端差分驱动方式,即把压电蜂鸣器的2个接线端子,分别连接同属于一个音频信号的,相位相反的2个接线端子上。该驱动方式下,压电蜂鸣器两端获得的音频方波信号的幅度值接近2倍于电源电压V_{DD},也就是信号电压的峰-峰值$V_{P-P} \approx 2V_{DD} = 10$ V。

这里为了把一路信号分解为相位相反的2路信号,采用一只CMOS反相器即可。例如,4069、40106之类的6反相器封装一体的芯片当中的一个。当利用软件手法合成所需的任意形式的音频信号,就从任何一条端口引脚PX1输出均可。

3. 双端双极驱动

如图10.50所示为双端差分驱动方式,即把压电蜂鸣器的2个接线端子分别连接于2个不同的单片机端口引脚PX1和PX2上,获取相位相反的音频信号。在该驱动方式下,压电蜂鸣器两端获得的音频方波信号的幅度值，也接近于 2 V_{DD}，即 $V_{P-P} \approx 2V_{DD} = 10$ V。

为了获取相位相反的 2 路音频信号，就需要在内部采取软件手段，同时从 2 个端口引脚 PX1 和 PX2 上送出。这时需要占用 2 个引脚，并且可以选任何 2 个端口引脚。

4. 单端双极扩压驱动

如图 10.51 所示为单端差分扩压驱动方式。这是在图 10.49 基础上，把普通数字电路的反相器，更换为 RS－232 电平信号专用的、串行通信接口芯片 MAX232 内部的、扩压型的反相器。由于 MAX232 内部利用电荷泵升压技术，能够使该反相器的输出电平在±12～±25 V(为理论值，而实测值为±9 V)之间摆动，因此按图 10.51 的接线方法，可以在压电蜂鸣器两端获得峰-峰值高达 20 V 左右的音频方波电压信号。从而可以大幅度地提高发声的音量。

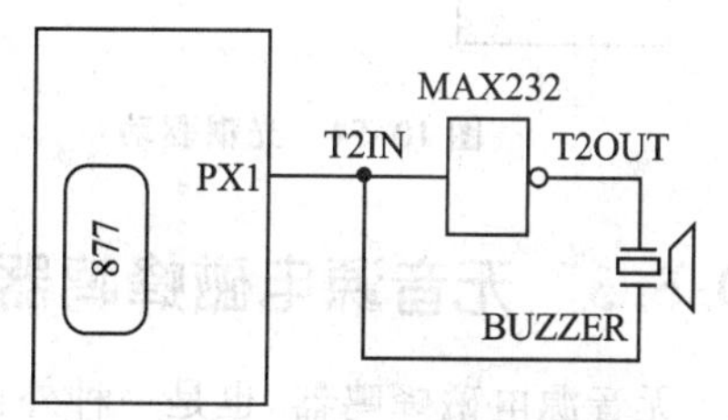

图 10.51　单端差分扩压驱动

10.5.2　自带音源电磁蜂鸣器

自带音源电磁蜂鸣器，是一种外径为 12 mm 圆柱形的电磁结构的微型发声器件。由于其内部带有音频振荡器和驱动电路，因此一旦接通电源，它就会发出音调固定并且频率近似为 1000 Hz 的声音。有“连续发声”和“断续发声”两种，前者持续发出“嘟——”；后者则间歇性地发出“嘟—嘟—嘟——嘟——”。对于电源电压的大小也没有太严格的要求。实验测试表明：电源电压在 1.5～30 V 的范围内都能够发声，并且会随着电源电压的升高而增大。为了避免损坏，建议不要连接太高的电源电压。

当连接单片机应用系统中最常用的 5 V 电源电压时，实验测试电流消耗约为 15～20 mA。该电流值基本没有超过，PIC 系列单片机端口引脚所能够提供的高电流驱动能力(即流入或者流出最大电流都是 20 mA)。因此可以直接利用这种引脚来驱动(如图 10.52 所示)。不过没有留出富裕量，存在一定的烧坏引脚内部电路的危险性。为了避免这种危险性，建议最好在单片机引脚与该蜂鸣器之间，接入一级缓冲驱动器电路。这里就给出几种样式(如图 10.52～图 10.55 所示，其中 PXx 代表任一端口引脚)，仅供读者参考。

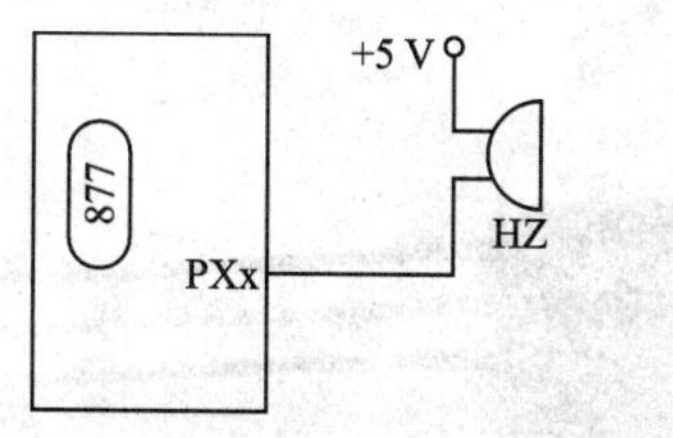

图 10.52　直接驱动

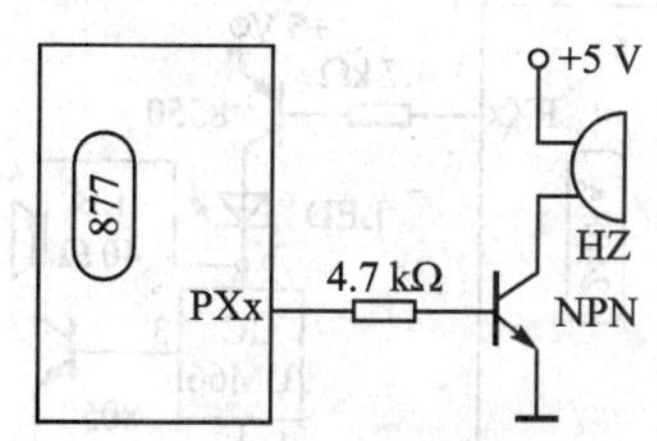

图 10.53　三极管驱动

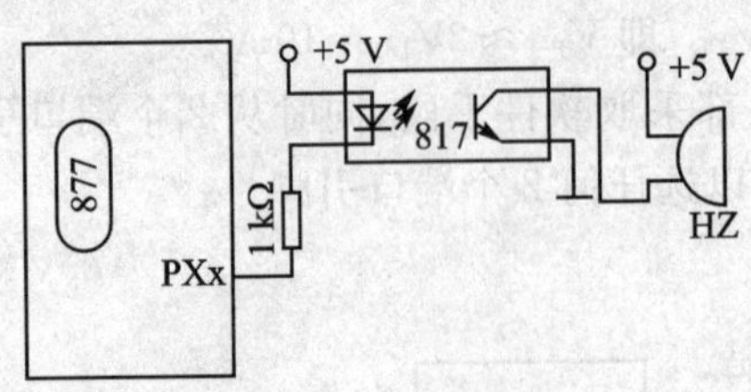

图 10.54　光耦驱动

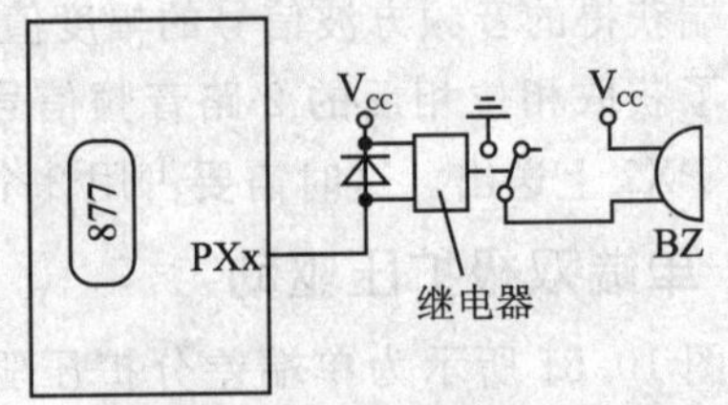

图 10.55　继电器驱动

10.5.3　无音源电磁蜂鸣器

无音源电磁蜂鸣器,也是一种外径为 12 mm 圆柱形的,电磁结构的微型发声器件。不过,其内部没有振荡器和驱动电路,仅仅等效为一个电阻约为 40 Ω(实测近似值)的微功率微型喇叭。发声所需的音频信号以及驱动电路,都应该由外部提供。

如图 10.56～图 10.58 所示是几种不同的接线图。其中,图 10.56 和图 10.57 分别是利用三极管 8050 的集电极驱动和发射极驱动,音频信号需要由单片机执行程序来产生;图 10.58 电路是利用一只称作音乐三极管的集成电路(例如 UM66 型号),不仅能产生音频信号,而且只要电源一接通它还能发出优雅的乐曲(例如"致爱丽丝"等)。利用一只 LED 既可起到降压作用,还可以随着音乐的播放闪闪发光。音乐三极管的实物图片如图 10.59 所示,其工作电压标称值为 3 V,外型尺寸等同于一只塑封三极管。

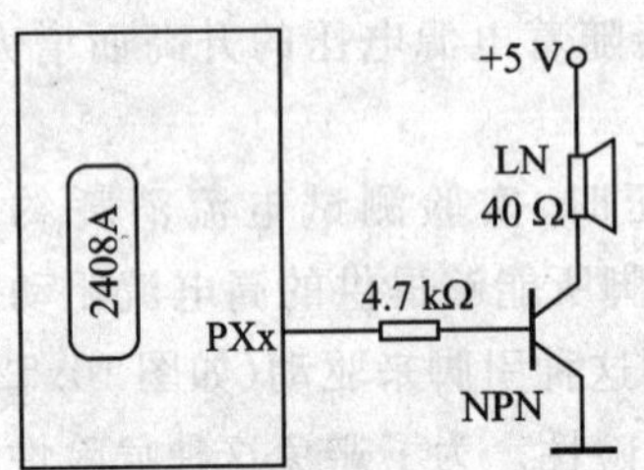

图 10.56　集电极驱动

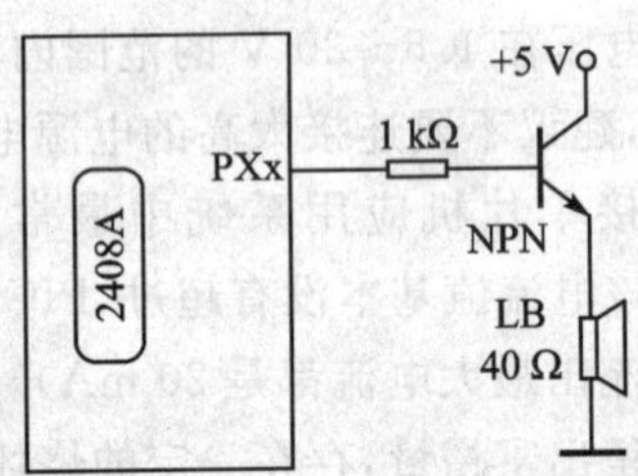

图 10.57　发射极驱动

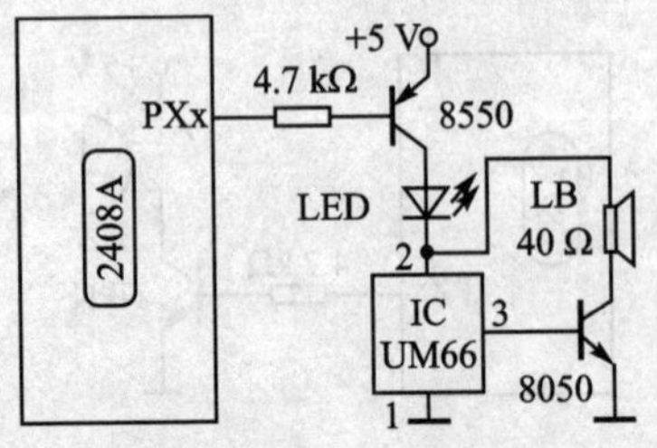

图 10.58　音乐三极管音源

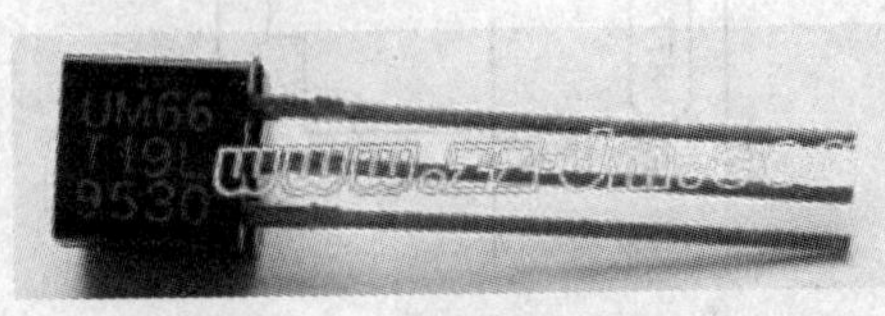

图 10.59　音乐三极管实物

10.6　应用举例

针对前面学习的单片机硬件、软件基础知识和集成环境下的硬件、软件开发平台，以及工程实践中经常需要解决的一些实际问题，这里以较少的硬件资源为基础，精心设计了一个利用通用并行端口实现数据输入和输出的应用实例。

本节将以单片机片并口模块的通用I/O引脚为主要应用对象，以实用技术开发为应用目标，以MPLAB-ICD开发套件为硬件实验平台，以集成开发环境MPLAB中的项目为导向，来设计一个兼顾实用性和趣味性的实验范例，以供读者实战时参考和借鉴，同时也为了激发初学者的求知欲望和动手兴趣。

【实验范例10.1】4×4阵列式键盘接口和编程方法

★ 项目实现功能

开关量输入是单片机应用项目中经常用到的一种输入方式。在本实验中，利用一个端口RB的8个引脚连接一个4×4矩阵键盘。初始加电时，发光管D7～D4点亮。此后，单片机扫描矩阵键盘，并且将其中所按之键的键值识别出来，显示到发光二极管D3～D0上。本例程序中没有设计识别复合键的功能，即当同时按下的键多于一个时，按非正常情况处理，这时显示为D7～D0＝10101010B。另外，如果按住按键没有及时松开，则D7～D4不停地闪烁，起到提示作用，同时也能够对于发生按键粘连故障的情况起到自诊断功能。

利用了PIC16F877端口RB内部固有的弱上拉电路，从而简化了外接电路。

★ 硬件电路规划

电路连线如图10.60所示，16只按键的键值分别被定义为“0”～“F”。如果在键盘与单片机端口引脚之间串联接入8只100 Ω的电阻，可以起到保护单片机引脚内部电路的作用，建议在实验过程中这样做。

★ 软件设计思路

矩阵键盘的操作，实际上分为两个任务，一是检测是否有键被按下，二是识别被按下的键是哪一只。这里采用的是“反转扫描法”，可以同时完成上述两项任务。其基本思路是，先让“行线”全输出逻辑0，接着读取“列线”，得到与按键横向位置对应的4位“列码”。如果有键被按下，则对应的列线必然会被读回逻辑0；如果无键被按下，则读取的列码必定为全1。当有键按下时，将从列线上读得的列码，再从列线输出，然后再读取行线，得到与按键纵向位置对应的4位“行码”。最后，将先后两次读得的行码和列码组合在一起，就构成了可以准确确定按键位置的“位置码”，如图10.61所示。例如，当“2”键被按下时，前一次从列线读得的列码为RB3～RB0＝0111，后一次从行线读得的行码为RB7～RB4＝1101，合成后的位置码为RB7～RB0＝

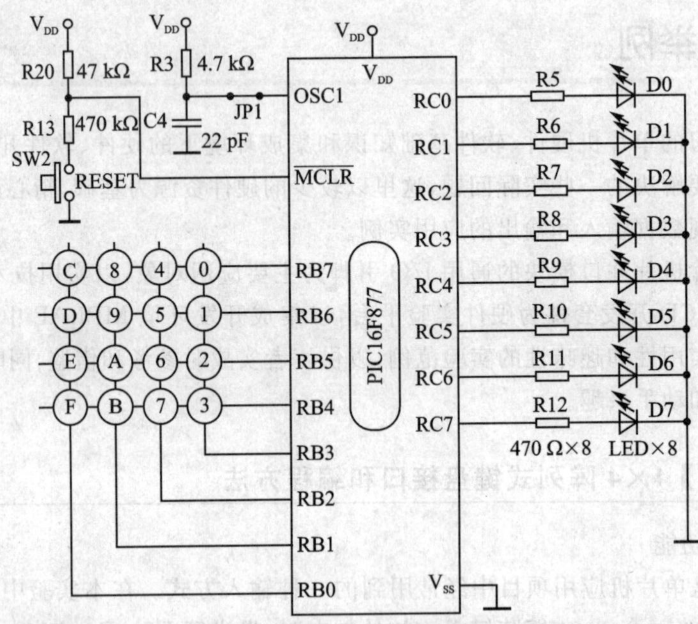

图 10.60 实验电路

键值 列码 / 行码		RB3 —— RB0			
		7行 0111	B行 1011	D行 1101	E行 1110
RB7	7行 0111	0	4	8	C
│	B行 1011	1	5	9	D
│	D行 1101	2	6	A	E
RB4	E行 1110	3	7	B	F

图 10.61 按键位置码

11010111B＝D7H。将各个按键的位置码按照键值的顺序，预先在 RAM 中定义成一个数据表(当然也可以在 ROM 中建表)，利用 FSR 寄存器间接寻址的方式实现 RAM 查表操作，从而实现从位置码到键值的翻译。

为了防止干扰或者误操作，软件中设置了延时去抖动功能。关于消除抖动的设计方法可以参考《基础篇》第 6 章的实验范例，在此不再赘述。另外，利用同一个延时子程序，通过预置不同的参数可以产生不同时长的延迟。

★ 汇编程序流程

主程序和键盘扫描子程序以及键值翻译子程序的流程图，分别如图 10.62～图 10.64 所示。产生 10 ms 或 100 ms 的延时子程序的流程图，可以参考以前的实验范例。

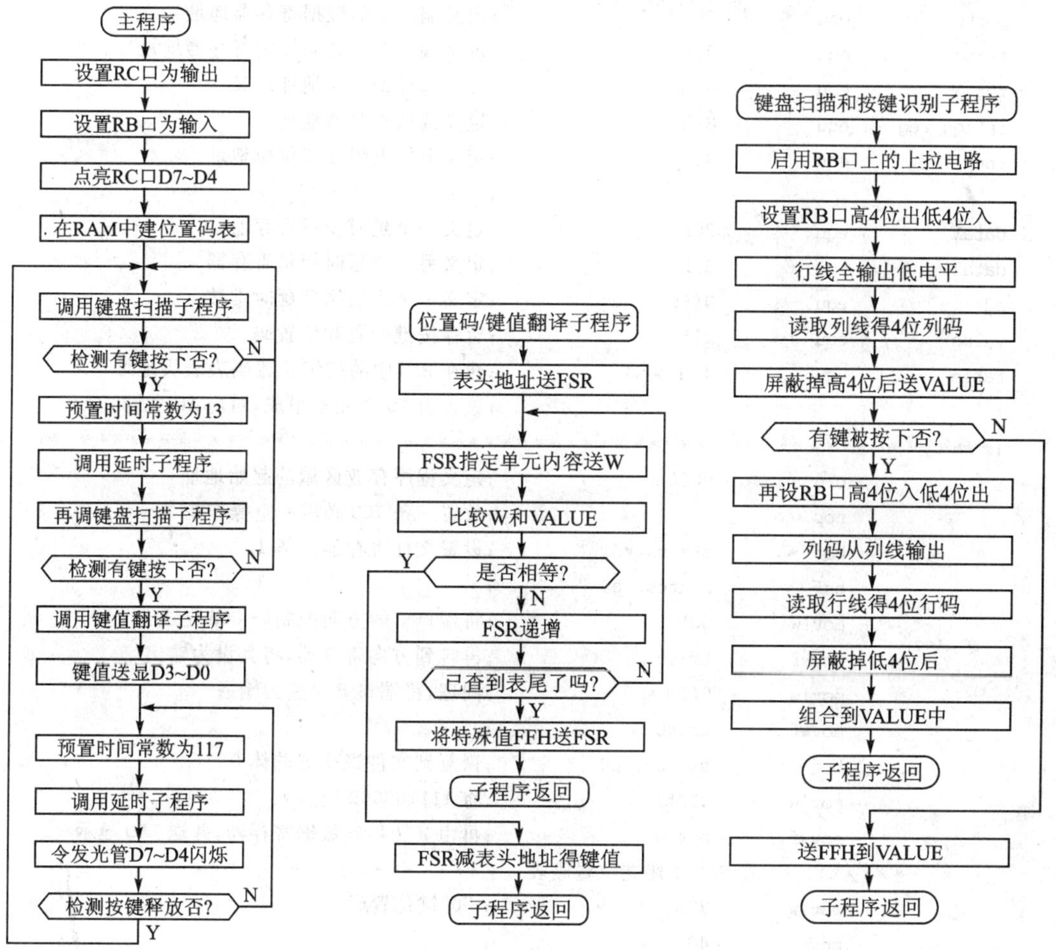

图 10.62 主程序流程图　　图 10.63 键值翻译子程序流程图　　图 10.64 键盘扫描子程序流程图

★ 汇编程序清单

```
;*****************************************************************
;《矩阵键盘扫描与按键识别》2006/9/20
;源程序文件名称：KEYPAD.asm
;*****************************************************************
status      equ      3h          ;定义状态寄存器地址
z           equ      2h          ;定义 0 标志位位地址
rp0         equ      5h          ;定义状态寄存器中的页选位 RP0
rp1         equ      5h          ;定义状态寄存器中的页选位 RP1
portb       equ      6h          ;定义端口 B 的数据寄存器地址
trisb       equ      86h         ;定义端口 B 的方向控制寄存器地址
```

```
portc         equ       7h          ;定义端口C的数据寄存器地址
trisc         equ       87h         ;定义端口C的方向控制寄存器地址
fsr           equ       04h         ;文件选择寄存器地址定义
option_reg    equ       81h         ;定义选项寄存器地址
rbup          equ       7           ;定义上拉电阻使能位位地址
                                    ;
data1         equ       20h         ;定义一个延时变量寄存器
data2         equ       21h         ;定义另一个延时变量寄存器
n2            equ       0ffh        ;定义一个内层循环延时常数
value         equ       22h         ;暂存按键列码和位置码
table         equ       40h         ;建在RAM中的按键位置码表表头地址
                                    ;该表由16个元素组成,对应16个键
;**********************************************************************
              org       0000h       ;定义程序存放区域的起始地址
              nop                   ;放置一条ICD必需的空操作指令
              bcf       status,rp1  ;设置文件寄存器的体1
              bsf       status,rp0  ;
              movlw     00h         ;将端口C的方向控制码00H先送W
              movwf     trisc       ;再转到方向寄存器,将其设为输出
              movlw     0ffh        ;同理,将端口B设置为输入
              movwf     trisb       ;
              bcf       status,rp0  ;恢复到文件寄存器的体0
              movlw     0F0h        ;将11110000B先送W
              movwf     portc       ;再由W转移到数据寄存器,并送LED显示
;*************   在RAM中建立位置码表   ************************
              movlw     77h         ; "0"键位置码
              movwf     40h         ;
              movlw     0b7h        ; "1"键位置码
              movwf     41h         ;
              movlw     0d7h        ; "2"键位置码
              movwf     42h         ;
              movlw     0e7h        ; "3"键位置码
              movwf     43h         ;
              movlw     7bh         ; "4"键位置码
              movwf     44h         ;
              movlw     0bbh        ; "5"键位置码
              movwf     45h         ;
              movlw     0dbh        ; "6"键位置码
              movwf     46h         ;
              movlw     0ebh        ; "7"键位置码
```

```
        movwf       47h             ;
        movlw       7dh             ;"8"键位置码
        movwf       48h             ;
        movlw       0bdh            ;"9"键位置码
        movwf       49h             ;
        movlw       0ddh            ;"a"键位置码
        movwf       4ah             ;
        movlw       0edh            ;"b"键位置码
        movwf       4bh             ;
        movlw       7eh             ;"c"键位置码
        movwf       4ch             ;
        movlw       0beh            ;"d"键位置码
        movwf       4dh             ;
        movlw       0deh            ;"e"键位置码
        movwf       4eh             ;
        movlw       0eeh            ;"f"键位置码
        movwf       4fh             ;
check
        call        keyscan         ;调用键盘扫描子程序
        comf        value,0         ;位置码取反送 W
        btfsc       status,z        ;测试有键按下否？有！跳过下条指令
        goto        check           ;无！则循环检测
        movlw       .13             ;预置外循环变量，
        movwf       data1           ;以便产生 10 ms 延时
        call        delay           ;调用延时子程序，消除接通抖动的影响
        call        keyscan         ;再次调用键盘扫描子程序
        comf        value,0         ;位置码取反送 W
        btfsc       status,z        ;测试有键按下否？有！跳过下条指令
        goto        check           ;无！则循环检测
        call        translate       ;调用键值翻译子程序
        movf        fsr,0           ;键值送 W
        movwf       portc           ;送到口 C 显示
check1
        movlw       .117            ;预置外循环变量，
        movwf       data1           ;以便产生 100 ms 延时
        call        delay           ;调用延时子程序，消除接通抖动的影响
        movlw       0f0h            ;将 C 口高 4 位输出状态反转，使 D7～D3 闪烁
        xorWf       portc,1         ;以提示及时释放按键，
                                    ;或指明所显键值对应按键出现了粘连故障
        call        keyscan         ;调用键盘扫描子程序
```

```
        comf      value,0          ;位置码取反送 W
        btfss     status,z         ;测试键全部释放否？是！跳过下条指令
        goto      check1           ;否！则循环检测
        goto      check            ;大循环
;**************  键盘扫描和按键识别子程序  ******************************
;出口参数：有键按下时寄存器 value = 按键位置码；无键按下时 value = ffh
;=====================================================
keyscan
        bcf       status,rp1       ;设置文件寄存器的体 1
        bsf       status,rp0       ;
        bcf       option_reg,rbup  ;启用 B 口上拉电阻
        movlw     0fh              ;将端口 B 的方向控制码 0FH 先送 W
        movwf     trisb            ;将其设为高 4 位输出、低 4 位输入
        bcf       status,rp0       ;恢复到文件寄存器的体 0
        movlw     00h              ;4 条行线全部输出 0
        movwf     portb            ;
        nop                        ;等待输出状态稳定下来
        nop                        ;
        movf      portb,0          ;读取列线状态
        andlw     0fh              ;屏蔽掉高 4 位
        movwf     value            ;得到的列码暂存到 VALUE 寄存器中
        xorlw     0fh              ;与 0FH 值对比
        btfsc     status,z         ;列码全部为 1 吗？否！有键按下
        goto      nokey            ;是！无键按下
        bsf       status, rp0      ;设置文件寄存器的体 1
        movlw     0f0h             ;将端口 B 的方向控制码 0F0H 先送 W
        movwf     trisb            ;改变为低 4 位输出、高 4 位输入
        bcf       status,rp0       ;恢复到文件寄存器的体 0
        movf      value,0          ;读取列码
        movwf     portb            ;再经过列线输出
        nop                        ;等待输出状态稳定下来
        nop                        ;
        movf      portb,0          ;读取行线状态
        andlw     0f0h             ;屏蔽掉低 4 位
        iorwf     value,1          ;将行码和列码组合起来并放入 VALUE
        return                     ;子程序返回
nokey
        movlw     0ffh             ;建立一个标志值，表明无键按下
        movwf     value            ;
        return                     ;子程序返回
```

```
;************** 位置码/键值翻译子程序 ****************************
;出口参数：正常时寄存器 FSR = 键值;失常时寄存器 FSR = AAH
;=========================================================
translate
            movlw     40h            ;地址指针 FSR 设置表头地址,
            movwf     fsr            ;也就是给文件选择寄存器 FSR 设置初始值
loopt1
            movf      0,0            ;以间接寻址方式读表,并放入 W
            xorwf     value,0        ;与位置码比较
            btfsc     status,z       ;相等吗？否！跳一步
            goto      loopt2         ;是！跳转
            incf      fsr,1          ;地址指针 FSR 递增
            btfss     fsr,4          ;查到尾了吗,即够 16 次了吗(bit4 = 1?)
            goto      loopt1         ;否！跳回继续查表
            movlw     0aah           ;是！位置码超限(可能多键同时按下)
            movwf     fsr            ;返回一个“AAH = 10101010B”值作标志以便验证
            return                   ;子程序返回
loopt2
            bcf       fsr,6          ;等效于 FSR - 40H(即 01000000B)→FSR
            return                   ;在 FSR 中得到键值,返回
;************** 延时子程序 ****************************
;入口参数：外循环变量 data1 作为定时常数
;=========================================================
delay                                ;子程序名,也是子程序入口地址
lp0         movlw     n2             ;将内层循环参数值 n2 经过 W
            movwf     data2          ;送入用作内循环变量的 data2 单元
lp1         decfsz    data2,1        ;变量 data2 内容递减,若为 0 跳跃
            goto      lp1            ;跳转到 lp1 处
            decfsz    data1,1        ;变量 data1 内容递减,若为 0 跳跃
            goto      lp0            ;跳转到 lp0 处
            return                   ;返回主程序
;*************************************************************
            end                      ;源程序结束
```

★几点补充说明

从本实验中学习到了,在 RAM 中的建表和查表的方法;矩阵键盘的扫描和位置识别方法;一个延时子程序产生两种不同延时时长的设计方法。这些算法在实际工作中都具有很大的实用价值。此外,在此基础上稍加变通,还可以利用 RB 端口的电平变化中断功能,以及单片机的睡眠与唤醒功能(留给读者去自由发挥)。

思考题与练习题

1. 结合你身边使用的各种电器装置(例如,学习用具——电子词典、计算器、语音复读机、电脑记事本、U盘等;通信工具——手机、小灵通、寻呼机等;娱乐器具——MP3、便携CD机、收音机等),请列举可以担当人机界面的输入类器件和输出类器件。

2. 结合家庭中使用的各种电器设备(例如,娱乐器具——VCD、DVD、家庭影院、录音机、照相机、摄像机、电子琴等;厨房电器——微波炉、电磁炉、电冰箱、抽油烟机、榨汁机、面包机、消毒柜、洗碗机等;生活用品——空调机、日历电子钟表、加湿器、吸尘器、热水器等;通信工具——电话机、微型电子计算机、楼宇对讲机、安防监控器、交互式数字电视机等),请列举可以担当人机界面的输入类器件和输出类器件。

3. 静态类输入开关与动态类输入开关的主要区别是什么?

4. 在城市公共设施中的电子装备上,你所见到的LED类显示器件有哪些?

5. 为什么动态类输入开关一般需要在软件中进行消除抖动的处理?

6. 按键开关的中断法输入和扫描法输入,各自有什么优点和缺点?

7. 驱动LED点阵显示器件,必须采用动态方式来驱动,为什么?

8. 怎样实现在RAM中建表和查表操作?你能否自行设计此类程序?(提示:参考实验范例10.1)

9. 如何实现通过调用同一个延时子程序来产生不同的延迟时间?这种编程方法有什么好处?(提示:参考实验范例10.1)

10. 4×4矩阵键盘的扫描方法还可以采用“逐行扫描”的算法,请读者自行设计和编写程序。

11. 在实验范例10.1程序的基础之上,如何改动就可以把RB端口的电平变化中断功能以及单片机的睡眠与唤醒功能利用起来?

附 录

93LC46 串行 EEPROM 存储器

在使用 EEPROM 存储器 93LCXX 之前，有必要了解该类存储器的内部结构和操作原理。最先提出 MicroWire/Plus 串行接口的美国国家半导体公司(NSC)，较早地推出了兼容该接口的 NMOS 和 CMOS 串行 EEPROM 存储器系列产品，型号有：NMC93C06(256b)、NMC93C46(1024b)、NMC93C56(2048b)、NMC93C66(4096b)等。后来就有了许多公司相继研制和生产，功能和引脚与之兼容的多种系列产品，因此，形成了一种事实上的工业标准。需要注意的是，虽然各家公司的产品都基本兼容，但是不同公司的产品以及不同的型号之间可能会存在一些细微差别，在选用时应该细心查阅具体型号的产品说明书。

目前，美国 Microchip、Atmel 等公司是世界上主要的串行 EEPROM 产品供应商。下面以 Microchip 公司产品 93LC46 为主，适当兼顾关于 93LCXX 系列的共性简介。该公司的 CMOS 串行 EEPROM 工作电压范围宽、擦写次数最高可达 10 000 000 次，具有比较高的性价比，广泛应用于各个领域。附表 1 中列出的仅仅是该公司的部分产品。

93LCXX 系列的特性如下：

- 具备 MicroWire 串行接口(兼容 SPI 串行接口)；
- 具有 256～16K 位不同容量的多种型号可选；
- 不需要外加烧写高电压；
- 低功耗(工作态典型值为 1 mA；待机态典型值为 5 μA@3 V)；
- 具有连续读出功能；
- 在擦除和写入操作期间提供状态信号；
- 具备电源开关数据保护电路；
- 数据保存期限＞200 年；
- 擦写次数可以高达 10^7 次；
- 提供 4 种不同的引脚排列和封装形式；
- 提供较宽的工作温度范围：商业级 0～＋70℃，工业级－40～＋85℃。

附录 93LC46 串行 EEPROM 存储器

附表1 93LCXX 系列部分产品

型 号	擦写周期	容 量	结 构	烧写时间/ms	最高时钟/MHz	工作电压/V
93LC46	1M	1K	128×8 或 64×16	10	2	2.0～6.0
93LC46A	1M	1K	128×8	5	2	2.5～6.0
93LC46B	1M	1K	64×16	5	2	2.5～6.0
93LC56	1M	2K	256×8 或 128×16	10	2	2.0～6.0
93LC56A	1M	2K	256×8	6	2	2.5～6.0
93LC56B	1M	2K	128×16	6	2	2.5～6.0
93LC66	1M	4K	512×8 或 256×16	10	2	2.0～6.0
93LC66A	1M	4K	512×8	6	2	2.5～6.0
93LC66B	1M	4K	256×16	6	2	2.5～6.0
93LC76	1M	8K	1024×8 或 512×16	5	2	2.0～6.0
93LC86	1M	16K	2048×8 或 1024×16	5	2	2.0～6.0

93LCXX 系列产品的型号中，不带后缀“A 或 B”的型号，可以按需要灵活地组织成 8 位或 16 位宽度；带“A”后缀的型号，宽度只能固定为 8 位一种组织方式；带“B”后缀的型号，宽度只能固定为 16 位一种组织方式。

93LCXX 系列存储器的引脚排列和封装方式如附图 1 所示。各个引脚的功能如下：

➤ CS 为片选信号输入端，高电平有效。

➤ CLK 为同步串行时钟输入端，数据的写入用上升沿同步，数据的读出用下升沿同步。

➤ DI 为串行数据输入端，接收单片机发来的命令、地址或数据。

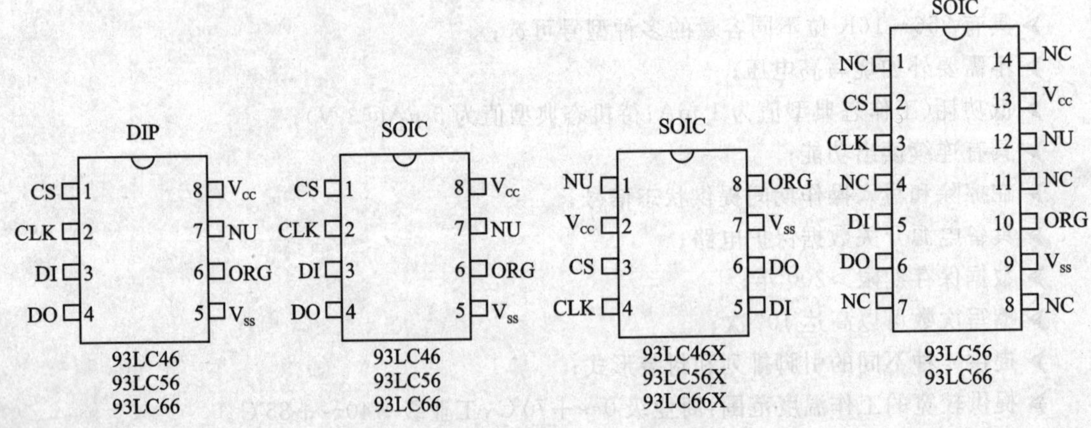

附图 1 封装形式和引脚排列

➤ DO 为串行数据输出端，送出数据给单片机。

➤ V_{SS}为电源负极，即接地端。

➤ ORG 为存储器组织方式选择端，接低电平为 8 位宽，接高电平为 16 位宽。

➤ NU 为未使用脚。

➤ NC 为未连接脚。

➤ V_{CC}为电源正极。

93LCXXX 系列存储器的内部结构如附图 2 所示。对于该系列存储器的操作原理作以下几点说明：

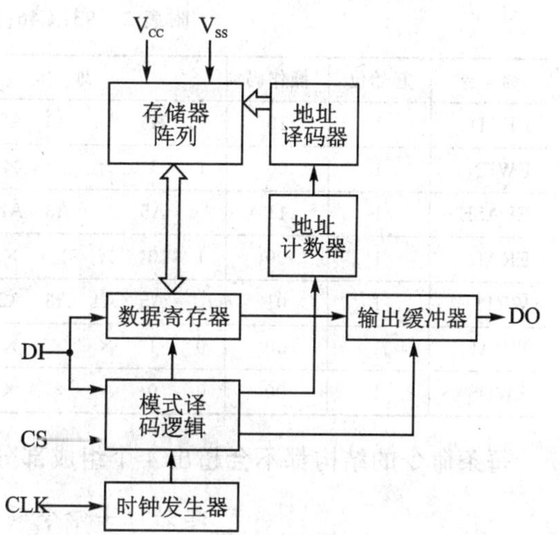

附图 2　内部结构

（1）在每次写入数据之前，都会自动先擦除待写入新数据的存储器单元里的旧内容。

（2）在上电期间，所有擦或写操作全都被禁止，直到电源电压 V_{CC}上升到 1.4 V 以上。这是数据保护的硬件措施之一。

（3）在掉电期间，当电源电压下降到 1.4 V 以下时，数据保护电路开始发挥作用，禁止任何擦或写操作。这是数据保护的硬件措施之二。

（4）在每次上电之后，存储器将会自动进入擦写禁止（EWDS）方式。在存储器能够执行擦除（ERASE）或写入（WRITE）命令之前，都必须先输入一条擦写使能（EWEN）命令。这是数据保护的软件措施之一。

（5）在每次写操作完成之后，都应该输入一条擦写禁止（EWDS）命令，以防止发生任何以外的擦或写操作。这是数据保护的软件措施之二。

（6）数据的读出操作（READ）不会受到擦写禁止状态的任何影响。

（7）平时将片选线 CS 维持在低电平上，使存储器工作于备用状态（或叫待机状态），以利于降低功耗。

（8）其 DO 脚，不仅用作串行数据输出脚，而且还可以在对存储器进行擦除和写入操作期间提供"闲/忙"状态信号，用于单片机的查询。

（9）在进行连续读出时，内部的地址计数器会依据命令中携带的地址码，在读取一个数据字之后自动加 1，只要继续提供时钟脉冲，下面单元的数据就会一个接一个地被顺序读取出来。

（10）在向 93LCXX 输入命令、地址或数据时，由同步时钟的下降沿控制从 DI 脚移入；而从 93LCXX 内部读取数据时，则由同步时钟的上升沿控制从 DO 脚移出。

93LCXXX 系列存储器可以实现的操作类型有：单字（×8 或×16）读出、单字写入、单字擦除、连续读出、整片擦除、整片写入、软件写保护等。为了实现这些操作,93LCXX 内部设计了操控命令的识别功能,可以辩识的命令共有 7 条,如附表 2 所列。该表中列出的仅仅是 93LC46 在 ORG=0,配置为 8 位宽的情况。

在附表 2 中列出的 7 条命令分别是:读出操作命令 READ、擦写使能命令 EWEN、单字擦除命令 ERASE、整片擦除命令 ERAL、单字写入命令 WRITE、整片写入命令 WRAL 和擦写禁止命令 EWDS。

附表 2 93LC46(或 93C46)的命令集

命 令	起始位	操作码	地 址							DI	D0	所需时钟周期数
READ	1	10	A6	A5	A4	A3	A2	A1	A0	—	D7～D0	18
EWEN	1	00	1	1	×	×	×	×	×	—	High-Z	10
ERASE	1	11	A6	A5	A4	A3	A2	A1	A0	—	(RDY/$\overline{BSY}$)	10
ERAL	1	00	1	0	×	×	×	×	×	—	(RDY/$\overline{BSY}$)	10
WRITE	1	01	A6	A5	A4	A3	A2	A1	A0	D7～D0	(RDY/$\overline{BSY}$)	18
WRAL	1	00	0	1	×	×	×	×	×	D7～D0	(RDY/$\overline{BSY}$)	18
EWDS	1	00	0	0	×	×	×	×	×	—	High-Z	10

每条命令的结构都不会超出 4 个组成部分。一条最长的操作命令的基本格式为

起始位+命令码+地址码+数据字

93LC46 的命令集不是规范的字节整倍数格式,而 SPI 接口却是以字节为单位进行读写操作的。为了便于适应 SPI 接口的操作方式,需要按照“地址低位对齐”的原则,将命令码拆分到 2 个不同的字节中,并且对于空闲位进行填充“X”,分 2 次 SPI 发送活动,写入存储器的命令译码电路,如附表 3 所列。

附表 3 93LC46(或 93C46)命令集的操作格式

命 令	第一字节	第二字节	第三字节	功能说明
	bit7～bit0	bit7～bit0	bit7～bit0	
READ	××××××11	0 A6～A0	—	单字节读出
ERASE	××××××11	1 A6～A0	—	单字节擦除
WRITE	××××××10	1 A6～A0	D7～D0	单字节写入
EWEN	××××××10	011×××××	—	擦/写使能
ERAL	××××××10	010×××××	—	整片擦除
WRAL	××××××10	001×××××	D7～D0	整片写入
EWDS	××××××10	000×××××	—	擦/写禁止

注:该表仅适合 93LC46 型号;并且仅为 ORG = 0,配置为 8 位宽的结构;表中的“×”表示任意值。

对于命令的编码和操作,作以下几点说明:

(1) 命令结构的4个组成部分不全都是必需的。

(2) 93LCXX系列芯片的具体型号不同,其容量不同,所需要的地址编码位数也随之不同;另外,随着组织的存储器宽度不同,地址编码位数也随之不同。例如,对于93LC46或93C46,当组织为8位宽度时,其地址编码是7位A6~A0。

(3) 向93LCXX内输入每条命令所需的时钟周期数也是不同的。

(4) 每条命令都必须以一位起始位"1"开头(记作SB)。

(5) SB后跟两位的操作码(或叫命令码)。两位命令码只能区分4条命令,为了能够区分更多的命令,就把其中4条不需要地址码的命令(即EWEN、ERAL、WRAL和EWDS)的地址码部分的高2位拿出来进行编码,作为命令码的扩展部分。

(6) 在发送每条命令之前,都必须把片选线CS电平拉高。

(7) 在每条命令发送完毕,都必须以一个宽度不低于250 ns的CS线低电平脉冲,通知EEPROM存储器的命令译码电路,结束命令的接收而开始命令的执行。

(8) 每条命令的长度既不是固定的,也不是8的整倍数,而单片机的发送动作则是以8位为单位进行的。为了使得单片机和93LCXX存储器之间,在软件上衔接良好,就在每条命令的前面(本着"右对齐"的原则)补加一些填充位,使其长度为8的整倍数,来满足单片机发送的时序需要。再在每条命令的发送结束时刻,在CS线上给93LCXX发送一个低电平脉冲,以便93LCXX锁存真正的命令信息,丢弃命令前面的填充位,这样就可以满足93LCXX的操作要求。

(9) 在各条命令之间,必须加入一个不小于250 ns的CS低电平脉冲,作为分隔。

(10) 向存储器输入每条命令,都是在同步时钟CLK的下降沿作用之下移入的。

在附图3~附图9中,分别给出了7条命令的操作时序。从这些时序图中可以看出,在每条命令输入之前必须先将CS线电平拉高,在每条命令输入之后必须再将CS电平拉低。

1. 读出操作READ(命令码10)

当CS片选线为高电平时,存储器收到读取命令和地址后,在每个时钟脉冲的上升沿作用下,从DO线输出指定单元的数据。在读出一个数据字之后,如果继续维持CS为高电平,以及继续输送CLK时钟脉冲的话,存储器的地址计数器会自动加1,继续将后续单元的数据经过DO脚移出,时序图见附图3。

2. 写入操作WRITE(命令码01)

当CS线为高电平时,存储器收到写入命令和地址后,在每个时钟脉冲上升沿作用下,进一步送入数据字(高位在前)。之后,在下一个脉冲上升沿到来之前,应该将CS线拉低,以便锁存命令。注意,CS线上的低电平持续时间不得小于250 ns。当CS恢复为高电平时,存储器内部就启动了写操作(实际是一种利用高压进行的"烧写"操作,烧写高压由内部的电荷泵电路产生),同时对于写操作过程开始自动定时。在写操作期间,存储器的DO引脚电平由高变

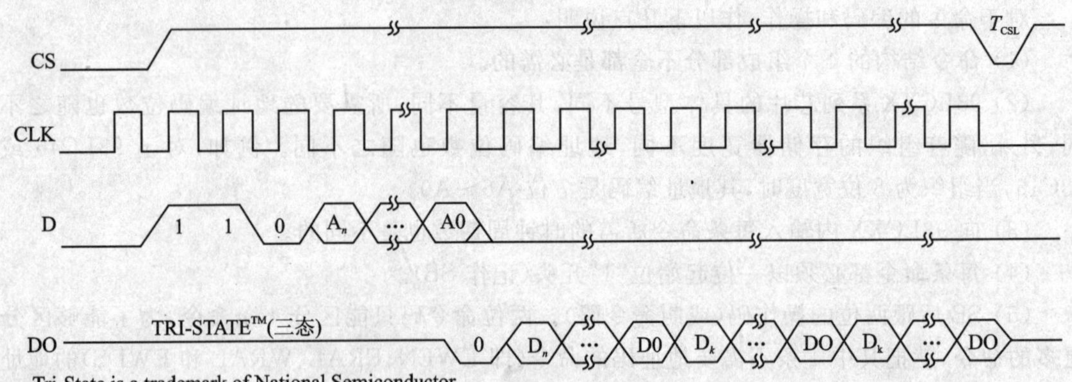

附图 3 单字读出或连续读出时序

低，用低电平表示存储器正处于繁忙状态；当写操作完成之后，DO 引脚恢复为高电平，表示存储器处于准备就绪状态，可以接收新的命令，时序图见附图 4。

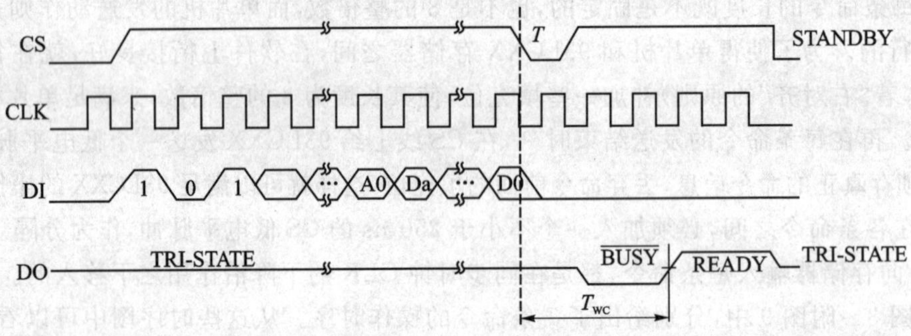

附图 4 单字写入时序

3. 擦写禁止操作 EWDS(命令码 0000)

当存储器接收了擦写禁止命令后，存储器就处于擦写禁止状态，不允许外界对于任何单元进行擦除或者写入操作，从而可以有效地防止干扰和误操作。存储器上电时，自动处于这种状态，时序图见附图 5。

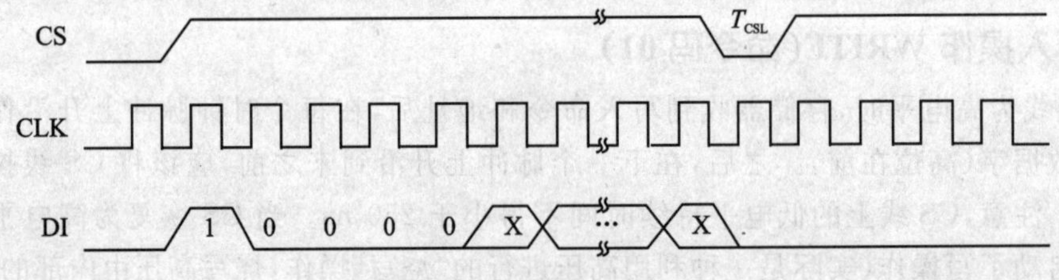

附图 5 擦写禁止时序

4. 擦写使能操作 EWEN(命令码 0011)

当存储器接收了擦写使能命令后，存储器就处于擦写允许状态，许可对于存储器的某个单元或整片进行擦除或写入操作。因此，若想进行写入或擦除操作，单片机必须事先发送 EWEN 命令。然而，读出操作 READ 在以上两种状态下均能进行，即不受擦写是否禁止的影响，时序图见附图 6。

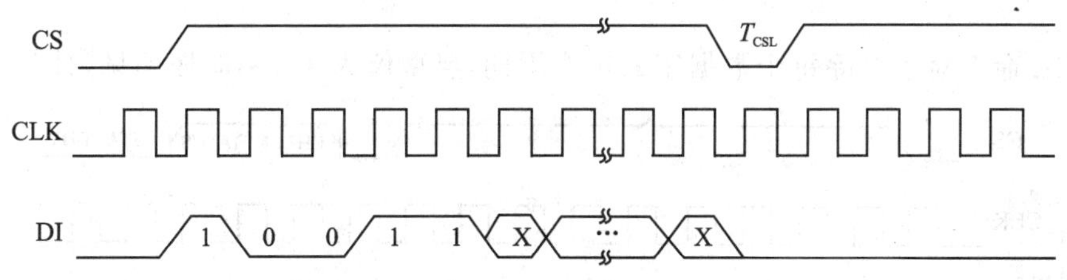

附图 6 擦写使能时序

5. 整片写入操作 WRAL(命令码 0001)

命令中携带的一个数据字作为对于整个存储器芯片每个单元的重复写入内容。写操作过程是以 CS 下降沿开始的，并且是自定时的。在存储器进入自定时模式后，CLK 引脚上的时钟脉冲就不再需要了。该命令的执行期间，将自动完成整片擦除 ERAL 的操作，因而在此前不需要发送 ERAL 命令，但是存储器必须处于 EWEN 状态。该命令执行期间必须确保 $V_{CC}=+4.5\sim+6.0$ V。

WRAL 命令执行时间最大为 30 ms，典型值为 16 ms。写操作过程是否完成，可以通过检测 DO 线的状态来判断。利用这种操作方式，可以很方便地检测存储器的每个单元是否正常，时序图见附图 7。

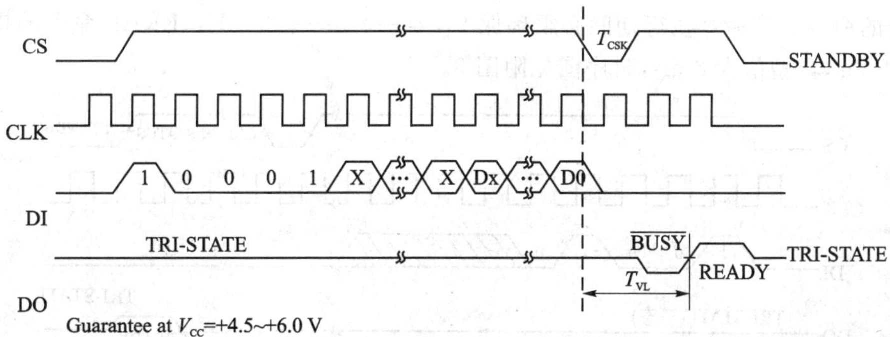

附图 7 写整片时序

6. 单字擦除操作 ERASE(命令码 11)

命令在 CLK 下降沿作用下移入,末尾将 CS 线拉低,该 CS 下降沿将初始化和启动自定时擦除操作。该命令将强迫被指定单元的所有数据位还原为原始状态,即逻辑"1"。CS 线如果在一个不小于 250 ns 的负脉冲之后被拉高,DO 脚上的电平将指示存储器的忙闲状态。DO=0,表示擦除操作仍在进行之中;DO=1,表示指定单元已经被擦除,存储器已经准备接收新的命令。

ERASE 命令对于擦除每个数据字的操作周期,典型值为 4 ms,时序图见附图 8。

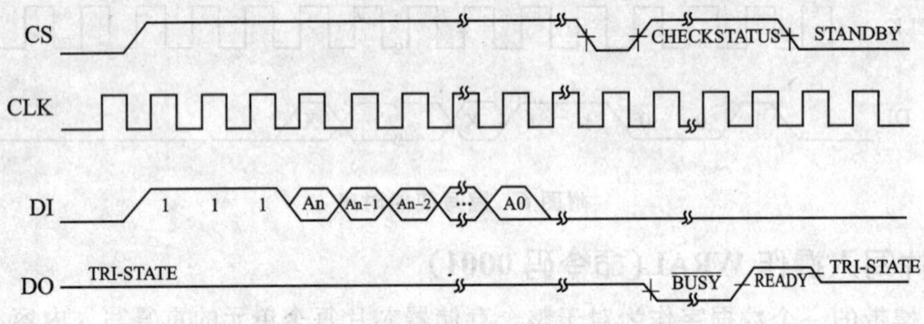

附图 8 单字擦除时序

7. 整片擦除操作 ERAL(命令码 0010)

该命令将强迫整片存储器单元的所有数据位还原为原始状态,即逻辑 1。擦除操作过程是以 CS 下降沿开始的,并且是自定时的。在存储器进入自定时模式后,CLK 引脚上的时钟脉冲就不再需要了。

CS 线如果在一个不小于 250 ns 的负脉冲之后被拉高,DO 引脚上的电平将指示存储器的忙闲状态。DO=0,表示擦除操作仍在进行之中;DO=1,表示整片已经被擦除,存储器已经准备接收新的命令。该命令执行期间必须确保 $V_{CC}=+4.5\sim+6.0$ V。ERAL 命令的操作周期最大为 15 ms,典型值为 8 ms,时序图见附图 9。

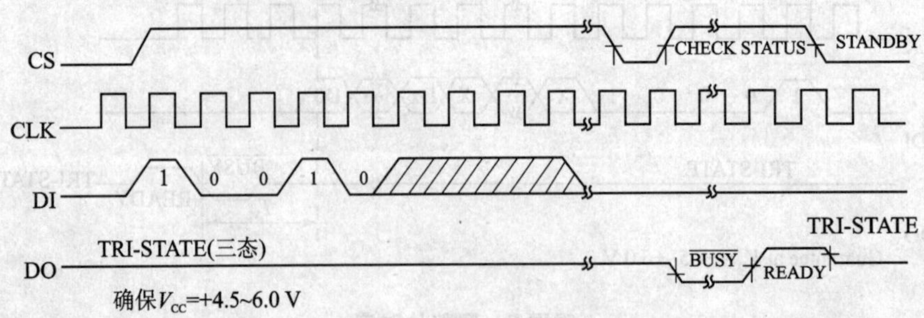

附图 9 整片擦除时序

参考文献

[1] Microchip. MPLAB-ICD USER'S GUIDE,1999.

[2] Microchip. MPLAB-ICD TUTORIAL. 1999.

[3] Microchip. PIC16F87X DATA SHEET,1999.

[4] Microchip. MPLAB IDE,SIMULATOR,EDITOR USER'S GUIDE,1998.

[5] Microchip. MPASM USER'S GUIDE with MPLINK and MPLIB,1997.

[6] Microchip. PIC16F870/871 DATA SHEET,1999.

[7] Microchip. PIC16F872 DATA SHEET,1999.

[8] Microchip. PIC16F8XX Memroy Programming Specification,1999.

[9] Microchip. EMBEDDED CONTROL HANDBOOK VOL1,1997.

[10] Microchip. EMBEDDED CONTROL HANDBOOK VOL2,1997.

[11] Microchip. AN734-Using the PICmicro SSP for Slave I^2C Communication,2000.

[12] Microchip. AN735-Using the PICmicro MSSP Module for Master I^2C Communications,2000.

[13] Microchip. Microchip Technical Labrary CD-ROM,1999.

[14] Microchip. Microchip Technical Labrary CD-ROM,2000.

[15] Microchip. Microchip Technical Labrary CD-ROM,2001.

[16] Microchip. Future PICmicro® Microcontroller Products Guide,2000.

[17] Microchip. ANALOG/INTERFACE HANDBOOK,2000.

[18] Microchip. PIC16C6X 8-Bit CMOS Microcontrollers DATA SHEET,1997.

[19] Microchip. MPASM™ and MPLINK™ PICmicro® QUICK REFERENCE GUIDE,1999(4).

[20] Microchip. PICmicro™ Mid-Range MCU Family Reference Manual,1997(12).

[21] Microchip. PIC16F87X EEPROM Memory Programming Specification,2000.

[22] Microchip. AY0438 32-Segment CMOS LCD Driver DATA SHEET,1995.

[23] Microchip. 93LC46A/B 1K 2.5 V Microwire® Serial EEPROM DATA SHEET,1998.

[24] Microchip. 25AA040/25LC040/25C040 4K SPI™ Bus Serial EEPROM DATA SHEET,1998.

[25] Microchip. 24C04A 4K 5.0V I^2C™ Serial EEPROM DATA SHEET,1998.

[26] 李学海. PIC 单片机实用教程——基础篇[M]. 北京:北京航空航天大学出版社,2002.

[27] 李学海. PIC 单片机实用教程——提高篇[M]. 北京:北京航空航天大学出版社,2002.

[28] 李学海. PIC 单片机原理[M]. 北京:北京航空航天大学出版社,2004.

[29] 李学海. PIC 单片机实践[M]. 北京:北京航空航天大学出版社,2004.

[30] 李学海. EM78 单片机实用教程——基础篇[M]. 北京:电子工业出版社,2003.

[31] 李学海. EM78单片机实用教程——扩展篇[M]. 北京:电子工业出版社,2003.
[32] 李学海. 凌阳8位单片机——基础篇[M]. 北京:北京航空航天大学出版社,2005.
[33] 李学海. 凌阳8位单片机——提高篇[M]. 北京:北京航空航天大学出版社,2006.
[34] 李学海. 标准80C51单片机基础教程——原理篇[M]. 北京:北京航空航天大学出版社,2006.
[35] 李学海,等. 电话机、寻呼机、手机检修思路·技巧·实例[M]. 天津:天津科学技术出版社,2000.
[36] 何立民. I^2C总线应用系统设计[M]. 北京:北京航空航天大学出版社,1995.
[37] 李学海. 智能遥控电话报警系统设计[C]. 第3届Motorola杯单片机应用大奖赛论文集, 2000.
[38] 李学海. 智能遥控电话报警系统[C]. 第2届力源杯BASIC单片机应用设计制作竞赛获奖作品选编. 1997.
[39] 李学海. 来话号码识别电路MT88E43及其应用研究[C]. 嵌入式系统及单片机国际学术交流会论文集(中文版、英文版). 北京:北京航空航天大学出版社,2001.
[40] 李学海. 重复利用OTP单片机方法探讨[C]. 2003年全国单片机及嵌入式系统学术年会暨多国产品展示会论文集. 北京:北京航空航天大学出版社.
[41] 李学海. 用AD7416+PIC16F84+PC机构建的测温系统[J]. 单片机与嵌入式系统应用,2004(11).
[42] 李学海. PIC16F87X单片机中断系统应用必须关注的问题[J]. 单片机与嵌入式系统应用,2001(5).
[43] 李学海. PIC单片机软件硬件及其应用系列讲座[J]. 电子世界,2000(1)-2001(7).
[44] 李学海. PIC16C84单片机及其应用连载[J]. 电子制作,2001(1)-2001(5).
[45] 李学海. EM78P447S单片机入门与实作系列讲座[J]. 无线电,2001(10)-2003(4).
[46] 李学海. 来话识别接收器HT9031及其应用[J]. 电子技术应用,1998(5).
[47] 李学海. 来话识别专用集成电路RTS8511/RTS8512/RTS8513[J]. 电子技术 1997(8).
[48] 李学海. CIDCW接收器PCD3361及其应用[J]. 国外电子元器件,1999(10).
[49] 李学海. 主叫识别芯片RTS8503-1B及其应用[J]. 实用无线电,1997(5).
[50] 李学海. 带有RAM的实时时钟集成电路DS1302[J]. 实用无线电, 1997(4).
[51] 李学海. 数控DTMF发生器HT9200及其应用[J]. 实用无线电, 1998(2).
[52] 李学海. 带微机接口的音频/脉冲发码器UM91531[J]. 电子世界,1998(10).
[53] 李学海. 多功能芯片X25043及其应用[J]. 实用无线电, 1998(3).
[54] 李学海. 智能控制芯片HD7279及其应用[J]. 实用无线电, 1998(4).
[55] 李学海. 串行接口实时时钟芯片HT1380及其应用[J]. 国外电子元器件, 1998(3).
[56] 李学海. S805X系列电压检测器及其应用[J]. 电子世界, 1999(3).
[57] 李学海. HT10XX低压差集成稳压器及其应用[J]. 电子世界, 1999(5).
[58] 李学海. 电压检测器HT70XX系列及其应用[J]. 现代通信, 1999(3).
[59] 李学海. 带人工复位的电源检测器IMP811/812[J]. 电子制作, 1999(11).
[60] 李学海. I^2C接口数控电位器E^2POT-X9421及其应用[J]. 工控电子, 1999(6).
[61] 李学海. 电源监控器MAX707/708及其应用[J]. 现代通信, 2000(1).
[62] 李学海. 具有电压监测功能的稳压器HT73XXX及其应用[J]. 电子报, 2000(4).
[63] 李学海. 低功耗集成稳压器HT71XX系列及其应用[J]. 家用电器, 2000(2).
[64] 李学海. 耗电极低的精密型电源监控器MAX63XX及其应用[J], 集成电路应用, 2000(4).

[65] 李学海. 电源监控器 IMP809/810 及其应用[J]. 今日电子,2001(9).

[66] 李学海. 气流和温度检测控制器 TMP12 及其应用[J]. 世界电子元器件,2001(2).

[67] 李学海. PIC16F87X 单片机中断系统应用必须关注的问题[J]. 单片机与嵌入式系统应用,2001(5).

[68] 李学海. 节省微处理器接口的 EEPROM-X84041[J]. 世界电子元器件,2001(4).

[69] Philips. THE I²C-BUS SPECIFICATION Version 2. 1, 2000(1).

[70] Philips. Assigned I²C-bus addresses General, 1997 - 05 - 03.

[71] Philips. Assigned I²C-bus allocation table General, 1997 - 05 - 03.

[72] Intel. System Management Bus Specification Revision 1. 0,1995 - 02 - 15.

[73] Intel. System Management Bus(SMBus) Specification Version 2. 0, 2000 - 08 - 03.

[74] Realtek. Data Book Consumer Products,1998 - 1999.

[75] MITEL PRODUCT INFORMATION AND Application Note CD-ROM,VERSION 2. 0.

[76] DALLAS Semiconductor. Data Book and CD ROM, 1998.

[77] MAXIM. NEW RELEASES DATA BOOK VOLUME VIII,1999.

[78] MOTOROLA. MC68HC908W32 Technical Data Book Revision 1. 0,1999.

[79] Natinoal Semiconductor. COP87L20CJ Microcontrollers Technical Data Book,1996.